东南亚植物地理

任明迅 谭 珂 向文倩 凌少军 张 哲 编著

科学出版社

北 京

内 容 简 介

本书系统总结了作者近十年的东南亚植物地理研究结果，对东南亚自然地理与地质历史、植物分布格局与区系划分、代表性热带植物类群（龙脑香科、金虎尾科、苦苣苔科、秋海棠科、兰科、木棉亚科等）长距离扩散与适应进化等进行了总结与分析，讨论了东南亚作为现代被子植物的起源地及"进化前沿"的发生机制及其对中国南方热带植物区系的影响。此外，还结合民族植物学分析了东南亚和海南岛的植物文化多样性，探讨了人类活动和传统文化对植物扩散及其地理分布格局的作用。

为便于国外学者阅读与交流，本书每章还提供了英文题目和英文摘要。本书可供国内外从事生物地理学、植物区系与演化、生物多样性与民族植物学等方面研究的科学工作者以及相关专业的研究生与高年级本科生参考。

审图号：GS 京（2023）1700 号

图书在版编目（CIP）数据

东南亚植物地理/任明迅等编著. —北京：科学出版社，2023.9
ISBN 978-7-03-073850-9

Ⅰ．①东… Ⅱ．①任… Ⅲ．①植物地理学–调查研究–东南亚
Ⅳ．①Q948.513.3

中国版本图书馆 CIP 数据核字（2022）第 219382 号

责任编辑：岳漫宇　付丽娜 / 责任校对：严　娜
责任印制：肖　兴 / 封面设计：图阅盛世

科 学 出 版 社 出版
北京东黄城根北街 16 号
邮政编码：100717
http://www.sciencep.com

北京九州迅驰传媒文化有限公司印刷
科学出版社发行　各地新华书店经销
*
2023 年 9 月第 一 版　　开本：720×1000　1/16
2024 年 11 月第二次印刷　印张：22 3/4
字数：459 000
定价：298.00 元
（如有印装质量问题，我社负责调换）

序

东南亚是生物多样性最为丰富和独特的地区之一,其复杂的地质历史和优越的自然条件使其成为现代被子植物的起源、孑遗与演化中心之一,是生物地理学之父艾尔弗雷德·拉塞尔·华莱士(Alfred Russel Wallace)开展调查研究长达 8 年的福地。在这里,华莱士提出了生物地理学这一学科以及生物进化理论。因此,东南亚地区一直以来都是生物地理学、进化生物学和生物多样性研究的热点区域之一。

由海南大学任明迅教授及其研究生一起撰写的《东南亚植物地理》,是近年来国内关于东南亚植物分布格局与植物区系及演化研究较为系统的专著。该书结合板块运动、气候与地质变迁、被子植物起源与演化历史等最新的研究成果,探讨了东南亚 4 个相对独立的生物多样性热点地区(印度-缅甸区、巽他区、菲律宾区、华莱士区)的形成与演化历史,对认识东南亚和我国南方热带植物区系的分布格局与历史联系具有积极意义。

该书选择了亚洲代表性热带植物类群龙脑香科、金虎尾科、秋海棠科、苦苣苔科、兰科、木棉亚科等,利用全球生物多样性信息网络(GBIF)数据,以经纬度 1°×1° 的栅格尺度,分析了这些代表性类群的地理分布格局,并结合最新的分子系统学研究以及任明迅教授团队多年的原创成果,解析了这些典型热带植物类群的物种多样性与特有中心、物种分化热点区域等。同时,结合传粉机制及果实或种子扩散机制,探讨了这些代表性植物类群的长距离扩散机制及地理分布格局的形成历史,提出了具有创新性的见解。

该书还从植物文化和人文因素作用的角度,解读东南亚植物地理格局的形成原因和发展历史,分别从东南亚农耕文化、饮食与药膳文化、织锦与服饰文化、宗教植物与神山文化、棕榈科植物文化、竹文化、花梨与沉香文化、国花国树文化、独木舟文化、金三角"毒品文化"等十大类生物文化,分析了人类活动及文化传承对东南亚植物扩散和植物地理格局的影响,在自然科学和社会科学之间架起了桥梁。

作者勇于探索的科学精神、博采众长的科学态度、缜密论证的科学手法,令人钦佩,值得学习。该书对于植物地理学、生物多样性及民族植物学方向的学者具有较高的参考价值。期望该书在给读者带来新知识和新视角的同时,启发更多的同仁走出国门,展现中国学者科学无国界的全球视野。

马克平

2022 年 1 月 3 日于北京香山

目　录

第 1 章 自然地理与地质历史

Chapter 1 Physical geography and geological history

谭 珂（TAN Ke），任明迅（REN Ming-Xun）

摘要：东南亚是全球生物多样性热点地区之一，其复杂的自然地理与地质历史是影响生物多样性格局的关键因素。根据地形地貌和地质断层历史，东南亚可以分成 16 个区域：北方山脉、西缅甸丘陵、中缅甸低地、丹那沙林海岸、中央丘陵、泰国中部平原、呵叻高原、泰国东南部沿海平原、象山和豆蔻山脉、克拉地峡和马来半岛海岸平原、长山山脉、湄公低地、北越平原、加里曼丹岛、印度尼西亚列岛、菲律宾群岛。东南亚的主要河流集中在中南半岛，如伊洛瓦底江、萨尔温江、湄南河、湄公河和红河等，东南亚群岛气候以热带雨林气候为主，常年高温多雨；中南半岛和菲律宾北部群岛以热带季风气候为主，存在干湿季分化，分布着季节性雨林。东南亚的岛屿有来自欧亚板块的脱离部分，也有来自太平洋的岛屿，是板块漂移的交会地带，深刻影响着东南亚生物地理学分布格局。综合解析东南亚地区的地质历史与重大地质事件、季风与洋流对生物长距离迁移的作用，是认识和理解东南亚生物地理格局与生物多样性形成与维持机制的基础。

Abstract

Southeast Asia is one of the regions with the highest biodiversity all over the world. The complex physical geography and geological change are the key factors of the biodiversity pattern. Based on altitude and geological faults, we divide Southeast Asia into 16 geological provinces, they are Northern Mountainous Region, Western Myanmar Hills, Central Myanmar Lowland, Tenasserim Coast, Central Range of Hills, Central Plain of Thailand, Khorat Plateau, Coastal Plain of Southeastern Thailand, Elephant and Cardamom Hills, Coastal Plain of Kra Isthmus and Malay Peninsula, Annamite Chain, Mekong Lowland, North Vietnam Plain, Island of Kalimantan, Arcuate Islands of Indonesia, Philippine Islands, respectively. We also introduced the characteristics of the major rivers (Irrawaddy, Salween, Chao Phraya, Mekong, and Red River) and the unique climatic of Southeast Asia (monsoon, temperature, rainfall, and vegetation types) at the same time. Finally, Southeast Asian geological and their surrounding areas' climate changes are summarized. These changes acted as a key factor in the long-distance migration, dispersal, and refuge of tropical plants.

东南亚（Southeast Asia）地处热带亚洲，拥有世界上最大的群岛，有 20 000 多个岛屿。东南亚地区还是全球季风气候最明显的区域，分布着大量的热带雨林与季节性雨林（Lohman et al.，2011；van Welzen et al.，2011；姜超等，2017）。独特的地貌特征与气候条件，造就了东南亚极其丰富的生物多样性。Myers 等（2000）将东南亚全境划入全球生物多样性"热点"地区，包括印度-缅甸区（Indo-Burma）、巽他区（Sundaland）、菲律宾区（Philippines）和华莱士区（Wallacea）。这 4 个生物多样性热点地区都具独特的地质形成历史以及特有的生物类群，面积仅约占世界陆地面积的 5%，但分布着全球 20%～25%的高等植物（Mittermeier et al.，2004；Myers et al.，2000），是研究生物地理格局、长距离扩散与适应演化的天然实验室（Hutchison，1989；Whittaker et al.，2017）。

东南亚地处欧亚板块、印度洋板块和太平洋板块三大板块之间，不同时期频繁的地质活动，使这片区域成为全球地貌特征和地质结构最为复杂的区域之一。东南亚地块主要由不同时期冈瓦纳古陆北部边缘的微陆块拼凑而成（姚伯初，1999；Hall，2009，2012，2013）。冈瓦纳古陆的破碎改变了世界地理，同时改变了全球气候格局，使原本温暖的世界开始变冷，极地逐渐被冰川所覆盖（Cox et al.，2016）。低纬度的东南亚区域，在这个时期成为早期被子植物的"避难所"和物种分化的"摇篮"（Buerki et al.，2014）。因此，了解东南亚的自然地理和地质历史是理解东南亚植物地理学格局、植物多样性形成与维持的基础。

1.1　自然地理概况

东南亚紧邻我国的云贵高原和青藏高原、印度次大陆，导致该区域海拔梯度大、沟谷深邃。东南亚岛屿密布，位于太平洋和印度洋之间；中南半岛斜插在南海和印度洋之间，菲律宾群岛处于南海与太平洋之间。因此，东南亚也是岛屿与大陆、大洋交错的地方。东南亚的大江大河多位于中南半岛之上，多呈南北走向，如伊洛瓦底江（Irrawaddy）、萨尔温江（Salween）、湄南河（Chao Phraya River）、湄公河（Mekong River）、红河（Red River）等。其中，萨尔温江的上游即我国的怒江，湄公河的上游即我国的澜沧江；红河（我国境内称元江）则是从我国云南省东南部流入越南北部，注入北部湾。东南亚独特的地质和地貌与一系列板块的运动息息相关，活跃板块边缘从缅甸一直延伸至印度尼西亚，从菲律宾延伸至琉球群岛，导致这些地区地震和火山活动活跃。

东南亚位于欧亚板块东南角，陆架以花岗岩为主，总体构造稳定，亦称巽他大陆（Sundaland）。巽他大陆的西部边缘沿实皆（Sagaing）和丹老（Mergui）向南到苏门答腊岛，然后沿着爪哇岛向东直至南望加锡海峡（Makassar Strait）。东部菲律宾地区破碎程度极高，地质构造也非常复杂。南部和东南部是活跃的东南亚俯冲带，紧邻另一个稳定的大陆板块（萨胡尔大陆，Sahulland）。巽他大陆和萨胡尔大陆之间是一些小的陆地碎片，曾是这两个板块的一部分，海洋扩张使这些陆地破碎并搬运到如今的位置。

根据地形地貌和地质断层的界线，东南亚可分成 16 个自然地理区域（图 1.1）（Gupta，2005）。

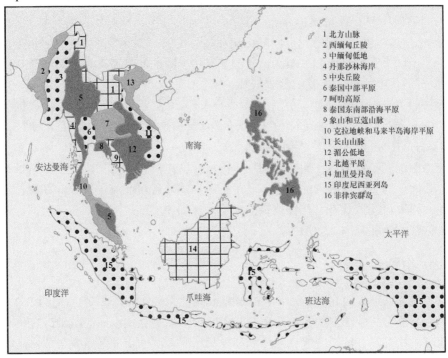

图 1.1　东南亚地貌与自然地理分区（改自 Gupta，2005）

Fig. 1.1　Geomorphology and physical geographic regions of Southeast Asia
(Revised from Gupta, 2005)

1.1.1　北方山脉

北方山脉（Northern Mountainous）横跨缅甸、老挝和越南，是喜马拉雅山脉的延续，也是全东南亚海拔最高的地区，其中东南亚最高峰开卡博峰（Hkakabo Razi，5881 m）坐落于缅甸和中国边境。地势由北向南、由西向东逐渐降低，山脉层峦叠嶂。除了缅北，其他地区很少有海拔高于 3000 m 的山峰。老挝最高的山峰也只勉强到达 2000 m，但越南北部的最高峰番西邦山（Fan Si Pan）高达 3143 m。

该区域老挝部分多陡峭、巍峨、东北-西南走向的山脉。原本"V"字形的峡谷在这里变得更加狭窄。植被破坏、大雨侵蚀和板块运动等的共同作用加速了陡坡的发育，致使山谷底部和山脊的海拔差达到 600~1200 m，河流对山体的切割作用强烈。唯一没有受河流切割作用的地方便是老挝北部海拔 1100~1400 m 的喀斯特川圹高原（Xiangkhoang Plateau）。陡峭山脊和河谷交替的地貌在越南东部也比较常见。

1.1.2　西缅甸丘陵

西缅甸丘陵（Western Myanmar Hills）是印度那加（Naga）和帕特凯（Patkai）山脉的延续，由一系列南北走向的山川和沟谷组成。该区域北部为钦丘陵（Chin Hills）山脉，南部为若开（Arakan）山脉。钦丘陵的高度通常为 2000~2600 m，最高峰超过 3000 m。若开山脉更低矮、狭长，山脉海拔通常小于 1500 m，山脉整体被短而急的河流分割。钦丘陵主要位于印-缅交界区，河流向东汇入钦敦江（Chindwin）。南部山区全境位于缅甸境内，该地区的河流向西汇入加拉丹河（Kaladan River），向东汇入伊洛瓦底江。

南部沿海平原出现在西北-东南走向的海岸与南北走向的山脉之间，但若开山脉靠近海岸的一段为陡峭的崖壁，其附近纵向的峡谷可能有一块长满红树林的沼泽地。河流流经该峡谷，并且挟带的大量的沉积物堵塞了河谷形成三角洲，入海口处为红树林和潮沟，如加拉丹河。

1.1.3　中缅甸低地

中缅甸低地（Central Myanmar Lowland）南北长约 1100 km，东西宽约 160 km。西面为那加山脉、缅甸的钦丘陵和若开山脉，东面是克钦山地（Kachin Hills）和掸邦高原（Shan Plateau）。克钦山地和掸邦高原之间的山麓区域仅由非常狭隘的地区相连，这里可能是一个地质断层。整个中缅甸低地被伊洛瓦底江和钦敦江贯穿，伊洛瓦底江的两大源头迈立开江（Mali Hka）和恩梅开江（Nmai Hka）侵蚀了缅甸北部山区的陡峭山谷。而西面钦敦江穿过的胡冈河谷（Hukawang Valley）是西缅甸丘陵区与中缅甸低地的过渡区。胡冈河谷以南区域海拔超过 1500 m，敏金（Mingin）和甘高（Gangaw）山脉向西南偏南方向延伸，将钦敦江和伊洛瓦底江流域分开，然后在曼德勒（Mandalay）附近汇合。

中缅甸低地南边也出现了相似的格局，低矮的勃固山脉（Pegu Yoma）将伊洛瓦底江平原和锡当河（Sittang River）平原分开。这些山脉中还存在一些死火山，如波巴山（Mount Popa）高 1518 m，坐落于密铁拉（Meiktila）以西，是最典型的死火山。

中缅甸低地的中部非常干旱，降雨具明显的季节性，降水量也大不如北部与南部地区，被称为缅甸中部干旱区。

1.1.4　丹那沙林海岸

丹那沙林海岸（Tenasserim Coast）这片狭长的区域从锡当河河口一直延伸到丹老（Mergui）以南靠近缅甸和泰国边境，绵延约 750 km，其中一小段山脉延伸至孟加拉湾。该海岸北部最宽（>90 km），其他地方始终保持着平坦。其最北端的比林河（Bilin River），在流经一个纵向河谷之后，注入马塔班湾（Gulf of Martaban，莫塔马的旧称），挟带了大量的泥沙，与潮汐水道交织在一起形成了裸露的泥滩。全缅甸最长的河流萨尔温江（Salween，流经掸邦高原和丹那沙林山）约 2800 km，注入马塔班湾。尽管萨尔温江也挟带了大量的泥沙，但并没有在入海口形成三角洲，它在入海口被比卢岛分成两部分，因此大量的泥沙沉积在这里。

萨尔温江以南，孤立而陡峭的山峰矗立在海岸平原上，形成了一座座离岸的小岛。花岗岩嵌入沉积岩和构造洼地所引起的区域岩性变化是造成这种地形的原因。原先平坦的海岸平原变成了近似连续的山脉和纵向山谷交替出现的地貌。其最高点位于土瓦（Tavoy）北部，高达 1174 m。河谷中的泥沙被冲走，在入海口形成沙滩和三角洲。

1.1.5　中央丘陵

中央丘陵（Central Range of Hills）由山脉、高原和陡峭的河谷组成，从云南的山脉开始，穿过缅甸、泰国、马来西亚和新加坡，进入印度尼西亚海域，其地质、海拔和局部地形上表现出相当大的变化，并且成为西进孟加拉湾和马六甲海峡的水系[伊洛瓦底江、萨尔温江、霹雳州（Perak）]与东进泰国湾和南海[湄南河、吉兰丹（Kelantan）、彭亨（Pahang）、湄公河]的分界线。克拉地峡（Kra Isthmus）的山脉较低且不连续，所以对这个地峡最好的认识是，其为一个海岸平原，但零散分布着一些山脉。

1.1.6　泰国中部平原

泰国中部平原（Central Plain of Thailand）是由湄南河及其支流冲刷而产生的一大片南北走向的低地，贯穿泰国中部大部分地区。与缅甸中部的低地相似，该地区为一个狭长的构造洼地，其北部是河流冲积层，南部为海洋沉积物。低地的北面是泰国北部山脉，西面是掸邦高地和丹那沙林山，南面是泰国湾，东面是呵叻高原。南北长超过 500 km，宽近 300 km。第四纪冰期和间冰期交替使海平面也随之跌宕起伏，造成该地区以南沿海平原海面多次后退和海侵。

1.1.7　呵叻高原

呵叻高原（Khorat Plateau）约 15 万 km²，四周是陡峭的山脉。高原西界为碧差汶山脉（Phetchabun Mountains）和东巴耶延山脉（Dong Phaya Yen Mountains），以南为山甘烹（San Kamphaeng）和扁担山（Dângrêk Mountains）山脉。该地区的最高点位于高原的边缘，海拔上升至 1000 m 以上，其余地区地势非常低，西北角海拔约 200 m，东南角仅 50 m。高原顶部的坡度较缓，但仍存在一些低矮的山脊和湖泊，也受干湿两季气候影响。西北-东南走向的普潘山脉（Phu Phan）将呵叻高原分成呵叻盆地（Khorat Basin）和色军盆地（Sakon Nakhon Basins）两部分。顶部的沉积岩被水和风侵蚀成为单面山（cuesta）和猪背岭（hogback）。

1.1.8 泰国东南部沿海平原

泰国东南部沿海平原（Coastal Plain of Southeastern Thailand）这片狭小的区域以北和西北为泰国中部平原，西面和南面为泰国湾，东面和东南面为柬埔寨豆蔻山脉（Cardamom Hills）。海岸线多锯齿状，海岬较为常见，并在河流入海口的小海湾出现了很多红树林沼泽。海岸线向西为南北走向，经泰国梭桃邑（Sattahip）之后改为东西走向。其面积沿东南方向逐渐减小，随豆蔻丘陵延伸至大海。

1.1.9 象山和豆蔻山脉

象山和豆蔻山脉（Elephant and Cardamom Hills）面积虽小但地势起伏较大，并将湄南河南部平原和泰国东南部沿海平原分开，该地区北部为著名的豆蔻山脉，其南部为象山山脉。山脉距离海岸仅 0.5 km 远，陡然上升，延伸不到 10 km 海拔便已高于 1000 m，最高峰海拔约 1700 m。山高崖陡，溪流沿着峡谷向西，沿着海岸冲积层蜿蜒而行，汇入泰国湾。与此相反，该地区东北洞里萨湖（Tonlé Sap）方向坡度平缓得多，河流缓缓而悠长。

1.1.10 克拉地峡和马来半岛海岸平原

克拉地峡（Coastal Plain of Kra Isthmus）是泰国最南端的一个狭长海岸平原，平原中央的两座低矮山脉（大部分山峰海拔约 1000 m）将该地区分为东、西两部分，其中最高峰黄山（Khao Luang）位于那空是贪玛叻（Nakhon Si Thammarat）以西（海拔 1835 m）。克拉地峡的西海岸向安达曼海（Andaman Sea）开放，纵横交错着许多入海口。相比之下，东海岸（毗邻泰国湾）是一个广阔、完整的海岸，拥有发育良好的海滩、内陆潟湖（inland lagoon）和海岸阶地（coastal terrace）。

马来半岛（Malay Peninsula）主要有两个海岸平原，分别位于中央高原东、西两侧。其中马来半岛西海岸平原连续性更强，面积更广，并且拥有大面积的红树林。一些相对较长的河流均起源于中央高原，流经西海岸平原汇入马六甲海峡（Strait of Malacca）。相比之下，东部沿海平原为狭窄的沙地，长期受季节性东北季风和海浪的影响，仅在少数条件良好的地方才有红树林。

1.1.11　长山山脉

　　长山山脉（Annamite Chain）源自北方山脉，横穿老挝，向南延伸至越南南部，最高峰约 2000 m。山脉东坡更陡，西坡多高原。其中面积最大的为甘蒙石灰岩高原（Cammon Plateau），喀斯特特征发育良好，河谷很深。该地区西部被湄公河最大的支流侵蚀，东部被汇入南海的小河所侵蚀。长山山脉最东南端一直延伸至南海，并形成宽阔岬角环绕着几片沿海平原，仅在岘港（Da Nang）北部才出现一片连绵不断的广阔海岸平原。

1.1.12　湄公低地

　　湄公低地（Mekong Lowland）南北走向，从北部山区延伸至南海。位于呵叻高地、豆蔻和象山以及长山山脉中央。北部狭长，大部分地区海拔低于 200 m；南部为广阔的平原。洞里萨湖（Tonlé Sap）是全东南亚最大的淡水湖，通过洞里萨河与湄公河相连，整个西湄公低地的水在此汇集，湖中水位的高低直接受旱季和雨季的影响。因此，在不同的季节洞里萨河的水流方向不同。

1.1.13　北越平原

　　由于长山山脉的特殊地理位置，将整个越南平原（North Vietnam Plain）分成南、北两部分。北部是沿海平原及红河河谷向内陆的延伸，即北越平原；南部是湄公河巨大的三角洲。北越平原在红河三角洲以及三角洲上游低地最宽（近 200 km），并在东北方向上延伸着一列狭长且低矮的岛屿。平原中还矗立着一些大小不一的高地，其中一些高地的高度可能超过了 1500 m，为此沿海平原中部存在明显的局部地形起伏和陡坡。

1.1.14　加里曼丹岛

　　加里曼丹岛（Island of Kalimantan）的山脉从中部向四周延展，四周均为沿海平原，总体呈东北-西南走向。其平面最宽可达 250 km。除了苏门答腊岛东部，这种宽阔平坦的沿海平原在东南亚岛屿上并不常见。从一个低矮起伏的平原上陡然升起的基纳巴卢山（Kinabalu，当地人又称"神山"，海拔 4101 m）是全加里曼丹岛最高峰，更新世山顶约 5 km^2 的区域被冰川覆盖。基纳巴卢山位于加里曼丹岛中部山脉的北端，其中还包括克罗克（Crocker）、塔玛阿布山（Tama Abu）、依兰（Iran）、斯赫瓦纳（Schwaner）等山脉，这些山脉的海拔均在 2000 m 左右，但这些山脉之间并未直接相连，而是被不到 1000 m 低矮的鞍部分开。

1.1.15　印度尼西亚列岛

印度尼西亚的大部分岛屿和菲律宾岛屿，体现了环绕东南亚地震和火山活动弧的活跃。目前，澳洲板块正以每年 8 cm 的速度向北移动，挤压着印度尼西亚岛弧和中间的小洋面（Hutchison，1989）。在最西端的苏门答腊岛可以清楚地看到俯冲带对整个地貌的影响，其西南方向的爪哇海沟（Java Trench）深超过 6000 m。狭长的弧前盆地（fore-arc basin）将平行于海岸线的列岛与苏门答腊岛分离。巴里桑山脉（Barisan Mountains）是苏门答腊岛的脊梁，相距印度洋海岸仅数十千米。山脉的东侧和东南侧为低矮的苏门答腊岛东部平原。苏门答腊岛东部平原很大一部分地区海拔与海平面齐平，并且在马六甲海峡一侧生长有大量红树林。而苏门答腊岛东北海岸又宽又平，由细沙构成，河口宽阔。西南海岸恰好与之相反，这种情况在印度尼西亚西岸的一些大型岛屿上比较常见。

爪哇岛中部地区为石灰岩，并具有典型的岩溶特征。爪哇岛南部海岸平原极其狭窄，火山延伸到海岸形成海岬。南部海岸很陡，相比之下，北部沿海平原很宽，河流从中部山脉流出延伸到陆架。

东部较小的巴厘岛也呈现出类似的地貌格局，中部火山高地被狭窄的沿海平原和石灰岩环绕。再往东，岛屿更小，如龙目岛（Lombok，小巽他群岛的主要岛屿之一）上的火山可能随时会从平原上喷发。这些岛屿多山，沿海平原狭窄，火山陡峭。火山口海拔仅在离海岸线数十米内便上升到了 3000 m。

澳洲板块运动形成了东西走向的俯冲带，从爪哇岛南部延伸至印度尼西亚东部。由于欧亚板块、澳洲板块、太平洋板块和菲律宾板块在此位置交会（Hutchison，1989），因此马鲁古海（Molucca Sea）的构造十分复杂。这种复杂性可能解释了苏拉威西岛（Sulawesi）和哈马黑拉岛（Halmahera）出现向不同方向伸展且狭窄的山地"手臂"的原因。苏拉威西岛的很多山峰距离海岸不到 25 km，海拔便已超过 3000 m。

1.1.16　菲律宾群岛

菲律宾数千个岛屿同印度尼西亚一样，均与板块边缘的构造和火山活动有关（Javelosa，1994）。马尼拉海沟（Manila Trench）位于菲律宾北部岛屿以西的近海，而较长的菲律宾海沟（Philippine Trench）位于这些岛屿的东部。Hutchison（1989）将这种情况描述为一个罕见的事件，造山带的两侧被两个目前活跃但相互对立的弧沟系统（arc-trench system）所包围。从岛屿地貌格局便可直接看出其复杂性。

海拔超过 2000 m 的山脉多出现在菲律宾第一、第二大的岛屿（北部吕宋岛和南部棉兰老岛）上，除此之外，仅个别山峰达到此高度。目前，该地区仍存在很多活火山，如皮纳图博（Pinatubo）火山、最危险的马荣火山（Mayon）、塔阿尔（Taal）火山以及希伯克-希伯克（Hibok-Hibok）火山。

　　菲律宾大部分沿海平原非常狭窄，仅少数地方宽度超过 15 km。稍微广阔些的平原仅出现在吕宋岛中部、卡加延河谷（Cagayan Valley，吕宋岛东北部）、比科尔平原（Bicol Plain，吕宋岛东南部），以及棉兰老岛的阿古桑（Agusan）和科托巴托（Cotobato）低地、西部内格罗斯（Negros）和东部班乃岛（Panay）等地。吕宋中央山谷是一个弧前盆地（fore-arc basin），西起三描礼士（Zambales）蛇绿岩高地，东至科迪勒拉（Cordillera）火山。

1.2　河流与峡谷

　　总的来说，东南亚水资源过剩，广泛分布的热带雨林便是一个很好的例子。大部分地区年降雨量至少有 2000 mm。东南亚最大的 4 条江（伊洛瓦底江、萨尔温江、湄公河和红河）像伸开的手指，起源于青藏高原东部向南奔流。

　　伊洛瓦底江及其主要支流钦敦江（Chindwin）流经缅甸中部低地。湄南河流经泰国中部平原。再往东，湄公河淹没了湄公河低地。相比之下，萨尔温江几乎全在 1000 m 深的峡谷中流动，将高原和山脉切割。红河一直在狭窄的山谷中流淌，直至最后 250 km 流经北越平原。更新世冰期的河流曾延续得更远，如今的主流曾仅是一个更大河流网络中的一部分。这些河流系统的下部现淹没于南海、爪哇海和马六甲海峡（Hall，2009，2012）。因此，目前东南亚的大部分河流系统仅为原来的上半部分（参见 1.6 节）。

1.2.1　伊洛瓦底江

　　缅甸伊洛瓦底江（Irrawaddy，中国云南部分称之为独龙江）全长 2170 km，流域面积 410 000 km^2，其河源分东、西两支，东支的恩梅开江（Nmai Hka）发源于中国境内察隅县伯舒拉山南麓，西支的迈立开江（Mali Hka）发源于缅甸北部山区，两支在密支那（Myitkyina）以北约 50 km 处汇合，形成了伊洛瓦底江。恩梅开江最长，上游为我国独龙江，起源于海拔超 5000 m 的西藏高原，向南流经一条陡峭狭窄的峡谷，在不到 300 km 的距离内，海拔下降到了 500 m。迈立开江则起源于缅甸北部山区海拔约 3000 m 处，峡谷较宽、坡度较缓。这两条河流经之处岩石、急流和瀑布随处可见。两江在密支那（Myitkyina）以北约 50 km 处汇合后始称伊洛瓦底江。

　　密支那以南约 48 km，此时海拔已低于 200 m，但距离入海口仍约 1600 km。蜿蜒曲折，枯水期沙洲遍布，有很多荒废的河道和牛轭湖。流域地势呈北高南低，地貌特征为北部高山峡谷，西部崇山峻岭，东部高原，南部低洼平原。伊洛瓦底江谷地介于西部山地和掸邦高原之间。伊洛瓦底江共经历 3 个峡谷之后汇入大海，峡谷中怪石嶙峋、羊肠九曲。密支那下游约 65 km 在辛博（Sinbo）进入第一条峡谷。随后，江水在八莫（Bhamo）骤然西折，撇下八莫冲积盆地，切割石灰岩形成第二条峡谷。第二条峡谷最窄处约 91 m 宽，两侧为 61～91 m 高的峭壁。江水在曼德勒以北约 97 km 的抹谷（Mogok）流入第三条峡谷。杰沙（Katha）与曼德勒之间，河道奇直，几乎流向正南，只是在卡布韦特（Kabwet）附近，江流被一片火山岩阻挡，猝然西折。在皎苗（Kyaukmyaung）流出第三条峡谷后，河谷再次变宽、蜿蜒曲折、缓缓而行。随后从曼德勒再次猛然西折，弯向西南与钦敦江（Chindwin）汇合，此后继续朝西南方向奔流。钦敦江为伊洛瓦底江最大的支流，在汇入伊洛瓦底江之后季节性特征变得更加明显。

1.2.2　湄南河

湄南河（Chao Phraya River）由泰国北部的 4 条支流汇聚而成，分别是宾河（Ping River）、旺河（Wang River）、永河（Yom River）、难河（Nan River）四大支流，海拔超 1000 m，由北向南奔去。其中旺河最短，长约 400 km，其他的河流均达到了 700 km，甚至更长。宾河和旺河在普密蓬（Bhumiphol）水库下游汇合，而永河和难河在那空沙旺（Nakhon Sawan）以北约 30 km 处汇合。壮大之后的宾河和难河在那空沙旺汇聚成了湄南河，雨季时宾河挟带大量的泥沙，在两河交汇处常出现"一河两色"的奇景，大约持续 1 km 才能恢复清澈。此时，那空沙旺距离入海口还有 370 km，海拔仅 23.5 m。

湄南河最大的支流巴塞河（Pa Sak River）长约 570 km，起源于呵叻高原的西部边缘，从大城（Ayutthaya）东面汇入湄南河。大城海拔 3.5 m，而曼谷（Bangkok）仅 1 m 左右。湄南河缓缓淌过泰国中部平原，多条支流星罗棋布。塔金河（Tha Chin River）于猜纳府（Chai Nat）与湄南河分开，向南流去，从龙仔厝府（Samut Sakhon）入海。再往下，湄南河继续集纳了不少支流，而同时又不断分出许多汊流，使下游地区形成一个水网稠密的地带。如华富里河（Lop Buri River）于信武里府（Sing Buri）与湄南河分开，再向东重新汇入巴塞河。

湄南河还是一条季节性河流，承载着西南季风所带来的降雨。4 月炎热干燥的夏季中期表现得很明显，此时上游水位最低。而从 5 月开始河水上涨，通常在 9 月达到峰值。11 月雨季结束，河水开始下降。

1.2.3　湄公河

湄公河（Mekong River）是东南亚的第一大河，发源于青藏高原，东南亚区域全长 2719 km，我国境内则为澜沧江。湄公河东南部分流域面积为 630 000 km^2。

湄公河地处亚洲热带季风区的中心（亚洲夏季风叠加区，详见 1.3.1）。5～10 月为雨季，潮湿多雨；11 月至次年 4 月为旱季，干旱少雨。湄公河流域北部和东部的年降雨量较高，最高时可到 4000 mm 以上，西部和南部的降雨量则较低（局部降雨量不足 1000 mm）。5 月青藏高原冰雪融化加速，但河水还是主要来自降雨，其支流更是如此。其中最大支流是泰国境内的蒙河（Mun River），该河发源于呵叻府，河流先向东北流，然后转向东流，最后在空坚（Khong Chiam）附近注入湄公河，河流全长 550 km，流域面积 15 400 km²，多年平均流量 720 m³/s。湄公河另一条较大支流洞里萨河，发源于柬埔、泰国边境，河流向东南流，最后在金边注入湄公河。洞里萨河全长 400 km，流域面积 84 000 km²，年平均流量约 960 m³/s，其上游有著名的鸟类天堂——洞里萨湖。

湄公河在老挝首都万象（Vientiane）以上，为上游，长 1053 km。流经地区大部分海拔 200～1500 km，地形起伏较大，沿途受山脉阻挡，河道几经弯曲，河谷宽窄反复交替，河床坡降较陡，多急流和浅滩。随后，湄公河河道逐渐宽阔，并沿着北部山区的山麓蜿蜒而行，到达长山山脉。万象到巴色（Pakse）为中游段，长 724 km。流经呵叻高原和长山山脉的山脚丘陵，大部分地区海拔 100～200 m，地形起伏不大。其中上段河谷宽广，水流平静。沙湾拿吉（Savannakhet）至巴色，河床坡降较陡，多岩礁、浅滩和急流。在这段汹涌的尽头，湄公河左岸的主要支流蒙河从西面与之汇合，并在交汇处形成了一个小型的冲积扇。巴色到柬埔寨的金边为下游，长 559 km。流经地区为平坦而略为起伏的准平原，海拔不到 100 m，河床宽阔，多汊流，但部分河段可见沉积作用而形成的小岛紧束或横亘河中，构成险滩、急流。河道内大型岛屿最长可达 15 km，并将河流分割成多条狭窄的水道。随后湄公河流经一系列瀑布，全河最大的险水瀑布孔恩瀑布（Khone-Phapheng Falls）就在此段，孔恩瀑布由孔恩瀑布（Khone Falls）和发芬瀑布（Phapheng Falls）组成，号称东南亚最大的瀑布，落差高达 21 m，成为湄公河逆流而上的一道屏障，河流也因此不能通航。金边以下到河口为三角洲河段，长 332 km。湄公河在金边附近接纳洞里萨河后分成前江与后江，前江、后江进入越南，再分成 6 支，经 9 个河口入海，故其入海河段又名九龙江。三角洲平均海拔不足 2 m，面积 44 000 km²，地势低平，水网密集，土壤肥沃。

1.2.4 萨尔温江

萨尔温江（Salween），中国部分称怒江，入缅之后称萨尔温江。发源于西藏中部唐古拉山脉，经中国云南（保山、临沧）流入缅甸，纵穿缅甸东部，深切掸邦高原及南北纵向岭谷，谷深流急，是典型山地河流。萨尔温江在毛淡棉（Mawlamyaing）附近，分西、南两支入安达曼海的莫塔马湾，并在河口处形成比卢岛。萨尔温江东南亚境内长约 1660 km，流域面积 205 000 km²。

萨尔温江流域的降水旱、雨季分明，主要集中在雨季 6～10 月，年降水量一般为 1200～5000 mm。掸邦高原地形地貌和环流条件与云贵高原相似，降水量

1200～1500 mm，垒固（Loikaw）以下受热带季风气候影响明显，雨季降水量可达 2000～3000 mm，缅泰边界河段以下可达 3000～4000 mm，河口附近的毛淡棉（Moulmein）年降水量超过 5000 mm。

1.2.5　红河

红河起源于中国云南省大理以南的山脉，在中国境内称为元江。红河是越南北部最大河流。因河流大部分流经热带红土区，水中混有红土颗粒，略呈红色，故名红河。红河呈西北-东南流向，最初流进一个又深又窄的峡谷，穿过河内，进入北部湾，沿途流经中国云南 17 个县市和越南北部 12 个省，全长 1280 km，其中中国云南境内 695 km，越南 585 km；越南境内流域约 64 000 km^2。左岸的泸江（Song Lo，我国境内称盘龙江）和右岸的黑水河（Song Da River）为红河最主要的两条支流。

红河也是一条流量季节性很强的河流，挟带着大量的泥沙，注入北部湾。在入海口形成了一个面积约 7000 km^2 的河口三角洲，是越南北部人口和耕种最为密集的地区。

1.3　气　候

东南亚的气候大致可分为中南半岛季风区和赤道马来群岛湿润区两部分。前者包括缅甸、泰国、老挝、柬埔寨和越南，而后者包括马来西亚、新加坡、印度尼西亚和菲律宾等。中南半岛季节性较强，气温和降雨量极端，旱/雨季明显；而马来群岛处于赤道附近，日照和气温变化不大，没有明显的季节变化。

但是，冬季和夏季南、北大陆的气压作用，以及东南亚两个区域的不对称性造成的热差，导致了典型的东南亚季风的发展，这在很大程度上影响了整个区域的温度和降雨。除此之外，热带辐合带（intertropical convergence zone，ITCZ）的季节性迁移（北半球冬季离赤道最近，夏季最远）也是影响该区域气候的一个重要因素。热带辐合带是一个赤道低压带，与地表最高温度带相吻合，它吸引了来自两个半球的湿润东风向其移动，导致了空气的抬升、强对流和降水。整个过程提供了一种热量由低纬度向高纬度转移的机制（Houze et al.，1981；Hastenrath，2012）。

同时东南亚气候的变化还受到地形的影响，直接改变了东南亚大陆的降雨格局，加剧了季节性的影响。例如，缅甸的钦丘陵（Chin Hills）和若开山脉（Arakan Yoma）将湿润的西南季风抬升并在迎风面形成降雨；然而，当这些风翻过山脊后会变得非常干燥，并在缅甸中部形成了一片非常干燥的区域。即使在东南亚岛屿，地势较高的岛屿也会成为阻碍湿气前往邻近陆地的屏障。例如，苏门答腊岛上的巴里桑山脉（Barisan Mountains）阻挡湿润的西南季风，导致马来半岛的降雨量比周边地区少。相反，马来半岛也阻挡了本应抵达苏门答腊岛东部的东北季风。所有因素的相互作用造就了东南亚如此之大的气候差异（Martyn，1992）。

1.3.1　季风

亚洲是全球季风气候最典型的区域。亚洲地区夏季盛行东亚季风、南亚季风和西北太平洋季风。历史上，季风盛行的时间与早期被子植物在东南亚群岛、华夏古陆起源的时间大致吻合，季风可能促进了被子植物的快速分化与扩散（姜超等，2017）。季风是热带植物得以向北扩散到我国滇黔桂交界区和雅鲁藏布江河谷的根本原因，并导致了热带季节性雨林、热带季雨林、干旱河谷稀树灌丛或草原、海南岛西部滨海稀树草原等特殊植被类型的形成（姜超等，2017）。亚洲的三大夏季风在高山纵横、大河奔流和石灰岩地貌密布的中国西南与中南半岛一带交会、叠加，使之成为一些典型热带类群的物种多样性与特有种分布中心。随着全球气候变暖，季风可能促进热带植物的进一步北迁，增加中国南方植物区系的热带植物成分。

亚洲的热带季风包括南亚季风（影响南亚和东南亚）和西北太平洋季风（影响菲律宾、南海及华南沿海地区），与东亚季风（主要影响中国长江流域、日本和韩国等地）同为夏季风（表 1.1）。这 3 支夏季风的大气环流和水汽输送联系紧密，相互影响，直接决定着整个南亚、东南亚和东亚地区夏季的降雨和气温（高雅和王会军，2012）。其中，中国西南-中南半岛一带是这三大季风交会的叠加区域，是亚洲降水最为丰沛的地区之一（Salinger et al.，2014）。

表 1.1　亚洲季风主要特征（姜超等，2017）

Table 1.1　Main characteristics of monsoons in Asia（Jiang et al.，2017）

	季风类型	发生月份	影响区域	历史形成时间（百万年）	参考文献
夏季风	东亚季风（东南季风）	6~8月	中国中部与南部；日本南部；朝鲜半岛	2500~2200	孙湘君和汪品先，2005
				900~800	An et al.，2001
	西北太平洋季风	5~9月	中国南海及其沿岸地区；东南亚含中南半岛	未知	李肖雅等，2014
	南亚季风（西南季风）	5~7月	中国海南岛、云南与广西南部；印度和中南半岛	1200	包浪等，2018
				20	吴国雄等，2013
				9~8	An et al.，2001
冬季风		10月至次年2月	中国北方与中部；蒙古国	7.2	包浪等，2018
				2.6	An et al.，2001

　　南亚季风的成因既有印度洋与印度半岛的海陆热力性质差异的驱动，也有东南亚及大洋洲一带气压带在夏季北移的影响（Tao & Chen，1987；高雅和王会军，2012）；同时，高耸的青藏高原也影响着南亚季风的风向和风力（Tao & Chen，1987；周晓霞等，2008；高雅和王会军，2012；包浪等，2018）。南亚季风在5～7月强度最大，风向以西南向东北为主，主要影响印度、孟加拉湾、中南半岛，以及我国西南地区如横断山区和云贵高原（周晓霞等，2008）。

　　西北太平洋季风发生在每年的5～9月，发源于太平洋西部和新几内亚岛东岸150°E附近区域的一条跨越赤道的气流通道（Tao & Chen，1987）。由于地球自转力以及南亚季风的影响，西北太平洋季风的风向由东南向西北转而吹向东北方向，影响着南海沿岸地区包括菲律宾、中国华南沿海地区和中南半岛部分区域。西北太平洋季风有时伴随着热带风暴和台风（Li & Wang，2005；李肖雅等，2014），对南海及周边地区植物生长和迁移影响巨大。

　　典型的亚洲季风气候出现，可能促进了东南亚被子植物的快速分化和扩散（姜超等，2017）。全球气候改变之前，热带北界比现如今更靠北，如中新世时期中国东南部和24°N地区存在龙脑香科植物（Shi & Li，2010），以及中国中部一带分布有热带和亚热带常绿阔叶林（Yu et al.，2000）。但随着冰期到来，热带植物南退，部分热带植物在一些地区特殊地形地貌的"避难所"作用下得以存活，加之三大夏季风（东亚、南亚和西北太平洋季风）的影响，使得这部分热带植物类群在热带的北缘保留至今（姜超等，2017）。因此，季风的出现直接影响着热带植物的分布格局。尤其是在这三大夏季风的交会和叠加区，造就了全球最大的生物多样性热点地区——东南亚，更是使中国西南与中南半岛成为一些典型热带植物类群的多样性与特有中心（姜超等，2017；韦毅刚，2018）。

1.3.2　温度

　　东南亚极端温度均发生在缅甸，冬天的开卡博峰可达–40℃以下，夏天的中部干旱区可以超过40℃。一般而言，季节差异随着纬度的增加而增加，因此赤道附近一直持续着高温，没有明显的季节区分。同时，赤道附近接收太阳辐射量的差别也不大，所以海洋成为影响热源的重要因素。气温随着海拔的升高而明显降低，每上升100 m，气温平均下降0.6℃，但在不同的天气情况下可能会在0.4～1.0℃波动。因此，高海拔地区的气温会明显低于低海拔地区，如马来西亚金马伦高原（Cameron Highlands，约1800 m）和菲律宾的碧瑶（Baguio，约2000 m）等地的温度下降了10～14℃。甚至在一些高海拔地区还曾观察到结霜，如爪哇岛西部的潘加伦甘高地（Pangalengan，1500 m）、爪哇岛东部的迪昂高原（Dieng Plateau，2100 m）等（Sukanto，1969）。不仅如此，高海拔地区昼夜温差的变化更为明显，赤道附近的高山亦是如此，如基纳巴卢山（4095 m），昼若酷暑、夜如冬。

离赤道越远，季节性更强。中南半岛气温上升与云层覆盖度直接相关，因此气温的波动幅度更为明显，仅 1～7 月的年平均气温范围超过 10℃。冬季寒潮从中国大陆吹向南海，限制了很多 17°N 热带地区（如海南岛）热带作物的生长，如橡胶。

1.3.3　降雨

东南亚降雨十分不均匀，缅甸中部干燥区和苏拉威西岛中部帕卢（Palu）山谷的年均降雨量仅 500～800 mm，而越南中部的白马山（Bach Ma Mountain）可达 8000 mm。就大部分生物而言，季节性降雨非常重要，这关乎整个世代周期的完成，尤其是中南半岛上的干旱区。降雨的分布格局与流行季风、热带辐合带（ITCZ）、山势走向、陆海距离等关系紧密。

流行季风直接导致降雨的空间与时间上的分布不均，尤其是在中南半岛，夏季风带来的暖湿气流使整个中南半岛潮湿多雨，冬季风盛行时干旱少雨，雨/旱季分明（姜超等，2017）。热带辐合带的南北移动同时也伴随着降雨格局的迁移，北半球夏天时最北，冬天时最南。东南亚降雨格局的出现，主要是由于热带辐合带和季风的共同作用，加之地势的抬升导致饱含水汽的风沿着山坡向上攀升，高海拔的寒冷使水汽凝结形成降雨。为此，很多地区的迎风面产生了大量的降雨，并且明显多于背风面，甚至出现"焚风效应"（姜超等，2017）。东南亚极端降雨量的出现都是由这种地势抬升作用所造成的，如缅甸、苏门答腊岛和加里曼丹岛西海岸的迎风面降雨量全东南亚最大；东南亚最干燥的地方大部分出现在山脉背风的一面，如缅甸中部干燥区、苏拉威西岛帕卢山谷以及我国西南干热河谷。

1.3.4　植被类型

东南亚不是一个单独的植物地理学单元，著名的动物地理界线之一——华莱士线便是最好的证明。东南亚自然植被类型主要受海拔和降雨格局的控制，因此可以大致分为低海拔植被、高山植被和湿地植被三大类型（Gupta，2005）。

1. 低海拔植被

低海拔植被类型主要分为热带雨林、热带季雨林和热带稀树草原等。东南亚的热带雨林主要分布于赤道两侧的低地，亦称赤道雨林。该地区年平均温度 25～30℃，年雨量不低于 2000 mm，通常超过 2500 mm，年内没有明显的季节性变化。植物全年都能发芽、开花、结果，落叶与季节的关系不显著。绝大部分分布于马来群岛如加里曼丹岛、苏门答腊岛、苏拉威西岛、新几内亚岛以及马来半岛等，中南半岛上主要分布于越南、柬埔寨、泰国和缅甸的南部。热带雨林分布的垂直上限因地而异，一般为 600～1000 m。热带雨林结构复杂，乔木高大、普遍具有板根，藤本植物和附生植物丰富，绞杀植物和老茎生花现象常见。东南亚热带雨林中 50%以上的高大乔木为龙脑香科植物，是东南亚热带雨林的特征科。

　　热带季雨林或称"季风雨林"，是在干湿季节交替的热带季风条件下形成的一种地带性密闭型森林植被，其突出的特点是建群种为旱季落叶的热带性阔叶树，生长期存在一个明显的落叶期（朱华，2011；姜超等，2017）。随着赤道向南回归线、北回归线的推移，雨量季节性变化渐趋明显，被认为是热带雨林（季节性雨林）向热带稀树草原植被过渡的一种特殊植被类型（朱华，2011）。季雨林年气温处于 23～35℃，年雨量 1000 mm 左右，有的地方可以达到 1500 mm，但有明显的旱季。东南亚赤道两旁的热带雨林把季雨林分隔开来，赤道以北的中南半岛有明显的旱/雨季之分，季雨林分布的范围较广；赤道以南的一些岛屿，由于受到大洋洲东南季风的影响，如爪哇岛东部、小巽他群岛等，也有短期季节性的干旱（王献溥，1984）。在东南亚以及中国云南南部、广西西南部及海南岛等地的石灰岩山峰中上部，还发育着一类特殊的季雨林（吴春林，1991；朱华等，1996；秦新生等，2014）。石灰岩山峰海拔较高的地方由于石灰岩漏水特性，因此干湿变动极其剧烈（朱华等，1996），再加上土层薄、含钙量极大等特点，发育出了以喜钙耐旱植物为主的特殊季雨林（朱华等，1996；吴望辉，2011；秦新生等，2014）。位于这些石灰岩山峰中部及下部的不存在明显落叶期的常绿或半常绿森林，《中国植被》和《云南植被》中称为石灰山常绿季雨林（吴春林，1991），朱华（2011）则称之为热带季节性湿润林（tropical seasonal moist forest）。

　　另一类特殊的热带稀树草原又称萨瓦纳（savanna）群落，通常被定义为分布在赤道雨林和荒漠（半荒漠）带之间，主要由 C$_4$ 型草本植物和零散分布的乔灌木组成的植被类型。其主要特点是较为开放的环境，缺乏带有密闭林冠层的森林。东南亚 800～2000 mm 的年均降水量和 5～7 个月的旱季是促进热带稀树草原发育的主要因素。末次冰期时东南亚巽他大陆架低纬地区的植被是热带雨林还是稀树草原仍存在一定的争议（Bird et al.，2005），但戴璐和 Foong（2017）认为还是以雨林为主。目前东南亚热带稀树草原主要存在于中南半岛，我国海南岛也有分布。海南岛西部从洋浦、昌江直到莺歌海的沿海平地、河流三角洲及部分沙地上，分布着一片长约 170 km、宽 3～20 km 的沙漠化土地，这里曾经是我国唯一的热带稀树草原分布区（郑影华等，2009；欧先交等，2013；姜超等，2017）。海南岛的稀树草原受热带季风气候控制，雨季和旱季明显，植被是以热带型的旱生或中生多年生禾草类为主的草本植物群落，以华三芒草（*Aristida chinensis*）、丈野古草（*Arundinella decempedalis*）、艾纳香（*Blumea balsamifera*）、黄花稔（*Sida acuta*）等耐旱草本为主。

2. 高山植被

　　高山植被类型又可细分为山地雨林和山地季雨林。热带雨林地区，随着海拔的升高，生境发生变化，低地雨林逐渐被山地雨林所代替，山地雨林是湿润性的阔叶常绿林。低地雨林丘陵相的上限为山地雨林的过渡带。东南亚各地过渡带的海拔因地而异，如马来半岛的热带雨林在海拔 100 m 左右进入山地雨林，而爪哇岛的热带雨林在 1500~2000 m 才进入山地雨林。

热带季雨林地区，低地季雨林向山地季雨林的过渡带为低地季雨林丘陵相的上限，海拔为 700~1000 m。海拔 1000~2600 m 为山地季雨林的主要分布带。低地季雨林的组成常以松林占优势，海拔越高，这种趋势越明显。

3. 湿地植被

湿地植被类型又可细分为红树林、砂质海滩林和沼泽林。东南亚的热带海岸带发育着两类海岸植被类型，一类是生长在海湾淤泥上的红树林，一类是生长在砂质海岸上的海滩林。典型的红树林一般位于潮汐作用以内和背风或海浪作用不大的泥岸上，主要分布于东南亚赤道两旁。在中南半岛主要分布于缅甸的伊洛瓦底江三角洲沿岸，越南的湄公河三角洲海岸带和泰国马来半岛西岸。在马来群岛主要分布于加里曼丹岛、苏门答腊岛、爪哇岛、苏拉威西岛、新几内亚岛、棉兰老岛、巴拉望岛和马六甲海峡沿岸。

砂质海滩林呈带状分布，与海岸平行。大部分砂质海滩林为裸露的沙土，地表温度高，日夜变化剧烈，形成极端的小气候，因此大部分植被都具有耐高温、抗干旱、耐盐的特性。从沙滩的外缘至内缘，由于沙土带的松紧度和含盐量的不同，植被群落形成明显的生态系列，最外缘为草丛，中间为灌丛，内缘为丛林，由草本群落过渡到木本群落。草丛多是一些耐盐、耐旱的先锋性植物种，如厚藤（*Ipomoea pes-caprae*）和老鼠芳（*Spinifex littoreus*）等。灌木为蔓荆（*Vitex trifolia*）、露兜树（*Pandanus tectorius*）等。丛林常出现木麻黄（*Casuarina equisetifolia*）林带，有的地方还出现露兜树属（*Pandanus*）、红厚壳属（*Calophyllum*）等属树种。

沼泽林是发育在热带低地沼泽土上的湿生植被类型。年雨量 2000 mm 以上和排水不易的地形是沼泽土形成的主要条件，这种地区由于长期或季节性积水，通气不良，有机质分解缓慢，往往促成泥炭层的生成。泥炭沼泽土有机质丰富，发育高大的常绿沼泽林。东南亚的沼泽林主要分布在苏门答腊岛东部、加里曼丹岛沿岸、新几内亚岛南部、菲律宾南部、马来半岛沿岸以及中南半岛上的柬埔寨、越南和泰国等地。中南半岛上典型的沼泽林出现在洞里萨湖周围。

1.4　地　质　变　迁

1.4.1　巽他大陆

地质历史上，巽他大陆（Sundaland）是东南亚陆块的核心，大部分陆地碎片均由冈瓦纳古陆分离而来。泥盆纪（Devonian Period）早期华南（South China）地块、中南半岛（Indochina）地体和东马来地体从冈瓦纳古陆分离，形成华夏古陆（Cathaysialand），并顺时针旋转向北移动（Metcalfe，2011），成为如今东南亚地体的大陆核心（图 1.2）（Hall，2009；Metcalfe，2011）。滇缅泰马（Sibumasu）板块则于二叠纪（Permian Period）从冈瓦纳古陆分离，三叠纪（Triassic Period）与中南半岛-东马来板块缝合（图 1.2）（Hall，2009；Metcalfe，2011）。西缅甸（West Burma）石炭纪（Carboniferous Period）早期便已是东南亚的一部分，三叠纪时期从华夏古陆中的中南半岛地体分离沿着地质断层向西移动至滇缅泰马地体外侧，形成如今的地质格局（图 1.2）（Metcalfe，2011；Hall，2012）。东马来地体与中南半岛地体于泥盆纪从冈瓦纳古陆分离，石炭纪移动到热带低纬度地区（图 1.2）（Hall，2009；Metcalfe，2011）。侏罗纪（Jurassic Period）时期加里曼丹岛西南部、爪哇岛东部以及苏拉威西岛西部等从澳大利亚本岛古陆分离，于白垩纪（Cretaceous Period）与巽他古陆缝合（图 1.2）（Metcalfe，2011；Hall，2013）。

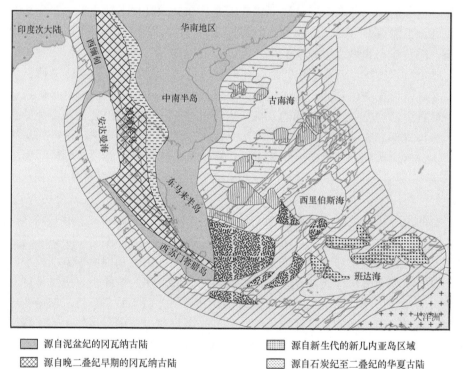

图 1.2　东南亚各地块分布及地质历史（改自 Metcalfe，2011）

Fig. 1.2　Plates distribution and geologic history of Southeast Asia (Revised from Metcalfe, 2011)

1.4.2　华莱士区

巽他陆架（Sunda Shelf）和萨胡尔陆架（Sahul Shelf，澳大利亚大陆架）之间散落着很多大陆碎片，这片区域被称为华莱士区（Wallace District），也是华莱士线和莱德克线之间的过渡区域。4500 万年前澳洲板块开始向北移动，巽他大陆周边的俯冲带逐渐形成（Hall，1996，2012）。巽他弧（Sunda arc）可能在苏拉威西岛西部边缘段被抵消，并继续向东经苏拉威西岛北部进入太平洋东菲律宾-哈马黑拉内弧（intra-Pacific East Philippines-Halmahera arc）。巨大的海洋裂口和深水将巽他大陆与新几内亚岛分隔开，并且形成了大量浅海碳酸盐岩沉积，因此，巽他大陆东岸海沟得以一直延续到西太平洋（东南亚 3000 万至 500 万年前海陆状况图片参见 http://searg.rhul.ac.uk/FTP/FM_maps/）（Hall，2012）。

中新世早期，古南海与加里曼丹岛北部碰撞，导致加里曼丹岛山脉隆升，大型三角洲迅速形成并进入周围的深水盆地。为此，加里曼丹岛才出现了北部和东部陆地，逐渐发展成今天的世界第三大岛。加里曼丹岛和苏拉威西岛西部之间被深海阻隔，但仍可以通过爪哇岛使加里曼丹岛与苏拉威西岛相连（上新世时期苏拉威西岛西部本身可能也是由一些小岛组成的）。同理，苏拉威西岛与大洋洲之间也可能以这种方式相连。约 1000 万年前，此时陆地相对广阔、海水较浅，大洋洲和苏拉威西岛之间最有可能相连，但望加锡海峡依然是宽阔的海沟。

在随后几百万里里，该区域持续活跃着。西部的苏门答腊岛和爪哇岛已逐渐成形，而爪哇岛东部的大部分地区直到上新世晚期甚至更新世仍是海洋沉积的场所（Hall，2012）。新几内亚岛的海拔隆升开始于 1000 万年前，但大部分山脉可能在 500 万年前便完成了隆升（Hall，2012）。马鲁古海北部弧之间的碰撞导致了马鲁古海中部抬升，进一步增加了北部马鲁古海岛屿的面积，如哈马黑拉岛。

1.4.3　菲律宾

菲律宾北部吕宋岛在中新世以前通过苏禄-卡加延（Sulu-Cagayan）弧与加里曼丹岛相连（Hall，2002），而巴拉望岛（Palawan）、民都洛岛（Mindoro）、班乃岛（Panay）和一些支离破碎的小岛则主要来自欧亚板块，直至古南海在向南俯冲潜没（subduction）消失，华南板块边缘与沙巴-卡加延（Sabah-Cagayan）火山弧碰撞，导致加里曼丹岛中部、沙巴和巴拉望的土地出现或面积增加（Hall，2002；Trung et al.，2004；Siler et al.，2012）。

始新世时的菲律宾南部为哈马黑拉弧（Halmahera arc），曾一直延伸到赤道/南半球的西太平洋。大约在 2500 万年前哈马黑拉弧与新几内亚岛碰撞，随后菲律宾海板块开始顺时针旋转，并在新近纪延续了这一过程，带着南菲律宾群岛（包括棉兰老岛）一起向北移动。最后，南、北菲律宾在旋转和俯冲的共同作用下开始聚拢，苏禄海也为之打开。直到中新世晚期整个菲律宾才形成了如今的轮廓。

1.5 东南亚与周边板块的联系

板块之间的碰撞不仅带来了地形地貌的巨变，更促进了不同大陆间的生物交流。为此，在整个东南亚植物演化历程中有两次重大事件，一次为始新世（约 4500 万年前）印度板块与欧亚大陆碰撞，另一次为渐新世晚期（约 2500 万年前）澳洲板块与巽他大陆碰撞。这两次碰撞在一定程度上改变了当时东南亚的植被类型，尤其是印度板块植物区系对东南亚的冲击，曾一度入侵甚至取代了一些原生物种（Cox et al.，2016）。为此，印度板块和澳洲板块对东南亚植物区系的影响极为关键。

1.5.1 印度板块

侏罗纪时印度大陆从冈瓦纳古陆分离，8000 万年前印度板块快速向北移动并在特提斯海（Tethys）亚洲的边缘向北潜没，直到新生代早期与热带亚洲正式碰撞，但对这一碰撞的时间存在很大的争议（表 1.2），目前存在两种主要的观点，传统观点认为印度板块和欧亚板块约 5000 万年前直接碰撞（Royden et al.，2008；van Hinsbergen et al.，2012；Hall，2012），另一种观点认为，印度板块在与欧亚大陆正式碰撞之前曾在东南亚西海岸发生过侧滑，也就是 Ali 和 Aitchison 的改进 Acton 的印度模型（表 1.2）。

表 1.2 印度次大陆与亚洲碰撞的几种猜想及时间段（改自 Li et al.，2013）

Table 1.2 Geological hypotheses for the collision between the Indian subcontinent and Asia in regard to timing and sequence of events (Revised from Li et al., 2013)

假说	板块位置	时间段	参考文献
传统观点	印度板块和欧亚板块直接碰撞	始新世早期至中期（5000 万年前）	Royden et al.，2008
Ali 和 Aitchison 的改进 Acton 的印度模型	印度与洋内弧碰撞，其东南角与苏门答腊岛以及缅甸有过短暂的接触	始新世早期（5500 万年前）	Aitchison et al.，2007；Ali & Aitchison，2008，2012
	印度东南部与东南亚西部连接	始新世中期至晚期（5500 万～3400 万年前）	
	板块之间相撞	始新世晚期至渐新世早期（3400 万年前）	
Schettino 和 Scotese 的印度模型	无连接，印度板块距离东南亚西部约 1000 km	始新世早期（5500 万年前）	Schettino & Scotese，2005
	无连接，印度东南部潜没	始新世中期至晚期（5500 万～3400 万年前）	
	板块之间相撞	中新世晚期至渐新世早期（3400 万年前）	

续表

假说	板块位置	时间段	参考文献
van Hinsbergen 大印度 洋盆（GIB）假设和 2 阶段碰撞模型	西藏-喜马拉雅微板块与亚洲相撞	始新世早期	van Hinsbergen et al., 2012
	大印度洋盆（GIB）俯冲至大喜马 拉雅俯冲带	始新世中期至渐新世晚期 （5200 万~2500 万年前）	
	最终印度-欧亚板块相撞	渐新世晚期至中新世早期 （2500 万~2000 万年前）	

早白垩纪印度北部和苏门答腊岛之间的特提斯海上曾有条沃伊拉洋内弧（Woyla intra-oceanic arc）（Barber et al.，2005；Hall，2012），9000 万年前与苏门答腊碰撞，并插入巽他大陆，另一端向西延伸进入印度洋（Hall，2012）。随后，8000 万年前印度板块才开始快速向北俯冲至特提斯海下方，约 5500 万年前与苏门答腊岛西边洋内弧发生碰撞，之后继续向北移动，在始新世与欧亚大陆正式碰撞（Hall，2012）。然而，当时的印度大陆比如今的大得多，其北缘可能还存在约 950 km 的岩石圈（Aitchison et al.，2007；Ali & Aitchison，2008，2012；Hall，2012），因此真正的碰撞时间与地点还有待多学科共同合作研究。但至少在 Li 等（2013）的研究中证明了印度在与欧亚大陆正式碰撞之前先与巽他大陆有过生物的交流。

印度板块作为生命的"方舟"，对整个东南亚植物区系的影响巨大，龙脑香科（Dipterocarpaceae）、野牡丹科（Melastomataceae）、帚灯草科（Restionaceae）等典型的热带植物均起源于非洲（Morley，2003），伴随着印度板块的北迁抵达东南亚，并快速扩散，是东南亚地区重要的"种源"。

1.5.2　澳洲板块

9000 万~4500 万年前大洋洲仍靠近南极洲，苏门答腊岛和爪哇岛下没有明显的俯冲。4500 万年前大洋洲开始向北移动，印度尼西亚地下的俯冲开始，并一直持续至今。约 2500 万年前新几内亚岛边缘先与东菲律宾-哈马黑拉-南卡罗琳弧系统（East Philippines-Halmahera-South Caroline arc system）碰撞，同时澳洲边缘极乐鸟（Bird's Head）也开始与东南亚边缘的苏拉威西岛接触。2500 万~2000 万年前的碰撞在很大程度上改变了板块边缘的特征，尤其是澳洲板块的碰撞直接导致了东南亚一些地块的旋转，如菲律宾棉兰老岛（Hall，2012）。中新世中期（约 1500 万年前）澳洲板块与巽他板块相撞，东印度尼西亚诸多岛屿也随之浮出海平面，加之一些来自澳洲板块的陆地碎片，形成了如今的"华莱士区"（Hall，1996，2012）。

在澳大利亚大陆与巽他大陆碰撞之后，"华莱士区"迅速成为植物扩散的踏脚石，是植物迁入和中转的种库，如鸡毛松属（*Dacrycarpus*）（Morley，2003）、木麻黄属（*Casuarina*）（Morley，2003）、鱼黄草属（*Merremia*）（Morley，2003）和芭蕉科（Musaceae）（Janssens et al.，2016）等。

1.6　气候波动与海平面升降

随着古冈瓦纳古陆的逐步破裂，世界的地理格局逐渐改变。白垩纪晚期，世界范围的海洋水循环主要由一股暖流支配，由太平洋沿欧亚和北美洲的南缘向西奔流，由于冈瓦纳碎片（南美洲、非洲、印度及大洋洲等）逐渐向北移动，这股暖流的路径逐渐向南移动，并围绕整个南极洲周围奔流，导致南极洲环极地流的建立（Cox et al.，2016）。然而，这个方向朝东的冷水和强风流，把南极洲的气候系统与此暖流分隔开，使南极洲不再温暖（Cox et al.，2016）。直到约 4500 万年前南极洲逐渐被冰川所覆盖，2900 万年前覆盖面积近乎全部大陆（Lawver & Gahagan，2003）。

同时，青藏高原的隆起导致典型的亚洲季风气候出现，并进一步增强化学风化，降低大气中 CO_2 的含量，致使全球气温骤降、南极冰川扩增以及海平面下降，最低下降约 120 m（Hantoro et al.，1995；潘保田和李吉均，1996）。最终东南亚巽他陆架和萨胡尔陆架大部分区域露出海面，使两个陆架上的岛屿相连（如中南半岛与加里曼丹岛、新几内亚岛与澳大利亚大陆相连），仅两者之间的区域（现华莱士区）洋流可以通过（Hantoro et al.，1995）。

随着澳洲板块（约 4600 万年前）快速向北移动，中新世（约 1500 万年前）与东南亚板块碰撞，另一条由东向西的扩散路线也随之产生。缝合的板块，使向西的太平洋洋流形成新的障碍，进一步加强了南极洲的环极流（Cox et al.，2016）。深海氧同位素记录表明，新生代第二次全球气候强烈变冷发生在约 1500 万年前（潘保田和李吉均，1996）。这次变冷使原本融化不到 50% 的南极冰盖再次扩张，海平面的下降无疑为大洋洲和亚洲植物相互交往提供了更多的通道（Cox et al.，2016）。此时，不仅东南亚的植物可以进一步向东扩散至太平洋群岛，而且来自大洋洲北部、新几内亚岛的植物也得以向西继续拓殖。

渐新世至更新世的气候变化引起了海平面的变化（图 1.3），导致东南亚大陆架在间冰期不断被淹没（Hanebuth et al.，2011）。第四纪早期，巽他陆架和萨胡尔陆架的性质发生了根本性的变化，海平面波动幅度增加（图 1.3，图 1.4）（Zachos et al.，2001），导致这些先前被淹没的大陆架在冰期重出水面，间冰期再次淹没（图 1.4）（Voris，2000；Hanebuth et al.，2011）。

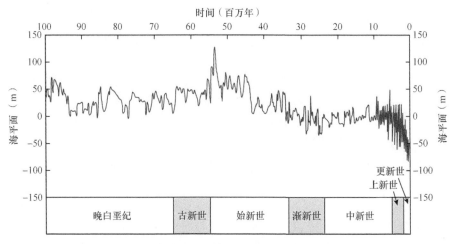

图 1.3　近 1 亿年内海平面变化（改自 Miller et al.，2005）

Fig. 1.3　Changes in sea level over the last 100 million years (Revised from Miller et al., 2005)

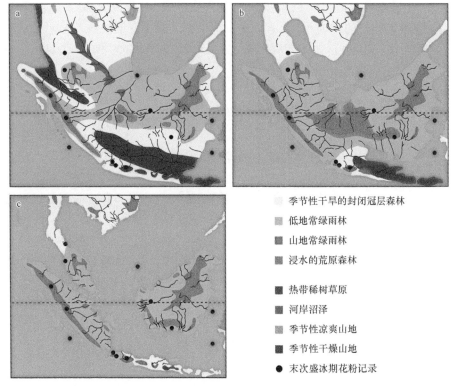

季节性干旱的封闭冠层森林

低地常绿雨林

山地常绿雨林

浸水的荒原森林

热带稀树草原

河岸沼泽

季节性凉爽山地

季节性干燥山地

● 末次盛冰期花粉记录

图 1.4　东南亚第四纪海平面变化（改自 de Bruyn et al.，2014）

a. 2.5 万年前末次盛冰期时最低的海平面；b. 1.2 万年前海水逐渐淹没巽他陆架；c. 如今间冰期的海平面

Fig. 1.4　Quaternary changes in sea-level of Southeast Asia (Revised from de Bruyn et al., 2014)

a. 25 ka at lowest sea levels, glacial maximum; b. 12 ka as sea-flooded Sunda Shelf;

c. present-day, interglacial sea level

　　第四纪巽他陆架主要存在三种主要的海平面状态（图 1.4）。其中，海平面最常见的状态为比现在高 40～50 m（图 1.4b），陆地面积约是现在的 2 倍，常绿雨林从加里曼丹岛一直延伸到苏门答腊岛。第二种状态为末次盛冰期海平面最低时期（图 1.4a），在此期间，季节性植被分布非常广泛，但并没有形成一条贯穿南北的走廊，陆架中部贫瘠海底沙质土壤可能形成了一个巨大的屏障（图 1.4a）（Slik et al.，2011）。为此，末次盛冰期时的这个屏障可能抑制了植物贯穿巽他陆架，尽管在这之前的冰期可能出现过贯穿整个巽他陆架的半常绿季节性森林走廊，但并未形成连续热带稀树草原（Cannon et al.，2009）。并且巽他陆架与中南半岛的植物区系存在差异，大部分学者认为不太可能存在连续的热带稀树草原（图 1.4a）。最后一种状态是如今的高海平面，常绿雨林从克拉地峡一直延续到爪哇岛西部，包括加里曼丹岛，但此时大部分巽他陆架已被海水淹没（图 1.4c）。

　　研究两极冰芯和海底沉积物，结果显示，第四纪冰期和间冰期周期性旋回至少发生了 20 多次（Woodruff，2010）。这就意味着这一区域的生物"隔离-融合"至少发生了 20 次，生物应对这种变化可能发生扩张、收缩及迁移等，并伴随着物种的灭绝与新物种的生成，对该地区生物多样性形成和维持发挥了举足轻重的作用（Woodruff，2010），如兜兰属（Guo et al.，2015）、秋海棠属（Thomas et al.，2012）等。

1.7　结　　语

　　东南亚主要起源于冈瓦纳古陆，受欧亚、印度、南海、太平洋以及大洋洲等地块共同挤压，发生走滑、旋转、俯冲等地质作用，使东南亚成为当前连接亚洲与澳大利亚大陆、印度洋与太平洋的"十字路口"。同时，伴随着全球气候格局的变化，尤其是第四纪冰期与间冰期的周期性旋回，该地区生物周期性地"隔离-融合"，加速了当地物种的分化，使之成为全球生物多样性最为富集的地区，以约占世界陆地面积 5%的区域分布着全球 20%～25%的高等植物，是研究植物地理学的天然实验室。

第 2 章　植物分布格局与区系划分

Chapter 2　Plant distribution pattern and floristic division

任明迅（REN Ming-Xun），谭　珂（TAN Ke）

　　摘要： 东南亚地质历史悠久、地块来源多样，不仅保存了大量的早期被子植物如木兰藤目、睡莲目等原始类群，还是一些热带植物类群如浆果苣苔属、芒毛苣苔属和秋海棠属等物种快速分化的"进化前沿"。东南亚全域属于全球性的生物多样性热点地区，但植物多样性尤其富集在加里曼丹岛、马来半岛、中南半岛等，可分为 4 个不同的生物多样性热点地区：印度-缅甸区、巽他区、菲律宾区和华莱士区。加里曼丹岛和中南半岛是整个东南亚地区的进化热点，分化出了很多植物新类群，成为东南亚重要的种源；而爪哇岛和小巽他群岛主要是物种迁入和中转的种库。根据地质历史、气候属性及植物亲缘关系，东南亚可以分为 3 个植物区系（即植物地理学分区）：①西部巽他区，主要包括马来半岛、加里曼丹岛、苏门答腊岛；②中部华莱士区，含菲律宾群岛、苏拉威西岛、爪哇岛、马鲁古群岛、小巽他群岛等；③东部新几内亚区，主要是华莱士区以东的新几内亚岛。中部华莱士区存在由季风气候决定的明显的干湿季，而西部巽他区和东部新几内亚区常年温湿，并在盛冰期曾分别与欧亚板块及大洋洲相连，使得东南亚群岛成为周边植物扩散与交会的一个"十字路口"，深刻影响着我国南方植物区系特别是横断山区、滇黔桂交界区等地的植物组成。

Abstract

Southeast Asia has the largest archipelagos and probably represents the most complex geological history in the world. The overwhelming monsoon climate further promotes the Southwest Asia extremely rich in biodiversity. A large amount of primitive taxa of angiosperms including Austrobaileyales and Nymphaeales were found in this region. Southeast Asia, especially the Kalimantan Island and Indo-China Peninsula, is also the distribution centers of several tropical groups such as *Cyrtandra*, *Aeschynanthus*, and *Begonia*. Thus, Southeast Asia turns out to be not only a 'museum' of early angiosperms, but also act as an 'evolutionary front' of some tropical taxa. The whole Southeast Asia can be divided into four biodiversity hotspots, i.e. Indo-Burma, Sundaland, Philippines, and Wallacea. But the floristic division is not necessary the same as the hotspots due to extensive species dispersal and complex geological movements in histories. According to the plant distribution pattern, climate, and geographic history, three floristic divisions (phytogeographic regions) can be recognized as (i) western Sundaland, including Malay Peninsula, Kalimantan Island, Sumatra Island, (ii) the central Wallacea, including Philippines, Sulawesi Island, Java Island, Less Sunda Islands, Maluccas Islands, (iii) the eastern New Guinea, mainly the New Guinea Island and the nearby archipelago. The central Wallacea experienced obvious dry-wet seasonal changes due to strong effects of monsoons, while the Sundaland and New Guinea are always wet for the whole year. The Kalimantan Island and Indo-China Peninsula are the evolutionary hotspots for the whole Southeast Asia and act as 'species source', while the Java Island and Lesser Sunda Islands are mainly 'species pool' since most species on these islands are immigrants from nearby regions. In histories, especially during the ice ages, Sundaland and New Guinea were connected to the nearby continents acted as 'land bridges' for plant spreads among Asia, Australia and the Pacific. Consequently the Southeast Asia becomes a crossroad for long-distance dispersal of modern angiosperms, and affects the southern flora of China especially the Hengduan Mountains and neighboring regions of Yunnan-Guizhou- Guangxi provinces.

　　东南亚地处热带亚洲,拥有世界最大的群岛——马来群岛（约 20 000 个岛屿）和季风气候最明显的热带雨林（Lohman et al., 2011；van Welzen et al., 2011；姜超等, 2017）。东南亚的陆地碎片主要来源于冈瓦纳古陆、太平洋板块, 经历了剧烈的岛屿漂移与海陆变迁, 可能是全球地质历史最复杂的区域之一（Hall, 2002, 2009, 2012, 2013；戴璐和 Foong, 2017）。东南亚群岛片断化明显、物种隔离分化高, 维持了丰富的生物多样性和复杂的地理分布格局。著名的动物地理学奠基者——艾尔弗雷德·拉塞尔·华莱士（Alfred Russel Wallace）曾在东南亚群岛开展了长达 8 年的研究, 奠定了生物地理学学科基础, 并提出了自然选择理论和朴素的生物进化思想（Wallace, 1869；Smith & Beccaloni, 2010）。

　　从华莱士时代开始, 东南亚生物多样性的地理分布规律、生物区系以及生物地理学研究备受关注,但主要是针对动物类群（George, 1981；Lohman et al., 2011）。近年来, 随着分子生物学方法与野外研究技术的飞速发展, 东南亚群岛及其邻近区域吸引了越来越多的植物物种形成与适应进化、植物地理学与保育生物学等邻域学者的研究（van Welzen et al., 2011；Buerki et al., 2014；Corlett, 2014；Whittaker et al., 2017；李嵘和孙航 2017）。这些研究发现, 东南亚群岛不仅是早期被子植物的发源地与"避难所"之一（Buerki et al., 2014）, 还是触发一些热带植物类群快速分化的"进化前沿"（Thomas et al., 2012；de Bruyn et al., 2014；Whittaker et al., 2017）,也是物种扩散的交会地（Gunasekara, 2004；Lohman et al., 2011）,

深刻影响着全球植物区系的形成与演化。

　　本章首先总结东南亚植物多样性的分布格局，然后结合古地理与古气候、谱系地理及分子生物地理学方面的最新研究进展，探讨东南亚群岛在保存早期被子植物孑遗类群、促进物种多样性形成与维持、沟通植物区系等方面的作用，解释东南亚植物多样性形成与维持机制、长距离扩散历史，最后总结分析东南亚的植物区系与植物地理学分区，并讨论东南亚及邻近地区（如中国南部）植物多样性的历史联系与演化趋势。

2.1　东南亚植物多样性分布格局

　　Myers 等（2000）在划分全球性的生物多样性热点地区时，根据地块历史及生物地理学分区传统，将东南亚分为 4 个不同的生物多样性热点地区：印度-缅甸区（Indo-Burma）、巽他区（Sundaland）、菲律宾区（Philippines）和华莱士区（Wallacea）（图 2.1）。东南亚群岛因此成为全球陆地生物多样性热点地区分布最

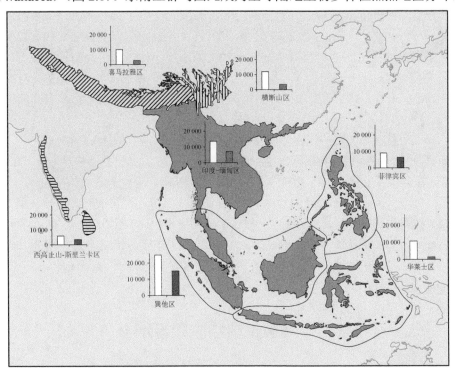

图 2.1　东南亚及邻近区域生物多样性热点地区的物种多样性水平（改自谭珂等，2020）

柱状图中的白柱为植物物种总数，灰柱为特有种数

Fig. 2.1　The biodiversity hotspots and their species diversity in Southeast Asia and nearby regions (Revised from Tan et al., 2020)

The white bar is the total number of plant species and the gray bar denotes the number of endemic species

密集的区域（Myers et al.，2000；Sodhi et al.，2004），并与邻近的西高止山-斯里兰卡、中国横断山区两大生物多样性热点地区存在紧密的联系（Royden et al.，2008；刘杰等，2017）。

但是，这4个生物多样性热点地区的划分主要是依据华莱士线（Wallace's line）、赫胥黎线（Huxley's line）以及莱德克线（Lydekker's line）（图2.1）。这3条生物区系分界线主要是基于动物区系的研究结果（Wallace，1869；Esselstyn et al.，2010；Lohman et al.，2011），对于植物区系划分和植物地理分区的适用性存在较大局限性（George，1981；van Welzen et al.，2011）。

印度板块撞击欧亚大陆以及青藏高原的隆升是影响东南亚植物多样性及其分布格局的关键因素之一（潘保田和李吉均，1996；戴璐和Foong，2017；Kooyman et al.，2019）。东南亚一带是全球季风（monsoon）（潘保田和李吉均，1996）气候最盛行的区域（姜超等，2017）。典型的亚洲季风气候出现，带来了规律性的季节性干湿更替，可能促进了东南亚被子植物的快速分化和扩散（姜超等，2017）。季风还进一步增强化学风化，降低大气中 CO_2 的含量，致使全球气温骤降（潘保田和李吉均，1996），骤降的气温使南极冰川扩增、海平面下降，最低下降约120 m（Hantoro et al.，1995；戴璐和Foong，2017），导致东南亚巽他陆架和大洋洲陆架大部分区域露出海面，使两个陆架上的岛屿相连（如中南半岛与加里曼丹岛、新几内亚岛与大洋洲相连）。华莱士区则一直由深邃的海沟与周边岛屿相隔（Hantoro et al.，1995；Hall，2013），塑造了今天东南亚生物多样性分布格局的雏形（图2.1）。

那么，东南亚丰富的生物多样性怎么来的？目前，主要有以下4种解释：①岛屿隔离及喀斯特地貌（石灰岩地貌）形成的局域生境隔离促进了物种分化（Sodhi et al.，2004；Lohman et al.，2011）。②东南亚群岛是早期被子植物的发源地与"避难所"之一（Buerki et al.，2014）。③东南亚地处热带，水热条件丰沛，又是季风气候节律发生的典型区域，促进了一些热带植物类群快速分化（Thomas et al.，2012；de Bruyn et al.，2014；Whittaker et al.，2017）。④东南亚地处东亚、南亚、大洋洲、太平洋岛屿的"十字路口"，大量物种在这里交会共存（Gunasekara，2004；Lohman et al.，2011）。

2.2　东南亚是早期被子植物的起源地与"避难所"

Buerki 等（2014）指出，被子植物基部类群睡莲目（Nymphaeales）和木兰藤目（Austrobaileyales）等在今天的东南亚岛屿有集中分布，邻近的大洋洲大陆分布着另一个原始类群无油樟目（Amborellales）。东南亚汇聚了全球最多的原始被子植物类群，很早就被认为是被子植物的起源地（Bailey，1949；Takhtajan，1969）。

但 Buerki 等 (2013) 认为，东南亚更可能是早期被子植物的孑遗中心而不是起源中心。Buerki 等 (2014) 综合了以往的研究，认为东南亚岛屿至少在侏罗纪晚期与白垩纪早期促进了早期被子植物的物种分化，并在全球气候剧变时保存了大量植物类群，可以认为是现代被子植物的重要起源地与"避难所"之一。

2.2.1 龙脑香科

龙脑香科 (Dipterocarpaceae) 是东南亚热带雨林的特征类群和建群种，在东南亚热带雨林生态系统中起着极为关键的作用 (Appanah & Turnbull，1998；Yulita，2013)。龙脑香科约起源于早白垩纪的冈瓦纳古陆 (Gunasekara，2004)，与被子植物大规模扩散的时间相似 (1.3 亿至 9000 万年前) (Crane et al.，1995)。龙脑香科植物约有 16 属 550 种，间断分布于亚洲、非洲和美洲，其中东南亚有着 90%以上的物种 (分布中心在加里曼丹岛)，非洲分布 2 属，美洲 1 属 (张金泉和王兰洲，1985)。

分子系统学研究揭示，龙脑香科植物起源于冈瓦纳古陆的非洲地区，随着冈瓦纳古陆破裂，向美洲和亚洲扩散 (Morley，2003；Gunasekara，2004；Dutta et al.，2011；Yulita，2013)。亚洲的龙脑香科植物是在约 9000 万年前通过印度板块带来的 (Gunasekara，2004)。"印度方舟"在向欧亚大陆运动时，阻断了贯穿全球热带地区的暖流，加速了原产地非洲干旱区的扩张，使龙脑香科等喜温湿植物大量灭绝，导致非洲东、北部原有龙脑香科植物的灭绝，仅在非洲刚果河流域的热带雨林残存 2 属 (张金泉和王兰洲，1985；Gunasekara，2004)。"印度方舟"在撞击欧亚大陆之前，先与东南亚的苏门答腊岛有一定时间的接触，龙脑香科植物可能在此时抵达东南亚地区 (Gunasekara，2004)；之后逐渐向北、向东扩散，并最终在加里曼丹岛形成物种分化中心 (2500 万～500 万年前) (Gunasekara，2004；戴璐和 Foong，2017)。随后，全球气温下降，龙脑香科植物跟随着大部分热带植物南撤 (Morley，1998)。渐新世 (Oligocene Epoch) 海平面下降，各岛屿之间陆地相连，使龙脑香科植物一直向南扩散至东南亚各岛屿 (张金泉和王兰洲，1985；Gunasekara，2004)。

2.2.2 无患子科

无患子科 (Sapindaceae) 为现存被子植物中最为古老的类群之一，广布于全球热带、亚热带地区，其中东南亚地区为主要的多样性分布中心之一 (Buerki et al.，2013)。该科最早应起源于白垩纪 (约 1 亿 4500 万年前) 的劳亚古陆 (Laurasia)，随后沿着破碎的冈瓦纳古陆扩散至南半球 (Buerki et al.，2013)。无患子科的扩散路线较龙脑香科略复杂，但主要的迁移路线有 3 条：欧亚大陆-非洲大陆、非洲大陆-马达加斯加岛-印度半岛-东南亚、东南亚-大洋洲 (Buerki et al.，2013)。

这 3 条迁移路线发生在古新世中期至始新世末期 (6170 万～3390 万年前)，

此时非洲和亚洲类群都经历了类似龙脑香科植物的灭绝事件。但南半球气候温暖非常适合无患子科植物繁衍,导致约4400万年前该科植物得以通过南极洲扩散至南美洲(Buerki et al.,2013)。紧接着渐新世初期全球气候急剧变冷,海平面下降使得东南亚更多岛屿露出海面,加之大洋洲的向北移动,为无患子科植物向低纬度"避难"打开了更多的通道(Buerki et al.,2013,2014)。随后的漫长岁月,大洋洲与东南亚碰撞,无患子科在新几内亚岛到大洋洲北部一带又逐渐分化出适应热带气候的新物种,成为无患子科现代物种起源中心之一(Buerki et al.,2013)。因此,东南亚同时扮演着无患子科植物的"避难所"和现代起源地。

2.2.3　露兜树科

露兜树科(Pandanaceae)是单子叶植物最为古老的类群之一,约750种(Gallaher et al.,2015)。露兜树科有8个物种多样性分布中心(Stone,1982):新几内亚岛、新喀里多尼亚岛、澳大利亚、菲律宾、加里曼丹岛、中南半岛、马达加斯加岛、马斯克林群岛(Mascarene),而新几内亚岛分布着该科所有的3个属,很可能既是露兜树科的起源地,也是"避难所"(Stone,1982;Gallaher et al.,2015)。

Gallaher等(2015)认为,露兜树科可能起源于劳亚古陆(现今的亚洲东部一带),通过长距离扩散到达破碎的冈瓦纳古陆(现今的非洲、大洋洲等地)。露兜树科植物果实有着多样的适应长距离传播的性状,可能是该科适应进化历史的一个"关键创新"(key innovation),如澳大利亚的 *Pandanus basedowii* 果实很轻,适应于风媒传播(Wright,1930),巨露兜树属(*Sararanga*)和藤露兜树属(*Freycinetia*)果实肥美,依靠动物进行扩散,*Sararang* 和藤露兜树属部分种的果实靠洋流传播(Gallaher et al.,2015)。露兜树科多样化的果实扩散策略,可能是该科植物广泛分布于亚洲、非洲与太平洋岛屿的一个关键因素。

2.3　东南亚是热带植物的"进化前沿"

一个生物类群如果在某个特定的区域,具有较高的物种分化速率和特有种比例(特有率),即大部分物种为近期分化而来并具有较大的进化潜力,这样的区域可称为该类群的"进化前沿"(Erwin,1991;López-Pujol et al.,2011;Ren,2015)。东南亚群岛独特的地理位置,不仅是这些古老的被子植物在向赤道扩散的踏脚石,同时还阻断了物种之间的基因交流,加速了物种的形成和新的适应(de Bruyn et al.,2014;Roalson & Roberts,2016)。为此,东南亚在被子植物早期孑遗和快速分化中起到了至关重要的作用。特别是加里曼丹岛、中南半岛是中新世早期(约2000万年前)被子植物和蕨类植物快速分化的热点地区(de Bruyn et al.,2014)。下面针对 4 个代表性植物类群详细说明东南亚群岛在促进物种分化方面的作用。

2.3.1　浆果苣苔属和芒毛苣苔属

浆果苣苔属（*Cyrtandra*）是苦苣苔亚科中最大的属，约有 800 种，广泛分布于东南亚及太平洋岛屿（Cronk et al.，2005；Johnson et al.，2017）。浆果苣苔属可能起源于 2600 万年前（Johnson et al.，2017），沿着中南半岛，向东南亚各岛屿扩散（Cronk et al.，2005），目前的物种分布中心位于加里曼丹岛、菲律宾和新几内亚岛（Atkins et al.，2001；Cronk et al.，2005）（图 2.2）。由于更新世冰期带来了凉爽的山地气候，非常适合浆果苣苔属的繁衍，加之海平面下降，各岛屿之间陆地相连，使浆果苣苔属快速扩散至东南亚各岛屿（Atkins et al.，2001）。有意思的是，该属西方类群果实十分坚硬，而其东方类群如太平洋岛屿上的类群为真实的浆果（Weber & Skog，2007），以适应鸟类的传播，使跨越海洋的长距离扩散成为可能，并在太平洋岛屿形成了一个新的多样性分布中心（Cronk et al.，2005；Roalson & Roberts，2016）。

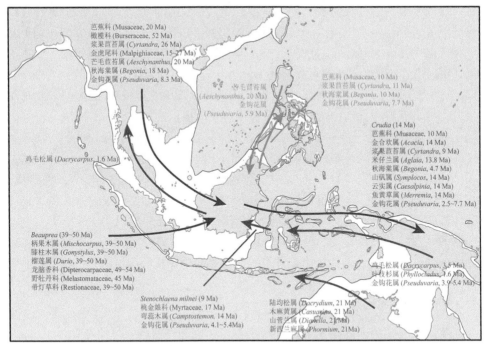

图 2.2　东南亚植物长距离迁移路线与方向（改自谭珂等，2020）

细线代表末次盛冰期（海平面下降 120 m）的陆地边缘

Fig. 2.2　Long-distance dispersal rute and direction of Southeast Asia (Revised from Tan et al., 2020)

The lines indicate the land edge in the last glacial maximum when the sea level decreased to 120 m

东南亚也是芒毛苣苔属（*Aeschynanthus*）主要的多样性分布中心与特有中心。

种子附属物的长度和数量为该属植物快速扩散的"关键创新"（Denduangboripant et al.，2001）。芒毛苣苔属在约 2000 万年前分为两支（de Boer & Duffels，1996），其中一支由中南半岛向印度和巽他群岛扩散，这一支芒毛苣苔属植物种子具发丝状的附属物，以利于在中南半岛四季分明的干燥环境中经风媒传播；另一支则由菲律宾向新几内亚岛和苏拉威西岛扩散（图 2.2），这一支大部分类群生活在潮湿的热带雨林中，其种子附属物短而简单（Denduangboripant et al.，2001）。最后，随着华莱士区逐渐靠近巽他陆架，两个支系在加里曼丹岛发生物种交流（Denduangboripant et al.，2001），随后的海侵作用加速了物种的隔离与分化（Denduangboripant et al.，2001），在加里曼丹岛形成如今的"进化前沿"。

　　类似地，楝科米仔兰属（*Aglaia*）也于 1500 万年前后在加里曼丹岛发生了物种适应分化，形成了该属现代物种分布中心（Muellner et al.，2008；Grudinski et al.，2014）。

2.3.2　金钩花属

　　金钩花属（*Pseuduvaria*）约 56 种，均为乔木或灌木，分布于旧世界热带地区（Su & Saunders，2009）。金钩花属可能起源于中新世晚期（约 830 万年前）的巽他大陆（Su & Saunders，2009），马来半岛和新几内亚岛是该属现代物种分布中心（Su et al.，2010）。该属可能在约 800 万年前通过东南亚岛屿"岛跳"（island hop）偶然实现了长距离扩散，抵达新几内亚岛（Su & Saunders，2009）。此时，新几内亚岛正逢中部造山运动，导致极乐鸟半岛至巴布亚新几内亚出现了一条长约 1300 km 的山脊（van Ufford & Cloos，2005），部分山峰海拔超过 5000 m（Hill & Hall，2003）。为适应环境的急剧变化，金钩花属的传粉综合征与扩散途径均发生了适应进化，如原来芳香有蜜的浅色花转变为腐臭味无蜜的深色花，以适应喜欢腐臭味的蝇类传粉（Su et al.，2008；Su & Saunders，2009）和果蝠为其传播果实（Hodgkison et al.，2003）。因此，金钩花属在新几内亚岛的快速适应分化与中央山脉的剧烈隆升息息相关，最后使新几内亚岛成为该属植物的"进化前沿"（Su & Saunders，2009），类似于南美洲安第斯山脉、中国横断山区的物种形成机制。

2.3.3　秋海棠属

　　秋海棠属（*Begonia*）起源于热带非洲，可能通过穿越阿拉伯半岛（Goodall-Copestake et al.，2010）、喜马拉雅山脉扩散（Rajbhandary et al.，2011），在约中新世（1800 万年前）抵达亚洲，随后快速扩散至马来西亚（Thomas et al.，2012）。在从亚洲大陆和西马来西亚扩散至苏拉威西岛这一过程中，秋海棠属至少发生了6 次独立的长距离扩散事件（Thomas et al.，2012）。由于上新世和更新世的造山运动与更新世气候及海平面的波动，秋海棠属的栖息地周期性地隔离与融合，加

速了物种的分化 (Thomas et al., 2012)。

秋海棠属植物对石灰岩生境也有着较高的适应专一性 (Chung et al., 2014)，在加里曼丹岛北部、菲律宾中部、中国西南-中南半岛北部形成 3 个分布中心 (姜超等, 2017)，尤以中国西南-中南半岛北部分布中心面积最大、特有属最多 (Chung et al., 2014)。这些地方以石灰岩地貌为主，在季风和台风带来的周期性强降雨作用下，石灰岩地层被溶蚀形成大面积的峰林、峰丛、洼地与洞穴，导致高度破碎化、异质化的生境，促进了秋海棠属的物种分化 (Chung et al., 2014; 姜超等, 2017)。

2.4　东南亚是植物长距离扩散的"十字路口"

东南亚位于欧亚板块、印度-澳大利亚板块和太平洋菲律宾板块之间，其地质结构错综复杂 (Hall, 2002, 2009, 2012, 2013)。早在华莱士时期，人们就发现马来群岛的动物来自两个世界 (亚洲和大洋洲) (Wallace, 1869)。然而，东南亚更是植物长距离扩散的一个"十字路口" (图 2.2) (Buerki et al., 2013, 2014; Kooyman et al., 2019)。例如，Corlett (2014)、Kooyman 等 (2019) 最近的研究发现，东南亚群岛的植物区系来源复杂，不同地区的植物类群在此交会并分化；马来群岛植物区系主要来源于印度板块，而高山植物成分主要来自澳洲板块。下面我们对东南亚不同扩散方向与路线的植物类群进行梳理，为后面划分东南亚植物地理学分区奠定基础。

2.4.1　由西向东的长距离扩散

早在中新世初期 (约 2000 万年前)，加里曼丹岛和中南半岛成为东南亚地区物种快速分化的进化热点地区 (de Bruyn et al., 2014)，这些物种随后向外迁移，使得加里曼丹岛成为周边地区的主要"种源" (de Bruyn et al., 2014; Grudinski et al., 2014)。因此，这个时期及随后相当长的阶段，东南亚群岛物种扩散以加里曼丹岛-中南半岛向苏门答腊岛、菲律宾、爪哇岛、苏拉威西岛乃至新几内亚岛等由西向东的方向为主。

东南亚由西向东植物长距离扩散的路线主要有 3 条 (图 2.2)：①通过冰期中南半岛、马来半岛及加里曼丹岛和苏门答腊岛之间的出露陆地形成的"陆桥"；②由"印度方舟"携带而来，在接触到苏门答腊岛陆架时扩散到苏门答腊岛；③季风、洋流或鸟类作用长距离搬运植物繁殖体。

印度板块与欧亚板块相撞的具体时间和过程存在很大争议 (第 1 章表 1.2)。可以肯定的是，当这两个板块刚接触时，印度板块与冀他古陆纬度相似，处于相同的湿润气候带，非常适合热带植物的繁衍 (Morley, 2003; Corlett, 2014)。同时在东南亚地区的孢粉植物群（palynofloras）中，还检测到古新世（Paleocene）和始新世早期（Early Eocene）具印度（或冈瓦纳）元素的花粉粒，如榴莲属（*Durio*）、膝柱木属（*Gonystylus*）、荷枫李属（*Beauprea*）、帚灯草科（Restionaceae）和柄果木属（*Mischocarpus*）。这也就意味着印度和东南亚之间存在一条湿润的通道，使这些植物向东扩散至东南亚（Morley，1998，2003）。Ali 和 Aitchison（2008）猜测印度板块东南角和巽他古陆的苏门答腊地区可能有过接触，或两者之间在约5500 万年前存在一些岛屿形成的陆桥（Hall，2012，2013）。

　　季风、洋流及鸟类传播作用等可能是影响东南亚岛屿植物地理学格局的最重要环境因素。季风可以使有翅果的植物如龙脑香科、金虎尾科风筝果属（*Hiptage*）与盾翅藤属（*Aspidopterys*）、秋海棠科秋海棠属（*Begonia*）等实现长距离扩散（Thomas et al.，2012；姜超等，2017），这些植物类群也确实在东南亚群岛上有着极高的物种多样性与特有率。洋流也能促进海漂植物跨越大洋，如水椰（*Nypa fruticans*）的种皮拥有丰厚的纤维质和木栓质结构，使其可以从冈瓦纳古陆的西北部和东部漂洋过海到达今天的东南亚地区（Krutzsch，1989）。楝科米仔兰属（*Aglaia*）（Grudinski et al.，2014）、苦苣苔科浆果苣苔属（Atkins et al.，2001；Cronk et al.，2005）则可能主要依靠鸟类对浆果的传播而实现长距离扩散：这两个类群的物种分化中心都位于加里曼丹岛与中南半岛一带，主要的路线是向东边的苏拉威西岛、菲律宾群岛及新几内亚岛迁移（图 2.2）。

2.4.2　由东向西的长距离扩散

　　澳洲板块在约 4600 万年前快速向北移动，在约中新世（约 1500 年前）与东南亚板块碰撞。紧接着全球第二次冰期来临，冰期海平面的下降，无疑进一步为大洋洲和亚洲植物相互交流提供了更多的通道（Tallis，1991）。此时，不仅东南亚的植物可以进一步向东扩散至太平洋群岛，而且来自澳大利亚北部、新几内亚岛的植物也得以向西扩散（图 2.2）。

　　自大洋洲扩散至巽他古陆的植物类群可以分为三类。第一类，扩散能力较好的类群，在澳洲板块和菲律宾板块碰撞的初始阶段跨越岛屿扩散，如阿福花科麻兰属（*Phormium*）、木麻黄属（*Casuarina*）和陆均松属（*Dacrydium*）（Morley，2003）。

　　第二类，通过偶然的机遇跨越望加锡海峡向西扩散，即扩散事件是随机性的，如桃金娘科（约 1700 万年前）（Muller，1972）、红树林木棉科弯蕊木属（*Camptostemon*）（约 1400 万年前）以及光叶藤蕨科的攀爬蕨类光叶藤蕨属（*Stenochlaena*）的 *S. milnei*（900 万年前）（Morley，2003）。

　　第三类为山地植物，扩散事件发生在中新世中期和晚期，新几内亚岛和其他岛屿隆升之后，如鸡毛松属（*Dacrycarpus*）中新世中期由大洋洲扩散至新几内亚岛，随后扩散至加里曼丹岛（上新世中期，约 350 万年前），到达苏门答腊岛的时间不超过 160 万年前，最后从苏门答腊岛迅速扩散至中南半岛（van der Kaas，1991）。

2.5　东南亚植物地理学分区

在东南亚的地理结构上，中南半岛与亚洲大陆紧密相连、山水相依，与东南亚群岛显然不同。因此，很多文献都旗帜鲜明地将东南亚划分为中南半岛、东南亚群岛两部分（Corlett，2014；Zhu，2019）。从植物区系组成来看，中南半岛位于亚洲热带地区向亚热带和高山植被过渡的地带，还邻近横断山区、青藏高原、三峡地区与中国滇黔桂交界区等植物孑遗与分化热点地区，具有新特有、旧特有植物类群大量共存的特点。因此，中南半岛被划分为东南亚植物地理学分区的单独一个分区（图 2.3）。

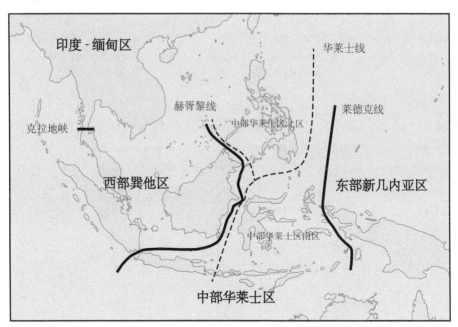

图 2.3　东南亚群岛植物地理学分区

Fig. 2.3　Phytogeographical areas of Southeast Asia

东南亚群岛的植物地理学分区则存在较多的争议。van Welzen 等（2011）根据东南亚 7340 种植物的地理分布格局，将东南亚群岛划分为 3 个植物地理学分区：西部巽他区、中部华莱士区、东部新几内亚区（图 2.3，图 2.4，表 2.1）。这一划分方法与东南亚群岛当前的气候带基本一致：西部巽他区和东部新几内亚区全年湿润，中部华莱士区受季风影响存在季节性的干旱（van Welzen & Slik，2009；van Welzen et al.，2011；姜超等，2017）。而且，末次盛冰期时的西部巽他区与亚洲大陆相连，东部新几内亚区与大洋洲大陆相连，而中部华莱士区则一直存在较大的海沟与周边大陆隔离（Hantoro et al.，1995；van Welzen et al.，2011）。这些历史地质与气候因素证实了这 3 个植物地理学分区的合理性。

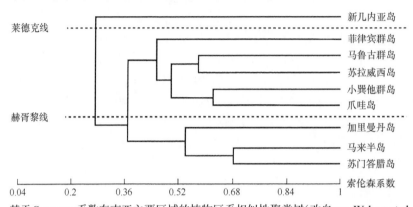

图2.4　基于 Sorensen 系数东南亚主要区域的植物区系相似性聚类树（改自 van Welzen et al.，2011）

Fig. 2.4　Dendrogram of main regions in Southeast Asia based on Sorensen's coefficient (Revised from van Welzen et al., 2011)

表 2.1　东南亚植物地理学分区

（物种多样性数据来源于 Sodhi et al., 2004; van Welzen & Slik, 2009; van Welzen et al., 2011）

Table 2.1　Phytogeographical regions of Southeast Asia

(Biodiversity data from Sodhi et al., 2004; van Welzen & Slik, 2009; van Welzen et al., 2011)

植物地理学分区	涵括区域	面积（km²）	植物总数	特有植物数	特有植物占比（%）
中南半岛	中南半岛（克拉地峡以北）	2 065 000	13 500	7 000	52
西部巽他区	马来半岛	132 604	2 138	276	13
	苏门答腊岛	479 513	2 068	215	10
	加里曼丹岛	739 175	2 714	989	36
中部华莱士区	菲律宾群岛	290 235	1 846	511	28
	苏拉威西岛	182 870	1 215	172	14
	爪哇岛	132 474	1 347	63	5
	小巽他群岛	98 625	902	46	5
	马鲁古群岛	63 575	937	83	9
东部新几内亚区	新几内亚岛	894 855	2 876	1 553	54

　　与以往主要依赖动物类群的生物地理区划不同，这一基于植物类群的划分方法改变了爪哇岛的归类位置（Woodruff，2010；van Welzen et al.，2011）。从华莱士时代起，爪哇岛与其邻近的苏门答腊岛及加里曼丹岛一起归入巽他区（Myers et al., 2000; Sodhi et al., 2004; Woodruff, 2010)。但这可能并不准确，因为以往爪哇岛的生物采集集中在其西部湿润区，缺乏该岛更大面积的中东部季节性干旱区的生物类群数据（van Welzen et al., 2011）。爪哇岛中东部区域存在受季风影响决定的干湿季转换，气候与植物组成与同受季风影响、植被以耐旱植物为主的中部华莱士区更加类似（van Welzen & Slik, 2009; van Welzen et al., 2011）。因此，van Welzen 等（2011）将爪哇岛及邻近的小巽他群岛划入中部华莱士区（图 2.3，表 2.1）。

下面对东南亚 4 个植物地理学分区进行详述。

2.5.1 中南半岛

中南半岛又被称为"东南亚大陆"（Zhu, 2019），地势北高南低，多山地和高原。北部是古老高大的掸邦高原，海拔 1500～3000 m。众多山脉自南向北呈扇状延伸，形成掸邦高原及南部山谷相间分布的地形格局。中南半岛山地和高原经长期侵蚀，大部分山峰呈浑圆形，高原侵蚀面发育。中南半岛南部一般以克拉地峡为界，与马来半岛区分。

中南半岛绝大部分位于 10°～20°N，属于典型的热带季风气候。每年 3～5 月为热季，冬夏季风消退，气候炎热，月均温达 25～30℃；一年分旱、雨两季，6～10 月为雨季，盛行西南季风，降水充沛；11 月至次年 5 月为旱季，盛行东北季风，天气干燥少雨。气候特征：全年高温，降水集中分布在夏季。中南半岛山脉和河谷基本呈南北走向，从西到东依次有伊洛瓦底江、怒江（萨尔温江）、湄南河、湄公河（澜沧江）、红河等。这些南北走向的山脉与河谷，有利于东南亚季风气候带来的暖湿气流向北推进，促进了热带植物的向北扩散（姜超等，2017）。

中南半岛大部分属热带季风气候，其植被为热带季雨林（tropical monsoon forest），有着周期性的干、湿季节交替。热带季雨林由较耐旱的热带常绿和落叶阔叶树种组成，且有明显的季相变化（姜超等，2017）。与赤道附近东南亚群岛分布的热带雨林相比，中南半岛热带季雨林建群种树高较低、植物多样性较少，森林结构也比较简单，优势种较单一、明显，但板状根和老茎生花现象不普遍，层间藤本植物、附生植物、寄生植物也较少。在个别迎风坡和南部降雨充沛地区可形成热带雨林，少数内陆平原和河谷则可形成热带草原（姜超等，2017；Zhu，2019）。

中南半岛主要分布有 7 个主要的森林植被类型：针叶林、针阔混交林、热带山地常绿阔叶林、热带雨林（含 4 个亚型：热带低地常绿雨林、热带季节性雨林、热带山地雨林、泥炭沼泽森林）、热带季节性湿润林、热带季雨林、干旱刺灌丛/萨瓦纳植被（Zhu，2019）。

2.5.2　西部巽他区

西部巽他区主要包括马来半岛、加里曼丹岛、苏门答腊岛等（van Welzen & Slik，2009）。这里是东南亚面积最大、地形最复杂、水系和山脉最庞杂的区域。

加里曼丹岛是这一区域面积最大、植物多样性最高的岛屿，特有率高达 36%（表 2.1），被认为是整个东南亚地区物种分化的主要进化热点之一（de Bruyn et al.，2014）。龙脑香科（Dipterocarpaceae）、壳斗科（Fagaceae）、猪笼草科（Nepenthaceae）等类群的物种多样性与特有中心位于本区（van Welzen & Slik，2009）。

地质历史上，巽他古陆是东南亚陆块的核心，大部分陆地碎片由冈瓦纳古陆分离而来。中南半岛-东马来板块（Indochina-East Malaya）于泥盆纪从冈瓦纳古陆分离，石炭纪移动到热带低纬度地区（Hall，2009）。侏罗纪时期，加里曼丹岛西南部、爪哇岛东部以及苏拉威西岛西部等从澳大利亚本岛古陆分离，于白垩纪与巽他古陆缝合（Hall，2013）。中新世早期，加里曼丹岛中部与北部以及巴拉望岛（Palawan）浮出水面。第三纪时，苏拉威西岛从巽他古陆分离，形成深邃的望加锡海峡（Makassar Strait）（Hall，2013），成为阻隔苏拉威西岛与加里曼丹岛物种交换的屏障（图 2.3）。

2.5.3　中部华莱士区

中部华莱士区主要由菲律宾群岛、苏拉威西岛、爪哇岛、小巽他群岛、马鲁古群岛等组成，岛屿数量极多，整体呈南北走向（图 2.3，表 2.1）。位于最北端的菲律宾群岛面积最大，具有最高的植物多样性（1846 种）和近 30%的特有率（表 2.1），最接近西部巽他区的苏拉威西岛分布有 1215 种植物，特有率也达 14%。如此高的物种多样性与特有性，表明这两个地区在历史上有着较高的物种分化速率。爪哇岛植物多样性高于面积更大的苏拉威西岛，但特有率仅有 5%，其植物多样性可能主要来自周边岛屿的迁入，是物种迁移的"种库"（van Welzen & Slik，2009）。类似地，小巽他群岛特殊的地理位置也使之主要是物种迁入的种库或踏脚石（van Welzen & Slik，2009；van Welzen et al.，2011）。因此，本区也可以进一步划为 2 个小区：①由菲律宾群岛、苏拉威西岛和马鲁古群岛组成，物种以就地分化形成为主，特有率较高（van Welzen & Slik，2009），可称为中部华莱士区北区；②包括爪哇岛和小巽他群岛等的中部华莱士区南区，与北区之间存在较大的洋流分割（van Welzen & Slik，2009）。

中部华莱士区是五加科（Araliaceae）、紫草科（Boraginaceae）、旋花科（Convolvulaceae）、莎草科（Cyperaceae）、薯蓣科（Dioscoreaceae）、唇形科（Labiatae）、含羞草科（Mimosaceae）以及桑寄生科（Loranthaceae）等的物种多

样性中心 (van Welzen & Slik, 2009)。

华莱士区历史上与大陆相连甚少, 使其植物数量 (约 10 000 种) 少于其他几个地区 (Myers et al., 2000) (图 2.1)。约 4500 万年前, 澳大利亚本岛古陆才开始向北移动, 澳洲板块和巽他古陆之间的深海区域逐渐消失。中新世中期(约 1500 万年前) 澳洲板块与巽他板块相撞, 东印度尼西亚诸多岛屿也随之浮出海平面, 加之来自澳洲板块的陆地碎片, 形成了如今的华莱士区 (Hall, 1996) (图 2.1)。华莱士区与其他两个区最大的区别在于, 华莱士区受到更强大的季风气候影响而有着一年一度的干旱季, 爪哇岛大部分也有着明显的干湿季节变化 (van Welzen et al., 2011)。

Hall (1996) 认为, 菲律宾群岛的吕宋岛和棉兰老岛等应在 5000 万年前起源于太平洋岛弧 (island arc), 并在澳洲板块挤压欧亚板块运动时, 逐步向北运动、逐渐隆升; 而巴拉望岛、民都洛岛 (Mindoro)、班乃岛 (Panay) 和一些支离破碎的小岛则主要来自欧亚板块, 在印度板块撞击欧亚板块之后, 逐渐南移并浮出水面 (Trung et al., 2004; Siler et al., 2012)。

2.5.4　东部新几内亚区

东部新几内亚区主要由大型岛屿新几内亚岛及其附属岛屿组成, 特有植物种数超过 1550 种, 特有率高达 54% (表 2.1) (van Welzen et al., 2011)。这一地区受到太平洋暖湿气流直接影响, 常年温湿多雨, 石灰岩地貌极为发达, 是很多植物类群物种快速分化的 "进化热点" (Sodhi et al., 2004)。在东南亚以本区为分布中心的植物类群主要有杜鹃花科 (Ericaceae)、玉盘桂科 (Monimiaceae)、无患子科 (Sapindaceae) (van Welzen & Slik, 2009)。这种极高的特有率, 导致新几内亚岛植物区系与华莱士区、巽他区相似性很低 (图 2.4)。

新几内亚岛在地质来源上与华莱士区、巽他区截然不同: 新几内亚岛北部一度是西太平洋边缘的岛弧。始新世时, 新几内亚岛跟随澳洲板块快速向北运动, 之后与太平洋板块融合, 并逐渐靠近菲律宾群岛和马鲁古群岛 (Hill & Hall, 2003)。这种地质历史的不同, 也是新几内亚岛与华莱士区、巽他区植物区系相似性较低 (图 2.4) 的一个主要原因。

由于新几内亚岛位于东南亚群岛与大洋洲大陆、太平洋群岛之间, 这块大型岛屿很可能在植物长距离扩散历史中起着重要作用(Hall, 2002; van Welzen et al., 2011)。新几内亚岛大部分陆地隆升始于 1000 万年前, 部分地区始于 500 万年前 (Hall, 2002)。山地的隆升为植物的扩散提供了落脚点, 实现了跨越海洋的扩散。例如, 鸡毛松属 (*Dacrycarpus*) 仅当新几内亚岛隆升之后, 才能从澳大利亚扩散至东南亚 (van der Kaas, 1991) (图 2.2)。

2.6　结　　语

　　东南亚群岛是全球极为特殊的生物多样性富集之地，既是早期被子植物的发源地与"避难所"之一，也是很多热带类群的"进化前沿"，还是植物长距离扩散的交会地。东南亚包括了 4 个不同的生物多样性热点地区：印度-缅甸区、巽他区、菲律宾区、华莱士区等，但根据当前的植物区系与地质环境等研究结果，东南亚群岛的植物地理学分区可分为西部巽他区、中部华莱士区和东部新几内亚区等 3 个分区。这一分区结果与东南亚岛屿地质历史、季风气候、洋流等特征基本一致。由于东南亚地质构造复杂、岛屿众多、取样难度大，以往很多研究的采样没有完全覆盖物种分布区。今后的研究需尽可能完整取样，并联系东南亚邻近区域如中国横断山区与中南部山区、印度西高止山脉、大洋洲北部、太平洋岛屿群，开展全域采样和系统研究，利用最新分子生物学研究技术深入揭示东南亚及我国南方植物多样性形成与维持机制，解析东南亚群岛在全球植物区系演化中的作用。

第3章 龙脑香科植物地理

Chapter 3　Phytogeography of Dipterocarpaceae

谭　珂（TAN Ke），任明迅（REN Ming-Xun）

摘要：龙脑香科是东南亚热带雨林的优势种与建群种，90%的物种分布于东南亚热带雨林，加里曼丹岛和马来半岛为龙脑香科物种多样性和特有中心。龙脑香科可能起源于冈瓦纳古陆的非洲部分，约9000万年前从马达加斯加岛登上"印度方舟"，随印度板块北移，直至与欧亚大陆碰撞。此时（约5500万年前），东南亚气候温暖且潮湿，非常适合龙脑香科植物生长，使其快速扩散至整个东南亚甚至中国南部地区。东南亚破碎的生境，以及周期性波动的海平面导致种间频繁杂交，可能是龙脑香科物种多样性如此之高的重要原因。该科植物的传粉系统主要有两大类，适应于热带雨林不同的生态位：①花大、黄色且雄蕊伸出，主要是蜜蜂传粉；②花小、白色，传粉者主要是蓟马。其果实绝大多数为翼状萼翅果，在季节性开阔森林和林缘具有较强的扩散能力，是青梅属、坡垒属等得以跨越华莱士区巨大的海洋屏障扩散至新几内亚岛的关键原因。另外，龙脑香科还具有间歇性大量结实的防御机制，保证实现捕食者的饱食，使部分种子得以逃逸。

Abstract

The Dipterocarpaceae is the emblematic and dominant family of Southeast Asia tropical rain forest, 90% of species of this family are distributed in this area. Kalimantan and Malay Peninsula were the diversity and endemic centers of Dipterocarpaceae. Dipterocarpaceae probably originated in Africa part of Gondwana, about 90 Ma boarded on "India ark" and northward India plate collided with Eurasia plate, spread to Southeast Asia and southern China. At this time, the climate of Southeast Asia is suitable, together with the highly fragmentary pattern of terrain and the frequency fluctuation of sea level, which promote Dipterocarpaceae rapid speciation (about 55 Ma). In addition, interspecific hybridization may be another reason facilitated Dipterocarpaceae speciation. As the global climate changed, drought spread in Africa, and most plants faded away. The pollinators of Dipterocarpaceae are mainly divided into two categories: Bees pollinate large yellow elongate anthers while thrips pollinate small, white anthers. It is probably an adaption for the different ecological niches in the tropical rainforest. Most of the fruits of this family are sepal-winged samara, which has a strong dispersal ability, especially in the open dry seasonal forest and the margins of the forest. Such as *Vatica* and *Hopea* can spread to New Guinea across the huge marine barrier of Wallace area. At the same time, Dipterocarpaceae also has the characteristic of "mast fruiting" as a defense mechanism, is hypothesized to be competitively advantageous to trees by satiating seed predators.

　　龙脑香科的名字来自龙脑香。龙脑香是龙脑香树的树脂凝结形成的白色结晶体，是一种名贵香料，古人称之为"龙脑"以示其珍贵。龙脑香原产于南洋群岛各地，随贸易往来进入我国，早在魏晋时期中国便已认识到龙脑香的功效与用途，不仅药用还频繁用于随身佩戴、屋室熏燃、饮食配料等诸多方面，与沉香、檀香、麝香并称中国四大名香（石雨，2018）。

　　龙脑香科是东南亚热带雨林的特征类群和建群种，在东南亚热带雨林生态系统中起着极为关键的作用（Maury-Lechon & Curtet，1998）。在没有充足的分子生物学数据之前，本研究采用 Ashton（1982）的分类系统，将龙脑香科分为 3 亚科：南美洲分布的洪青木亚科（Pakaraimoideae），非洲和南美洲间断分布的毛柴桐亚科（Monotoideae）和亚洲分布的龙脑香亚科（Dipterocarpoideae），共 16 属超过 520 种（表 3.1）（Maury-Lechon & Curtet，1998）。

表 3.1　龙脑香科各属及其地理分布（改自 Gunasekara，2004）

Table 3.1　Genera in Dipterocarpaceae and their geographical distribution

(Revised from Gunasekara, 2004)

亚科/族	属	物种数	地理区域
洪青木亚科（Pakaraimoideae）			
	洪青木属（*Pakaraimaea*）	1	南美洲圭亚那高原
毛柴桐亚科（Monotoideae）			
	柄蕊桐属（*Trillesanthus*）	3	非洲
	毛柴桐属（*Monotes*）	30	非洲大陆和马达加斯加岛
	厚隔桐属（*Pseudomonotes*）	1	南美洲（哥伦比亚）
龙脑香亚科（Dipterocarpoideae）			
娑罗双族（Shoreeae）	栎鹤树属（*Neobalanocarpus*）	1	马来半岛
	冰片香属（*Dryobalanops*）	7	马来半岛、加里曼丹岛、苏门答腊岛
	坡垒属（*Hopea*）	102	斯里兰卡、安达曼群岛、印度东部和南部、中南半岛、中国南部、马来群岛（小巽他群岛除外）

续表

亚科/族	属	物种数	地理区域
婆罗双族（Shoreae）	柳安属（*Parashorea*）	14	中南半岛、中国南部、马来群岛
	婆罗双属（*Shorea*）	194	斯里兰卡、印度、中南半岛和马来群岛
龙脑香族（Dipterocarpeae）	金蟒香属（*Anisoptera*）	11	孟加拉国、中南半岛和马来群岛
	铜铁木属（*Cotylelobium*）	6	斯里兰卡、马来半岛、苏门答腊岛和加里曼丹岛
	龙脑香属（*Dipterocarpus*）	69	斯里兰卡、印度、中南半岛和马来群岛
	孔药香属（*Stemonoporus*）	15	斯里兰卡
	长隔香属（*Upuna*）	1	加里曼丹岛
	天竺香属（*Vateria*）	2	斯里兰卡和印度
	青梅属（*Vatica*）	65	斯里兰卡、印度、中南半岛、中国南部、马来群岛

　　龙脑香科为常绿或半常绿（稀旱季落叶）乔木，木质部具芳香树脂；小枝通常具环状托叶痕（Ashton，1982；Li et al.，2007）。单叶互生、全缘或具波状圆齿，侧脉羽状，具托叶，托叶大或小，宿存或早落。花大部分芳香，组成顶生或腋生的总状花序、圆锥花序；苞片通常小或无，稀大而宿存。花序、花萼、花瓣、子房和其他部分通常被毛（Ashton，1982；Li et al.，2007）。花两性，辐射对称；花萼裂片 5 枚，覆瓦状排列或镊合状排列，分离或基部连合；花瓣 5 枚，旋转状排列或镊合状排列，分离或基部连合；雄蕊（10）15 枚至多数，与花瓣离生、贴生或合生，花丝通常基部扩大，花药 2 室，药隔附属体芒状或钝，稀无药隔附属体；子房上位，稀半下位，稍陷于花托内：通常 3 室，每室具胚珠 2 枚，胚珠悬垂、侧生或倒生。果实为坚果状，常被增大的萼管所包围，不开裂或为 3 瓣裂的蒴果；具增大（稀不增大）的翅状花萼裂片。种子 1 枚，稀 2 枚，无胚乳；子叶肉质，相等或不相等，平展或折叠，胚根直向种脐，通常包在两子叶之间（Ashton，1982；Li et al.，2007）。

　　自林奈 1737 年建立天竺香属（*Vateria*）到布鲁姆 1825 年创立龙脑香科以来，已有接近三个世纪的研究历史。本研究重新整理和归纳了每个属的物种分布格局及多样性中心，分析了该科植物的迁移路线以及适应与演化历史，对古冈瓦纳起源的热带植物洲际扩散极具指导意义。

3.1　分类及多样性

　　龙脑香科是一个泛热带分布的科，92%的物种分布在东南亚低海拔地域，南美洲和非洲仅分别占 0.5%和 7%（Ashton，1982；Maury-Lechon & Curtet，1998）。

东南亚低地常绿雨林（又称龙脑香林）中存在多样性极高的龙脑香科植物，数百年来吸引了无数的科研工作者。但龙脑香科植物的归属仍存在争议（Gunasekara，2004），而且从形态上还与藤黄科（Clusiaceae）、苞杯花科（Sarcolaenaceae）、山茶科（Theaceae）和椴树科（Tiliaceae）比较相似（Ashton，1982；Maury-Lechon & Curtet，1998）。Cronquist（1968）根据龙脑香科花两性、辐射对称，萼片覆瓦状，以及雄蕊多数等性状将该科归入山茶目。相反，又因腺毛和药隔附属物等性状将其归入锦葵目（Dahlgren，1975）。最近基于分子生物学数据也证明该科应属于锦葵目（Chase et al.，1993；Alverson et al.，1998；Dayanandan et al.，1999；Heckenhauer et al.，2017）。

　　龙脑香科洪青木亚科和毛柴桐亚科的系统学地位还存在争议。Blume（1825）和 Heim（1892）认为毛柴桐属（*Monotes*）更接近椴树科（Tiliaceae），Gilg（1925）将其单独归属为毛柴桐亚科。从木材结构上来看该亚科又与马达加斯加岛特有科苞杯花科相似（Ashton，1982）。直到洪青木亚科的发现（果萼具有同源性），龙脑香科和苞杯花科的亲缘关系才被认可（Maury-Lechon & Curtet，1998）。Maury（1978）也根据果实、胚和幼苗特征再次证明两者之间的亲缘关系，但 Kostermans（1985）认为洪青木属和毛柴桐属的雄蕊特征相似，且与椴树科享有相似的雄蕊数量。因此，Kostermans（1985）将这两个亚科合并成毛柴桐科（Monotaceae）。但是基于花的形态、繁殖生物学和木材的构造还是将洪青木亚科、毛柴桐亚科和龙脑香亚科归为龙脑香科下的三个亚科比较合适（Maguire et al.，1977；张金泉和王兰洲，1985；Maury-Lechon & Curtet，1998；Gunasekara，2004）。

　　全球龙脑香科 3 亚科共 16 属超过 520 种，分布于热带亚洲、非洲及美洲，其中龙脑香亚科仅分布在东南亚，其物种数量占全科 90% 以上，其余散布于热带非洲及南美洲（图 3.1，表 3.1）（Maguire et al.，1977；张金泉和王兰洲，1985；Maury-Lechon & Curtet，1998；Gunasekara，2004）。

　　龙脑香亚科为东南亚热带雨林的特征类群和建群种，在东南亚热带雨林生态系统中起着极为关键的作用（Maury-Lechon & Curtet，1998）。龙脑香亚科分为龙脑香族（Tribe Dipterocarpeae）和娑罗双族（Tribe Shoreae），共计 12 属 450 余种（图 3.2，表 3.1）。加里曼丹岛和马来半岛为龙脑香科多样性与特有中心，尤其是加里曼丹岛北部山区（图 3.2）。在图 3.2 的统计中，加里曼丹岛的特有率高达 58%，其次为菲律宾群岛（47%），虽然马来半岛的物种多样性极高（156 种），但其特有率仅 18%。为此，加里曼丹岛为龙脑香科的多样性与特有中心（图 3.2）。

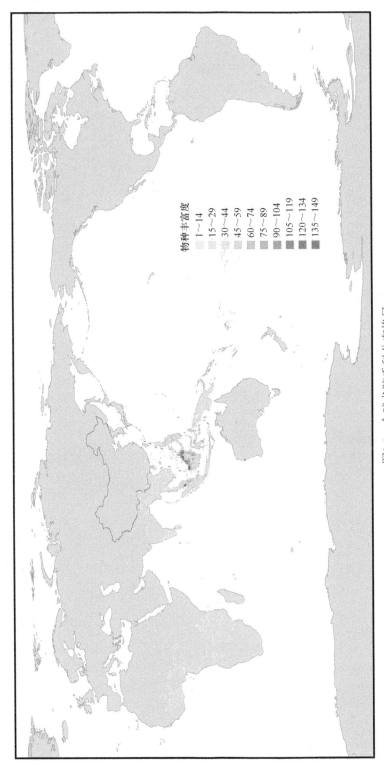

图3.1　全球龙脑香科分布格局

Fig. 3.1　The distribution pattern of Dipterocarpaceae all over the world

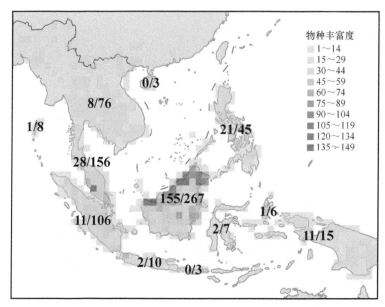

图 3.2　东南亚龙脑香科分布格局（特有种数/物种数）

Fig. 3.2　The distribution pattern of Dipterocarpaceae in Southeast Asia
(endemic species/total number of species)

3.2　地理分布格局

东南亚龙脑香科共计 10 属 430 余种，分别为栎鹤树属、冰片香属、坡垒属、柳安属、娑罗双属、金蟒香属、铜铁木属、龙脑香属、长隔香属和青梅属。

3.2.1　金蟒香属（*Anisoptera*）

该属共 11 种，是一个热带亚洲分布广泛的属，中南半岛和马来群岛均有分布，其中马来半岛和加里曼丹岛北部为该属的分布中心（图 3.3）。地质历史中，曾在菲律宾吕宋岛上发现该属 *A. thurifera* 的叶片化石，在美国阿拉斯加州发现始新世该属植物的叶片化石，在印度北部西瓦利克山脉（Siwalik Range）和孟加拉国发现第四纪该属植物木材的化石（张金泉和王兰洲，1985），从而说明金蟒香属曾广布于欧亚大陆。

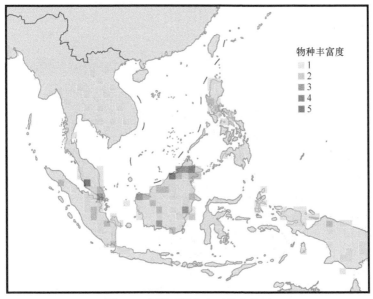

图 3.3　金蟒香属东南亚分布格局

Fig. 3.3　Distribution pattern of *Anisoptera* in Southeast Asia

3.2.2　铜铁木属（*Cotylelobium*）

该属共约 6 种，是热带亚洲特有属，仅分布于斯里兰卡、马来半岛、苏门答腊岛和加里曼丹岛，加里曼丹岛北部为该属植物的多样性中心（图 3.4）。

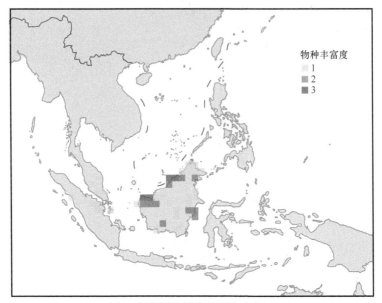

图 3.4　铜铁木属东南亚分布格局

Fig. 3.4　Distribution pattern of *Cotylelobium* in Southeast Asia

3.2.3　龙脑香属（*Dipterocarpus*）

　　该属约 69 种，广泛分布于亚洲热带地区，是当地热带雨林中的优势种。南亚、中南半岛和马来群岛均有分布，加里曼丹岛和马来半岛为该属植物的多样性中心（图 3.5）。目前该属植物的化石较多，在苏门答腊岛、爪哇岛、文莱、中南半岛及印度南部均发现该属植物第三纪时的化石，并且在非洲的肯尼亚埃尔贡（Elgon）山脉也出土了第三纪的化石，甚至在非洲北部的埃及也有分布。由此可见，龙脑香属在第三纪时曾广布于非洲大陆和东南亚地区，而如今的非洲该属植物已经消失，本研究将在 3.4 节中详述这一过程。

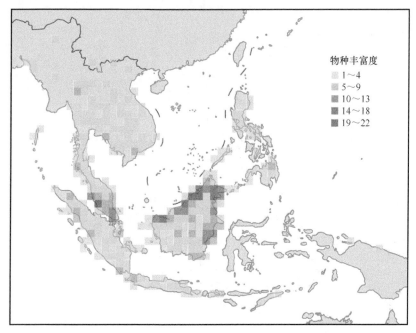

图 3.5　龙脑香属东南亚分布格局

Fig. 3.5　Distribution pattern of *Dipterocarpus* in Southeast Asia

3.2.4　冰片香属（*Dryobalanops*）

　　该属共 7 种，分布于马来半岛、苏门答腊岛和加里曼丹岛，加里曼丹岛北部为该属主要的物种多样性分布中心（图 3.6）。值得注意的是，在华莱士区的马鲁古群岛上，也发现了第三纪时期的冰片香属植物，也就是说该属植物曾跨越过深邃的望加锡海峡。

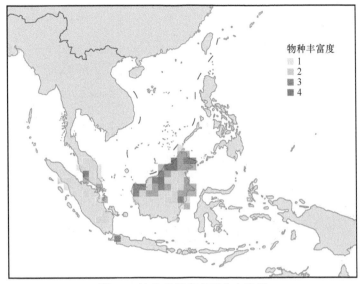

图 3.6　冰片香属东南亚分布格局

Fig. 3.6　Distribution pattern of *Dryobalanops* in Southeast Asia

3.2.5　坡垒属（*Hopea*）

　　该属共约 102 种，为龙脑香科植物中较大的属之一，广布于整个亚洲热带地区，其中我国云南、广西和海南也分布有该属植物共 5 种，而马来群岛则分布了该属超过 80%的物种（84 种），仅加里曼丹岛便有 42 种，马来半岛 32 种（图 3.7）。因此，加里曼丹岛和马来半岛为该属植物的多样性分布中心（图 3.7）。

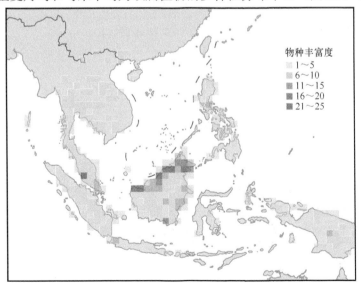

图 3.7　坡垒属东南亚分布格局

Fig. 3.7　Distribution pattern of *Hopea* in Southeast Asia

3.2.6　柳安属（*Parashorea*）

　　该属约 14 种，分布于中南半岛、马来半岛、苏门答腊岛、加里曼丹岛和菲律宾，加里曼丹岛为该属植物的多样性分布中心（图 3.8）。华莱士线以东的苏拉威西岛及其周边岛屿不再有该属植物分布，这可能与东南亚地质形成历史相关。

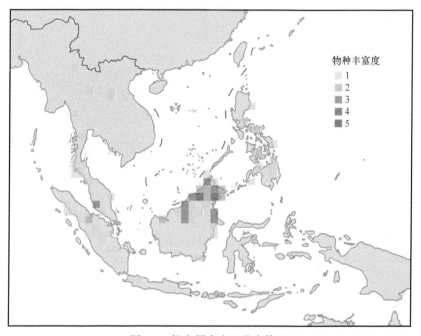

图 3.8　柳安属东南亚分布格局
Fig. 3.8　Distribution pattern of *Parashorea* in Southeast Asia

3.2.7　娑罗双属（*Shorea*）

　　该属共约 194 种，是现存龙脑香科植物中物种多样性最高的属，广布于整个亚洲热带地区（图 3.9），我国云南西部和西藏东南部仅一种云南娑罗双（*S. assamica*）。该属的分布中心和前几个属一样，均在加里曼丹岛和马来半岛，加里曼丹岛以西的苏拉威西岛仅存 2 种，而马鲁古群岛分布 3 种（1 种为当地特有），但新几内亚岛无该属植物分布，因此马鲁古群岛为该属分布的东界，其分布格局可能与该属的迁移历史和地质形成过程相关。

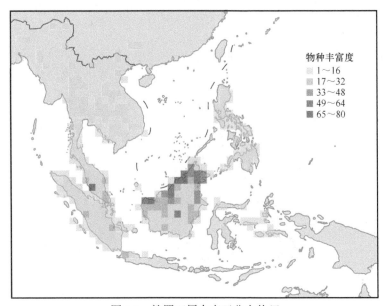

图 3.9　娑罗双属东南亚分布格局

Fig. 3.9　Distribution pattern of *Shorea* in Southeast Asia

3.2.8　坡垒树属（*Neobalanocarpus*）和长隔香属（*Upuna*）

坡垒树属和长隔香属分别为马来半岛和加里曼丹岛的单型特有属，目前仅发现于这两个区域（图 3.10）。

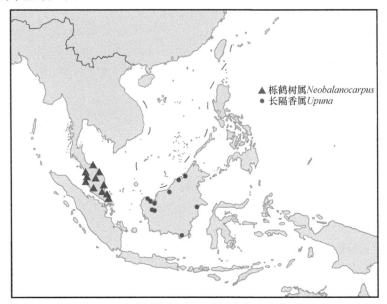

图 3.10　坡垒树属和长隔香属东南亚分布格局

Fig. 3.10　Distribution patterns of *Neobalanocarpus* and *Upuna* in Southeast Asia

3.2.9　青梅属（*Vatica*）

　　该属约 65 种，广布于整个亚洲热带地区，和前面几个大属相同，青梅属的多样性分布中心为马来半岛和加里曼丹岛（图 3.11）。我国有 3 种，海南、广西、云南有分布，该属的扩散能力较强，其分布范围跨越整个华莱士区（详见本书第 2 章）一直延伸至新几内亚岛。

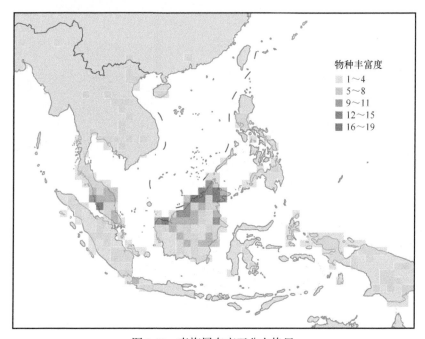

物种丰富度
1～4
5～8
9～11
12～15
16～19

图 3.11　青梅属东南亚分布格局

Fig. 3.11　Distribution pattern of *Vatica* in Southeast Asia

3.3　龙脑香科植物的起源

3.3.1　消失的龙脑香科植物

　　目前，亚洲地区尚未发现毛柴桐亚科和洪青木亚科存在过的痕迹（现存或化石）（Maury-Lechon & Curtet，1998），但欧洲却有很多报道，如匈牙利古新世早期花的化石、荷兰渐新世和中新世果实的化石碎片，这些化石暂定为毛柴桐属（*Monotes*）植物（Ashton，1982）。

　　最早的龙脑香化石发现于始新世早期伦敦黏土（London clay，5200 万年前），经鉴定该化石应归属于金蟒香属植物 *A. ramunculiformis*，但由于缺乏过渡区的化石证据，因此这个化石被认为是某种偶然因素导致的（Poole，1993）。虽然在美国东部和英格兰的白垩纪晚期地层中均发现了一些翅果化石，但由于这些化石不太完整，不应归入龙脑香科（Ashton，1982）。关于东非第三纪化石的研究表明，龙脑香科植物的地理范围应该比现在更广，包括第三纪 *Dipterocarpoxylon humei* 和 *D. zeraibense* 的叶化石，以及肯尼亚中新世（2500 万年前）*D. africanum* 的木化石。东南亚最早的龙脑香科植物化石出土于缅甸（始新世中期，约 4400 万年前，表 3.2）（van Aarssen et al.，1990），而最早的花粉化石为龙脑香属和冰片香属的花粉，分别来自渐新世（3600 万年前）和中新世（2500 万年前）的文莱（加里曼丹岛）（Muller，1970）。直到中新世早期（2500 万年前），非洲和亚洲的化石记录中才出现了典型的龙脑香科植物化石（表 3.2）。

表 3.2　龙脑香植物化石时空的分布（改自 Gunasekara，2004）

Table 3.2　Distribution of dipterocarp fossils in spatial and temporal scales

(Revised form Gunasekara, 2004)

化石属	国家（地区）	化石数量	第三纪				第四纪
			始新世	渐新世	中新世	上新世	
Dipterocarpophyllum	埃及	1			M		
Dipterocarpoxylon africanum	肯尼亚	1	M		U		
地球化学化石	缅甸						
Dipterocarpophyllum	尼泊尔、印度北部	1		M	M		
Dipterocarpus 类型花粉	尼泊尔、印度北部	1			M		
Dipterocarpoxylon?	埃塞俄比亚	1			E?	U?	
Dipterocarpoxylon?	索马里	2				U?	E?
Dipterocarpus 类型花粉	越南	1		M			
Dipterocarpoxylon	印度北部	11			U	U	
Dipterocarpoxylon	缅甸	2		M			
Dipterocarpoxylon	越南	2		M			
Dipterocarpoxylon	苏门答腊岛	3		M			M
Dipterocarpoxylon	爪哇岛	7		M			
Anisopteroxylon	伦敦		E				
	印度西北部				MU	E	
Vaterioxylon	印度北部	2			MU	E	
Vaticoxylon	苏门答腊岛	1					M
	爪哇岛	1					M
Shoreoxylon	印度阿萨姆	13			MU	E	
	印度西北部	1			MU	E	
	印度北部	1		M			
	印度南部	3			MU	E	
	柬埔寨	1					M

续表

化石属	国家（地区）	化石数量	第三纪				第四纪
			始新世	渐新世	中新世	上新世	
Shoreoxylon	泰国	1				E	E
	苏门答腊岛	7			M	M	M
Hopenium	印度北部	2			M		
Dryobalanoxylon	柬埔寨	1					M
	越南南部	1	E	E	E		
	加里曼丹岛	1			M		
	加里曼丹岛	1		M			
	苏门答腊岛	6				M	M
	爪哇岛	5				MU	E

注：E 为早期；M 为中期；MU 为中后期；U 为后期；?表示不确定化石

3.3.2 起源

白垩纪晚期至始新世早期的地质演变与气候剧变等因素共同作用，形成了如今龙脑香科植物的地理分布格局。因此，当南美洲、非洲、印度以及东南亚之间仍然存在陆地或陆桥联系时，龙脑香科植物的祖先就应该已经存在。为此，最早 Croizat（1964）、Ashton（1969）和 Aubréville（1976）认为龙脑香科植物应起源于冈瓦纳古陆，随后扩散至东南亚等热带地区。

关于龙脑香科植物的起源争论已久，但主要的假说有两种。一种假说根据大量的化石证据和东南亚极高的物种多样性（图 3.1，表 3.2）认为龙脑香科植物应起源于劳亚古陆，随后向西扩散至西非和南美洲，向东扩散至马来群岛（Lakhanpal，1970；Prakash，1972；Meher-Homji，1979）。另一种假说根据非洲的化石和华莱士线以东显著降低的物种多样性，认为龙脑香科植物应起源于冈瓦纳古陆，伴随着冈瓦纳古陆的分离而逐渐隔离（Croizat，1952；Ashton，1982，1988）。另有学者根据非洲和亚洲的化石，认为该科为双向起源，即毛柴桐亚科起源于冈瓦纳古陆，而龙脑香亚科起源于劳亚古陆（Aubréville，1976）。

目前发现非洲龙脑香科植物化石为第三纪时的化石（表 3.2），而那时的印度板块已经与欧亚大陆相撞（详见第 1 章 1.5.1）（Ashton，1982；Morley，2000），虽然现存的龙脑香科植物中大部分为扩散能力较强的翼状萼翅果（Augspurger，1986；谭珂等，2018），但依然无法跨越印度洋的海洋屏障直接从非洲扩散至印度（Ashton，1982）。同时，东南亚的化石显现出亚洲起源并向西扩散的迹象（Lakhanpal，1970），但白垩纪晚期（7400 万年前）并没有连接印度板块和南美洲的陆桥，即使有北大西洋陆桥相连（详见第 4 章 4.2 "金虎尾路线"），在南美洲也未发现可靠的龙脑香科化石（Maury-Lechon & Curtet，1998）。因此仅凭现存的化石证据无法合理地解释龙脑香科的分布格局。

　　尽管化石记录不足,形态特征也不明确,但根据已有的化石资料、历史生物地理学、形态学和生态学等证据结合分子生物学,可以推断龙脑香科植物起源与迁移这一过程。据推测龙脑香科植物约起源于白垩纪(Early Cretaceous)早期冈瓦纳古陆的非洲部分(Gunasekara,2004;Moyersoen,2006),与早期被子植物大规模扩散的时间相似(1 亿 3000 万年前至 9000 万年前)(Crane et al.,1995;Heckenhauer et al.,2017)。这与用形态学(张金泉和王兰洲,1985)、分子生物学(Dayanandan et al.,1990,1999;Gunasekara,2004;Guzmán & Vargas,2009;Yulita,2013;Heckenhauer et al.,2017)和孢粉学(Dutta et al.,2011)推测的结果一致。随着冈瓦纳古陆的破碎,龙脑香科植物和其他冈瓦纳古陆起源的植物一同扩散至全球,如五桠果科(Dilleniaceae)、藤黄科(Clusiaceae)、玉盘桂科(Monimiaceae)、桃金娘科(Myrtaceae)和隐翼科(Crypteroniaceae)等(Ashton & Gunatilleke,1987;Morley,2000;Conti et al.,2002)。

3.4　迁移过程及系统发育

　　龙脑香科植物的祖先约 9000 万年前时由马达加斯加岛登上"印度方舟"(India ark)(Gunasekara,2004;Heckenhauer et al.,2017)。在印度板块向北移动的过程中,阻断了贯穿全球热带地区的暖流,加速了原产地非洲干旱区的扩张,使植物大量灭绝,龙脑香科也不例外,这也解释了为什么在非洲索马里、肯尼亚、埃及和埃塞俄比亚发现了现在非洲无分布的大量第三纪龙脑香科植物化石(Bancroft,1935)。登上"方舟"的这部分龙脑香科植物,随着印度板块来到亚洲南部,此时东南亚及南亚气候湿润、温暖,非常适合龙脑香科植物生活,龙脑香科植物得以向东继续扩散(Gunasekara,2004;Heckenhauer et al.,2017),直至中国东南部和 24°N 地区(Shi & Li,2010),使这里成为龙脑香科植物的"避难所"。随后,全球气温下降,龙脑香科植物跟随着大部分热带植物南撤(Morley,1998)。渐新世(Oligocene)海平面下降,巽他陆架浮出海面,使龙脑香科植物一直向南扩散至东南亚各岛屿(Gunasekara,2004;Heckenhauer et al.,2017),尽管如此,望加锡海峡依然是宽阔的海沟,并且整个华莱士区各岛屿之间仍被海水阻隔,没有形成连续的陆桥(详见第 1 章 1.4.2 华莱士区)。尽管东南亚龙脑香科植物的果实为扩散能力较强的翼状萼翅果(Augspurger,1986;谭珂等,2018),但依然无法跨越海洋屏障(Ashton,1982),深邃的望加锡海峡和华莱士区成为大多数龙脑香科植物继续向东扩散的屏障,仅少部分扩散能力极强的物种能够继续拓殖至苏拉威西岛和新几内亚岛,如青梅属、坡垒属等,这也解释了为什么华莱士区以东区域的物种多样性很低。值得注意的是,加里曼丹岛不仅为龙脑香科植物的多样性与特有中心,岛上大部分类群还属于年轻类型(张金泉和王兰洲,1985;Gunasekara,2004)。

综上所述,该科植物的物种分化符合"博物馆假说"（museum hypothesis,即低灭绝速率,物种数量稳步累积而形成的多样性中心）。

Heckenhauer 等（2017）基于 3 个叶绿体基因区域（6 对标记）的分子生物学研究结果显示出与经典分类学不同的系统关系。分子数据强烈支持洪青木属（原洪青木亚科）为半日花科（Cistaceae）下一属（图 3.12）。并且龙脑香亚科下龙脑香族和娑罗双族中一些属的系统位置也做了调整（Heckenhauer et al.,2017），如龙脑香属和冰片香属与娑罗双族（图 3.12 红色部分）聚在一起成为一支（图 3.12）。另将龙脑香亚科分成 4 支：龙脑香属、冰片香属、娑罗双族各属、龙脑香族各属（除龙脑香属和冰片香属外）（如图 3.13 不同颜色所示）（Heckenhauer et al.,2017）。

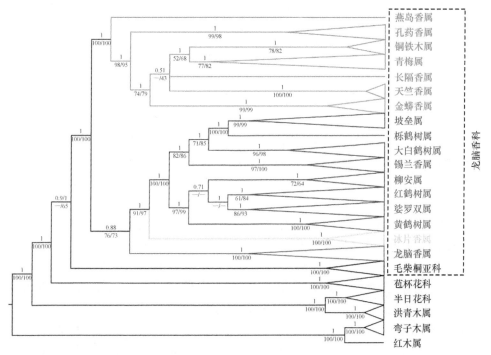

图 3.12　基于龙脑香科 3 个叶绿体基因区域（DNA）的系统发育树（改自 Heckenhauer et al.,2017）
不同颜色为龙脑香亚科 4 个支系。节点上方为后验概率（≥0.7），节点下方为最大简约法和最大似然法分析的自展支持率（≥50%）。连字符表示自展支持率<50%

Fig. 3.12　Phylogenetic tree based on 3 chloroplast regions DNA of Dipterocarpaceae (Revised from Heckenhauer et al., 2017)

The main four clades of Dipterocarpoideae with different colors. Posterior probabilities (BI$_{PP}$ ≥0.7) are given above the nodes and bootstrap percentages (≥50%) from maximum parsimony and maximum likelihood analyses are shown below the nodes in this order. A hyphen indicates bootstrap support ＜50%

　　这 4 支中，龙脑香属的系统学位置还有待进一步研究。Indrioko 等（2006）发现该属的系统学位置取决于外类群，属龙脑香族（自展支持率为 80%）或娑罗双族（自展支持率为 83%）的自展支持率均不高。在最新的分子生物学研究中，龙脑香属所在位置的自展支持率也不高（图 3.12）（Heckenhauer et al.，2017），为此该属的系统学位置还不能确定，并且有可能单独形成一族。龙脑香属与其他龙脑香科植物最大的区别在于木材中还包含分散的树脂道等（Meijer，1979；Ashton，1982）。

　　而冰片香属为娑罗双族的姐妹类群，其系统学位置相对稳定（Tsumura et al.，1996；Kajita et al.，1998；Kamiya et al.，1998；Gamage et al.，2003，2006；Yulita，2013；Heckenhauer et al.，2017）。

　　Maury（1978）将娑罗双族分成 6 属，分别为大白鹤树属（*Anthoshorea*）、红鹤树属（*Rubroshorea*）、黄鹤树属（*Richetia*）、娑罗双属（*Shorea*）、锡兰香属（*Doona*）和白鹤树属（*Pentacme*），自然类群中树皮和木材结构（如大白鹤树属即白娑罗双、红鹤树属即红娑罗双、黄鹤树属即黄娑罗双）为这些属的主要分类依据，同时在 Heckenhauer 等（2017）的分子生物学研究中也证明了其分类结果的正确性。柳安属、红鹤树属和娑罗双属这几个属的关系较近（图 3.12），在早些的分子研究中也得到了相似的结论（Tsumura et al.，1996；Kajita et al.，1998；Kamiya et al.，2005；Gamage et al.，2003，2006；Indrioko et al.，2006）。但在 Cao 等（2006）的扩增片段长度多态性（AFLP）分析中柳安属与坡垒属聚在了一起，并解释为种间杂交或祖先多态性。杂交起源体现在染色体倍数异常（如栎鹤树属）和存在于不同物种之间的中间形态时（Ashton，2003），并且在分子生物学研究中得到证实（Heckenhauer et al.，2018）。

　　最后一支包括燕岛香属（*Vateriopsis*）、孔药香属、铜铁木属、青梅属、长隔香属、天竺香属和金蟒香属 7 属。虽然青梅属、长隔香属两者的支持率较低，但 Ashton 认为长隔香属应为金蟒香属的姐妹类群（图 3.12）（Heckenhauer et al.，2018）。燕岛香属为非洲塞舌尔群岛上的特有属，该属大量的雄蕊意味着较为原始的特性（Ashton，1982），并在分子生物学研究中得到认同（图 3.12）（Heckenhauer et al.，2018）。孔药香属和天竺香属为印度半岛的特有属，其果实也为较原始的非翅果（Heckenhauer et al.，2018）。

　　在目前大部龙脑香科植物分析系统发育研究中，利用某一基因片段或几个片段的信息所构建的系统发育树（基因树，gene tree），不能真正体现物种之间的真实进化关系（物种树，species tree）。尤其是当不同物种间出现杂交现象，以及用多基因建树以避免单基因建树信息量不足所带来的误差时，人们发现不同的基因片段可能会展现或多或少不同的分支样式甚至严重的分歧，即基因树之间发生冲突（邹新慧和葛颂，2008）。为此，为了更好地研究龙脑香科各属之间的系统发育关系与杂交现象，应采用二代及以上测序方法获得海量的遗传信息，如

RADseq 等，进一步揭示该科植物正确的系统进化网络。

3.5　适应与进化

3.5.1　杂交

在热带树种中杂交显现依然比较稀少（Ashton，1969），种间杂交在坡垒属龙脑香科植物中是普遍存在的（Kamiya et al.，2011），尤其是在坡垒属中（Heckenhauer et al.，2018），这也许是该科植物多样性如此之高的另一个原因。早在 1982 年 Ashton 便猜测三倍体物种可能为杂交起源。然而目前仅在少数龙脑香科植物中发现有多倍体物种的存在[如三倍体瘤果龙脑香（*Dipterocarpus tuberculatus*）（Tixier，1960）、*Hopea beccariana*（Ashton，1982）、*H. jucunda*（Heckenhauer et al.，2017）、*H. latifolia*（Jong & Kaur，1979）、*H. odorata*（Kaur et al.，1986）、*H. subalata*（Jong & Kaur，1979）、*Shorea ovalis* subsp. *sericea*（Jong & Kaur，1979）；四倍体 *Shorea ovalis* subsp. *sericea*（Jong & Kaur，1979）、*Shorea ovalis* subsp. *ovalis*（Kaur et al.，1986）]。Kenzo 等（2016）对新加坡杂交种及其亲本的生长过程和存活率进行了比较研究，结果显示杂交种并未展现出明显的杂交优势，他们认为这可能是由森林干扰增加所致。在 Nutt 等（2016）的研究中也发现了类似的结果，*Parashorea tomentella* 幼苗生长和萌发率都不受杂合度的影响，但杂合度和种子体积越大的幼苗存活率越高。

随着分子生物学技术的发展，龙脑香科植物中的杂交起源越来越明确，并且可视化。从图 3.13 可以看出坡垒属、大白鹤树属、锡兰香属和红鹤树属各物种间

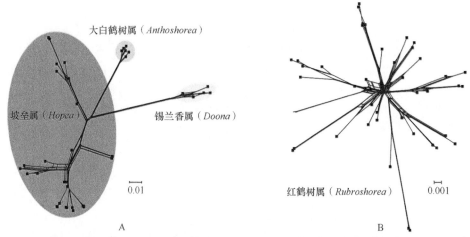

图 3.13　坡垒属-大白鹤树属-锡兰香属（A）和红鹤树属（B）的系统发育网络
（改自 Heckenhauer et al.，2018）

Fig. 3.13　The phylogenetic network of *Hopea-Anthoshorea-Doona* (A) and *Rubroshorea* (B)
(Revised from Heckenhauer et al., 2018)

均展现出网状的系统关系，证明杂交普遍存在于龙脑香科植物中。杂交的结果主要由两种方式体现，一种为异源多倍体的形成，即杂交后代的染色体倍性与亲本种不同；另一种为同倍体之间形成新的杂交物种，即杂交后代的染色体倍性与亲本种相同。这两种杂交现象在龙脑香科娑罗双族均可看见（图 3.13）（Heckenhauer et al.，2018）。东南亚龙脑香科植物多样性和特有率如此之高的另一个原因可能就是物种间频繁的杂交。

3.5.2　适应性转变

龙脑香科中具落叶特征的类群主要出现在季节性气候地区，而常绿特征的类群在非季节性地区更为常见（Ashton，1979）。植物体绒毛的密集程度可能是对东南亚季节性气候的一种适应，并呈现出由季节性向非季节性逐渐递减的趋势（Maury-Lechon & Curtet，1998）。另外，一些林下类群中常出现叶表面完全光滑这一极端现象，如青梅属和坡垒属的一些植物类群（Maury-Lechon & Curtet，1998）。

花和果的形态大小对龙脑香科的适应与进化极其重要。根据龙脑香科花的大小可分为大型花类群（直径＞1.5 cm）和小型花类群（直径≤1.5 cm），大型花类群主要分布在冠层或冠层上部，而小型花类群则位于冠层以下，但也存在一些特例，如在青梅属和孔药香属的一些类群中（冠层以下）也为大型花。一般而言，上层类群的花大、花药黄色并向外探出，由蜜蜂为其传粉；而下层类群的花小、花药白色，由蓟马为其传粉（Maury-Lechon & Curtet，1998）。

物种的形成往往伴随着传粉的转变（表 3.3），如在广义的娑罗双属中，观察到由蜜蜂传粉的类群花药长圆形且附属物较短（Appanah，1985，1987；Dayanandan et al.，1990；Momose et al.，1996，1998；Ghazoul et al.，1998）。这些类群往往出现在物种丰富度较低的森林中且每年在林冠开花（Ashton，2014）。而随着非季节性雨林内的龙脑香科植物的物种多样性增加，随后对传粉者的竞争可能偏向于维持传粉者的物种数量，这些传粉者可以通过快速繁殖来响应龙脑香科植物大量开花（mast flowering）。这些类群的花药往往较小且为球形，并具较长的附属物，其传粉者为小型且繁殖能力强的昆虫，主要为蓟马（Appanah & Chan，1981）。然而，也有部分物种保留了一些较为原始的特征（如花药大、长圆形且具短附属物），如娑罗双属下 *Rubella* 组，由于受到花药小且进化程度高的类群的竞争，*Rubella* 组的繁殖越来越受限制（Heckenhauer et al.，2018）。目前该组类群只能在缺乏竞争的环境中生存（如 *S. albida*），或者由伴生物种的花粉吸引而来的大型传粉者（主要是蜜蜂）成群为其传粉，如冰片香属。目前对该科传粉生态学的研究太少，还不能说是传粉者的原因导致的物种分化。

表 3.3　龙脑香科植物及其传粉者

Table 3.3　Dipterocarpaceae plants and their pollinators

物种	传粉者	报酬物	参考文献
龙脑香科	缨翅目昆虫	花粉	Ashton et al., 1988; Kondo et al., 2016
	鞘翅目昆虫		Appanah & Chan, 1981; Momose et al., 1998; Nagamitsu et al., 1999; Sakai et al., 1999
	蝇类		Khatua et al., 1998
	蜜蜂		Khatua et al., 1998; Momose et al., 1996; Corlett, 2004
尖叶娑罗双	大眼长蝽属（蓟马的捕食者）	聚集信息素	Kondo et al., 2016
龙脑香属	鳞翅目昆虫	蜜	Ghazoul, 1997; Harrison et al., 2005; Ashton, 2014
	蜜蜂属		Harrison et al., 2005
	鞘翅目昆虫		Harrison et al., 2005
	鸟类		Ghazoul, 1997
狭叶坡垒	蕈蚊	气味	卢清彪等, 2019

　　花较大的类群果实一般也较大，果实的大小和果皮和/或花萼基部增厚有直接的关系，不仅可以防止胚胎脱水，还能增加果实的浮力促进水漂二次传播，大大提高了翅果的扩散能力和繁殖成功率（Maury-Lechon & Curtet，1998；谭珂等，2018）。种子中胚增大还可能是为了适应林下光和营养（和水）供应不规律等不可预测的情况从而更好地生存（Maury-Lechon & Curtet，1998）。同时由于将更多的能量投入种子体型的增大，其果实的数量明显减少，这种适应性选择可能是为了降低其他情况带来的风险，如昆虫幼虫会取食刚发芽的种子或嫩苗，但依然可以发育成一个完整的植株（Maury-Lechon & Curtet，1998）。

　　洪青木属、毛柴桐属等植物的果实具 5 翅的类群适应于开阔多风的环境，这些类群的花粉和果实明显展示出对干燥的季节性气候的适应，果皮增厚并具保护孔，但 *Marquesia excelsa* 例外（Maury-Lechon & Curtet，1998）。在亚洲季节性气候（旱/雨季分明）地区的某些类群中，果皮依然很薄，如坡垒属和娑罗双属的部分物种。东南亚密闭的热带雨林可能会限制龙脑香科植物翅果的扩散，这种限制可能加速了基因流的阻断。但生长在林冠或林缘的翅果，仍可以通过雨季时的强风助其扩散至数百米甚至 1 km 外（Maury-Lechon & Curtet，1998）。从目前东南亚非季节性区域龙脑香科植物的物种多样性来看，偶尔的长距离扩散也可能较为成功（如坡垒属和青梅属等，可以横跨整个华莱士区扩散至新几内亚岛）。而在季节性变化且开阔干燥的落叶林中，龙脑香科植物翅果传播的效率更高，基因流也能扩散得更远，这也可能是季节性变化地区龙脑香物种多样性较低的原因之一。

3.5.3　间歇性大量结实

龙脑香科植物存在间歇性大量结实（masting），这种现象被视为植物的一种防御方式（Janzen，1974；任明迅等，2004；Brearley et al.，2016）。在间隔的某些年份大量结实，而在其中间的年份很少结实或根本不结实。这种大量结实年份的间隔期往往是波动的，而一旦结实，在数百千米的范围内都能同步开花、结实（Janzen，1974；任明迅等，2004），保证实现捕食者的饱食。龙脑香科树种的大量结实行为受连续 3 天以上夜晚气温下降 2℃所诱导；这种温度上的变化起因于数千英里[①]以外大西洋海域的厄尔尼诺事件或与当地的环境条件有关（Ashton et al.，1988；Curran et al.，1999；张大勇，2004）。而且人们还发现，干旱和火灾有时也会诱导大量结实（van Schaik et al.，1993；Kelly，1994；Wright et al.，1999），它们的效果都是减少了植物可利用的资源量。因此气候诱导因子和资源供应之间并没有必然的联系。

间歇大量结实具有三个基本属性（Kelly & Sork，2002；张大勇，2004）：变异性、间歇式和同步性，缺一不可。如果间歇大量结实是一个适应性繁殖对策，那么植物必须具有在不同年份使种子生产出现巨大变异的资源分配机制，而且种群内不同个体还必须能够步调一致地采取行动。对气候条件的共同响应可以导致不同植物产生一定程度的空间同步性，即所谓的莫兰（Moran）效应（Silvertown & Charlesworth，2001）。更高程度的同步性则依赖于捕食者的搜寻行为。如果捕食者可以很容易地从一株植物运动到另一株植物，自然选择将会在与动物活动范围相当的空间尺度上驱使植物同步化地生产种子。食种子动物活动的范围越大，植物同步化生产种子的空间尺度相应越大。间歇大量结实现象发生的空间范围应该与食种子动物分布区的大小大致相当。龙脑香科物种的哺乳动物捕食者同样也使龙脑香科植物在较大空间尺度上同步地大量结实（Curran & Leighton，2000）。相反，一些无脊椎动物可能在很少几棵树木（甚至单株）的空间尺度上就产生了饱食效应，这时植物种子生产的空间同步性就不大可能出现。

3.6　全世界最高的被子植物——"Menara"

在马来西亚加里曼丹岛的热带雨林中，有一棵特别高大的黄娑罗双（*Shorea faguetiana*）。这棵树高达 100.8 m，被当地人称为"Menara"（梅纳拉，马来语"塔"的意思），可能是世界目前发现的最高的被子植物（图 3.14）（Shenkin et al.，2019）。

---

① 1 英里=1.609 344 km

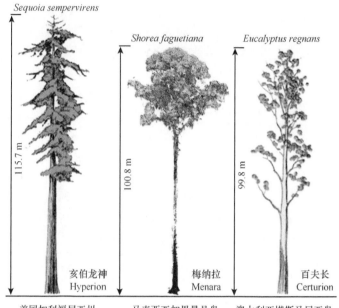

图 3.14　全球现存最高的树

Fig. 3.14　The tallest surviving trees in the world

　　这棵黄娑罗双（又名黄色柳桉）首次发现于 2014 年的一次机载激光探测及测距（light detection and ranging，LiDAR），位于沙巴海拔 436 m 的丹侬山谷地保护区（Danum Valley Conservation Area）。因为机载激光雷达在估计单棵树的高度时容易出现较大的误差（wan Mohd Jaafar et al.，2018），所以研究人员利用多种方法如地面激光扫描、无人机拍照等，以及爬上树冠用卷尺直接测量，最后得到这棵树准确的高度是 100.8 m（Shenkin et al.，2019）。

　　一般而言，树的高度可能受到机械、生理生态和水压的限制（Niklas，2007）以及基因的调控（Becker et al.，2000）。与裸子植物的单轴分枝不同，很多被子植物是合轴分枝、树冠展开。因此，在同等高度上被子植物植株受到的机械约束更强（Jaouen et al.，2007）。黄娑罗双植株，以及澳大利亚塔斯马尼亚岛桃金娘科的一棵杏仁桉（Eucalyptus regnans，当地人称为"百夫长"）也都是单轴分枝，有着粗壮的主干、树枝较短且均匀分布在树干上（图 3.14）。这使得它们可以长得非常高大。根据 Jackson 等（2019）的推算，目前梅纳拉的重量尚未达到茎秆所承受的最大值（约在 255 m 时才达到阈值），但中等程度的风便可将它轻易折断，因此在可承受风的约束方面，它可能已经接近被子植物株高的极限。

　　这棵黄娑罗双之所以能够超过 100 m 高，且目前看来仍活得非常健康，主要与其所处微生境条件有关。这棵树位于山坳处，部分被山脊遮蔽，并处于局部地形的最低点，受风较小。从其周边山脊两侧树的平均高度可以明显看出，山脊挡住了大部分风，才可能使它达到如此高度（Shenkin et al.，2019）。

从生态生理的角度来看，在理想的条件下（良好的水分供应和低风速，如沙巴州），被子植物树的最大可能高度应该是（104±6）m，随着树高度的增加，树叶的大小变得越来越受限，超过 100 m 高被子植物的叶片无法满足韧皮部碳水化合物运输速度的需求，以维持树木正常的新陈代谢（Jensen & Zwieniecki，2013）。同时，导管中水柱的重量带来了巨大负压，最终可能会限制树冠叶片的扩张和光合作用。

最近的研究表明，巨树容易受到干旱的影响，因为树顶部分可能处于水能够在植株体内向上输送到达的极限位置（Bennett et al.，2015；Shenkin et al.，2018）。研究表明，加里曼丹岛的干旱可能增加了树木的死亡（Leighton & Wirawan，1986；Woods，1989；Nakagawa et al.，2000；van Nieuwstadt & Sheil，2005）。但"梅纳拉"这棵黄娑罗双位于山谷的谷底，土壤水分充足，体内水分不容易散失，不容易出现干旱。这也是它目前的树冠叶片看起来仍然饱满而健康的重要原因（Shenkin et al.，2019）。

基因调控也可能限制了树的高度。Ng 等（2016）比较了 100 多种龙脑香科植物的基因组大小，发现这些类群的基因组都很小（<0.8 pg，1 pg 相当于 978 Mb）。由于东南亚大部分地区土壤非常贫瘠（Banin et al.，2015），而核酸对营养需求较高，因此龙脑香科植物的基因组偏小（Kang et al.，2015），这与 Ng 等（2016）的结论相同。但龙脑香科植物作为全世界最高的树种之一，其基因组却如此之小，有待进一步从进化生态学和植物生理学等多角度展开研究。

3.7　结　　语

龙脑香科植物是东南亚热带植物的优势种、建群种，是东南亚最具代表性的类群，也是研究古冈瓦纳植物"走出印度"（out of India）的经典案例。然而，龙脑香科植物在东南亚的物种多样性形成与维持机制以及历史扩散过程仍不清楚，甚至对物种的分类界定还存在诸多争议。同时，龙脑香科植物极高的经济价值导致对该科植物的过度开发和利用，加速了物种的灭绝速率。为此，对龙脑香科植物的研究已经迫在眉睫。

第 4 章　金虎尾科植物地理

Chapter 4　Phytogeography of Malpighiaceae

谭　珂（TAN Ke），任明迅（REN Ming-Xun）

摘要：从金虎尾科植物地理分布格局及迁移历史总结出来的"金虎尾路线"，是解释热带植物洲际间断分布与长距离扩散格局的重要模式。东南亚作为"金虎尾路线"历史扩散距离最远的地区，出现了非常特化的镜像花（mirror-image flower）传粉系统和三翅翅果等传播机制。东南亚自然分布有风筝果属、盾翅藤属、三星果属、尖脊木属和叶柱藤属（翅实藤亚属）等，前两者是亚洲特有属。中南半岛分布的金虎尾科物种数量和特有种数量最多（40 个种，26 个特有种），远多于东南亚其他地区。季风夹带着热带暖湿气流沿着河谷穿过整个中南半岛直至我国西南山区，促进了金虎尾科物种的长距离扩散，并在我国西南地区复杂的地形地貌作用下，产生了大量的特有种。金虎尾科在东南亚可能存在三条不同的迁移和扩散路线：①亚洲特有的风筝果属、盾翅藤属和尖脊木属祖先类群可能是沿着经典的"金虎尾路线"，穿过北大西洋陆桥到达欧亚大陆，然后逐渐扩散到亚洲热带地区及大洋洲；②南美-东南亚分布的翅实藤亚属可能是在南美洲起源之后，以南极洲为垫脚石迁移至大洋洲，再逐渐扩散至东南亚。③亚洲-非洲分布的三星果属可能是在洋流和季风的作用下，从非洲扩散到亚洲热带地区。

Abstract

The "Malpighiaceae route" is proposed based on the distribution pattern of the family Malpighiaceae to explain plant inter-continent disjunctions and long-distance dispersal during historical periods. Southeast Asia is the last step of the Malpighiaceae route. The highly-specialized pollination system, i.e., mirror-image flower, and the various types of samaras are the most outstanding adaptations during the long-distance dispersal of the family in Southeast Asia. Pollination mechanism shifted from floral conservatism to generalized floral syndromes or specialized pollination adapting to pollen-collecting bees. Dispersal mechanism shifted from birds or water dispersal to wind dispersal. Five genera naturally occurred in Southeast Asia, i.e., *Hiptage*, *Aspidopterys*, *Tristellateia*, *Stigmaphyllon* (subgenus *Rhyssopterys*), and *Brachylophon*. Indo-China Peninsula contains 40 species, among which 26 are endemic. We also found six diversity and endemic centers of Malpighiaceae in Asia. Five of them are in Southeast Asia (four in Indo-China Peninsula), the other one is in the neighboring Yunnan-Guizhou-Guangxi provinces. Monsoon and river valley may play a key role in the northward spread of Malpighiaceae and arriving at the north of Indo-China Peninsula and the adjacent area of Yunnan-Guizhou-Guangxi. The monsoon brings lots of warmth with wet air in the tropical area along the river valleys to the Southwest mountainous in China, providing suitable habitat for Malpighiaceae in these areas. Additionally, the complex topography, such as high mountains and limestone landscapes, further promote speciation and some narrowly-endemic species formed here. Based on the distribution pattern of Malpighiaceae in Southeast Asia, we proposed two dispersal routes to Southeast Asia, (1) the eastward dispersal along Malpighiaceae route to Southeast Asia, such as *Hiptage*, *Brachylophon*, and *Aspidopterys*; (2) the straightforward dispersal from the south of South America and hopping to Austrasia via Antarctica, such as *Tristellateia* and subgenus *Rhyssopterys*; (3) dispersal from Africa to tropical Asia under ocean currents and monsoons, such as *Tristellateia*.

　　金虎尾科分布于全球泛热带地区，既有乔木、灌木，也有木质藤本，共 77 属约 1300 种。大约 90%的金虎尾科植物分布于美洲的新热带地区，约 17 属 150 种分布在旧热带非洲和亚洲热带地区（Davis & Anderson，2010）。

　　亚洲分布的金虎尾科植物仅有 7 属，其中金虎尾属（*Malpighia*）和金英属（*Galphimia*）2 属作为园艺花卉被引入栽培。亚洲自然分布 5 属：风筝果属（*Hiptage*）、盾翅藤属（*Aspidopterys*）、叶柱藤属（*Stigmaphyllon*）的翅实藤亚属（subgenus *Rhyssopterys*）、三星果属（*Tristellateia*）、尖脊木属（*Brachylophon*），共 60 多种（Anderson et al.，2006；Anderson，2011；钱贞娜和任明迅，2016）。其中，风筝果属、盾翅藤属和尖脊木属为亚洲特有属；翅实藤亚属则分布于东南亚和大洋洲岛屿；三星果属主要分布于非洲东海岸，特别是马达加斯加岛，是其物种分布中心，只有三星果（*Tristellateia australasiae*）分布到东南亚和南亚地区甚至我国台湾岛南部（恒春半岛与兰屿）。

　　虽然东南亚分布的金虎尾科物种不多，但这个区域是金虎尾科植物多条扩散路线的交会地带，也是金虎尾科植物历史扩散距离最远抵达的区域，表现出极为复杂的长距离扩散路线和生物地理学格局。另外，基于金虎尾科植物长距离扩散路线提出的"金虎尾路线"（Malpighiaceae route）是生物地理学研究中的经典模式（Davis et al.，2002；周浙昆等，2006；钱贞娜和任明迅，2016），对揭示全球植物扩散路线与洲际间断分布格局等具有极为重要的指导意义。

　　金虎尾科还具有极为多样的翅果类型（Manchester & O'Leary，2010；谭珂等，

2018），对认识被子植物物种扩散机制与物种分化历史具有重要意义。起源于南美洲的金虎尾科原始类群均为非翅果，果实肉质核果状或为蒴果不开裂或稀 2 瓣裂，这些类群的种子很可能通过鸟或水流等传播到历史上的中美洲和北美洲一带（Anderson et al.，2006）。随后翅果产生，金虎尾科植物可以沿着北大西洋陆桥跨越大西洋扩散至劳亚古陆，直至今天的非洲和亚洲热带地区（Davis et al.，2001，2002；钱贞娜和任明迅，2016）。

Ren 等（2013）还发现，亚洲特有的风筝果属（*Hiptage*）具有适应昆虫传粉的非常特化的传粉系统：镜像花（mirror-image flower）和异型雄蕊（heteranthery），以及极为特殊的三翅翅果。这种极其特化的繁殖和扩散机制与金虎尾科的南美洲类群和非洲类群截然不同，可能代表着"金虎尾路线"在亚洲地区的一次典型的特化适应进化事件，有助于揭示整条"金虎尾路线"的进化适应历史、提升"金虎尾路线"对生物地理学研究的指导作用。因此，研究金虎尾科植物在东南亚地区的生物地理学格局及物种适应演化历史具有重要意义。

本章重新梳理了"金虎尾路线"及其典型的传粉适应、果实特征与扩散、物种分化等适应进化事件，结合东南亚金虎尾科植物的物种分布格局，探究"金虎尾路线"在亚洲的扩散历史和进化规律。同时，从 GBIF（Global Biodiversity Information Facility，http://www.gbif.org/）及历史文献中收集金虎尾科在东南亚及邻近地区的物种分布信息，利用 DIVA-GIS 7.5 构建 1°×1°物种分布图来揭示金虎尾科各属在东南亚的物种多样性分布格局。最后，结合物种系统发育关系，从花部特征、果实类型及扩散格局来讨论金虎尾科在东南亚的生物地理学格局、迁移历史、物种适应与分化规律等。

4.1　物种多样性分布格局

按照 van Welzen 和 Slik（2009）、van Welzen 等（2011）对东南亚植物地理的分区，中南半岛分布金虎尾科物种和特有种均最多（40 个物种和高达 65%的特有率），但该地区并未发现叶柱藤属植物分布，另外三个区域均仅有 10 个物种（表 4.1，图 4.1）。

表 4.1　金虎尾科东南亚各植物地理学分区中的情况

Table 4.1　Geographical distribution pattern of Malpighiaceae in Southeast Asia

植物地理学分区	物种数	特有种数	特有率（%）
中南半岛	40	26	65
巽他区	10	4	40
菲律宾群岛	10	3	30
华莱士区	10	4	40

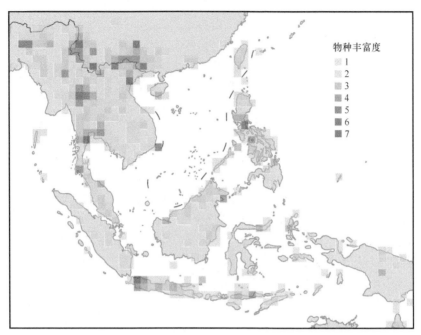

图 4.1　东南亚金虎尾科植物分布格局（物种分布点信息来自 https://www.gbif.org/，下同）

Fig. 4.1　Distribution pattern of Malpighiaceae in Southeast Asia (Species locality data from https://www.gbif.org/, the same below)

目前发现金虎尾科在亚洲共 6 个物种多样性和特有中心，其中 5 个分布在东南亚，分别为中国-缅甸-老挝交界区、越南北部、泰国北部清迈、泰国南部、爪哇岛西部，1 个在分布在我国西南的滇黔桂交界区（图 4.1）。

这 6 个物种多样性和特有中心共有的特点是均受亚洲夏季风的影响。季风气候不仅促使金虎尾科植物得以向北迁移至热带地区北缘，还通过强烈的降雨和剧烈的干湿交替加剧了局域生境的隔离程度，与这几个分布中心的高山大河等隔离生境共同作用导致该科植物逐渐适应局域特殊地形与气候而分化出新类群，中国西南的滇黔桂交界区和中南半岛成为亚洲金虎尾科物种多样性和特有种分布中心之一（姜超等，2017）。

4.2　"金虎尾路线"及其物种适应进化

以大陆漂移为基础的陆桥说及长距离扩散说是生物地理学研究的两个新趋势（周浙昆等，2006）。"金虎尾路线"则是目前生物地理学中研究物种跨洲际扩散的主流思想。"金虎尾路线"认为，在不同大洲之间呈间断分布的金虎尾科植物可能通过历史时期的北大西洋陆桥在北美洲和劳亚古陆之间迁移，之后再进一步扩散到南美洲或非洲与亚洲热带地区；而欧亚起源的类群也可以通过相反的路线进入南美洲（Davis et al.，2002a，2002b；周浙昆等，2006；钱贞娜和任明迅，2016）。这条解释泛热带间断分布的重要路线，已经在中国和南美洲、非洲间断分布的某些类群中得到了证实（Weeks et al.，2005；Renner et al.，2001；Chanderbali et al.，2001），成为研究生物地理学的一个模式系统（周浙昆等，2006；钱贞娜和任明迅，2016）。

4.2.1 "金虎尾路线"

"金虎尾路线"（Malpighiaceae route）是 Davis 等（2002）根据金虎尾科植物的地理分布格局与迁移历史提出的，以解释植物尤其是热带植物的洲际间断分布格局和长距离扩散历史。金虎尾科植物在古新世早期（约 7500 万年前）起源于南美洲的北部，大约在始新世早期（约 6900 万年前）通过中美洲的陆块和火山岛屿从南美洲扩散到北美洲，之后在渐新世、中新世先后 7 次通过北大西洋陆桥扩散到劳亚古陆，并逐渐迁移至今天的热带非洲和亚洲地区，在大约 1000 万年前从非洲大陆扩散到马达加斯加岛（Anderson，1990；Davis，2002；Davis et al.，2002，2014）。

除了历史时期发生的 7 次洲际长距离扩散，金虎尾科植物另有 2 次近期发生的洲际长距离扩散事件（Davis & Anderson，2010），分别是 *Heteropterys leona* 和 *Stigmaphyllon bannisterioids* 从美洲随着洋流直接横渡大西洋扩散至非洲西海岸（Davis & Anderson，2010；Davis et al.，2014）。异翅藤属（*Heteropterys*）是金虎尾科最大的属，约 140 种（Anderson et al.，2006），主要分布在南美洲、中美洲以及加勒比地区的大西洋沿岸，但其中 *H. leona* 还间断分布于非洲西海岸，推测很可能是其果实随洋流横越大西洋直达非洲大陆西岸（Davis & Anderson，2010）。这一次长距离扩散事件发生的时间并不久远，所以两地的 *H. leona* 种群没有分化成两个物种或亚种。*S. bannisterioids* 的情况与之类似（Davis & Anderson，2010；钱贞娜和任明迅，2016）。

不仅是金虎尾科植物，对于起源地不同的植物类群，如樟科（Chanderbali et al.，2001）、安息香科（Fritsch，2001）、野牡丹科（Renner et al.，2001）以及起源于欧洲的橄榄科（Weeks et al.，2005）等，这些植物类群的长距离迁移路线也与金虎尾科植物的路线基本相同，只不过由于起源中心的不同而迁移方向相反（Renner et al.，2001；周浙昆等，2006；钱贞娜和任明迅，2016）。因此，金虎尾路线可以指导很多有关植物类群的分布格局与长距离扩散规律研究，成为解释生物洲际间断分布和长距离迁移历史及格局的重要研究模式。

4.2.2 "金虎尾路线"的物种适应与进化

"金虎尾路线"阐明了金虎尾科植物历史时期 7 次独立的从起源中心（南美

洲）向旧世界（非洲和亚洲）的洲际长距离扩散事件，每次扩散都伴随着花和果的适应性转变（钱贞娜和任明迅，2016；谭珂等，2018）。

（1）花的进化和传粉的转变

金虎尾科植物在其起源与分化中心南美洲的花保守性主要是指该科在南美洲的 1000 多个种都具有 5 个合生的花萼，每个萼片有 2 个分泌油脂的腺体，花两侧对称（有 1 个旗瓣显著有别于其他花瓣），花瓣粉红或黄色（Anderson，1979；Davis & Anderson，2010；Zhang et al.，2010；Davis et al.，2014）。萼片腺体分泌的油脂是吸引条蜂科传粉昆虫的主要诱物，这些昆虫专门收集这类油脂用于巢穴防水，也将油脂与花粉混合喂养幼蜂（Davis et al.，2014）。金虎尾科植物可能是植物界最早进化出油脂作为传粉者报酬物的类群（Renner & Schaefer，2010），早在约 6400 万年前就出现了"油花"（oil flower）（Renner & Schaefer，2010）。因此，金虎尾科南美洲类群的花保守性是与集油蜂长达 6000 多万年协同进化的结果（图 4.2）。

外类群

图 4.2　金虎尾科植物花的进化（系统树改自 Davis et al.，2014）
系统树外红色区域代表美洲类群，蓝色区域代表非洲类群，黄色区域代表亚洲类群
Fig. 4.2　Floral evolution of Malpighiaceae (Phylogenetic tree revised form Davis et al., 2014)
The red areas around the phylogenetic tree are America taxon, blue areas are Africa taxon, yellow areas are Asia taxon

　　远离集油蜂分布中心（南美洲）的中美洲和北美洲有 4 属（*Aspicarpa*、*Camarea*、*Janusia*、*Gaudichaudia*），都发现了闭花受精现象（表 4.2）。这种非常特殊的完全自交传粉方式，集中体现了金虎尾科花部特征遗传基础的可塑性较大（Zhang et al.，2010）。

表 4.2　金虎尾科植物在不同大洲的花部特征、繁育系统及传粉者（钱贞娜和任明迅，2016）

Table 4.2　Breeding system, floral syndromes and pollinators of Malpighiaceae in different continents (Qian & Ren, 2016)

	繁育系统	花对称性	花萼腺体	传粉者	参考文献
南美洲	两性花	两侧对称	10 个油脂腺体（每个萼片 2 个）	美洲特有的条蜂科集油蜂	Anderson, 1979; Davis & Anderson, 2010; Davis et al., 2014
中美洲、北美洲	两性花（闭花受精）	辐射对称	无	花内自交，不需要传粉者	Anderson, 1980
非洲	雄花两性花异株（功能性雌雄异株）	辐射对称	无	收集花粉的蜜蜂科昆虫	Davis, 2002; Davis et al., 2014
亚洲	两性花（镜像花）	两侧对称	无或 1（如有，分泌糖）	收集花粉的大蜜蜂（*Apis dorsata*）	Ren et al., 2013；Ren, 2015

　　除基本确定非洲金虎尾科植物花的报酬物是花粉、传粉者为收集花粉的昆虫外（Davis，2002；Davis & Anderson，2010），对非洲金虎尾科植物传粉昆虫的具体类群、访花行为等还知之甚少。但是，从非洲类群花辐射对称、花瓣白色、功能性的雌雄异株等特征来看，传粉者应该是访花行为比较泛化的蜜蜂总科昆虫，它们可以从花的各个方位降落到花上采集花粉（钱贞娜和任明迅，2016）。这些类群的繁育系统大多是形态上的雄花-两性花异株（功能上的雌雄异株），即其中一种植株的花只有雄蕊，无雌蕊，在形态和功能上都属雄花；另一种植株类型则是开两性花，但其花粉壁厚且光滑、不具萌发孔，花粉不育，因而是功能性的雌花（Davis，2002；钱贞娜和任明迅，2016）。两性花的花粉能保留，可能只是作为吸引传粉者的报酬物（Davis，2002；Anderson et al.，2006；钱贞娜和任明迅，2016）。

　　对于亚洲金虎尾科植物的研究甚少，但在翅实藤亚属中也发现了类似于非洲类群的形态学的雄花两性花异株、功能上的雌雄异株现象（Davis & Anderson，2010）。这个属的花辐射对称、远轴萼片腺体消失，也似乎显示出其以花粉作为主要报酬物。盾翅藤属的花部特征也较泛化：花两性、白色、辐射对称（Chen & Funton，2008；Davis & Anderson，2010）。盾翅藤属的雄蕊 5 长 5 短相间分布，类似于南美洲类群通灵藤属（*Banisteriopsis*）、金虎尾属（*Malpighia*）、隐背藤属（*Diplopterys*）等的雄蕊分化现象（Anderson et al.，2006）。有研究推测这些亚洲特有的类群在向着较为泛化的传粉适应方向进化（钱贞娜和任明迅，2016）。在亚洲特有的风筝果属中，Ren 等（2013）发现了非常特化的花部特征：镜像花

（mirror-image flower）（图 4.3）。镜像花是指同种植物具有两种花型，其中一种花型的花柱侧偏向左（左偏花柱型），另一种花型的花柱侧偏向右（右偏花柱型），两花型成镜像对称。镜像花通常有雄蕊形态与功能存在明显分化的异型雄蕊（heteranthery）（Jesson & Barrett，2002）（图 4.3）。风筝果属大部分类群的异型雄蕊 1 大 9 小，大雄蕊与花柱分别侧偏向左、右两侧（图 4.3）。这些特化的花部特征，集中体现出该属与亚洲本地传粉昆虫形成了非常特化的传粉机制，与南美洲的花保守性、非洲类群及亚洲其他类群的泛化花部特征形成了鲜明对比。Ren 等（2013）还在风筝果属中发现了其他一系列的特殊花部特征，如该属分布范围最广的风筝果（*H. benghalensis*），花两侧对称、花药纵向开裂、花瓣强烈反折且旗瓣反卷向后紧裹唯一的花萼腺体。更特别的是，风筝果的花萼腺体分泌花蜜（Ren et al.，2013），并非如美洲金虎尾科植物那样分泌油脂，但此花蜜并非传粉者的报酬物，推测可能与吸引蚂蚁抵御植食性害虫有关。

图 4.3　风筝果属的镜像花

Fig. 4.3　Mirror-image flower in *Hiptage*

（2）果实的进化及扩散方式的转变

栎樱木亚科（Byrsonimoideae）为金虎尾科最为原始的类群，其果实全为非翅果，并且没有翅退化的痕迹，说明该科的祖先应没有翅（Davis et al.，2001）。大部分金虎尾亚科的类群都具翅果，并且翅果类型极为丰富（Davis et al.，2001；Anderson et al.，2006；Manchester & O'Leary，2010；谭珂等，2018），除叶状苞翅果外，其余五大类翅果都在金虎尾科有大量分布（图 4.4，图 4.5）（谭珂等，2018）。伴随着"金虎尾路线"（Malpighiaceae Route）的迁移，每一次洲际长距离扩散往往伴随着翅果类型的转变（图 4.5）（Davis et al.，2001；谭珂等，2018），因此，金虎尾科可能是揭示翅果适应与进化的一个窗口。

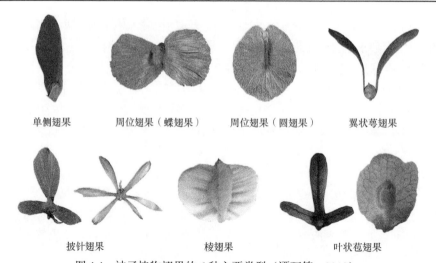

单侧翅果　　　周位翅果（蝶翅果）　　周位翅果（圆翅果）　　翼状萼翅果

披针翅果　　　　　　　棱翅果　　　　　　　叶状苞翅果

图 4.4　被子植物翅果的 6 种主要类型（谭珂等，2018）

Fig. 4.4　Six main types of samaras of angiosperms (Tan et al., 2018)

外类群

图 4.5　金虎尾科植物翅果的多样性与演化（改自谭珂等，2018）

系统树外红色区域代表美洲类群，蓝色区域代表非洲类群，黄色区域代表亚洲类群

Fig. 4.5　Samara diversity and evolution in Malpighiaceae (Revised from Tan et al., 2018)

The red areas around the phylogenic tree are America taxon, blue areas are Africa taxon, yellow areas are Asia taxon

　　栎樱木亚科的果实很可能通过鸟或水流等传播到历史上的中美洲和北美洲一带（Davis et al.，2001；Anderson et al.，2006）。随后翅果产生，使金虎尾科植物

可以沿着北大西洋陆桥向东扩散至劳亚古陆，直至现今的非洲和亚洲热带地区（Davis et al.，2001，2002；钱贞娜和任明迅，2016；谭珂等，2018）。在此过程中，翅果类型多样性逐渐增加（图 4.5）。

绢蝶藤支系为整个金虎尾家族严格体现"金虎尾路线"完整扩散过程的支系，在南美洲、中美洲、非洲以及亚洲都有亲缘关系很近的特有属（钱贞娜和任明迅，2016）。该支系中，南美洲类群为比较原始的核果和浆果，锄柱藤属（*Dicella*）还出现了翼状萼翅果，随后扩散至中美洲的类群演化为周位翅果，最后抵达非洲和亚洲。非洲类群隐扇藤属（*Flabellariopsis*）虽不具典型的翅果，但具有类似翅的果实附属物（Anderson et al.，2006）（图 4.5）。亚洲特有的风筝果属则出现了披针翅果，扩散能力较强，使该类群广布于整个亚洲热带地区并演化出约 30 种（Ren，2015；钱贞娜和任明迅，2016）。从整个金虎尾科的翅果多样性及其系统分布看（图 4.5），可以猜测"金虎尾路线"的翅果曾反复出现，翅果类型发生多次转变。这可能是金虎尾科植物能够实现多次跨洋长距离扩散（Davis et al.，2001，2002；钱贞娜和任明迅，2016）的一个关键因素。

金虎尾科具有被子植物最为多样的翅果类型，也是生物地理学研究模式"金虎尾路线"（Davis et al.，2002）的模式类群。该科历史上发生了多达 9 次的洲际长距离扩散，大多伴随着翅果类型的转变。以金虎尾科为例，对被子植物翅果适应与进化开展深入的实验研究与系统发育研究，有望深入揭示翅果的适应意义及其对被子植物物种形成与扩散的作用。

4.3　植物地理学分布格局

东南亚金虎尾科植物自然分布 5 属约 60 种，均为木质藤本（Chen & Funton，2008；Davis & Anderson，2010）。其中风筝果属分布最广，遍布整个东南亚，非洲和大洋洲也有分布；盾翅藤属主要分布于东南亚及我国西南山区；叶柱藤属本主要分布于南美洲，但与翅实藤亚属合并之后，东南亚群岛、新几内亚岛和澳大利亚东海岸等成为该属旧世界的分布中心；三星果属主要分布在非洲的马达加斯加岛，仅三星果（*Tristellateia australasiae*）广布于东南亚。

4.3.1　风筝果属（*Hiptage*）

风筝果属为热带亚洲特有属。木质藤本或藤状灌木。叶对生，革质或亚革质，全缘，无腺体或背面近边缘处有一列疏离的腺体，托叶无或极小。总状花序，腋生或顶生；花两性，两侧对称，白色或淡红色或浅绿色，芳香；花梗有 2 小苞片，中部以上具关节；萼 5 裂，基部具 1 大腺体或多腺体或无；花瓣 5，具爪，被丝毛；多为异型雄蕊（heteranthery），1 大 9 小，9 枚小雄蕊为给食雄蕊

（feeding stamens），大雄蕊为传粉雄蕊（pollinating stamens）（Ren et al.，2013），花丝分离或下部结合。果实多翅果，每果有 3 翅，但疣果风筝果（*H. corymbifera*）的翅消失。

    Ren 等（2013）首次报道风筝果属存在镜像花，镜像花是通过侧偏花柱与可育雄蕊分别接触昆虫腹部两侧来进行传粉的一种异交机制（Jesson & Barrett，2002；任明迅和张大勇，2004；林玉和谭敦炎，2007）。侧偏花柱和可育雄蕊之间的距离（雌雄异位，herkogamy），可能不仅促进了异交的准确性，还是促进该属快速分化的重要原因之一（钱贞娜等，2016）。

（1）风筝果属分布与特有中心

    据目前不完全统计，风筝果属共约 38 种（Tan et al.，2019），主要分布于亚洲热带地区，包括非洲马达加斯加岛、毛里求斯，澳大利亚东海岸甚至斐济岛。并且在斐济岛还形成了一个特有种——桃金娘叶风筝果（*H. myrtifolia*）。南亚季风和西北太平洋季风携暖湿气流深入北回归线更北的泸水、大理一带，为风筝果属植物在此分布提供了必要的生存条件（姜超等，2017）。东南亚地区共有 4 个多样性与特有中心：我国滇黔桂交界区、横断山脉、泰国北部山区和越南南部（图 4.6）。

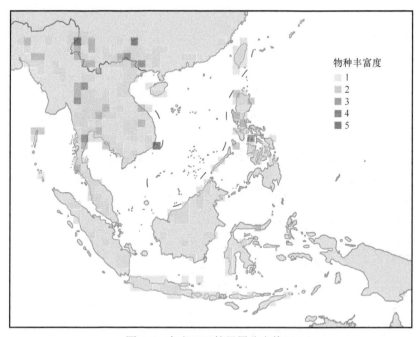

图 4.6　东南亚风筝果属分布格局

Fig. 4.6　Distribution pattern of *Hiptage* in Southeast Asia

风筝果（*H. benghalensis*）为该属分布最广的类群，分布范围自最西的非洲马达加斯加岛，横穿整个东南亚；北至西藏墨脱；南至大洋洲东海岸 27°S 附近（Tan et al.，2019）。另外，白花风筝果（*H. candicans*）和亮叶风筝果（*H. lucida*）在中南半岛均有分布，小花风筝果（*H. minor*）仅分布在我国滇黔桂三省区。该属大部分类群为当地狭域特有种，如田阳风筝果（*H. tianyangensis*）、多花风筝果（*H. multiflora*）、泡叶风筝果（*H. bullata*）、三棘风筝果（*H. triacantha*）等。

按照 van Welzen 和 Slik（2009）、van Welzen 等（2011）对东南亚植物地理的分区，东南亚风筝果属植物主要分布于中南半岛，其特有率高达 77%，远高于巽他区和菲律宾群岛（表 4.3）。中南半岛复杂的地质结构和形成历史，造就的一个个隔离的小生境可能是物种形成的主要原因之一（Ren，2015）。有趣的是，华莱士区以东甚至在新几内亚岛上并无一特有种报道，仅在大洋洲东部斐济岛上存在一特有种（*H. myrtifolia*），笔者认为这是由当地对该属的研究相对匮乏所致。

表 4.3　风筝果属在东南亚的分布格局

Table 4.3　Distribution pattern of *Hiptage* in Southeast Asia

植物地理学分区	物种	物种数	特有种数	特有率（%）
中南半岛	尖叶风筝果（*H. acuminate*）、白花风筝果（*H. candicans*）、风筝果（*H. benghalensis*）、绢毛风筝果（*H. sericea*）*、泡叶风筝果（*H. bullata*）*、三棘风筝果（*H. triacantha*）*、亮叶风筝果（*H. lucida*）、光叶风筝果（*H. glabrifolia*）*、钙生风筝果（*H. calcicola*）*、纤枝风筝果（*H. gracilis*）*、灰翅风筝果（*H. condita*）*、单翅风筝果（*H. monopteryx*）*、伞花风筝果（*H. umbellulifera*）*、*H. detergens*、*H. boniana*、*H. calycina**、*H. capillipes**、*H. cuspidate**、*H. elliptica**、*H. marginata**、*H. stellulifera**、*H. subglabra**	22	17	77
巽他区	风筝果（*H. benghalensis*）、*H. detergens*、吕宋风筝果（*H. luzonica*）、绢毛风筝果（*H. sericea*）*、*H. burkilliana**	5	2	40
菲律宾群岛	风筝果（*H. benghalensis*）、吕宋风筝果（*H. luzonica*）、*H. pubescens**	3	1	33
华莱士区	风筝果（*H. benghalensis*）	1	0	0

注：物种名称后带"*"为该地区特有种（下同）

（2）性状演化趋势

正如前面所介绍，中南半岛上隔离的小生境可能是该地区物种多样性较高的主要原因，但风筝果属独特的花部结构和翅果可能加速了这一过程。

花萼腺体是风筝果属最主要的鉴别特征之一。金虎尾科原始类群常为 10 腺体，而非洲和亚洲类群腺体消失或仅存 1 个，这是对当地传粉昆虫的一种适应性选择（Davis et al.，2014；钱贞娜和任明迅，2016）。但笔者在云南北部大理、泸水一带考察时，发现了多个腺体（4 个甚至 10 个）的风筝果属植物，这说明这些类群可能是风筝果属目前较为原始的类群或者是一种返祖现象。风筝果属植物的萼片腺体能够分泌花蜜，属花外蜜腺，这可能是为了吸引蚂蚁来驱赶植食性害虫（Ren et al.，2013；钱贞娜等，2016）。

　　风筝果属大部分类群具有极其特化的传粉系统——镜像花（Ren et al.，2013）。镜像花是通过偏向一侧的花柱与偏向另一侧的可育雄蕊分别接触昆虫腹部两侧来进行传粉的一种异交机制（Jesson & Barrett，2002，2003；任明迅和张大勇，2004；林玉和谭敦炎，2007；Tang & Huang，2007；钱贞娜等，2016）。侧偏的花柱与可育雄蕊的距离（雌雄异位，herkogamy）（任明迅和张大勇，2004；钱贞娜等，2016）需与传粉者体型特别是腹部宽度相适应，才有利于镜像花柱头与花药接触到传粉昆虫腹部两侧，成功实现传粉（Barrett et al.，2000；Ren et al.，2013；钱贞娜等，2016）。因此，雌雄异位的变化很可能是不同物种受到传粉昆虫体型大小选择的结果。目前我们的研究结果也能证明这一点（图 4.7）。广布种风筝果的雌雄异位最大，通常可达 1 cm 以上，而其传粉者也为体型较为巨大的竹木蜂（*Xylocopa nasalis*）；而雌雄异位较小的小花风筝果、田阳风筝果和泡叶风筝果的传粉者则为体型较小的蜜蜂，这三种风筝果属植物的分布区间隔较远，分别为中国云南和贵州南部、中国广西西南部和泰国北部，但为了适应当地有效的传粉者，其雌雄异位

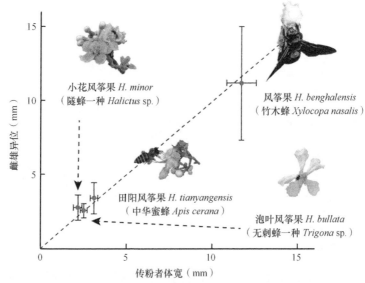

图 4.7　风筝果属不同物种的雌雄异位程度大小适应于传粉昆虫体型大小

Fig. 4.7　The differentiation of herkogamy among different species in *Hiptage* is an adaption to their polliater abdomen size

程度皆较小。例如，隧蜂主要分布在古北界（撒哈拉沙漠以北的非洲、欧洲大陆、中亚以及包括西伯利亚在内的亚洲大陆北部地区）（牛泽清，2004），而无刺蜂主要分布在热带地区（吴燕如，1965）。

　　不仅如此，在广布种风筝果不同地理种群之间还出现了因雌雄异位不同而产生的传粉生态型（钱贞娜等，2016），雌雄异位程度小的海南岛种群和云南西双版纳种群的传粉者则是体型较小的大蜜蜂（*Apis dorsata*）和西方蜜蜂（*A. mellifera*）。雌雄异位程度大的贵州蔗香种群和云南东南部羊街种群，其传粉者也是体型较大的竹木蜂（*Xylocopa nasalis*）和熊蜂一种（*Bombus* sp.）（图 4.8）。不仅如此，大型蜂传粉种群与小型蜂传粉类群还存在明显的遗传分化（钱贞娜等，2016）。这些结果显示，风筝果不同地理种群的镜像花雌雄异位程度的变化可能是适应局域不同体型大小的传粉昆虫的选择结果，而且种群间出现了基因流的隔断，可能与大型蜂、小型蜂传粉的两种生态型有关。

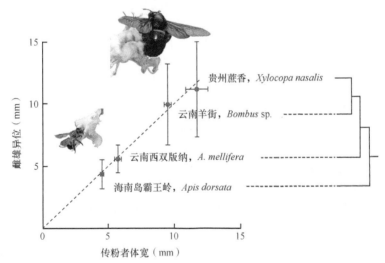

图 4.8　风筝果传粉生态型（改自钱贞娜等，2016）

右侧为不同地理种群的遗传关系

Fig. 4.8　Pollination ecotypes of *Hiptage benghalensis* (Revised from Qian et al., 2016)

The genetic relationship is indicated by the right tree

　　绝大多数风筝果属植物均为披针翅果（图 4.9），但也存在例外，如疣果风筝果的果翅消失，并且果实膨大，分布于越南南部干旱的沿海地带，这可能是为了适应水（海）流为其扩散。而三棘风筝果主要分布于泰国、柬埔寨和越南的湄公低地，四周被长山山脉、呵叻高原、象山和豆蔻山脉包围（详见 1.1，图 1.1），风可能不再是果实的传播媒介，三翅进化为三棘可能是对依靠动物进行扩散的适应。

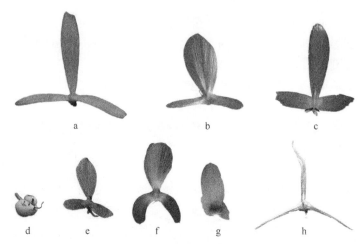

图 4.9　风筝果属植物果实多样性

a. 越南风筝果；b. 少花风筝果；c. 亮叶风筝果；d. *H. corymbifera*；e. 吕宋风筝果；

f. 弯翅风筝果；g. 单翅风筝果；h. 三棘风筝果

Fig. 4.9　Fruits diversity of *Hiptage*

a. *H. benghalensis* var. *tonkinensis*; b. *H. pauciflora*; c. *H. lucida*; d. *H. corymbifera*; e. *H. luzonica*;

f. *H. incurvatum*; g. *H. monopteryx*; h. *H. triacantha*

（3）分化和迁移

根据 Davis 等（2014）的分子系统发育学研究，风筝果属约起源于 1700 万年前，风筝果属及其姐妹类群隐扇藤属（*Flabellariopsis*）的共同祖先约起源于 2500 万年前。由于隐扇藤属分布于非洲中部，加之在中国云南西北部和越南南部均发现有多腺体风筝果属植物出现（金虎尾科较原始类群均具多腺体），为此我们猜测，可能存在两条路径扩散到如今的东南亚。

其一，风筝果属和隐扇藤属的祖先扩散至现地中海区域（图 4.1），迅速向非洲和东亚扩散，并且可能广布于整个非洲大陆，然而，随着 1500 万年前全球气候再次剧变，非洲和阿拉伯地区气候干燥加剧（详见第 1 章 1.6），大量生物被沙漠淹没，无法留下化石等可靠证据，其中的迁移过程无法考证。但目前笔者在云南西北部发现了多腺体风筝果属植物，可能是风筝果属植物沿北大西洋陆桥继续向东扩散至东亚的一个证据。

其二，风筝果属和隐扇藤属的祖先最先扩散至非洲，在印度板块快速向北移动的过程中，从马达加斯加岛扩散至印度，在印度与东南亚碰撞之后抵达巽他大陆（详见第 1 章 1.5.1，Ali 和 Aitchison 的改进 Acton 的印度模型）。这个猜想的来源有两点，第一，在非洲马达加斯加岛和毛里求斯也发现有风筝果属植物，虽然风筝果属的披针翅果扩散能力较强（Augspurger，1986；谭珂等，2018），但从亚洲横跨整个印度洋，自然扩散至非洲马达加斯加岛的概率极低；第二，在越南南部也发现有 5 腺体的风筝果属植物，即最先扩散至異他大陆的猜想恰好符合 Ali 和 Aitchison 的改进 Acton 的印度模型。但印度板块与东南亚的碰撞时间（5500 万年前至 3400 万年前）与 Davis 等（2014）通过分子钟估算的风筝果属形成时间（1700 万年前）不符。为此，通过分子生物学实验研究风筝果属的进化及迁移尤其关键。

4.3.2　盾翅藤属（*Aspidopterys*）

木质藤本或藤状灌木。叶对生，全缘，叶及叶柄无腺体，托叶无或者小而早落。花小，两性，辐射对称，黄色或白色，组成腋生或顶生圆锥花序，稀总状花序或聚伞花序；总花梗具苞片，顶部具节，花梗通常具 2 小苞片；萼短 5 裂，无腺体；花瓣 5，无爪，全缘，广展或外弯；雄蕊 10，5 长 5 短相间分布，类似于南美洲类群通灵藤属、金虎尾属、隐背藤属等的雄蕊分化现象（Anderson et al., 2006；钱贞娜和任明迅，2016）。推测这些亚洲特有的类群在向着较为泛化的传粉适应方向进化。果为周位翅果，背面的背翅很少发育或呈鸡冠状突起（图 4.10）。

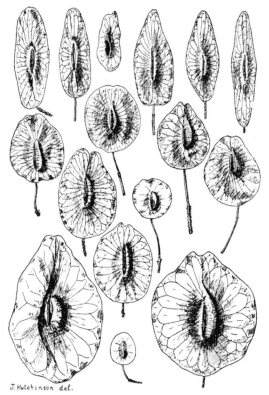

图 4.10　盾翅藤属周位翅果多样性

图由 Hutchinson（1917）绘制

Fig. 4.10　Perigynous samara diversity of *Aspidopterys*

Pictures drawn by Hutchinson (1917)

（1）物种多样性与特有中心

盾翅藤属约 20 种，仅分布于亚洲热带地区（Hutchinson，1917）。中南半岛是盾翅藤属植物的多样性与特有中心，共分布约 15 种，60%的物种为中南半岛特有（图 4.11，表 4.4）。巽他区和菲律宾群岛没有特有种，但华莱士区的苏拉威西岛却存在 1 特有种（表 4.4）。目前，盾翅藤属得到的关注远不如其他类群，最新发表的小果盾翅藤（*A. microcarpa*）时间为 1996 年，而现在距该属上一次修订（1917 年）已过去一个多世纪。为此，重新审视该属的多样性及迁移过程，有助于更加深入地认识东南亚"金虎尾路线"的迁移过程。

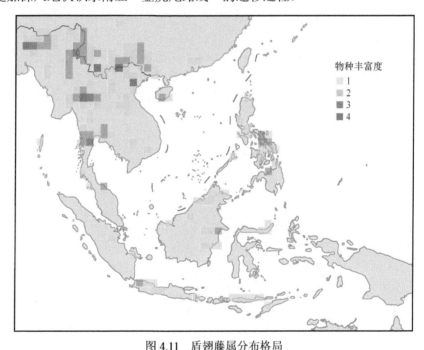

图 4.11　盾翅藤属分布格局

Fig. 4.11　Distribution pattern of *Aspidopterys*

表 4.4　盾翅藤属在东南亚各植物地理学分区中的情况

Table 4.4　Distribution pattern of *Aspidopterys* in Southeast Asia

植物地理学分区	物种	物种数	特有种数	特有率（%）
中南半岛	*A. andamanica*[*]、广西盾翅藤（*A. concave*）、*A. costulata*[*]、多花盾翅藤（*A. floribunda*）[*]、盾翅藤（*A. glabriuscula*）、*A. harmandiana*、*A. helferiana*[*]、*A. henryi*、*A. hirsute*[*]、*A. macrocarpa*、毛叶盾翅藤（*A. nutans*）、倒心盾翅藤（*A. obcordata*）、*A. oligoneura*[*]、*A. thorelii*[*]、*A. tomentosa*	15	9	60

续表

植物地理学分区	物种	物种数	特有种数	特有率（%）
巽他区	*A. concave*、*A. elliptica*、*A. tomentosa*	3	0	0
菲律宾群岛	*A. concave*、*A. elliptica*、*A. tomentosa*	3	0	0
华莱士区	*A. celebensis*[*]、*A. elliptica*、*A. tomentosa*	3	1	33.3

中南半岛北部与我国西南山区交界处（包括中国云南西部、印度西北部、中国滇黔桂交界区等），以及泰国北部山区和碧武里府（Phetchaburi）为中南半岛盾翅藤属的主要分布与特有中心，与风筝果属的分布格局极为类似。Ren（2015）的研究表明风筝果属多样性与特有种分布与大格局地理因素（区域大小、离赤道的距离、海拔异质性）无关。因此，这两属独特的小生境可能起到了一定作用。

这两属的多样性和特有中心共有的特点是拥有大江大河。中南半岛所有的河流都是南北走向，如湄公河和怒江，南北走向的径流可以促进热带植物的北迁，直至云南西北亚热带地区（Anderson et al.，2006；Ren et al.，2013；姜超等，2017）。另外，这几个中心还拥有高度破碎的岩溶地貌，尤其是我国西南地区，拥有世界上最大的岩溶地貌（Clements et al.，2006；Hou et al.，2010）。大雨对石灰岩的侵蚀造就了峰丛和峰林的独特景观，即为完全或者部分孤立的喀斯特群峰（Zhu et al.，2003；Hou et al.，2010）。这些独立的山峰，以及各种不同方向的坡面和凹面，可能形成地理隔离的小生境（方瑞征等，1995；Zhu et al.，2003；Clements et al.，2006；Hou et al.，2010）。Clements 等（2006）认为东南亚喀斯特地貌复杂的小生境和多变的气候条件，造就了该地区极高的物种丰富度和特有现象。

（2）起源时间、地点及迁移过程

盾翅藤属所在的金虎尾（*Malpighia*）支系与风筝果属所在的绢蝶藤（*Carolus*）支系均广布于全球热带地区，这两支都是体现"金虎尾路线"完整扩散过程的支系。但盾翅藤属的分布范围没有风筝果属广，其原因可能是周位翅果的扩散能力弱于披针翅果（Augspurger，1986；谭珂等，2018）。盾翅藤属约起源于 1500 万年前（Davis et al.，2014），为旧世界金虎尾支系最为原始的属（图 4.12）。有趣的是，在整个金虎尾支系中仅中美洲的金虎尾属果实不是翅果，Anderson（1990）认为该属的翅果退化，肉质外果皮掩盖内果皮上发育不全的小翅。

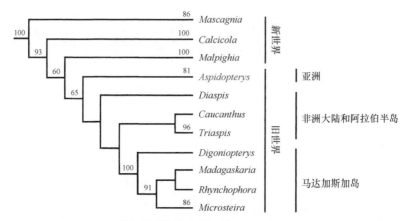

图 4.12　金虎尾支系系统发育树（改自 Anderson et al., 2006）

Fig. 4.12　Phylogenetic tree of *Malpighia* clade (Revised from Anderson et al., 2006)

　　与风筝果属不同，盾翅藤属可能沿着印度北部（喜马拉雅山脉以南）扩散至东南亚，并且在印度西北部还保留有多种盾翅藤属植物（图 4.11），类似的还有秋海棠属（Rajbhandary et al., 2011）。

　　在抵达印度西北部后，向东和东南继续拓殖，由于中南半岛复杂的地势，形成了多个多样性和特有中心。冰期时海平面下降（详见本书 1.6），整个巽他大陆浮出海面，盾翅藤属植物因此得以扩散至爪哇岛和加里曼丹岛。自中新世以来，苏拉威西岛与加里曼丹岛存在深邃的望加锡海峡，但苏拉威西岛可以通过爪哇岛与巽他大陆相连，盾翅藤属可以通过这条陆桥最远扩散至苏拉威西岛北部，并形成一个特有种——*A. celebensis*。由于华莱士区大部分岛屿均来自澳大利亚大陆的陆地碎片，并且各岛屿被幽深的海洋包围，尽管海平面最深下降了 120 m 左右（Hantoro et al., 1995），但岛屿之间从未有陆地相连。加之盾翅藤属周位翅果的扩散能力较差（Augspurger, 1986；谭珂等，2018），为此，盾翅藤属最远扩散距离也止步于此。

4.3.3　翅实藤亚属（subgenus *Ryssopterys*）

　　Anderson（2011）根据分子生物学数据将旧世界分布的翅实藤属（*Ryssopterys*）并入新世界分布的叶柱藤属（*Stigmaphyllon*），从此叶柱藤属分为新世界的叶柱藤亚属（subgenus *Stigmaphyllon*）和旧世界的翅实藤亚属（subgenus *Ryssopterys*）。翅实藤亚属为木质藤本，小枝被平贴短柔毛。叶对生或近对生，全缘，椭圆形至心形，通常背面边缘具小腺体，叶基与叶柄顶端处有 2 圆形腺体；叶柄长而纤细；托叶退化或发育。伞形花序或假伞形花序，腋生；花黄色或白色；萼 5 深裂；花瓣 5，无爪或多少具爪；雄蕊 10，全部发育，花丝基部合生；子房 3 裂，3 室，被粗伏毛，花柱 3，分离。果为单翅果，1~3 个合成。

（1）物种多样性分布格局

翅实藤亚属共计 21 种，分布于印度尼西亚、新几内亚岛、昆士兰（澳大利亚）、
新喀里多尼亚岛、瓦努阿图、所罗门群岛、密克罗尼西亚、帕劳和菲律宾，琉球
群岛和我国台湾岛南部也有报道（Anderson，2011）。巴布亚新几内亚和新喀里多
尼亚岛为该亚属的分布与特有中心（图 4.13）（Anderson，2011）。华莱士区的物
种数量最多（5 种），其次为菲律宾群岛（表 4.5）。中南半岛和巽他区几乎没有该
属植物的分布（图 4.13），仅在加里曼丹岛靠近苏禄群岛零星分布着广布种翅实藤
（*S. timoriense*）。

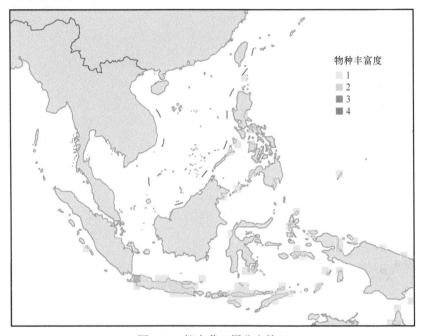

图 4.13　翅实藤亚属分布格局

Fig. 4.13　Distribution pattern of subgenus *Ryssopterys*

表 4.5　翅实藤亚属在东南亚各植物地理学分区中的情况

Table 4.5　Distribution pattern of subgenus *Ryssopterys* in Southeast Asia

植物地理学分区	物种	物种数	特有种数	特有率（%）
中南半岛	□	□	□	□
巽他区	*S. timoriense*	1	0	0
菲律宾群岛	*S. dealbatum**、*S. merrillii**、*S. timoriense*	3	2	66.7
华莱士区	*S. albidum**、*S. intermedium**、*S. micranthum*、*S. sundaicum**、*S. timoriense*	5	3	60

（2）花部进化及传粉转变

叶柱藤亚属的花部特征与金虎尾科原始类群相似，雌雄同株，花两侧对称。除前花萼以外，每个侧花萼具一对大油腺（*S. boliviense* 和 *S. coloratum* 例外），由集油蜂为其传粉（Anderson，2011）。而翅实藤亚属（subgenus *Ryssopterys*）则出现雄花-两性花异株、功能上的雌雄异株现象（两性花花粉不具萌发孔，而雄花则具6孔）（Davis & Anderson，2010；Anderson，2011；钱贞娜和任明迅，2016）。花辐射对称，远轴萼片腺体消失，似乎显示出是以花粉作为主要报酬物（Anderson，2011；钱贞娜和任明迅，2016），这可能是对旧世界没有集油蜂的一种选择性适应（图4.14）（Anderson，2011）。

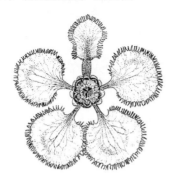 

S. bogotense，南美洲　　　　　　　　　　*S. dealbatum*，菲律宾

叶柱藤亚属（Subgenus *Stigmaphyllon*）　　　翅实藤亚属（Subgenus *Ryssopterys*）

图 4.14　叶柱藤属两亚属花部特征（改自 Davis & Anderson，2010）

Fig. 4.14　Floral traits between two subgenera in *Stigmaphyllon* (Revised form Davis & Anderson, 2010)

（3）起源及扩散路线

从翅实藤亚属的多样性分布格局可看出该属应起源于南半球的大洋洲，随后向北扩散至东南亚地区。Davis 等（2014）推测叶柱藤属可能起源于 3600 万年前的南美洲，并且翅实藤亚属的分化时间大约在 1600 万年前。为此，笔者猜测可能存在一条不同于"金虎尾路线"的扩散通道。

叶柱藤属为东南亚-美洲间断分布，起源于南美洲之后，便开始向南极洲扩散（3000 万年前南美洲南部才与南极洲分开），南极洲拓殖成功后，沿着海岸线或陆桥继续向北迁移至澳大利亚大陆。从时间上来看，澳大利亚大陆大约 3500 万年前与南极洲分离，但两者之间应该还存在一些岛屿，加上叶柱藤属为扩散能力较强的单翅果（Augspurger，1986；谭珂等，2018），可以以这些岛屿为垫脚石扩散（island hopping）至澳大利亚大陆。

澳大利亚大陆与南极洲的分离，使得冷气流环绕南极洲，阻断了热带气流，使南极洲因此被冰雪覆盖。并且南极洲在 3000 万年前可能已有 40% 的区域被冰雪覆盖（Lawver & Gahagan，2003；Sanmartín & Ronquist，2004），但其周边仍可能存在植物扩散的陆桥，如倒挂金钟属（*Fuchsia*）、南青冈属（*Nothofagus*）、匍地梅属（*Ourisia*）以及棕榈科蜡椰亚科（Ceroxyloideae）和苦苣苔科木岩桐族（Coronanthereae），都可能沿着这条路线扩散至澳大利亚大陆（Berry et al.，2004；Knapp et al.，2005；Meudt & Simpson，2006；Trenel et al.，2007；Woo et al.，2011）。

并且在澳大利亚大陆的东南部还发现了类似该属植物始新世晚期的花粉化石，而此时澳大利亚大陆距东南亚还有 3000 km（Martin，2002）。进一步说明，该属植物的扩散路线可能与之前走北大西洋陆桥的"金虎尾路线"不同。

随着澳大利亚大陆继续向北移动与異他大陆碰撞，该属得以继续向北扩散。但为什么異他区甚至中南半岛没有该属分布？笔者认为，深邃的望加锡海峡可能是阻碍叶柱藤属继续向西扩散的主要屏障，这与盾翅藤属的情况恰好相反。而菲律宾群岛之所以能分布有该属植物，可能是因为菲律宾棉兰老岛曾在 1000 万年前与澳大利亚大陆有火山弧相连（详见本书第 1 章 1.4.3），加里曼丹岛东北角的叶柱藤属植物可能也通过苏禄群岛从菲律宾扩散而来。同理该属植物也可以一路向北扩散至我国台湾岛甚至琉球群岛。但苏门答腊岛与爪哇岛几乎相连，却没有该属植物的分布还有待进一步研究，可能是苏门答腊岛的气候更具季节性，干湿季更加明显（van Welzen et al.，2011；姜超等，2017），不适宜该属植物的生长。

4.3.4 三星果属（*Tristellateia*）

木质藤本，全株几无毛。叶对生或轮生，基部具 2 腺体，叶柄基部具 2 小托叶。总状花序，腋生或顶生；花两性，辐射对称，具长梗；萼 5 裂；花瓣 5，长圆形，全缘，具长爪；雄蕊 10，全部发育，花丝顶端具节；子房球形，3 裂，每裂室有胚珠 1 颗，花柱通常 1。成熟心皮 3 个，每心皮有 3 个或多个翅，并多少合生成一个星芒状的披针翅果。

（1）物种多样性分布格局

三星果属约 21 种，非洲马达加斯加岛分布 19 种（均为马达加斯加岛特有种），是其多样性与特有中心（Anderson et al.，2006）。T. africana 仅分布在东非，而三星果（*T. australasiae*）广布于东南亚、澳大利亚热带地区和太平洋诸岛屿（图 4.15）。

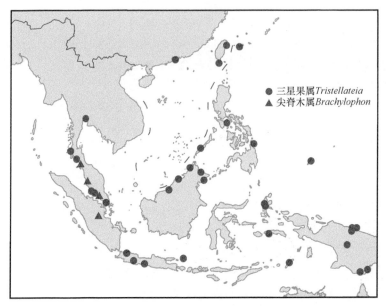

图 4.15　三星果属和尖脊木属东南亚分布格局

Fig. 4.15　Distribution pattern of *Tristellateia* and *Brachylophon* in Southeast Asia

（2）三星果属现代分布格局的解释

三星果属是 *Bunchosia* 支系中唯一一个旧世界的属（图 4.16），该支系的果实多样性极高，因此无法判断哪一果实类型为最原始的性状，但至少三星果属祖先的果实是依靠风进行传播的翅果（Anderson et al.，2006）。三星果属的姐妹类群 *Henleophytum* 和 *Heladena* 均为单型属（图 4.16），*Henleophytum echinatum* 仅分布于中美洲的古巴，而 *Heladena multiflora* 仅分布在巴西以南、巴拉圭、阿根廷东北部等地，再往南的阿根廷中部和南部为温带和寒带，不适合热带植物生长。同时，这两个姐妹类群的花萼腺体与金虎尾科原始类群相似，分泌油脂，集油蜂为其传粉（Davis & Anderson，2010），而三星果属的花药变为孔裂（Anderson et al.，2006），其传粉转变可能与翅实藤亚属相似。

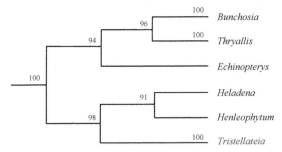

图 4.16　金虎尾科 *Bunchosia* 支系（改自 Anderson et al.，2006）

Fig. 4.16　*Bunchosia* clade of Malpighiaceae (Revised from Anderson et al., 2006)

　　该属果实为扩散能力较强的披针翅果（Augspurger，1986；谭珂等，2018），翅果不仅能够适应风力传播，还可能增加果实的浮力以适应洋流进行长距离扩散（谭珂等，2018），并且广布种三星果（*T. australasiae*）仅分布在近海边林中（Chen & Funton，2008）。为此，广布于东南亚的三星果极有可能从马达加斯加岛或其周边地区沿着洋流路径海漂至东南亚，而东南亚高温、潮湿的环境非常适宜三星果生长，进一步向东南亚各沿岸拓殖，类似案例还有金虎尾科的蛾眉果属（*Acridocarpus*），曾随着洋流从非洲长距离扩散至大洋洲的新喀里多尼亚岛（New Caledonia）（Davis et al.，2002）。但在大洋洲东南部也发现类似三星果属植物的花粉化石（中新世早期）（Martin，2002），与该属的起源时间（2600 万年前）相似（Davis et al.，2014）。为此，还存在另一种可能，即与叶柱藤属翅实藤亚属的路线相似，以南极洲为踏脚石扩散至东南亚。这两种假说，还需要从谱系地理学、古孢粉学和进化生态学等方向进一步加以验证。

4.3.5　尖脊木属（*Brachylophon*）

　　灌木或小乔木，幼枝具棱，高 1 m 以上。2 托叶，针状；叶对生。总状花序，腋生或顶生。花梗近基部有节，被 2 个苞片包裹。花辐射对称。萼片无腺体，表面光滑，被细纤毛。花瓣爪状，长圆形，无毛。外轮雄蕊长于内轮，花药光滑，纵裂。子房 3 室，光滑；花柱 3，离生，丝状，通常在顶部弯曲。果实 3，有时仅 1 或 2 个发育，沿龙骨顶端有一个小的翼状凸起。

（1）物种多样性分布格局

　　尖脊木属仅 3 种，一种分布于非洲东部，另两种分布于马来半岛和苏门答腊岛（图 4.15）（Sirirugsa，1991）。

（2）尖脊木属分布格局的历史成因

　　金虎尾科 acridocarpoid 支系仅有尖脊木属与非洲的蛾眉果属 2 属，该支系最早的祖先可能在 5500 万年前就已沿北大西洋陆桥扩散到了欧亚大陆（Davis et al.，2002）。随后，约 5000 万年前，始新世北方高纬度降温可能促使这两属的祖先向南撤退、避难，最终导致了这两属的分化（Davis et al.，2002）。这与东南亚是北热带植物（boreotropical flora）避难所的假说相吻合（Wolfe，1975；Tiffney，1985）。虽然渐新世之后气温有所回升，但印度板块与欧亚板块的碰撞以及非洲自然环境的恶化，彻底切断了该属之间的基因交流，形成了如今间断分布在非洲东部和东南亚的格局。

4.4　结　　语

　　"金虎尾路线"可能不仅是解释植物尤其是热带植物沿北大西洋陆桥扩散的经典案例,还使一些植物甚至热带植物以南极大陆为奠基石向非洲和大洋洲扩散成为可能。随后,澳大利亚大陆发挥了第 3 章中与印度板块相似的作用,在向北漂移直至与东南亚陆架碰撞之后,这部分植物类群得以继续向北扩散至东南亚甚至我国南部地区,如苦苣苔科(Woo et al.,2011)等。然而,亚洲和大洋洲金虎尾科植物并没有得到太多的关注,"金虎尾路线"最后一步的适应与演化、物种分化对地质和气候变化的响应机制还不为人知,有待专家学者的进一步深入探讨,以全面提升"金虎尾路线"在研究植物长距离扩散规律、洲际间断分布格局及演化历史中的指导意义。

第 5 章　苦苣苔科植物地理

Chapter 5　Phytogeography of Gesneriaceae

凌少军（LING Shao-Jun），任明迅（REN Ming-Xun）

摘要： 亚洲分布的苦苣苔科植物主要属于苦苣苔亚科（Didymocarpoideae），只有台闽苣苔属（*Titanotrichum*）被划入以南美洲为分布中心的大岩桐亚科（Gesnerioideae）。苦苣苔亚科有 67 属 2300 余种，包括 2 族：盾座苣苔族（Epithemateae，4 亚族）和芒毛苣苔族（Trichosporeae，10 亚族）。苦苣苔亚科约 85% 的特有属和 90% 以上的物种分布于东南亚。苦苣苔亚科的物种多样性与特有中心有 4 个：①中国西南和中国-越南交界；②中国云南西北部；③马来半岛；④加里曼丹岛北部。苦苣苔亚科物种多样性的影响因素包括：生长型、花部综合征（花筒类型、花冠对称性、雄蕊类型、镜像花类型和传粉者类型）、环境因素（石灰岩等土壤异质性、岛屿地理隔离和季风等气候因素）。苦苣苔科植物起源于冈瓦纳古陆，苦苣苔亚科和大岩桐亚科约在 74 000 万年前分离。苦苣苔亚科植物可能最早到达印度次大陆或中南半岛，然后向东逐渐扩散到东南亚与大洋洲群岛、向北扩散到中国与日本等地，并在中国西南地区崇山峻岭与石灰岩地貌形成的隔离生境作用下形成了物种快速分化中心。东南亚分离破碎的群岛、大面积的石灰岩地貌以及热带季风气候的影响，是导致东南亚苦苣苔科物种快速分化、长距离扩散的关键因素。

Abstract

Most Gesneriaceae in Asia belong to the subfamily Didymocarpoideae, except *Titanotrichum*, which is recently moved into the subfamily Gesnerioideae. The Didymocarpoideae has two tribes, i.e. Epithemateae (4 subtribes) and Trichosporeae (10 subtribes), consisting of 67 genera and more than 2300 species. The tropical and subtropical Asia are the distribution center of Didymocarpoideae, harbouring 85% endemic genera and more than 90% species of the subfamily. Four species diversification and endemism centers (places with highest values of species density) are recognized in Asia, i.e. ① Sino-Vietnam Region including boundary areas of Guizhou-Yunnan-Guangxi in Southeast China, ② Northwest Yunnan, ③ Malay Peninsula and ④ North Kalimantan Island. The mechanisms for Didymocarpoideae diversification are growth forms (epiphytism form, unifoliate form and berry fruit form), floral syndrome (floral tube, floral symmetry, anther type, mirror-image flower and pollinators), and environmental factors (limestone landscapes, island isolation and monsoon climate) . Gesneriaceae is of southern hemisphere (Gondwana) origin, and an up-to-date phylogeny indicated that Didymocarpoideae and Gesnerioideae probably separated at about 74 Ma (millions of years ago) when the Indian Plate has been separated with Gondwana. Therefore, the Asian Gesneriaceae may have originated from the Indian subcontinent and/or Indo-China Peninsula, then dispersed to the east and the north and finally reached Southeast Asia and East Asia, and the rapid differentiation center of species diversification was formed under the isolated mountainous and limestone habitat in SW China. The Southeast Asia archipelagos, widespread limestone landscapes and dominant monsoons climates are main factors for the formation and evolution of "evolutionary hotspots" of Gesneriaceae in Southeast Asia.

苦苣苔科（Gesneriaceae）植物属于核心双子叶植物菊类分支的唇形目（Lamiales）（APG IV，2016），有 150 属 3500 余种（Weber et al.，2013）。传统上，根据子房与子叶的形态分化可以将苦苣苔科分为子房下位、子叶等大的大岩桐亚科（Gesnerioideae）和子房上位、子叶不等大的苦苣苔亚科（Didymocarpoideae）（Burtt，1998；Tan et al.，2020）。根据近年来的分子系统学研究结果（Weber et al.，2013），又新建了伞囊花亚科（Sanangoideae），该亚科只有 1 属 1 种，分布在南美洲秘鲁和厄瓜多尔等地（Clark et al.，2012；Weber et al.，2013）。

大岩桐亚科约有 76 属 1200 余种，主要分布于新热带地区的南美洲至墨西哥等地；苦苣苔亚科有 67 属 2300 余种，集中分布于亚洲、非洲等旧热带地区，包括亚洲东部和南部及东南亚、非洲，少数分布于欧洲南部和大洋洲。尖舌苣苔属（*Rhynchoglossum*）则同时分布于东南亚与南美洲地区（Tan et al.，2020）。最近，分布在我国福建及台湾岛、日本等地的台闽苣苔属（*Titanotrichum*）被划分到大岩桐亚科（Weber et al.，2013；Tan et al.，2020），成为唯一分布在旧世界但归属于大岩桐亚科的物种。

苦苣苔亚科在亚洲的分布中心位于中国西南的石灰岩地区、东南亚岛屿（凌少军等，2017；Ling et al.，2017）。其中，东南亚可能是苦苣苔亚科祖先类群到达亚洲最早的区域，对认识苦苣苔科物种长距离扩散、物种分化与适应演化历史，以及揭示东南亚植物地理学格局与植物区系划分具有重要意义。

本章首先总结苦苣苔科的分类系统，厘清最近纷繁多变的苦苣苔科分类系统。之后，从 GBIF（Global Biodiversity Information Facility，http://www.gbif.org/）中收集了东南亚苦苣苔科植物的具体分布点，构建苦苣苔科东南亚的生物地理学分布格局。然后，根据最新文献（Möller et al.，2016b，2017；Roalson & Roberts，2016；Puglisi & Middleton，2018；Tan et al.，2020）获取苦苣苔科植物多样性和系统发育关系，并利用 DIVA-GIS 7.5.0 构建了 1°×1°物种分布图来揭示物种多样性分布格局，确定了所有属的分布区类型和进化热点地区。最后，从植物本身和外在环境因素的影响来探讨苦苣苔亚科物种分化中心形成与维持机制、物种迁移路线与地理分布格局形成历史。

5.1　物种多样性及分布格局

5.1.1　苦苣苔亚科分类

根据最新分类系统（表 5.1）（Weber et al.，2013；Tan et al.，2020），苦苣苔亚科有 2 族：盾座苣苔族（Epithemateae）和芒毛苣苔族（Trichosporeae）。盾座苣苔族包括 4 亚族：①尖舌苣苔亚族（Loxotidinae），包含尖舌苣苔属（*Rhynchoglossum*）1属 10 种；②独叶苣苔亚族（Monophyllaeinae），包含 2 属 38 余种；③钩毛苣苔亚族（Loxoniinae），包含 2（3）属 8 余种；④盾座苣苔亚族（Epithematinae），包含 1 属20 余种。芒毛苣苔族包含 10 亚族：①天竺苣苔亚族（Jerdoniinae），包含天竺苣苔属（*Jerdonia*）1 属 1 种；②珊瑚苣苔亚族（Corallodiscinae），包含珊瑚苣苔属（*Corallodiscus*）1 属 3～5 种；③四轮苣苔亚族（Tetraphyllinae），包含四叶苣苔属（*Tetraphyllum*）1 属 3 种；④细蒴苣苔亚族（Leptoboeinae），包含 5（6）属 42 余种；⑤欧洲苣苔亚族（Ramondinae），包含 3（2）属 5 种；⑥凹柱苣苔亚族（Litostigminae），包含凹柱苣苔属（*Litostigma*）1 属 2 种；⑦海角苣苔亚族（Streptocarpinae），包含 9属 157 余种；⑧肋蒴苣苔亚族（Didissandrinae），包含 2 属 10 种；⑨肿蒴苣苔亚族（Loxocarpinae），包含 12 属 171 余种；⑩长蒴苣苔亚族（Didymocarpinae），包含30（31）属 1578 余种。

近来，苦苣苔科亚洲类群的系统位置被重新修订（图 5.1），如 *Boea*（Puglisi & Middleton，2018）、钩序苣苔属（*Microchirita*）（Middleton，2018）、南洋苣苔属（*Henckelia*）（Middleton et al.，2013）、蛛毛苣苔属（*Paraboea*）（Puglisi et al.，2011）、马铃苣苔属（*Oreocharis*）（Möller et al.，2011b，2014；Chen et al.，2014）。一些新属也逐渐出现，如 *Billolivia*（Middleton et al.，2014）、覆萼苣苔属（*Chayamaritia*）（Middleton et al.，2015）、粉毛苣苔属（*Middletonia*）（Puglisi et al.，2016b；Puglisi & Middleton，2017）和 *Rachunia*（Middleton et al.，2018）。

表 5.1　东南亚苦苣苔科的分布格局、生境类型以及种多样性

Table 5.1　Distribution pattern, habitat types and species diversity of Gesneriaceae in Southeast Asia

类群	地理分布格局	生境类型	物种数	分类地位	参考文献
大岩桐亚科 (Gesnerioideae)					
台闽苣苔族 (Titanotricheae)					
台闽苣苔属 (*Titanotrichum*)	中国东部（福建、台湾岛）和日本	阴暗潮湿的河谷；海拔 100~1200 m	1	唯一自然分布在亚洲的大岩桐亚科植物	Perret et al., 2013; Weber et al., 2013
苣苔亚科 (Didymocarpoideae)					
盾座苣苔族 (Epithemateae)					
盾座苣苔属 (*Epithema*)	非洲中部热带地区、印度、斯里兰卡、尼泊尔、中国南部穿过中南半岛和马来半岛（苏门答腊岛、加里曼丹岛和爪哇岛）	山谷中阴暗潮湿的石灰岩上或山洞中	20	属级水平没有变化	Bransgrove & Middleton, 2015
钩毛苣苔属 (*Loxonia*)	东南亚群岛（苏门答腊岛、马来岛、加里曼丹岛和爪哇岛）	阴暗潮湿的岩石上	3	无变化	
独叶苣苔属 (*Monophyllaea*)	北起菲律宾的吕宋岛北部和泰国的攀牙、南到爪哇岛、东自苏门答腊岛、西抵新几内亚岛	阴暗潮湿的石灰岩洞口或岩石上	>40	无变化	Möller et al., 2016b
尖齿苣苔属 (*Rhynchoglossum*)	分布于热带亚洲，从印度、斯里兰卡到新几内亚岛；中、南美洲国，中南半岛到新几内亚岛	偏好阴湿的石灰岩地区	13	无变化	
十字苣苔属 (*Stauranthera*)	分布于热带地区，北起中国广西白色、西起孟加拉国吉大港和印度阿萨姆，向东经过中南半岛、中国海南岛至菲律宾	低地热带雨林的阴湿岩石上	10	无变化	
芒毛苣苔族 (Trichosporeae)					
芒毛苣苔属 (*Aeschynanthus*)	南亚、中国南部、东南亚和所罗门群岛	附生于低地或山地雨林的树上、石上和土壤中少见	~185	合并微花苣苔属	
鲸管苣苔属 (*Agalmyla*)	马来半岛、苏门答腊岛、爪哇岛、加里曼丹岛和巴拉望岛	低地和山地雨林中，多数为攀缘植物	97	无变化	

续表

类群	地理分布格局	生境类型	物种数	分类地位	参考文献
大苞苣苔属（Anna）	中国和越南北部	草地斜坡或森林及石灰岩石缝中	4	无变化	
横蒴苣苔属（Beccarinda）	印度东北部、缅甸、中国南部（包括海南岛）、越南至苏门答腊岛	阴湿的岩石上。	9	无变化	
Billolivia	越南东部的林同省	热带常绿郁闭森林中，海拔1550 m	7	由浆果苣苔属的5个物种重建	Middleton et al., 2014
Boea	印度尼西亚东部、新几内亚岛、所罗门群岛和澳大利亚的昆士兰州	石灰岩、花岗岩和潮板岩山悬崖处或林下背阴处，海拔100~3300 m	11	重新定义的属，我国原 Boea 物种移至旋蒴苣苔属和套唇苣苔属	Puglisi et al., 2016b; Puglisi & Middleton, 2018
短筒苣苔属（Boeica）	不丹、缅甸、越南北部和马来西亚西北部	森林中阴凉潮湿的地方和潮湿的岩石上，海拔200~1400 m	14	无变化	Möller et al., 2017
扁蒴苣苔属（Cathayanthe）	中国海南岛	阴湿沟谷的岩石上，海拔1800 m	1	无变化	
覆萼苣苔属（Chayamaritia）	泰国中部和东部及老挝	常绿森林中阴湿的地方，海拔150~1200 m	2	新建立	Middleton et al., 2015
钟花苣苔属（Codonoboea）	马来西亚半岛、泰国南部、苏门答腊岛、巴厘曼丹岛、加里望岛、苏拉威西岛和新几内亚岛	原始森林花岗岩、砂岩和石英岩形成的土壤中	124	加入了南洋苣苔属和蛛毛苣苔属的部分物种	Kiew & Lim, 2011; Weber et al., 2011a
浆果苣苔属（Cyrtandra）	广泛分布于东南亚及太平洋岛屿，西起印度洋中的尼科巴科群岛，穿过马来西亚、中国台湾岛、东南至澳大利亚昆士兰州，东至太平洋和夏威夷群岛的高海拔岛屿	低地和山地雨林中	>800	无变化	
套唇苣苔属（Damrongia）	从中国到苏门答腊岛均有分布	阴湿的石灰岩上。	11	由先前的唇柱苣苔属的部分物种和大花旋蒴苣苔与亚洲原海角苣苔属的物种合并而成	Weber et al., 2011a; Puglisi et al., 2016b
奇柱苣苔属（Deinostigma）	中国南部和越南	森林岩石上或路旁，海拔650~1200 m	7	与报春苣苔属的几个物种合并	Möller et al., 2016a

续表

类群	地理分布格局	生境类型	物种数	分类地位	参考文献
肋蒴苣苔属（Didissandra）	苏门答腊岛、爪哇岛、加里曼丹岛、马来半岛、中南半岛至中国西南部	低地和山地雨林中	3	无变化	
长蒴苣苔属（Didymocarpus）	分布于印度北部到东北部、尼泊尔、越南、马来半岛和中国南部	森林潮湿的岩石或土坡（通常为酸性），海拔3500 m	>100	一些物种被移至山苣苔属	Weber et al., 2011b
双片苣苔属（Didymostigma）	中国特有	森林岩石或路边，海拔650~1200 m	3	无变化	
旋蒴苣苔属（Dorcoceras）	中国、泰国、柬埔寨、越南、菲律宾和印度尼西亚	林间路边阴暗潮湿的石头上，海拔100~1500 m	4	由在澳大利亚之外分布的原 Boea 属物种独立而来	Puglisi et al., 2016b
腺唇苣苔属（Emarhendia）	马来半岛	阴湿石灰岩上，特别是石灰岩洞口	1	无变化	
光叶苣苔属（Glabrella）	中国南部	森林潮湿的岩石或岩石缝中，海拔600~1800 m	3	由原粗筒苣苔属（Briggsia）的3个物种建立	Moller et al., 2014; Wen et al., 2015a, 2015b
圆唇苣苔属（Gyrocheilos）	中国南部和越南	森林河谷或溪旁的岩石上，海拔400~1600 m	6	无变化	
半蒴苣苔属（Hemiboea）	越南北部、印度尼西亚和我国南部，另外在印度东北部、中国台湾岛和日本南部有分布	森林溪流边的岩石缝中，石灰岩地貌阴凉处，海拔80~2500 m	41	兼并了 Metabriggsia 属的2种	Weber et al., 2011c
南洋苣苔属（Henckelia）	中国西南部、马来半岛和加里曼丹岛北部	酸性土壤或岩石上	约60	包括了原唇柱苣苔属（去除钩序苣苔属和报春苣苔属）和 Hemiboepsis 属物种，不包括 Codonoboaea 属物种	Weber et al., 2011a; Middleton et al., 2013
肉蒴苣苔属（Hexatheca）	加里曼丹岛西部、沙捞越（Sarawak）至沙巴（Sabah）地区	砂岩或石灰岩上	4	无变化	
悬苣苔属（Kaisupeea）	分布在缅甸、泰国和老挝南部	沿溪流和瀑布的潮湿岩石上	3	无变化	
细蒴苣苔属（Leptoboea）	不丹、缅甸和泰国	阴湿岩石上	3	无变化	
Liebigia	苏门答腊岛、爪哇岛和巴厘岛	森林中的开阔地带或林缘、河岸处生长，可能偏向于酸性土壤	12	由原唇柱苣苔属 Liebigia 组修订提升至一个属	Weber et al., 2011a

续表

类群	地理分布格局	生境类型	物种数	分类地位	参考文献
肿蒴苣苔属 (Loxocarpus)	苏门答腊岛、马来半岛和加里曼丹岛	通常在原始森林坡地、河岸或潮湿的岩石上	23	新合并	Middleton et al., 2013
斜柱苣苔属 (Loxostigma)	中国南部、越南北部	林中长苔藓的岩石上或树干上	13	由原来的紫花苣苔属更名而来，并吸纳了原粗筒苣苔属	Möller et al., 2014
吊石苣苔属 (Lysionotus)	印度北部、尼泊尔向东通过泰国和越南北部、中国南部至日本南部	附生于林中树干上或长苔藓的岩石上，海拔 300~3100 m	29	无变化	Möller et al., 2014
盾叶苣苔属 (Metapetrocosmea)	中国海南岛	森林和小溪边阴湿土壁或岩壁上，海拔 300~700 m	1	无变化	Wang et al., 2011a; Weber et al., 2011a; Middleton, 2018
钩序苣苔属 (Microchirita)	中国南部、印度尼西亚、缅甸、泰国、马来半岛、加里曼丹岛（沙捞越）	悬崖底部阴湿、光亮至适当阴暗的地方，岩石裂缝中或洞口	37	由原唇柱苣苔属（Chirita）钩序唇柱苣苔组（Sect. Microchirita）等级提升而来	
粉毛苣苔属 (Middletonia)	缅甸、泰国、老挝、柬埔寨、越南和马来西亚	石灰岩或花岗岩地貌	5	从蛛毛苣苔属中分离出来	Puglisi et al., 2016b
橄榄苣苔属 (Orchadocarpa)	马来半岛	山地森林的酸性土壤中	1	无变化	
马铃苣苔属 (Oreocharis)	中国西南部和南部、缅甸、泰国和中南半岛	溪流旁阴湿的岩石上、山谷、山坡或悬崖上清凉荫蔽的岩石上	>150	原直瓣苣苔属（Ancylostemon）、原四数苣苔属（Bournea）、粗筒苣苔属（Briggsia）等 10 余属并入	Möller et al., 2011b; Möller et al., 2014; Chen et al., 2014; Scott & Middleton, 2014
喜鹊苣苔属 (Ornithoboea)	马来西亚半岛、泰国、缅甸、老挝、越南和中国南部	阴凉潮湿的岩石上，一些物种局限于石灰岩中	16	无变化	
蛛毛苣苔属 (Paraboea)	中国西南部及台湾岛、中南半岛、马来半岛、加里曼丹岛北部和菲律宾	通常生长于石灰岩上。	141	合并了叶苣苔属（Phylloboea）和唇萼苣苔属（Trisepalum）	Puglisi et al., 2011; Puglisi et al., 2016b
石山苣苔属 (Petrocodon)	越南北部和泰国东北部、中国南部	石灰岩或常绿阔叶林的岩石上或石缝中	36	合并了原来红苣苔属（Calcareoboea）、细筒苣苔属（Tengia）、文采苣苔属（Wentsaiboea）、长檐苣苔属（Lagarosolen）、方鼎苣苔属（Dolicholoma）、长冠苣苔属（Paralagarosolen）以及长蒴苣苔属（Didymocarpus）3 种	Wang et al., 2011a; Weber et al., 2011b

续表

类群	地理分布格局	生境类型	物种数	分类地位	参考文献
石蝴蝶属 (Petrocosmea)	分布于中国南部、泰国和越南南部	森林潮湿的岩石上，海拔 500~3100 m	49	无变化	
报春苣苔属 (Primulina)	分布于中国南部和越南	石灰岩地貌	>200	合并原小花苣苔属 (Chiriopsis)、文采苣苔属 (Wentsaiboea) 2种，唇柱苣苔属苣苔组内大部分种	Wang et al., 2011a; Weber et al., 2011a
异裂苣苔属 (Pseudochirita)	分布于中国南部和越南	石灰岩地区	1	无变化	
Rachunia	分布于泰国北碧府	常绿森林的阴湿山坡上	1	新设立	Middleton et al., 2018
漏斗苣苔属 (Raphiocarpus)	分布于中国南部和越南中部地区	靠近溪流的山坡或石缝中	14	无变化	
线柱苣苔属 (Rhynchotechum)	尼泊尔、不丹、中国西南部、中南半岛、马来西亚、菲律宾至新几内亚岛	山谷阔叶林下，溪流旁阴凉处岩石上，海拔高至 2200 m	16	无变化	
厚蒴苣苔属 (Ridleyandra)	泰国、马来半岛和加里曼丹岛	低地和山地雨林	31	无变化	Yunoh & Dzulkafly, 2017
旋花苣苔属 (Senyumia)	马来半岛特有	潮湿的石灰岩岩洞口岩石表面	1	无变化	
Somrania	泰国特有	石灰岩地貌	2	新建立	Middleton & Triboun, 2012
微旋苣苔属 (Spelaeanthus)	马来半岛彭亨州	石灰岩山洞入口	1	无变化	
Tribounia	泰国特有	石灰岩石缝中	2	新建立	Middleton & Möller, 2012

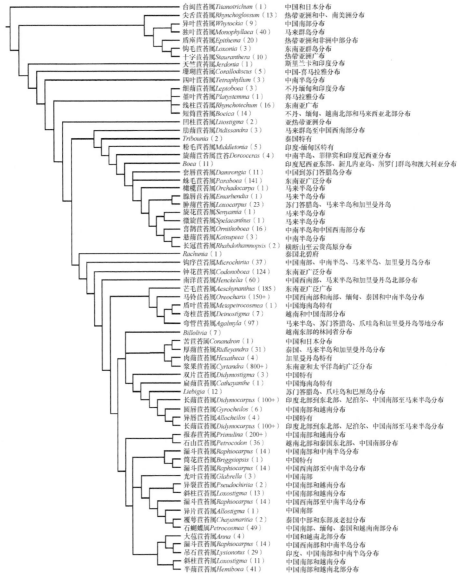

图 5.1　东南亚地区苦苣苔科属的系统发育关系和地理分布格局
（系统发育树改自 Middleton et al.，2018 和 Tan et al.，2020）
括号中的数字为每个属的物种数

Fig. 5.1　Genera phylogeny with geographical distribution pattern of Gesneriaceae in Southeast Asia
(Phylogenetic tree was redrawn based on Middleton et al., 2018 and Tan et al., 2020)
The number in the brackets is the species diversity of the genus

5.1.2　植物分布区类型

基于吴征镒（1979，1991）的植物区系分类和李振宇（1996）对苦苣苔亚科地理分布区类型的研究,苦苣苔科亚洲类群可被分为 3 个主要类型和 20 个次要类型（Tan et al.，2020）。

（1）泛热带区系（Pantropics）

1i. 热带亚洲和热带美洲间断分布：尖舌苣苔属（*Rhynchoglossum*）。

1ii. 热带亚洲与大洋洲分布：*Boea*、浆果苣苔属（*Cyrtandra*）、十字苣苔属（*Stauranthera*）、线柱苣苔属（*Rhynchotechum*）。

1iii. 热带亚洲与非洲西部分布：盾座苣苔属（*Epithema*）。

（2）热带与亚热带亚洲区系

2i. 泛热带与亚热带亚洲分布：芒毛苣苔属（*Aeschynanthus*）、蛛毛苣苔属（*Paraboea*）、旋蒴苣苔属（*Dorcoceras*）、钟花苣苔属（*Codonoboea*）、南洋苣苔属（*Henckelia*）、长蒴苣苔属（*Didymocarpus*）。

2ii. 印度东部至爪哇岛分布：短筒苣苔属（*Boeica*）、细蒴苣苔属（*Leptoboea*）、钩序苣苔属（*Microchirita*）、粉毛苣苔属（*Middletonia*）。

2iii. 中南半岛分布：四叶苣苔属（*Tetraphyllum*）、奇柱苣苔属（*Deinostigma*）、套唇苣苔属（*Damrongia*）、悬蒴苣苔属（*Kaisupeea*）、*Tribounia*、*Billolivia*、覆萼苣苔属（*Chayamaritia*）、*Rachunia*。

2iv. 中南半岛北部分布：异裂苣苔属（*Pseudocharis*）和大苞苣苔属（*Anna*）。

2v. 亚热带亚洲分布：报春苣苔属（*Primulina*）、异叶苣苔属（*Whytockia*）、半蒴苣苔属（*Hemiboea*）、光叶苣苔属（*Glabrella*）、圆唇苣苔属（*Gyrocheilos*）、漏斗苣苔属（*Raphiocarpus*）、石山苣苔属（*Petrocodon*）、异片苣苔属（*Allostigma*）、异唇苣苔属（*Allocheilos*）、圆果苣苔属（*Gyrogyne*）、凹柱苣苔属（*Litostigma*）。

2vi. 中南半岛和中国西南部分布：喜鹊苣苔属（*Ornithoboea*）。

2vii. 中国海南岛特有：扁蒴苣苔属（*Cathayanthe*）、盾叶苣苔属（*Metapetrocosmea*）。

2viii. 斯里兰卡和印度分布：旋瓣苣苔属（*Championia*）、天竺苣苔属（*Jerdonia*）。

2ix. 马来半岛分布：橄榄苣苔属（*Orchadocarpa*）、腺唇苣苔属（*Emarhendia*）、旋花苣苔属（*Senyumia*）、*Somrania* 和微旋苣苔属（*Spelaeanthus*）。

2x. 马来群岛分布：弯管苣苔属（*Agalmyla*）、独叶苣苔属（*Monophyllaea*）、肿蒴苣苔属（*Loxocarpus*）、钩毛苣苔属（*Loxonia*）、肋蒴苣苔属（*Didissandra*）、*Liebigia* 和厚蒴苣苔属（*Ridleyandra*）。

2xi. 加里曼丹岛特有：肉蒴苣苔属（*Hexatheca*）。

（3）北温带分布类型

3i. 中国南部、缅甸、泰国和中南半岛分布：马铃苣苔属（*Oreocharis*）。

3ii. 中国-喜马拉雅分布：珊瑚苣苔属（*Corallodiscus*）、斜柱苣苔属（*Loxostigma*）。

3iii. 中国和日本分布：苦苣苔属（*Conandron*）、台闽苣苔属（*Titanotrichum*）。

3iv. 横断山至云贵高原分布：长冠苣苔属（*Rhabdothamnopsis*）。

3v. 横断山至中国中部分布：筒花苣苔属（*Briggsiopsis*）、石蝴蝶属（*Petrocosmea*）。

3vi. 喜马拉雅分布：堇叶苣苔属（*Platystemma*）。

5.1.3　植物多样性与地理分布格局

东南亚热带与亚热带地区是苦苣苔亚科植物的集中分布地，拥有 85%的特有属和 90%以上的物种数（图 5.2）。东南亚各植物地理学分区中，印度-缅甸区苦苣苔科有 42 个属，23 个为特有属，属特有率为 54.8%；有 717 个物种，599 个为特有种，种特有率为 83.5%。巽他区苦苣苔科有 26 个属，6 个为特有属，属特有率为 23.1%；有 626 个物种，583 个为特有种，种特有率为 93.1%。华莱士区苦苣苔科有 15 个属，1 个为特有属，属特有率为 6.7%；有 137 个物种，102 个为特有种，种特有率为 74.5%。菲律宾区苦苣苔科有 11 个属，无特有属；有 179 个物种，164 个为特有种，种特有率为 91.6%（图 5.3）。

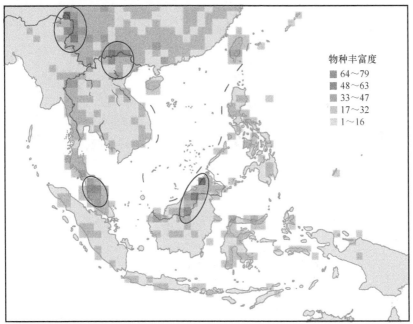

物种丰富度
- 64～79
- 48～63
- 33～47
- 17～32
- 1～16

图 5.2　苦苣苔科亚洲类群的物种分布格局

红色圆圈代表多样性中心与进化热点地区（至少 25%物种为新特有种）。物种分布信息从 http://www.gbif.org 获得，地图用 DIVA-GIS 7.5.0 绘制

Fig. 5.2　Species distribution pattern of the Asian Gesneriaceae

Red circles indicate diversification centers with highest species richness and the red circles are the evolutionary hotspots (at least 25% species are neoendemics). The species distribution information is obtained from http://www.gbif.org. The map was drawn using DIVA-GIS 7.5.0

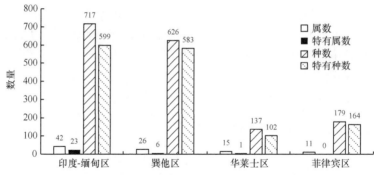

图 5.3　苦苣苔科东南亚各植物地理学分区情况

Fig. 5.3　Distribution pattern of Gesneriaceae in Southeast Asia

Möller 等（2016a，2017）和许为斌等（2017）的研究表明，苦苣苔亚科基部类群如线柱苣苔属和珊瑚苣苔属，主要分布在印度、中南半岛及其邻近区域。因此，这些地区很可能是苦苣苔亚科的起源地或早期分化中心，或是苦苣苔科从南美洲扩散到亚洲来的早期生存点（Möller et al.，2016a，2017；Tan et al.，2020）。下面，本章将详细论述苦苣苔科亚洲类群的系统分类及其地理分布格局，以解析东南亚及其邻近区域苦苣苔科植物的迁移路线与演化历史。

1. 大岩桐亚科（Gesnerioideae）

（1）台闽苣苔属（*Titanotrichum*）

台闽苣苔属仅包含 1 种台闽苣苔（*T. oldhamii*）（图 5.4），分布在中国福建和台湾岛、日本。作为单型属，台闽苣苔属具有独特的形态学特征，如花序上具有可育的鳞芽（Wang & Cronk，2003），可能是适应温带至亚热带季雨林干湿季明显的生境而进化出的混合繁殖策略（Wang et al.，2004）。这种形态及繁殖特化现象在其他苦苣苔科植物中还没有被发现过。

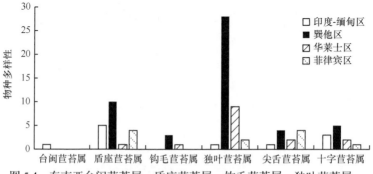

图 5.4　东南亚台闽苣苔属、盾座苣苔属、钩毛苣苔属、独叶苣苔属、
尖舌苣苔属和十字苣苔属物种多样性

Fig. 5.4　Species diversity of *Titanotrichum*, *Epithema*, *Loxonia*, *Monophyllaea*,
Rhynchoglossum and *Stauranthera* in Southeast Asia

2. 苦苣苔亚科（Didymocarpoideae）

1）盾座苣苔族（Epithemateae）

（1）盾座苣苔属（*Epithema*）

盾座苣苔属有 20 余种，从非洲中部热带地区、印度、斯里兰卡、尼泊尔、中国南部穿过中南半岛和马来半岛到所罗门群岛有分布，集中分布在东南亚区域，既有广布种，又在多地具有狭域特有种（图 5.4，图 5.5）（Bransgrove & Middleton，2015）。*Epithema benthamii* 分布在印度尼西亚的苏拉威西岛、马鲁古群岛、巴布亚岛西部和菲律宾等地区；盾座苣苔（*E. carnosum*）分布于中国南部和中南半岛；密花盾座苣苔（*E. ceylanicum*）仅分布于斯里兰卡、印度、中南半岛、中国台湾岛；台湾盾座苣苔（*E. taiwanense*）分布于印度、斯里兰卡、中南半岛、中国台湾岛和菲律宾；*E. dolichopodum* 分布于马来西亚和菲律宾的巴拉望岛；*E. horsfieldii* 和 *E. involucratum* 分布于印度尼西亚和东帝汶；*E. longipetiolatum*、*E. longitubum* 和 *E. steenisii* 分布于印度尼西亚；*E. madulidii* 和 *E. philippinum* 分布于菲律宾；*E. membranaceum* 和 *E. saxatile* 分布于中南半岛和印度尼西亚；*E. parvibracteatum* 分布于马来西亚半岛；沙劳越盾座苣苔（*E. sarawakense*）分布于马来半岛和加里曼丹岛。盾座苣苔属与十字苣苔属、钩毛苣苔属、异叶苣苔属和独叶苣苔属系统发育关系最近，共同组成盾座苣苔族（图 5.6）。

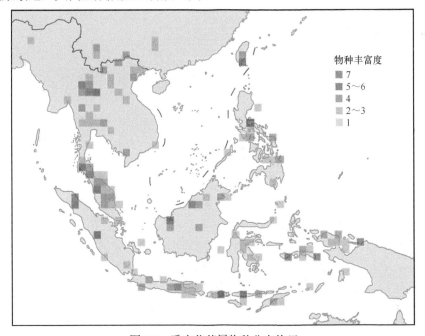

图 5.5　盾座苣苔属物种分布格局

Fig. 5.5　Species distribution pattern of *Epithema*

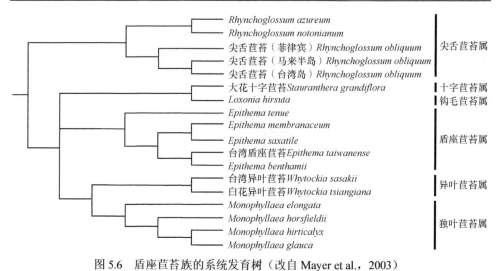

图 5.6　盾座苣苔族的系统发育树（改自 Mayer et al.，2003）

Fig. 5.6　Phylogenetic tree of Epithemateae (Revised from Mayer et al., 2003)

（2）钩毛苣苔属（*Loxonia*）

钩毛苣苔属有 3 种（图 5.4），分别是 *L. discolor*、*L. burttiana* 和 *L. hirsuta*（Weber，1977）。这 3 个物种均为东南亚群岛特有种，主要分布于苏门答腊岛、马来半岛、加里曼丹岛和爪哇岛。

（3）独叶苣苔属（*Monophyllaea*）

独叶苣苔属包含 40 多个物种（图 5.4），北起菲律宾和泰国的攀牙（Pungah）（Burtt，1978），南到爪哇岛，东自苏门答腊岛，西抵新几内亚岛（Möller et al.，2016b），广布于马来半岛、加里曼丹岛和苏拉威西岛（图 5.7）。独叶苣苔属物种均具有一（小）叶（Burtt，1963），这是苦苣苔科植物中最特殊的形态特征，且集中分布于石灰岩地貌。

（4）尖舌苣苔属（*Rhynchoglossum*）

尖舌苣苔属约有 13 种，主要分布于热带亚洲，从印度、斯里兰卡、中国、中南半岛到新几内亚岛（图 5.4）。尖舌苣苔（*R. obliquum*）广布于印度、中国南部、马来西亚至新几内亚岛，峨眉尖舌苣苔（*R. omeiense*）为中国特有种，*R. borneense* 特有分布于加里曼丹岛东部，*R. capsulare* 特有分布于马来西亚苏拉威西岛，*R. spumosum* 特有分布于菲律宾的内格罗斯岛和棉兰老岛，*R. klugioides* 分布于菲律宾和印度尼西亚东北部的马鲁古群岛东部（Kartonegoro，2011）。

Burtt（1962）将 *Klugia* 与尖舌苣苔属合并成一个属，将它的分布区扩散至中、南美洲。与 *Klugia* 的合并使得尖舌苣苔属物种的分布范围更大，并呈现出间断分

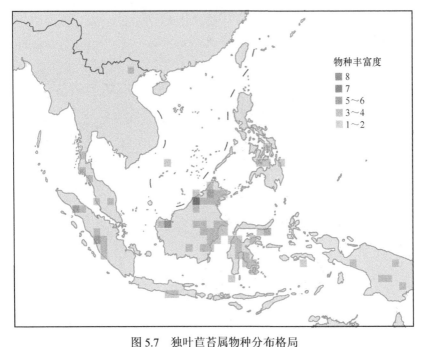

图 5.7　独叶苣苔属物种分布格局
Fig. 5.7　Species distribution pattern of *Monophyllaea*

布的现象。尖舌苣苔属是东南亚苦苣苔科最古老的类群，Burtt（1998）研究发现尖舌苣苔属物种的迁移历史是从亚洲经过非洲扩散到美洲，表明亚洲可能是尖舌苣苔属物种的起源区域，但是非洲的物种已全部灭绝。Weber（2004）推测尖舌苣苔属物种很可能是在波利尼西亚人的迁移下从亚洲横渡太平洋扩散至美洲地区的，表明现有尖舌苣苔属物种在东南亚的分布与其祖先类群趋于一致。

（5）十字苣苔属（*Stauranthera*）

十字苣苔属有 10 余个物种，广泛分布于东南亚地区（图 5.4），北至我国广西百色，南到爪哇岛，西起孟加拉国吉大港和印度阿萨姆，向东经过中南半岛、我国海南岛至菲律宾，主要生长于低地雨林的湿润岩石或潮湿的地方。

2）芒毛苣苔族（Trichosporeae）

（1）芒毛苣苔属（*Aeschynanthus*）

芒毛苣苔属现有 185 多个物种（Middleton，2007），广泛分布于东南亚区域，西起斯里兰卡和喜马拉雅山脉，东至新几内亚岛和所罗门群岛，在东南亚群岛的分布区域中横跨了华莱士线，北抵我国西藏南部和云贵川地区（图 5.8）。印度-缅甸区有芒毛苣苔属 53 种，45 个为特有种，特有率为 84.9%；巽他区有芒毛苣苔属 46 种，36 个为特有种，特有率为 78.3%；华莱士区有芒毛苣苔属 26 种，17

个为特有种，特有率为 65.4%；菲律宾区有芒毛苣苔属 26 种，25 个为特有种，特有率为 96.2%（图 5.9）。芒毛苣苔属主要附生于林中的树上和山谷沟边岩石上，海拔 300～2800 m 均有生长。

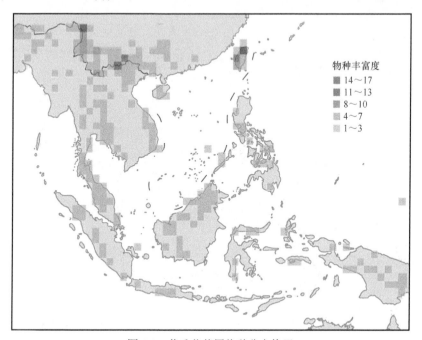

图 5.8　芒毛苣苔属物种分布格局

Fig. 5.8　Species distribution pattern of *Aeschynanthus*

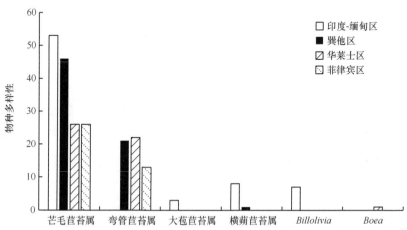

图 5.9　东南亚芒毛苣苔属、弯管苣苔属、大苞苣苔属、横蒴苣苔属、
Billolivia 和 *Boea* 物种多样性

Fig. 5.9　Species diversity of *Aeschynanthus*, *Agalmyla*, *Anna*, *Beccarinda*,
Billolivia and *Boea* in Southeast Asia

根据系统发育关系，芒毛苣苔属可分为两个支系（Mendum et al.，2001）
（图 5.10）。其中支系 1 主要分布于我国西南部至马来半岛，支系 2 主要分布于苏
门答腊岛、加里曼丹岛至新几内亚岛。

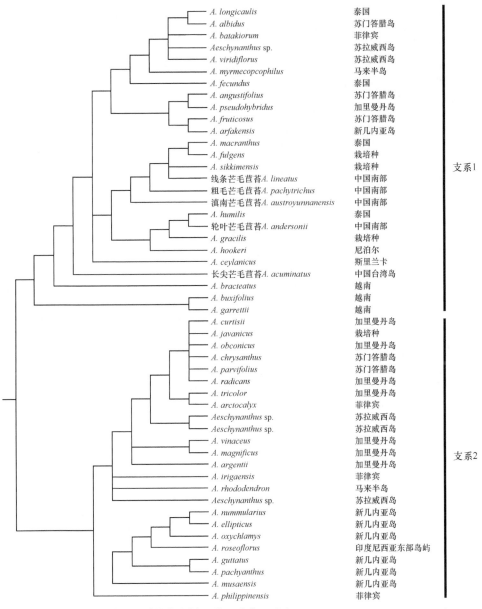

图 5.10　芒毛苣苔属的系统发育树及地理分布（改自 Denduangboripant et al.，2001）

Fig. 5.10　Phylogenetic tree and geographic distribution of *Aeschynanthus* (Revised from Denduangboripant et al., 2001)

（2）弯管苣苔属（*Agalmyla*）

弯管苣苔属包含 97 个物种（Hilliard & Burtt，2002），广布于巽他区、华莱士区和菲律宾区（图 5.11）。巽他区有弯管苣苔属 21 个物种，20 个为特有种，特有率为 95.2%；华莱士区有弯管苣苔属 22 个物种，21 个为特有种，特有率为 95.5%；菲律宾区有弯管苣苔属 13 个物种，均为区域特有种（图 5.9）。

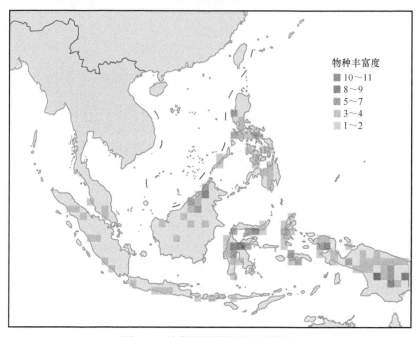

图 5.11　弯管苣苔属物种分布格局
Fig. 5.11　Species distribution pattern of *Agalmyla*

弯管苣苔属多数为热带雨林攀缘植物，整个属被分为弯管苣苔组、*Exannularia* 组和 *Dichrotrichum* 组。弯管苣苔组有 24 个物种，集中分布于马来半岛、苏门答腊岛、爪哇岛、加里曼丹岛和巴拉望岛；*Exannularia* 组有 19 个物种，主要分布于苏拉威西岛及其邻近地区；*Dichrotrichum* 组有 54 个物种，13 个物种分布于菲律宾群岛（除了巴拉望岛），2 个物种分布于马鲁古群岛东部，39 个物种分布于新几内亚岛。

（3）大苞苣苔属（*Anna*）

大苞苣苔属有 4 个物种，主要分布于中南半岛的越南北部（图 5.9），生于石灰岩山地密林中。该属在我国的滇黔桂地区和台湾岛也有分布（Möller，2019；温放等，2019）。

（4）横蒴苣苔属（*Beccarinda*）

横蒴苣苔属有 9 个物种，广泛分布于印度东北部、缅甸、中国南部（包括海南岛）、越南至苏门答腊岛（图 5.9），偏好生长于阴湿的石灰岩上。

（5）*Billolivia*

Billolivia 为越南特有属，有 7 个物种，集中分布于越南林同省（Lam Dong）的热带常绿郁闭林中（图 5.9，图 5.12）。该属为亚灌木，在形态上与浆果苣苔属十分相似，具有不开裂的果实和两枚可育的雄蕊，最明显的区别是 *Billolivia* 属植株互生叶中小苞片的排列方式为交替排列（Middleton et al.，2014）。

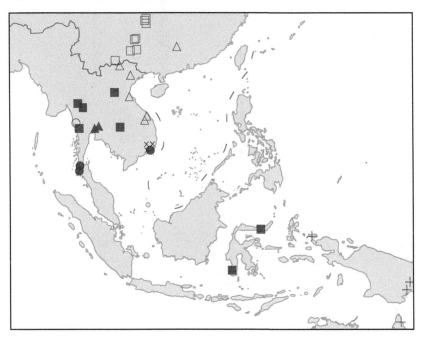

图 5.12　东南亚 *Billolivia*（×）、*Boea*（＋）、覆萼苣苔属（▲）、奇柱苣苔属（△）、旋蒴苣苔属（■）、光叶苣苔属（□）、粉毛苣苔属（●）和 *Rachunia*（○）地理分布格局

Fig. 5.12　Geographical distribution pattern of *Billolivia*（×）, *Boea*（＋）, *Chayamaritia*（▲）, *Deinostigma*（△）, *Dorcoceras*（■）, *Glabrella*（□）, *Middletonia*（●）and *Rachunia*（○）in Southeast Asia

（6）*Boea*

根据最近的研究（Puglisi et al.，2016b；Puglisi & Middleton，2018），*Boea* 有11 种，集中分布于印度尼西亚东部、新几内亚岛、所罗门群岛和澳大利亚（图 5.9，图 5.12）。

（7）短筒苣苔属（*Boeica*）

短筒苣苔属有 14 个物种，为草本或亚灌木，集中分布于不丹、缅甸、越南北部和马来西亚西北部（图 5.13）（Powo，2019；Quang et al.，2019）。

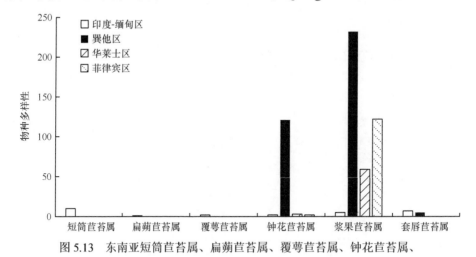

图 5.13　东南亚短筒苣苔属、扁蒴苣苔属、覆萼苣苔属、钟花苣苔属、
浆果苣苔属和套唇苣苔属物种多样性

Fig. 5.13　Species diversity of *Boeica*, *Cathayanthe*, *Chayamaritia*, *Codonoboea*,
Cyrtandra and *Damrongia* in Southeast Asia

（8）扁蒴苣苔属（*Cathayanthe*）

扁蒴苣苔属为中国海南岛特有单型属，含 1 个物种扁蒴苣苔（*C. biflora*）（图 5.13）。

（9）覆萼苣苔属（*Chayamaritia*）

覆萼苣苔属有 2 个物种，仅分布于泰国中部和东部及老挝（图 5.12，图 5.13）。本属与南洋苣苔属和报春苣苔属在形态上比较相似，主要区别是本属拥有粗大的根状葡匐茎、交替排列的叶和覆瓦状萼片（Middleton et al.，2015）。

（10）钟花苣苔属（*Codonoboea*）

钟花苣苔属有 124 个物种，主要分布于泰国南部、苏门答腊岛、加里曼丹岛、巴拉望岛、苏拉威西岛和新几内亚岛原始森林的花岗岩、砂岩和石英岩上（图 5.14）（Weber & Burtt，1998）。钟花苣苔属物种多样性中心位于異他区，有 121 个物种，118 个为特有种，特有率为 97.5%（图 5.13）。该属花冠类型、叶子形态和生活型多种多样（Kiew & Lim，2011）。钟花苣苔属被分为 9 组，其中 8 个组为多系类群，仅 *Heteroboea* 组为单系类群（Chung & Ruth，2015）。

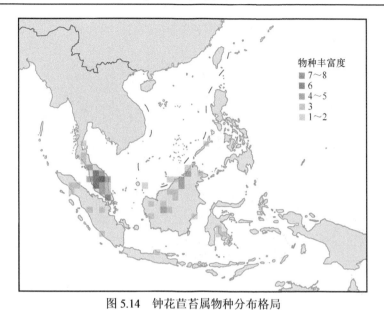

图 5.14　钟花苣苔属物种分布格局

Fig. 5.14　Species distribution pattern of *Codonoboea*

（11）浆果苣苔属（*Cyrtandra*）

浆果苣苔属是苦苣苔亚科中最大的属，约有 800 种，广泛分布于东南亚及太平洋岛屿（Cronk et al.，2005；Johnson et al.，2017）。该属分布区范围西起印度洋的尼科巴群岛，穿过马来西亚、中国台湾岛，东南至昆士兰州，东至太平洋和夏威夷群岛的高海拔岛屿，呈现出连续分布的状态（图 5.15）。

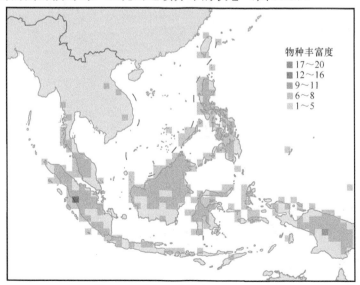

图 5.15　浆果苣苔属物种分布格局

Fig. 5.15　Species distribution pattern of *Cyrtandra*

　　浆果苣苔属的多样性中心位于加里曼丹岛（约 200 种）、新几内亚岛（约 120 种）和菲律宾群岛（80 多种）（Atkins et al.，2013）。其中，印度-缅甸区有浆果苣苔属 5 种，4 个为特有种，特有率为 80%；巽他区有浆果苣苔属 232 种，221 个为特有种，特有率为 95.3%；华莱士区有浆果苣苔属 59 种，52 个为特有种，特有率为 88.1%；菲律宾区有浆果苣苔属 121 种，117 个为特有种，特有率为 96.7%（图 5.13）。

　　浆果苣苔属包含草本、灌木和藤木生长型，主要特征为有两枚可育的雄蕊和不开裂的果实，果实特征在东南亚由西向东发生变化，西部以坚硬绿色或棕色的蒴果为主，东部特别是新几内亚岛和太平洋区域以白色或稀橙色肉质浆果为主。根据系统发育关系，浆果苣苔属分为 10 个支系（图 5.16）（Atkins et al.，2020）。

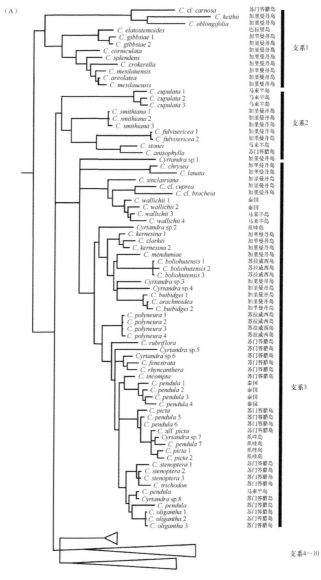

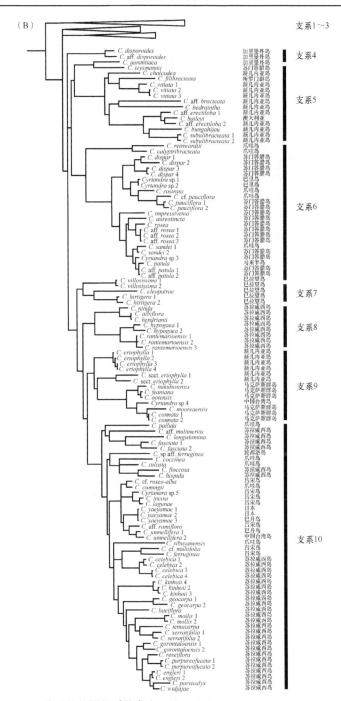

图 5.16　浆果苣苔属的系统发育及地理分布（改自 Atkins et al.，2020）

（A）基部支系 1～3；（B）支系 4～10

Fig. 5.16　Phylogeny and geographic distribution of *Cyrtandra* (Revised from Atkins et al., 2020)

(A) basal clade 1～3; (B) clade 4～10

（12）套唇苣苔属（*Damrongia*）

套唇苣苔属有 11 余种，泰国南部为物种多样性分布中心，马来半岛也有分布（图 5.13，图 5.17），偏好阴湿的石灰岩上（Weber et al.，2011a；Puglisi et al.，2016b）。

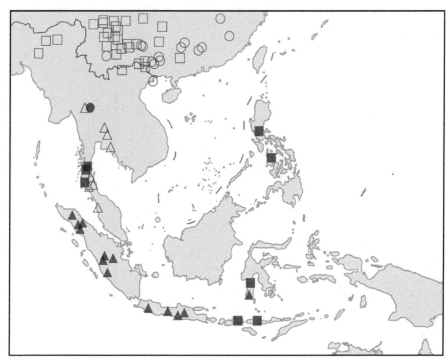

图 5.17　东南亚套唇苣苔属（△）、*Liebigia*（▲）、斜柱苣苔属（□）、*Somrania*（■）、
石山苣苔属（○）和 *Tribounia*（●）地理分布格局

Fig. 5.17　Geographical distribution pattern of *Damrongia* (△), *Liebigia* (▲), *Loxostigma* (□),
Somrania (■), *Petrocodon* (○) and *Tribounia* (●) in Southeast Asia

（13）奇柱苣苔属（*Deinostigma*）

奇柱苣苔属现有 7 个物种，集中分布于越南和中国南部，我国分布有 1 个物种（图 5.12，图 5.18）（Möller et al.，2016a）。

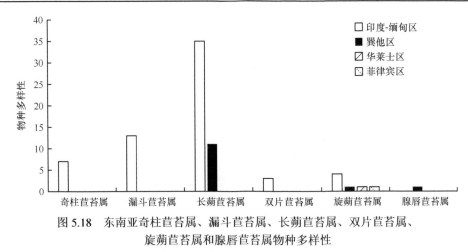

图 5.18　东南亚奇柱苣苔属、漏斗苣苔属、长蒴苣苔属、双片苣苔属、
旋蒴苣苔属和腺唇苣苔属物种多样性

Fig. 5.18　Species diversity of *Deinostigma*, *Raphiocarpus*, *Didymocarpus*, *Didymostigma*,
Dorcoceras and *Emarhendia* in Southeast Asia

（14）漏斗苣苔属（*Raphiocarpus*）

漏斗苣苔属有 14 个物种，集中分布于我国西南部至中南半岛，我国分布有本属植物 8 种（图 5.18，图 5.19）。

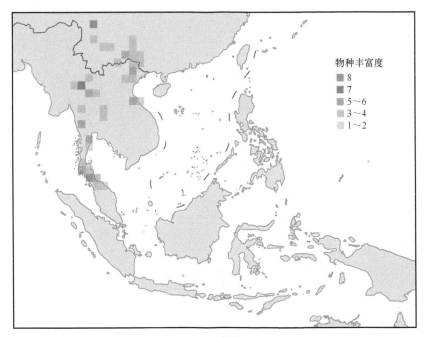

图 5.19　漏斗苣苔属物种分布格局

Fig. 5.19　Species distribution pattern of *Raphiocarpus*

（15）长蒴苣苔属（*Didymocarpus*）

长蒴苣苔属现有 100 多个物种，主要分布于印度北部到东北部、尼泊尔、越南、泰国、马来半岛和中国南部（图 5.20），苏门答腊岛分布有 1 个物种（Burtt & Wiehler，1995；Weber & Burtt，1998；Weber et al.，2000，2011c）。东南亚分布有长蒴苣苔属 46 个物种，印度-缅甸区有长蒴苣苔属 35 个物种，巽他区有长蒴苣苔属 11 个物种，均为区域特有种（图 5.18）。

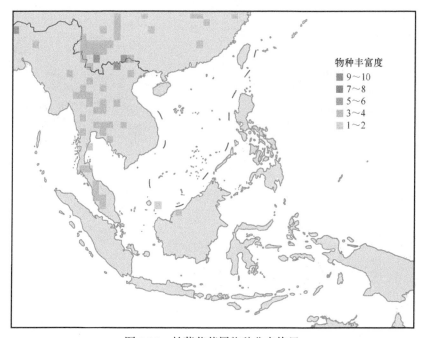

图 5.20　长蒴苣苔属物种分布格局

Fig. 5.20　Species distribution pattern of *Didymocarpus*

我国有 36 个物种，集中分布于西南与华南地区。该属在中国南方的喀斯特地貌和丹霞地貌上可能出现了一定的适应分化（俞筱押等，2019），是该属物种分化与维持的一个重要因素，值得今后开展进一步的实验研究。

（16）双片苣苔属（*Didymostigma*）

双片苣苔属为我国特有小型属，有 3 个物种（图 5.18），分别为双片苣苔（*D. obtusum*）、光叶双片苣苔（*D. leiophyllum*）和毛药双片苣苔（*D. trichathera*）（温放等，2019）。该属主要分布于我国东南部（广东、福建和广西）。

（17）旋蒴苣苔属（*Dorcoceras*）

旋蒴苣苔属有 4 个物种，分别为旋蒴苣苔（*D. hygrometrica*）、地胆旋蒴苣苔

（*D. philippensis*）、*D. geoffrayi* 和 *D. wallichii*，主要分布于中南半岛、菲律宾和印度尼西亚（图 5.12，图 5.18）。

（18）腺唇苣苔属（*Emarhendia*）

腺唇苣苔属仅有 1 个物种腺唇苣苔（*E. bettiana*）。腺唇苣苔是马来半岛的特有种（图 5.18），与肿蒴苣苔属和橄榄苣苔属的系统发育关系比较近（Puglisi et al.，2016b），生长于石灰岩洞口。

（19）光叶苣苔属（*Glabrella*）

光叶苣苔属有 3 个物种，包括无毛光叶苣苔（*G. leiophylla*）、盾叶光叶苣苔（*G. longipes*）和革叶光叶苣苔（*G. mihieri*），集中分布在我国南部（图 5.12，图 5.21）（温放等，2019）。

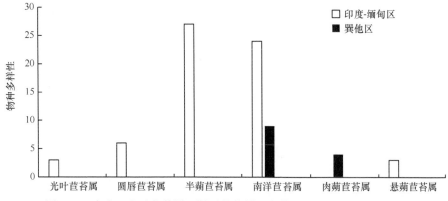

图 5.21　东南亚光叶苣苔属、圆唇苣苔属、半蒴苣苔属、南洋苣苔属、
肉蒴苣苔属和悬蒴苣苔属物种多样性

Fig. 5.21　Species diversity of *Glabrella*, *Gyrocheilos*, *Hemiboea*, *Henckelia*, *Hexatheca* and *Kaisupeea* in Southeast Asia

（20）圆唇苣苔属（*Gyrocheilos*）

圆唇苣苔属拥有 6 个物种，集中分布在我国南部，越南也有少量分布（图 5.21）。Li 等（2016）通过分子系统发育研究，建议圆唇苣苔属应归并入长蒴苣苔属。但目前大多数学者仍然使用原来的分类系统，圆唇苣苔属仍作为独立一个属处理。

（21）半蒴苣苔属（*Hemiboea*）

半蒴苣苔属有 41 个物种（Weber et al.，2011c；温放等，2019），东南亚分布有 27 种。该物种集中分布在我国南部和越南北部（图 5.21，图 5.22），另外在印度东北部、中国台湾岛和日本南部均有少量分布（暂无详细分布记录）。

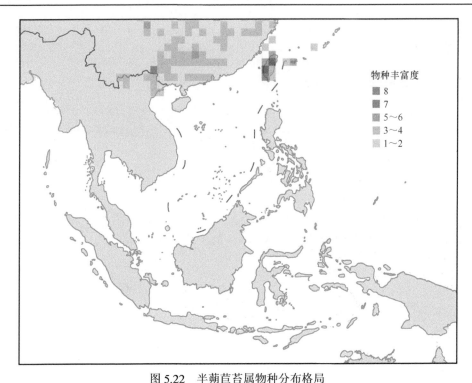

图 5.22　半蒴苣苔属物种分布格局

Fig. 5.22　Species distribution pattern of *Hemiboea*

（22）南洋苣苔属（*Henckelia*）

南洋苣苔属有 60 多个物种（Möller et al.，2011a；Middleton et al.，2013），我国西南、马来半岛和加里曼丹岛北部为本属物种多样性分布中心，中南半岛、苏门答腊岛和苏拉威西岛有少量分布（图 5.23）。印度-缅甸区有南洋苣苔属 24 个物种，22 个为特有种，特有率为 91.7%；巽他区有南洋苣苔属 9 个物种，均为区域特有种（图 5.21）。

（23）肉蒴苣苔属（*Hexatheca*）

肉蒴苣苔属有 4 个物种，集中分布在加里曼丹岛西部、沙捞越（Sarawak）至沙巴（Sabah）地区，生长于砂岩或者石灰岩上（图 5.21）（Tan et al.，2020）。

（24）悬蒴苣苔属（*Kaisupeea*）

悬蒴苣苔属有 3 个物种，由原旋蒴苣苔属的 *B. herbacea* 和 *K. cyanea*、*K. orthocarpa* 组成，集中分布在缅甸、泰国和老挝南部（图 5.21）（Burtt，2001）。

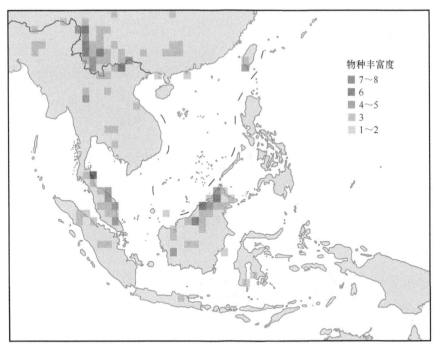

图 5.23 南洋苣苔属物种分布格局

Fig. 5.23 Species distribution pattern of the *Henckelia*

（25）细蒴苣苔属（*Leptoboea*）

细蒴苣苔属包含 3 个物种，主要分布于不丹、缅甸和泰国（图 5.24），我国南部有 1 个物种细蒴苣苔（*L. multiflora*）。

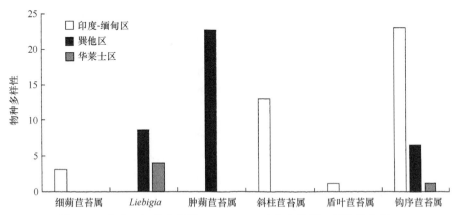

图 5.24 东南亚细蒴苣苔属、*Liebigia*、肿蒴苣苔属、斜柱苣苔属、
盾叶苣苔属和钩序苣苔属物种多样性

Fig. 5.24 Species diversity of *Leptoboea*, *Liebigia*, *Loxocarpus*, *Loxostigma*,
Metapetrocosmea and *Microchirita* in Southeast Asia

（26）*Liebigia*

Liebigia 有 12 个物种（Weber et al.，2011a），物种多样性中心在苏门答腊岛、爪哇岛和巴里岛（图 5.17）。巽他区特有 *Liebigia* 8 个物种，华莱士区特有 *Liebigia* 3 个物种，另外 1 个物种广泛分布于这两个区域（图 5.24）。

（27）肿蒴苣苔属（*Loxocarpus*）

肿蒴苣苔属拥有 23 个物种（Weber & Burtt，1998；Banka & Kiew，2009；Middleton et al.，2013），集中分布于苏门答腊岛、马来半岛和加里曼丹岛（图 5.25），是巽他区特有属（图 5.24）。加里曼丹岛分布有 9 个物种（Yao，2015），是该属物种多样性热点地区。根据系统发育关系，肿蒴苣苔属被分为两个支系（Yao，2012）。

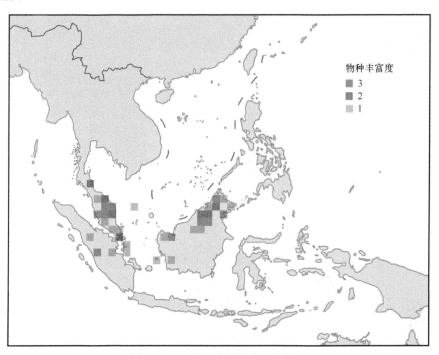

图 5.25　肿蒴苣苔属物种分布格局
Fig. 5.25　Species distribution pattern of *Loxocarpus*

（28）斜柱苣苔属（*Loxostigma*）

斜柱苣苔属现有 13 个物种（Möller et al.，2014；温放等，2019），是印度-缅甸区特有属（图 5.24），集中分布于我国南部，越南分布有 4 个物种（图 5.17）。

（29）盾叶苣苔属（*Metapetrocosmea*）

盾叶苣苔属为中国海南岛的特有单型属，广泛分布于我国海南岛中南部各大山区阴暗潮湿的溪边石壁上。

（30）钩序苣苔属（*Microchirita*）

钩序苣苔属包含 37 个物种（Möller et al., 2009；Wang et al., 2011a；温放等，2019），集中分布于中国南部、中南半岛、马来半岛、加里曼丹岛（沙捞越）等地（图 5.26），物种分布中心位于马来半岛和泰国（Weber et al., 2011a；Middleton & Triboun, 2013；Puglisi et al., 2016a）。印度-缅甸区有钩序苣苔属 23 个物种，20 个为特有种，特有率为 86.9%；巽他区有钩序苣苔属 6 个物种，3 个为特有种；华莱士区有钩序苣苔属 1 个特有种（图 5.24）。钩序苣苔属通常生长在悬崖底部阴湿、光亮至适当阴暗的地方，岩石裂缝中或洞口（Henderson, 1939；Kiew, 2009）。

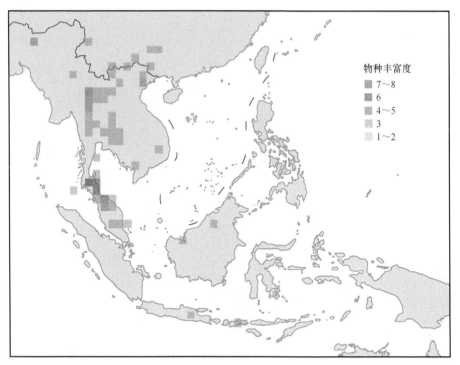

物种丰富度
7～8
6
4～5
3
1～2

图 5.26　钩序苣苔属物种分布格局

Fig. 5.26　Species distribution pattern of *Microchirita*

（31）粉毛苣苔属（*Middletonia*）

粉毛苣苔属有 5 个物种（Puglisi et al.，2016b），是印度-缅甸区特有属（图 5.27），广泛分布于中南半岛（图 5.12）。我国分布有 1 个物种粉毛苣苔（*M. multiflora*），主要生长在石灰岩或者花岗岩上。

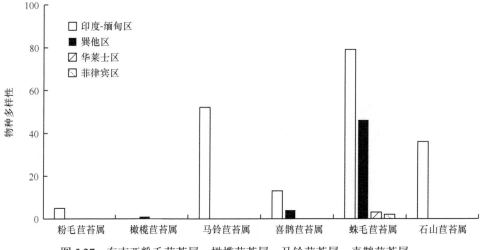

图 5.27　东南亚粉毛苣苔属、橄榄苣苔属、马铃苣苔属、喜鹊苣苔属、
蛛毛苣苔属和石山苣苔属物种多样性

Fig. 5.27　Species diversity of *Middletonia*, *Orchadocarpa*, *Oreocharis*, *Ornithoboea*,
Paraboea and *Petrocodon* in Southeast Asia

（32）橄榄苣苔属（*Orchadocarpa*）

橄榄苣苔属为单型属，含 1 个物种 *O. lilacina*，分布于马来半岛，与斜柱苣苔属的亲缘关系比较近（Puglisi et al.，2016b）。

（33）马铃苣苔属（*Oreocharis*）

原马铃苣苔属并入 10 个小型属或单型属形成广义马铃苣苔属（Möller et al.，2011b；Chen et al.，2020），拥有 150 多个物种（金璇等，2021），集中分布于我国西南部和南部,具体分布于我国西南部的横断山南部和云贵高原西部大部分区域、南部的南岭和莲花山大部分区域，缅甸和泰国也有少量分布（图 5.28）（李振宇和王印政，2004；Möller & Clark，2013）。

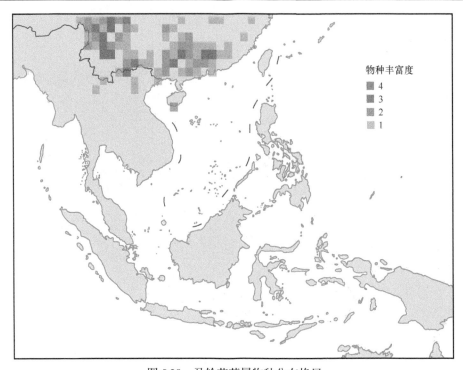

图 5.28　马铃苣苔属物种分布格局

Fig. 5.28　Species distribution pattern of *Oreocharis*

我国拥有马铃苣苔属 135 种（含种下等级）（温放等，2019），主要分布在我国南部山区。海南岛分布有马铃苣苔属 4 个类群：黄花马铃苣苔（*O. flavida*）、迎春花马铃苣苔（*O. jasminina*）、毛花马铃苣苔（*O. dasyantha*）及锈毛马铃苣苔（*O. dasyantha* var. *ferruginosa*）。海南岛分布的马铃苣苔属物种均为该岛的特有种，集中分布在该岛中南部山区不同山体的不同海拔区域（凌少军等，2017；Ling et al.，2020）。

通过对该属 58 个物种的核基因 ITS1/2 和叶绿体基因 *trn*L-*trn*F 建立的分子系统发育树进行研究（图 5.29），发现广义马铃苣苔属可分为两个支系：支系 A 分布于我国西南地区，主要为黄色花冠、雄蕊 4；支系 B 分布于我国南部与东南部区域，以紫色花冠为主，并出现了雄蕊 2 的特化类群。尽管马铃苣苔属物种的生活型和果实结构没有太大变化，但却呈现出多种多样的花部综合征，为研究传粉适应对物种辐射进化提供了很好的材料。

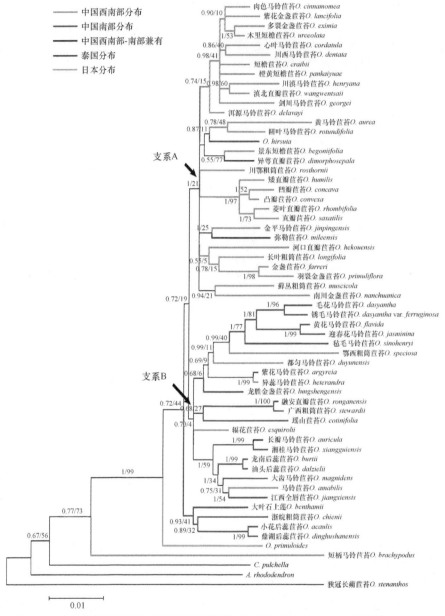

图 5.29　广义马铃苣苔属主要物种的系统发育树及地理分布（改自金璇等，2021）

Fig. 5.29　Phylogenetic tree and geographical distribution of main species of *Oreocharis* (Revised from Jin et al., 2021)

（34）喜鹊苣苔属（*Ornithoboea*）

喜鹊苣苔属有 16 个物种，主要分布在我国南部、中南半岛和马来半岛的石灰岩地貌上（图5.30）（Scott & Middleton，2014），我国分布有 6 个物种。

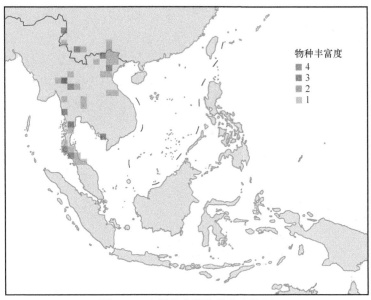

图 5.30　喜鹊苣苔属物种分布格局

Fig. 5.30　Species distribution pattern of *Ornithoboea*

（35）蛛毛苣苔属（*Paraboea*）

蛛毛苣苔属拥有 141 个物种（Puglisi et al.，2011，2016b），集中分布于我国西南部及台湾岛、中南半岛、马来半岛、加里曼丹岛北部和菲律宾，物种多样性中心在我国西南部和泰国等地的石灰岩地貌（图 5.31）。印度-缅甸区有蛛毛苣苔

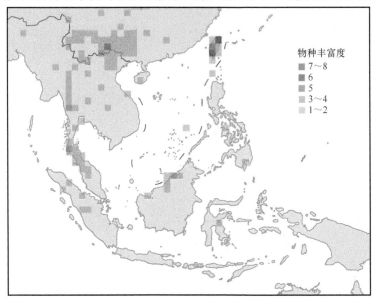

图 5.31　蛛毛苣苔属物种分布格局

Fig. 5.31　Species distribution pattern of *Paraboea*

属 79 个物种, 75 个为特有种, 特有率为 94.9%; 巽他区拥有蛛毛苣苔属 46 个物种, 45 为特有种, 特有率为 97.8%; 华莱士区拥有蛛毛苣苔属 3 个物种, 均为特有种; 菲律宾区拥有蛛毛苣苔属 2 个物种, 其中 1 个特有种 (图 5.27)。根据系统发育, 蛛毛苣苔属被分为三个支系 (图 5.32) (Puglisi et al., 2011)。我国有蛛毛苣苔属 32 种, 其中海南岛有 3 种, 其中海南蛛毛苣苔 (*P. hainanensis*) 和昌江蛛毛苣苔 (*P. changjiangensis*) 为海南岛特有种。

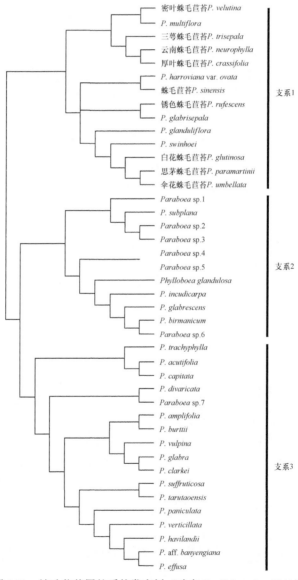

图 5.32 蛛毛苣苔属的系统发育树 (改自 Puglisi et al., 2011)

Fig. 5.32 Phylogenetic tree of *Paraboea* (Revised from Puglisi et al., 2011)

（36）石山苣苔属（*Petrocodon*）

石山苣苔属现有 36 个物种（Möller et al.，2016b；温放等，2019），是印度-缅甸区特有属（图 5.27），主要分布于我国南部、越南北部和泰国东北部（图 5.17）。

（37）石蝴蝶属（*Petrocosmea*）

石蝴蝶属具有 49 个物种，是印度-缅甸区特有属（图 5.33），集中分布于我国南部、缅甸、泰国和越南南部（图 5.34）。我国西南部是石蝴蝶属物种多样性与

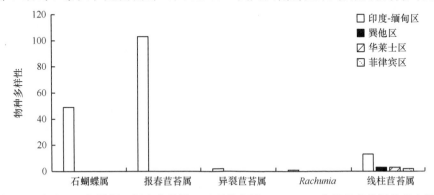

图 5.33 东南亚石蝴蝶属、报春苣苔属、异裂苣苔属、*Rachunia* 和线柱苣苔属物种多样性

Fig. 5.33 Species diversity of *Petrocosmea*, *Primulina*, *Pseudochirita*, *Rachunia* and *Rhynchotechum* in Southeast Asia

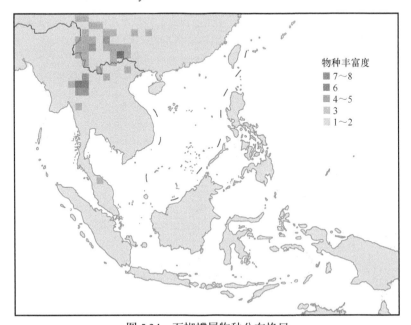

图 5.34 石蝴蝶属物种分布格局

Fig. 5.34 Species distribution pattern of *Petrocosmea*

特有中心，具有 42 个物种 3 个变种（韩孟奇，2018；温放等，2019）。该属可能起源于青藏高原东部和东南部（Qiu et al.，2015）。石蝴蝶属物种主要生长在石灰岩等岩溶地貌区域内阴湿的石缝中和石壁上，是生境比较特殊的一类稀有植物，且多数为狭域分布物种。根据系统发育分析，该属分为 5 个支系（图 5.35）（Qiu et al.，2015）。

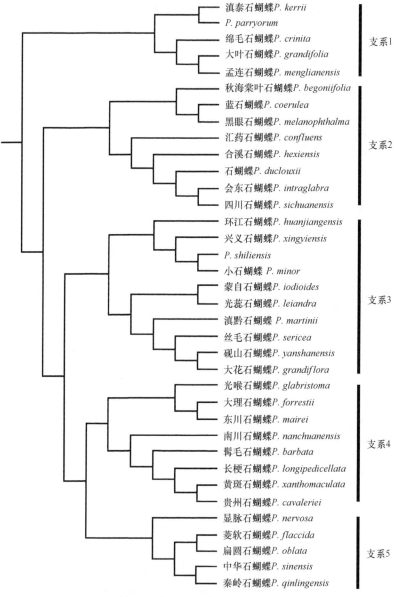

图 5.35　石蝴蝶属的系统发育树（改自 Qiu et al.，2015）

Fig. 5.35　Phylogenetic tree of *Petrocosmea* (Revised from Qiu et al., 2015)

（38）报春苣苔属（*Primulina*）

报春苣苔属目前现有 200 多种，集中分布于印度-缅甸区（图 5.33）。该属物种多样性与特有中心位于我国南部地区，少数物种向南分布到东南亚的越南等地（图 5.36）。该属植物的地理分布具有高度的土壤专一性，绝大多数物种仅分布在石灰岩地貌上，还有一些仅分布在丹霞地貌土壤或砂页岩土壤上。根据系统发育分析（图 5.37），整合历史气候变化和物种形成模型发现，全球温度变化及东亚季风气候对报春苣苔属物种形成速率和进化历史具有显著的影响（Kong et al.，2017）。

（39）异裂苣苔属（*Pseudochirita*）

异裂苣苔属有 2 个物种：异裂苣苔（*P. guangxiensis* var. *guangxiensis*）和粉绿异裂苣苔（*P. guangxiensis* var. *glauca*），分布于我国南部和越南地区（图 5.33）。

（40）*Rachunia*

Rachunia 含有 1 个物种 *R. cymbiformis*，现发现仅分布于泰国北碧府，缅甸也可能有分布（图 5.12，图 5.33）（Middleton et al.，2018）。

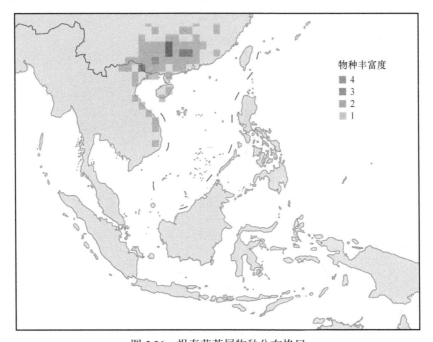

物种丰富度
- 4
- 3
- 2
- 1

图 5.36　报春苣苔属物种分布格局

Fig. 5.36　Species distribution pattern of *Primulina*

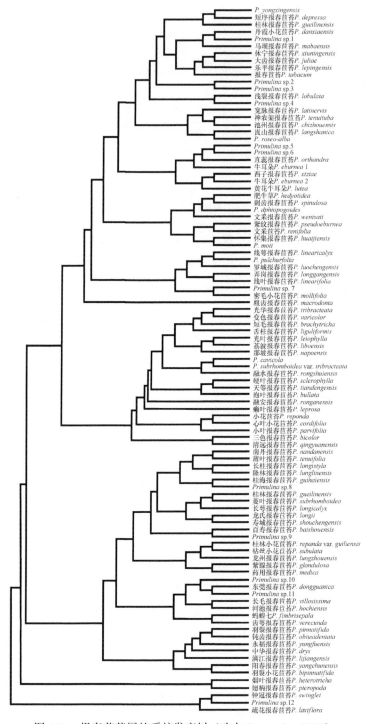

图 5.37　报春苣苔属的系统发育树（改自 Tao et al., 2015）

Fig. 5.37　Phylogenetic tree of *Primulina* (Revised from Tao et al., 2015)

（41）线柱苣苔属（*Rhynchotechum*）

线柱苣苔属是苦苣苔科多年生亚灌木植物，约 16 种（Anderson & Middleton，2013），14 种集中分布在东南亚地区（图 5.33，图 5.38）。其中，线柱苣苔（*R. obovatum*）、异色线柱苣苔（*R. discolor*）、冠萼线柱苣苔（*R. formosanum*）广布于东南亚；短梗线柱苣苔（*R. brevipedunculatum*）仅分布在中国台湾岛；长梗线柱苣苔（*R. longipes*）仅分布在中国广西；*R. vietnamense* 仅分布在越南；*R. eximium* 只分布于苏门答腊岛、爪哇岛等地，其余物种分布于邻近的印度和缅甸等地（Anderson & Middleton，2013）。该属是白色浆果，种子椭圆形、光滑（Wang et al.，1998），可通过鸟或者洋流的作用扩散到很远距离。

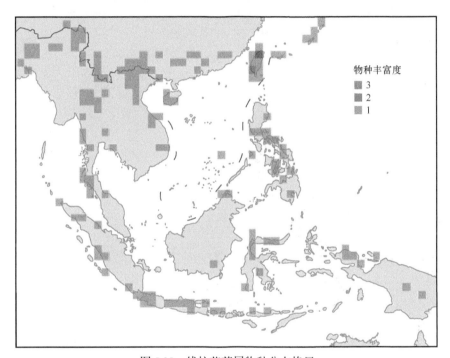

图 5.38 线柱苣苔属物种分布格局

Fig. 5.38 Species distribution pattern of *Rhynchotechum*

（42）厚蒴苣苔属（*Ridleyandra*）

厚蒴苣苔属有 31 个物种，分布于泰国、马来半岛和加里曼丹岛（图 5.39）（Weber & Burtt，1998；Siti-Munirah，2012）。马来半岛有该属物种 23 种且均为特有种，为该属的多样性与特有中心。

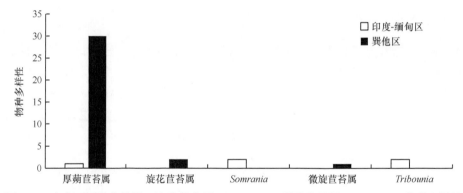

图 5.39　东南亚厚蒴苣苔属、旋花苣苔属、*Somrania*、微旋苣苔属和 *Tribounia* 物种多样性
Fig. 5.39　Species diversity of *Ridleyandra, Senyumia, Somrania, Spelaeanthus* and *Tribounia* in Southeast Asia

（43）旋花苣苔属（*Senyumia*）

旋花苣苔属有 2 个物种（*S. minutiflora* 和 *S. granitica*），均分布于马来半岛彭亨州（Pahang）石灰岩地貌的山上。

（44）*Somrania*

Somrania 有 2 个物种（*S. albiflora* 和 *S. lineata*），为泰国特有属（图 5.17，图 5.39）（Middleton & Triboun，2012）。

（45）微旋苣苔属（*Spelaeanthus*）

微旋苣苔属有 1 个物种（*S. chinii*），是马来西亚特有属，主要分布于马来半岛彭亨州的石灰岩山洞中。

（46）*Tribounia*

Tribounia 有 2 个物种（*T. grandiflora* 和 *T. venosa*），是泰国特有属（图 5.17）（Middleton & Möller，2012）。

5.1.4　东南亚苦苣苔科植物的物种多样性与特有中心、进化热点地区

（1）物种多样性与特有中心

根据东南亚苦苣苔科植物的多样性与分布情况结果统计，计算每个地区的物种密度，确定了苦苣苔科植物多样性中心有 4 个，分别是：①中国和越南交界区，包括中国广西、云南和贵州的交界区；②云南西北部；③马来半岛；④加里曼丹岛北部（图 5.2）。

中南半岛是苦苣苔科物种多样性极高的地区，有很多特有属如 *Tribounia*、

Billolivia 和覆萼苣苔属（*Chayamaritia*）等近期进化出来的新属。印度次大陆苦苣苔科植物多样性很低，仅有两个特有属：旋瓣苣苔属（*Championia*）和天竺苣苔属（*Jerdonia*）。

苦苣苔科的物种多样性与特有中心基本位于石灰岩地貌发达的区域，这与苦苣苔科偏好石灰岩、石灰岩地貌微生境隔离促进物种分化等有关（韦毅刚，2010）。

（2）进化热点地区

拥有至少 25% 狭域特有种的地区，我们称为进化热点地区。根据东南亚不同地区苦苣苔科物种的分布情况，我们发现苦苣苔科植物有 6 个进化热点地区，分别是：①云南西北部（横断山脉）；②中国西南部云南、贵州和广西交界区；③泰国北部山区；④马来半岛；⑤加里曼丹岛北部；⑥苏拉威西岛北部（图 5.2）。这些进化热点地区与苦苣苔科植物多样性与特有中心大部分重叠。

这 6 个进化热点地区大部分地质构造历史十分复杂，都是在印度板块、欧亚大陆、大洋洲和太平洋板块的相互作用下形成的（Hall & Spakman，2015）。因此，东南亚高度破碎化的群岛和石灰岩地貌促进了亚洲苦苣苔科植物的物种形成（韦毅刚，2010；姜超等，2017）。秋海棠属（*Begonia*）和海芋属（*Alocasia*）与苦苣苔科植物的情况相似（Nauheimer et al.，2012；Chung et al.，2014）。中南半岛和中国西南部有大量的石灰岩地貌（Clements et al.，2006），塑造了极高的苦苣苔科植物多样性。

5.2　物种多样性形成机制

Roalson 和 Roberts（2016）研究发现，新旧世界被子植物物种多样性的形成与灭绝速率有差别，但是这种现象未在苦苣苔科植物中发现。苦苣苔科植物的多样性与植物自身和环境因素息息相关（Roalson & Roberts，2016）。本节从植株生长型、花部综合征和环境因素三个方面分析东南亚苦苣苔科植物多样性的形成机制。

5.2.1　植株生长型

（1）附生生长型

附生植物是热带雨林和云雾林中常见的物种组成成分，在植物多样性和生物量方面扮演着重要的角色。据统计，约有 10% 的维管植物为附生生长型（Gentry & Dodson，1987；Bramwell，2002）。附生植物存在于 84 科和 876 属开花植物中，有独立的进化过程（Benzing，1987；Gentry & Dodson，1987；Kremer & Van Andel，1995）。苦苣苔科植物许多类群的附生习性是由藤本生活型演化而来的（Bews，1927；Salinas et al.，2010）。

在兰科（Orchidaceae）、凤梨科（Bromeliaceae）、仙人掌科（Cactaceae）和苦苣苔科等植物类群中，大量研究发现附生习性是这些植物特化适应、物种分化的重要因素（Gravendeel et al.，2004；Silvera et al.，2009；Calvente et al.，2011；Givnish et al.，2014），其中兰科植物 75%的物种为附生植物，体积小和生命周期短的附着根是造成物种多样性增加的重要原因。一些研究表明附生为植物类群增加了新生态位，并加速了多样化进程（Givnish，2010；Givnish et al.，2014，2015）。

苦苣苔科植物为多年生草本，少量物种为灌木或藤本（Möller & Clark，2013；Weber et al.，2013）。苦苣苔科植株的生长型对于物种多样性有重要影响，特别是对于单子叶植物，如好望角苣苔属（*Streptocarpus*）（Möller & Cronk，2001），以及在太平洋岛屿之间长距离扩散的浆果苣苔属（Atkins et al.，2001；Clark et al.，2009）。在新热带区，苦苣苔科植物在附生植物、攀缘植物和藤本植物方面没有严格的界限，有 600 余种为附生植物，约占总数的 20%（Gentry & Dodson，1987），集中出现在 Episcieae 族的 *Drymonia*、*Nematanthus* 和 *Columnea* 三个属中。*Columnea* 附生物种分为三类，分别为：①植株具有灌木状茎和对生叶；②植株具有蔓延的茎和不等大的叶子；③植株具有下垂的茎和等大的叶子。

南美洲苦苣苔科植物的附生生长型发生过多次起源（Weber et al.，2013），而东南亚苦苣苔科植物附生植物较少，主要集中在芒毛苣苔属。另外一些半陆生半附生的属，如吊石苣苔属和斜柱苣苔属，具有一些以附生生长型为主的物种，而弯管苣苔属物种均属于附生攀缘植物。

Roalson 和 Roberts（2016）研究发现，苦苣苔科植物附生类群与非附生类群有相同的物种形成速率，但是附生类群具有非常低的灭绝速率，这导致附生习性促进了物种多样性的形成与维持。因此，附生生长型本身可能不是物种形成的直接驱动力，而是通过降低物种灭绝速率或者结合物种的其他特征，促进了物种形成。例如，附生生长型与鸟媒传粉的高度相关性，促进了种子通过鸟或其他动物进行扩散（Weber，2004），以及附生植物往往生产出比灌木和草本植物更大的种子（Rockwood，1985）。在兰科植物中，附生生长型常与景天酸代谢（crassulacean acid metabolism，CAM）密切相关，具有适应能力更强的光合作用潜力（Givnish et al.，2015），但苦苣苔科植物仅有新世界的厚叶钟花苣苔（*Codonanthe crassifolia*）有类似的代谢特征（Guralnick et al.，1986）。

（2）单叶生长型

产于古热带地区的扭花果属和独叶苣苔属物种十分特殊，种子萌发之后，一个子叶会连同胚芽消失，由另一个子叶直接生长成绿色叶片，独立承担起植株整个生活史的重任。这种终身只有由一片子叶长成的叶片，可以称为单叶生长型（Roalson & Roberts，2016）。

苦苣苔科植物的单叶生长型特征同附生生长型同样重要，都能够影响其物种的多样性速率（Roalson & Roberts，2016）。与附生习性的作用机制不同，扭花果属的单叶生长型可能直接提高了物种形成速率（Roalson & Roberts，2016）。扭花果属物种的生长型在单叶型和莲座状之间发生过转变（Möller & Cronk，2001），单叶生长型促进植物适应阴暗潮湿的环境。一些研究表明，杂交可能会影响扭花果属物种单叶生长型和莲座状生长型的多样性，但是这种现象还需要更多的调查（de Villiers et al.，2013）。

独叶苣苔属的所有物种均为单叶生长型（Burtt，1963），可能是独立进化而来的（Smith et al.，1997），但还未有研究证明本属的生长型会影响物种的多样性速率。

（3）浆果类型

东南亚地区具有浆果的苦苣苔科植物主要是浆果苣苔属和线柱苣苔属。浆果苣苔属的果实通常为硬果或肉质浆果，可以通过动物取食而传播（St. John，1966）。浆果苣苔属的肉质浆果中包含上百个小种子，很容易被候鸟吃掉，由于这些小种子的种皮很薄，很快会被分解，不太可能通过动物的内脏存活下来。因此，依靠动物体表携带传播可能更重要。

线柱苣苔属的果实是白色浆果，种子椭圆形、光滑（Wang et al.，1998），可以通过鸟或洋流的作用扩散到很远距离。这可能是线柱苣苔属广布于整个东南亚地区的一个关键因素。在新世界的南美洲地区，浆果特征经历了至少三次独立的起源（Clark et al.，2012），但目前还没有针对亚洲地区的浆果特征起源与演化的研究。

5.2.2 花部综合征

在苦苣苔科植物中，亲缘关系近的物种经常在花部特征方面表现出极大的不同。Darwin（1962）认为，植物花部综合征的多样性反映了传粉者介导的选择压力。被子植物花形态的多样性强烈支持达尔文的观点，说明花部综合征的进化与传粉者的功能群有很大关联。花部各类特征往往关联出现，呈现出一定的常见组合与表型，可以称为花部综合征（floral syndrome）（Faegri & van der Pjil，1979）。花部综合征不仅包括花的形态，也包括花的化学物质（花诱导物和报酬物的组成成分）（Baker & Baker，1990）和物候学特征（如花药开裂的方式）（Castellanos et al.，2006）。例如，大型钟状花能够产生大量稀释的花蜜，并且选择夜间散粉，通常与蝙蝠传粉相关；管状红花选择白天散粉，通常与鸟类传粉者相关。因此，花部综合征往往与特定的传粉类群存在紧密的协同进化历史，即花部性征已经进化为让有效传粉者增加对花粉的转移并阻止无效的访花者（Stebbins，1970；Faegri & van der Pjil，1979；Fenster et al.，2004）。

苦苣苔科植物拥有丰富的花部形态特征，不同类群的花部综合征经历了趋同或趋异进化（Harrison et al.，1999；Roalson et al.，2003；Perret et al.，2007）。已有研究发现，花部形态多样性可能是苦苣苔科植物多样化的关键影响因素之一

（Martén-Rodríguez et al.，2009；Perret et al.，2013），但还缺乏可靠的实验验证。

本小节针对东南亚苦苣苔科植物花部的花冠类型、花冠对称性、雄蕊类型等关键性征进行分析，同时对镜像花的多样性及分布进行探讨，以期为亚洲苦苣苔科植物多样性的影响因素研究提供参考。

（1）花冠类型

花冠筒的形状、开口大小与朝向有利于筛选有效的访花昆虫，限制进入花内的访花者类型及其在花内的活动，提高了传粉准确性、降低了花粉浪费。大尺寸的花冠有助于异交，小尺寸的花常与自交和闭花受精联系起来（Ornduff，1969；Ortega-Olivencia et al.，1998）。

东南亚苦苣苔科植物的花冠类型通常可以分为管状、细管状、漏斗状、坛状、辐状和钟状（图 5.40）。Wang（1990）和 Wang 等（1992）认为苦苣苔科植物短花冠管较为原始，长花冠管较为进化。短的花冠筒具有多种传粉者，增加了传粉者各个身体部位与花粉接触的可能性（Fenster，1991；Donoghue et al.，1998；Sargent，2004）。另外，锈色蛛毛苣苔（*Paraboea rufescens*）的花冠管呈现另类的"S"形，对于本种的传粉方式产生了很大的影响（Gao et al.，2006）。

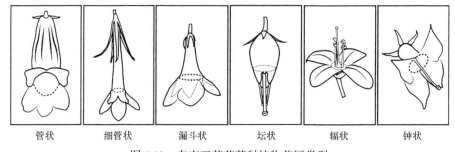

管状　　　细管状　　　漏斗状　　　坛状　　　辐状　　　钟状

图 5.40　东南亚苦苣苔科植物花冠类型
Fig. 5.40　Corolla types of Gesneriaceae species in Southeast Asia

花冠颜色是动物传粉者进行花朵定位最重要的视觉信号之一（Chittka & Waser，1997；Rodriguez-Girones & Santamaria，2004），不同传粉者往往对不同花色有着不同的敏感度，从而表现出对某种花色的访问偏向性，如鸟类或蝶类多访问红花、蜂类偏好黄花和蓝紫花（Chang & Rausher，1999；Fenster et al.，2004；张大勇，2004）。东南亚苦苣苔科植物花色以紫色和白色为主，说明这些地区的传粉者主要为蜂类，如熊蜂属（*Bombus*）、小蜂科（Chalcididae）、无垫蜂属（*Amegilla*）和淡脉隧蜂属（*Lasioglossum*）（Gao et al.，2006；温放等，2012）。

（2）花冠对称性

花冠对称性是植物分类学和繁殖生态学的一个重要特征，通常两侧对称的花冠能够限制传粉者的访花行为并提高传粉效率，所以两侧对称的花冠更加特化

（Sargent，2004；Gong & Huang，2009）。两侧对称的花部结构是被子植物进化过程中的一个关键性征，被认为是物种形成与进化的关键驱动力。许多研究证明，辐射对称花冠更为原始，两侧对称花冠是由原始的辐射对称花冠进化而来的（Sargent，2004；Gong & Huang，2009）。玄参科（Scrophulariaceae）和荷包花科（Calceolariaceae）植物均为两侧对称花冠，东南亚苦苣苔科为这两个科的姐妹类群（Angiosperm Phylogeny Group III，2009）。菊亚纲（Asteridae）物种中花冠两侧对称和辐射对称的转换非常普遍，辐射对称的花冠为祖先性征，两侧对称的花冠为进化性征（Carpenter & Coen，1994；Donoghue et al.，1998），而唇形科中花冠两侧对称为祖先性征，辐射对称为进化性征（Wagstaff & Olmstead，1997）。

据不完全统计，东南亚苦苣苔亚科有两侧对称花冠的物种 1700 多种，辐射对称花冠的物种 200 多种（未发表数据）。研究表明，苦苣苔亚科花冠原始性征为两侧对称（Smith et al.，1997，2004a，2004b；Smith，2000；Zimmer et al.，2002），但 Wang（1990）和 Wang 等（1992）认为苦苣苔科植物辐射对称的花冠先于两侧对称的花冠发生，Smith 等（2004b）研究发现大岩桐亚科中花冠辐射对称的性征发生了数次转变。

旧世界中含辐射对称花冠的类群主要有苦苣苔属、蛛毛苣苔属、欧洲苣苔属（Ramonda）、非洲堇属（Saintpaulia）、原四数苣苔属、旋蒴苣苔属、长蒴苣苔属和原世纬苣苔属的物种。其中，具有辐射对称花冠的欧洲苣苔属、苦苣苔属、原四数苣苔属、原辐花苣苔属和原世纬苣苔属是由两侧对称花冠的祖先分化出来的（Wang et al.，2010），说明苦苣苔亚科植物花冠的辐射性征很可能由两侧对称进化而来，反映了亚洲苦苣苔科植物传粉策略的转变。辐射对称的花冠具有平面或宽钟状的花冠形态，花筒较短或不具有花筒，具有泛化的传粉综合征或蜂振传粉（Cronk & Möller，1997；Harrison et al.，1999）。欧洲苣苔属、原四数苣苔属、苦苣苔属和原世纬苣苔属的雄蕊具有 5 枚，其余具有辐射对称花冠的物种具有 2 枚或 4 枚雄蕊。

（3）雄蕊类型：雄蕊数量和位置

A. 雄蕊数量

苦苣苔科的雄蕊多为 4 枚，苦苣苔亚科 4 枚雄蕊为原始性征，不同类群中 2 枚雄蕊是由 4 枚雄蕊进化而来的，雄蕊数量的形态转变是由于 CYC 基因从雄蕊近轴向横向或腹侧方向表达（Gao et al.，2008；Song et al.，2009）。

B. 雄蕊合生方式

苦苣苔亚科根据雄蕊的合生方式可分为：①4 枚雄蕊全部合生，如横蒴苣苔属和十字苣苔属（Weber，2004）；②两长两短成对合生的二强雄蕊（Lamond & Vieth，1972；Endress，1994；李振宇和王印政，2004），如紫花苣苔属和大苞苣苔属；③离生状态，如石山苣苔属和双片苣苔属。

两长两短的雄蕊往往分别合生在一起（或较短的一对退化），成为苦苣苔亚科植物的一个显著特征（李振宇和王印政，2004；任明迅，2009）。花药合生可以将花内花粉聚集在同一空间位置，提高了传粉者携带花粉的可能性与准确性，可能是降低花粉浪费、提高传粉效率的一种适应（任明迅，2009；Ren & Tang，2010）。合生的花药还增强了雄蕊的强度，在传粉者访花过程触碰雄蕊时能维持花药的相对位置（任明迅，2009；Ren & Tang，2010）。而且，苦苣苔科合生花药往往紧贴花冠筒内壁或开口处，花药位置进一步得到稳固，提高了花粉落在传粉者身体上的专一性，降低了花粉浪费（任明迅，2009）。

　　根据最新苦苣苔亚科所有属的系统发育关系，发现苦苣苔亚科花药合生在属的水平都有较高的物种多样性出现。苦苣苔亚科中 39 个属为全部合生状态，23 个属为成对合生状态，19 个属为离生状态，不同的合生类型对应着不同数量的传粉者多样性（图 5.41）。

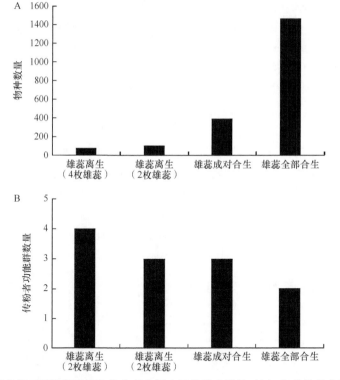

图 5.41　苦苣苔亚科雄蕊不同合生方式在属水平物种多样性（A）和传粉者多样性（B）
Fig. 5.41　Species diversity (A) and pollinator diversity (B) of genera with different modes of anther union in Cyrtandroideae (Gesneriaceae)

　　对苦苣苔亚科雄蕊不同合生方式的属之间姐妹类群进行对比共发现 13 对，其中 10 对表现出花药合生类群具有较高的物种多样性；比较 8 对雄蕊全部合生与成对合生的姐妹类群发现，6 组中雄蕊全部合生的类群物种多样性高于雄蕊成对合生的姐妹类群（图 5.42）。相对于雄蕊离生的类群，苦苣苔亚科雄蕊合生的类群传粉特化、传粉者功能群变化很小，具有特化的传粉方式和更高的物种多样性。

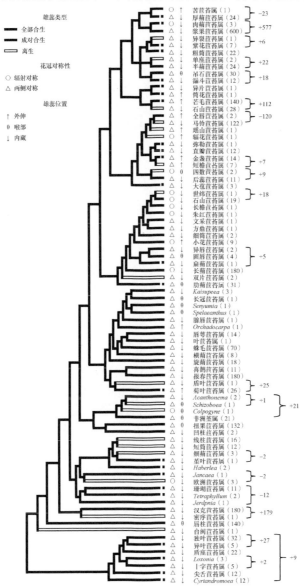

图 5.42　苦苣苔亚科植物姐妹类群全部合生、成对合生和离生三种类型比较（系统发育树改自 Zimmer et al.，2002；Möller et al.，2009）

括号中的数字表示属物种多样性，每个支系后大括号的数字表示物种数的差别（雄蕊合生物种数减去雄蕊离生物种数）

Fig. 5.42　Sister-group comparisons in Cyrtandroideae (Gesneriaceae) for synandrous, anther-pair-united and anther-separated genera (Phylogenetic tree is revised from Zimmer et al., 2002 and Möller et al., 2009)

Numbers in parentheses represent the species diversity of the genus and the number at each branch is the difference in species number (anther-united species minus anther-separated species)

（4）镜像花的多样性及分布

镜像花是特化程度非常高的传粉适应机制，是对环境和传粉者变化极为敏感的传粉系统（钱贞娜等，2016；卢涛等，2019），可能是传粉隔离和新物种形成与维持的重要原因（Ren et al.，2013；Ren，2015；钱贞娜等，2016）。苦苣苔科镜像花集中出现在广布于亚洲和非洲的苦苣苔亚科中（Harrison et al.，1999；Gao et al.，2006；卢涛等，2019），有着多次独立起源。与大多数被子植物不同，被子植物镜像花通常以离瓣花为主，雌雄蕊裸露，且多为互补型镜像花类型（张大勇，2004；林玉和谭敦炎，2007），而苦苣苔科很多物种的镜像花缺乏与花柱对应侧偏的雄蕊（卢涛等，2019），显示出不一样的传粉适应机制和进化历史，可能是认识苦苣苔亚科物种适应辐射的重要内容。

目前已知苦苣苔科有 7 个属存在镜像花：长冠苣苔属、蛛毛苣苔属、喜鹊苣苔属、南洋苣苔属、非洲堇属、海角苣苔属及长蒴苣苔属（卢涛等，2019）。这些属属于苦苣苔亚科，集中分布在亚洲、非洲和欧洲南部（Burtt，1963；李振宇和王印政，2004；韦毅刚，2010；Weber et al.，2013）。

5.2.3　环境因素

（1）土壤异质性：石灰岩和丹霞地貌

东南亚是全球喀斯特地貌最为集中分布的区域之一，苦苣苔科植物类群在这一地区的喀斯特地貌上具有极高的特有率（Clements et al.，2006），特别是中国西南部与越南交界区、马来半岛和加里曼丹岛北部为三个苦苣苔亚科物种多样性与特有中心，拥有多样的喀斯特地貌（Clements et al.，2006；de Bruyn et al.，2014）。许多研究表明石灰岩等各种地貌所造成的生境隔离是东南亚苦苣苔科植物物种形成的原因之一（Ren，2015；税玉民和陈文红，2017）。另外，中国南部还分布有广泛的丹霞地貌（齐德利等，2005；何祖霞等，2012），石灰岩和丹霞地貌等异质性的生境可能是促进物种分化适应和植物物种形成与维持的主要原因（俞筱押等，2019）。

近年来，在石灰岩地貌上的苦苣苔亚科新种不断被发现（Pan et al.，2010；Xu et al.，2011；Hong et al.，2012；Chung et al.，2013）。作为仍在剧烈分化的科（温放和李湛东，2006），苦苣苔亚科大部分植物为喜钙植物，少部分为嫌钙植物，还有部分为中间型植物（分布于丹霞砂砾岩中）。喀斯特地区的土壤类型为石灰土，具有富含 Ca^{2+} 和 Mg^{2+}、基岩裸露率高、土壤浅薄不连续、pH 高、保水性差等特征（曹建华等，2003；李阳兵等，2004；俞筱押和李玉辉，2010），从而促进物种分化（Kong et al.，2017）。丹霞地貌由红色碎屑岩发育而成，与喀斯特地貌土壤主要为含钙高的碱土不一样，丹霞地貌土壤的 pH 较低、有机质含量低、含水量极低、更容易被水溶蚀等（何祖霞等，2012），从而形成独特的生物多样性、植被类型与植物区系。这两大类地貌景观和土壤异质性有可能促进苦苣苔亚科植物种群与物种的分化适应（俞筱押等，2019），成为植物物种分化和多样性的促进因素，是我国滇黔桂交界区成为特有种分化中心的重要因素（俞筱押等，2019）。

专性或偏好于石灰岩地貌区的物种有 162 种，其中种数大于 10 种的属有唇柱苣苔属、石蝴蝶属、蛛毛苣苔属、半蒴苣苔属和小花苣苔属；对丹霞地貌生境偏好的物种有 27 种；长蒴苣苔属和马铃苣苔属等同时分布于喀斯特和丹霞地貌上，特别是长蒴苣苔属物种遍布于两种地貌上，形成两支相对独立的类群（李振宇和王印政，2004；韦毅刚，2010；Palee et al.，2006），闽赣长蒴苣苔（*Didymocarpus heucherifolius*）在两种地貌上花期存在较大差异，说明长蒴苣苔属在两种地貌上的分化与其物种形成及维持有关（俞筱押等，2019）。另外，苦苣苔科植物在不同土壤中的物种多样性形成速率不同，Kong 等（2017）发现报春苣苔属在丹霞地貌上的物种多样性形成速率（0.64 支系/百万年）是酸性土壤（0.29 支系/百万年）的两倍多，且在酸性土壤中的物种多样性形成速率是喀斯特地貌（0.11 支系/百万年）的两倍多（Kong et al.，2017）。

（2）地理隔离

a）大陆与岛屿的隔离：东南亚群岛独特的地理位置，不仅是苦苣苔亚科植物在亚洲扩散的垫脚石，同时还阻断了物种间的基因交流，加速了物种的形成和适应进化（de Bruyn et al.，2014；Roalson & Roberts，2016）。其中，加里曼丹岛和中南半岛被我国南海隔离开，但是在冰期曾相连在一起，在植物长距离扩散历史中扮演"陆桥"角色（Hall & Spakman，2015）。板块漂移和海平面的变迁加速了东南亚苦苣苔亚科物种多样性的形成（de Bruyn et al.，2014）。

b）河流的隔离：中南半岛不仅拥有丰富的石灰岩地貌，还包括东南亚主要大河，如伊洛瓦底江、萨尔温江（怒江）、湄公河（澜沧江）、湄南河。这些河流与山谷将中南半岛分为一系列南北走向的山脉，因此形成了众多独一无二的微生境和小气候，如干热河谷（杨济达等，2016；姜超等，2017），对物种形成有重要的影响。海南岛上的昌化江河谷也被发现对海南岛特有种烟叶唇柱苣苔和盾叶苣苔的种群基因流具有很强的隔离作用（凌少军，2017；李歌等，2019）。

c）"天空之岛"作用：苦苣苔科植物很多分布在山区的高海拔地带，这些山体的不同海拔，以及不同山体之间的沟谷隔离作用，可能导致山顶区域成为"岛屿"状分布的生境，对物种分化与维持具有重要作用（Knowles，2001；Robin et al.，2015），这种现象可能被称为"天空之岛"（sky islands）。例如，东南亚最高峰基纳巴卢山（Kinabalu）形成的垂直地带性和地理隔离作用是其极高物种多样性的关键影响因素（Merckx et al.，2015）。

（3）季风气候

亚洲的热带季风包括南亚季风（主要影响南亚和东南亚）、西北太平洋季风（影响菲律宾、中国南海及华南沿海地区）与东亚季风（主要影响中国长江流域、日本和韩国等地）。这三支季风的大气环流和水汽输送联系紧密，相互影响，直接决定着东南亚地区的降雨和气温（高雅和王会军，2012），对东南亚苦苣苔科植物具有关键作用。

以往的研究强调石灰岩生境的隔离效应对特有类群分化与维持的重要作用（韦毅刚等，2004；李振宇和王印政，2004）。然而，对于苦苣苔亚科这类典型的热带植物而言，季风才是它们能够从典型亚洲热带地区扩散至热带北缘的中国西南地区并存活下来的先决条件（Ren，2015；姜超等，2017）。作为典型热带区域的东南亚群岛是苦苣苔亚科最早分布地点，中国和越南交界区、中国云南西北部和马来半岛是苦苣苔亚科的物种丰富度中心且均位于热带季风叠加影响区，特别是中国和越南交界区、中国云南西北部均位于热带北缘，证实了热带季风对苦苣苔亚科植物向北扩散的强大作用。

结合东南亚苦苣苔亚科植物的分布格局和季风的影响，可以推测苦苣苔亚科这类早期分布在热带赤道这一带的植物，在热带季风作用下向北扩散至中国西南及中南半岛之后，受到高山深谷与石灰岩地貌的隔离作用，位于分布区边缘的这些"先锋种群"与热带地区核心种群的基因流逐渐遭到阻断；再加上局域高度异质性的地形造成的隔离作用，导致扩散到这里的个体逐渐适应局域生境（季节性干湿气候、石灰岩高钙土壤等），慢慢分化出新种和新属（韦毅刚等，2004；Ren，2015；钱贞娜等，2016；Kong et al.，2017）。这种在季风作用下的扩散、阻断、隔离、分化过程，可能是苦苣苔亚科在中国西南与中南半岛一带出现物种丰富度中心与特有中心的主要原因（姜超等，2017）。

5.3　起源与扩散

5.3.1　苦苣苔科的起源

Burtt（1998）指出，苦苣苔科植物起源于南半球的冈瓦纳古陆，随着冈瓦纳古陆的瓦解与板块漂移，扩散到全世界。其中，大岩桐亚科通过南极洲扩散到南美洲，苦苣苔亚科则通过首先到达非洲大陆和马达加斯加岛，然后扩散至欧亚大陆、东南亚群岛和太平洋地区，但是目前没有地质时间和分子数据的支持。然而，Perret 等（2013）通过分子数据研究表明苦苣苔科植物在白垩纪晚期（约8000万年前）起源于南美洲，而冈瓦纳古陆从15 000万年前开始瓦解（Hall & Spakman，2015），所以苦苣苔科植物更有可能起源于南美洲。而且，Woo 等（2011）发现苦苣苔科植物可能通过两条独立的路线进行长距离扩散，一条路线是从起源地南美洲通过南极洲迁移至大洋洲，另一条从南美洲直接通过太平洋岛屿扩散至大洋洲，但随后扩散至亚洲和非洲的路线尚不清楚。但 Möller 等（2009）、Roalson 和 Roberts（2016）研究中的分子数据表明，大多数苦苣苔亚科基部类群如天竺苣苔属、珊瑚苣苔属、四叶苣苔属、细蒴苣苔属和短筒苣苔属均分布于印度次大陆，因此我们推测苦苣苔科植物很可能是从南美洲通过"金虎尾路线"扩散至印度次大陆，随后扩散至东南亚乃至整个亚洲。

Roalson 和 Roberts（2016）的系统发育树表明，苦苣苔亚科和大岩桐亚科在7400 万年前随着印度板块从冈瓦纳古陆脱离而分开。Möller 等（2009）、Roalson 和 Roberts（2016）的分子数据指出，苦苣苔亚科大部分基部类群来自印度次大陆，如天竺苣苔属（印度西南部分布）、珊瑚苣苔属（喜马拉雅山脉和中国其他地区分布）、四叶苣苔属、细蒴苣苔属和短筒苣苔属（喜马拉雅山脉和邻近地区）。线柱苣苔属广泛分布于喜马拉雅山脉和东南亚地区，*Boea* 仅分布于华莱士线东边。因此，苦苣苔亚科植物可能起源于印度次大陆或中南半岛，然后向北逐渐扩散到我国南方地区和东亚、向东扩散到东南亚。

5.3.2　不同属的扩散路线

（1）台闽苣苔属

台闽苣苔属的地理分布格局和特殊分子系统学位置研究表明，苦苣苔科可能存在从新世界的美洲地区向亚洲地区扩散的历史事件（Wang et al.，2004）。台闽苣苔属的祖先可能通过白令陆桥从美洲扩散至东亚（Perret et al.，2013）。台闽苣苔属花序上的珠芽可能是在这一扩散历史事件中为了适应寒冷和干旱环境而进化出来的繁殖策略，并为该属物种的长距离扩散提供了有利条件（Wang & Cronk，2003）。

（2）尖舌苣苔属

尖舌苣苔属物种间断分布于亚洲和中美洲、南美洲（李振宇，1996），可能是苦苣苔亚科起源最早的类群，约在 4900 万年前起源于南美洲，之后扩散至亚洲的热带地区即现今的东南亚群岛一带（Perret et al.，2013）。但是，扩散路线还没有定论。目前较为接受的假说认为，尖舌苣苔属可能是从南美洲经由南极洲与大洋洲扩散到东南亚地区，并在后期逐渐向北抵达东亚地区。

（3）浆果苣苔属

浆果苣苔属广泛分布于东南亚及太平洋岛屿（Cronk et al.，2005；Johnson et al.，2017），物种分布中心在加里曼丹岛、菲律宾和新几内亚岛（Atkins et al.，2001；

Cronk et al.,2005）。浆果苣苔属可能起源于 2600 万年前的中南半岛（Johnson et al.，2017），随后向东南亚群岛扩散（Cronk et al.，2005）。但 Atkins 等（2020）发现，加里曼丹岛可能是东南亚浆果苣苔属祖先的分布区域（包含约 33%的扩散事件，11.5 次往外扩散），其次约 21%的扩散事件发生在菲律宾，同时 Atkins 等（2001）发现浆果苣苔属发生过从加里曼丹岛跨越赫胥黎线向巴拉望岛扩散的现象。浆果苣苔属在巽他大陆岛屿间扩散频繁（图 5.43），菲律宾群岛成为浆果苣苔属自西向东扩散至华莱士区和新几内亚岛的"垫脚石"（Atkins et al.，2020）。更新世冰期凉爽的山地气候为浆果苣苔属物种的繁殖提供了有利条件，加之海平面的下降导致各岛屿相连，使得浆果苣苔属物种能快速扩散至东南亚群岛（Atkins et al.，2001）。浆果苣苔属整个分布区西边类群果实偏向于坚硬，东边太平洋岛屿上的类群为典型的浆果（Weber & Skog，2007），这可能是只有浆果类群才能凭借鸟类的作用跨越深邃的望加锡海峡，扩散到东边的新几内亚岛和太平洋岛屿（Cronk et al.，2005；Roalson & Roberts，2016），然后整个太平洋支系以斐济群岛为起源中心形成本属物种多样性分布中心之一，并在太平洋地区发生多次扩散、灭绝和奠基者事件（图 5.44）（Johnson et al.，2017）。

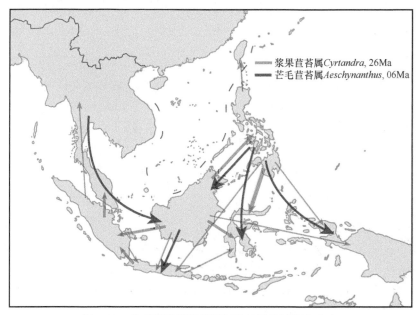

图 5.43　东南亚苦苣苔科不同属的迁移路线与方向

（改自 Denduangboripant et al.，2001；Atkins et al.，2020）

红色线条粗度代表扩散事件数。黑色线条代表末次盛冰期（海平面下降 120 m）的陆地边缘

Fig. 5.43　Long-distance dispersal routes and directions of different genera of Gesneriaceae in Southeast Asia (Revised from Denduangboripant et al., 2001 and Atkins et al., 2020)

The weight of each red line indicates the number of dispersal events. The black lines indicate the land edge in the last glacial maximum when the sea level decreased to 120 m

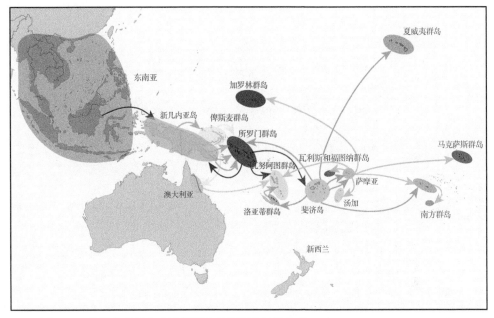

图 5.44　浆果苣苔属在太平洋群岛的长距离扩散路线（改自 Johnson et al.，2017）

不同颜色阴影表示不同支系，不同颜色箭头表示不同支系的扩散方向和路线

Fig. 5.44　Long-distance dispersal of *Cyrtandra* in Pacific islands (Revised from Johnson et al., 2017)

Shadows in different color represent different clades, arrows in different color represent dispersal route and directions of different clades

（4）芒毛苣苔属

　　东南亚是芒毛苣苔属物种主要的物种多样性与特有中心，种子附属物为该属植物快速扩散的"关键创新"（Denduangboripant et al.，2001）。芒毛苣苔属约在 2000 万年前快速分化为两支（de Boer & Duffels，1996）：一支由中南半岛向印度和巽他群岛扩散，这一支芒毛苣苔属的种子具有发丝状的附属物，有利于其在中南半岛的干燥环境中进行风媒传播；另一支则由菲律宾向新几内亚岛和苏拉威西岛扩散（图 5.43），这一支生活在潮湿的热带雨林，其种子附属物短小简单（Denduangboripant et al.，2001）。后来，随着板块漂移和物种长距离扩散，两个支系在加里曼丹岛发生了物种交流（Denduangboripant et al.，2001），随后的海侵作用加速了物种的隔离与分化（Denduangboripant et al.，2001），在加里曼丹岛形成了如今的"进化前沿"。

　　综上所述，苦苣苔亚科植物可能最早到达印度次大陆或中南半岛，然后向东逐渐扩散到东南亚与大洋洲群岛、向北扩散到中国与日本等地，并在中国西南地区崇山峻岭与石灰岩地貌形成的隔离生境作用下形成了物种快速分化中心。东南亚分离破碎的群岛、大面积的石灰岩地貌以及热带季风气候的影响，是导致东南亚苦苣苔科物种快速分化、长距离扩散的关键因素。

第 6 章　秋海棠科植物地理

Chapter 6　Phytogeography of Begoniaceae

凌少军（LING Shao-Jun），任明迅（REN Ming-Xun）

摘要： 秋海棠科植物约有 1870 种，包括 2 属：秋海棠属、夏海棠属（夏威夷群岛特有单型属）。秋海棠属被分为 70 组，主要分布于亚洲、非洲和美洲热带地区。东南亚分布有秋海棠属 15 组 861 余种，集中分布在中国西南-中南半岛北部、苏门答腊岛中部、加里曼丹岛北部、菲律宾群岛中部。其中，尤以中国西南-中南半岛北部是秋海棠属面积最大、特有种最丰富的分布中心。秋海棠属物种多样性的形成主要有以下原因：①湿润的石灰岩生境；②单性花；③多样的生活史策略；④造山运动导致生境隔离与特化；⑤气候因素如季风气候对繁殖体的扩散；⑥杂交。秋海棠科大约于始新世中期起源于非洲东南部，后晚第三纪通过北大西洋中部岛屿扩散至美洲，大约中新世早期至中期通过阿拉伯走廊（阿拉伯半岛南端湿热的海岸带）扩散至亚洲，并在东南亚地区和中国南方发生了长距离扩散和辐射进化。

Abstract

Begoniaceae is a middle-sized family with 1870 species, including two genera: *Begonia* L. and *Hillebrandia* Oliv. (endemic monotypic genus in Hawaii islands). The *Begonia* was divided into 70 sections and mainly distributed in pantropical Asia, Africa and America. The *Begonia* in Southeast Asia consisting of 15 sections and more than 861 species, concentrately distributed in Southwest China and North Indochina Peninsula, Central Sumatra, North Kalimantan Island and Central Philippines islands. Especially, *Begonia* has the largest area and the richest endemic species in the Southwest China and North Indochina Peninsula. The mechanisms for *Begonia* species diversification including ① moist limestone and similar habitats, ② unisexual flowers, ③ diverse life history strategies, ④ habitat isolation and specialization caused by mountain uplifts, ⑤ climate factors such as monsoons, ⑥ hybridization. The Begoniaceae originated in Southeast Africa about the middle Eocene, spread to American through the central islands of the north Atlantic in Neogene and happened dispersal from Africa to Asia through Arabian corridor (mesic coastal mountains of the Southern Arabian Peninsula) in early to middle Miocene and early diversification in the

Socotran-Asian clade, then west to east dispersals and subsequent rapid diversification of the *Begonia* in the Malesian archipelago happened in Southeast Asia.

秋海棠科（Begoniaceae）是泛热带分布的植物类群，为多年生肉质草本，稀为亚灌木（Carlquist，1985；Doorenbos et al.，1998；Forrest & Hollingsworth，2003；Hughes，2008）。秋海棠科集中分布在东南亚及邻近的中国南方地区，是认识东南亚植物地理学分布格局和区系划分依据的一个重要类群。秋海棠科还是特化适应石灰岩生境非常典型的一个代表性类群（另一个是苦苣苔科，详见第 5 章），是研究石灰岩生境物种适应进化、东南亚植物迁移与演化的一个理想材料。

秋海棠科仅有 2 属，即单型属夏海棠属[*Hillebrandia*，仅夏海棠（*H. sandwicensis*）1 种，夏威夷群岛特有]（Clement et al.，2004）、秋海棠属（*Begonia*）（Doorenbos et al.，1998）。其中，秋海棠属有 1870 余种，是被子植物物种多样性最丰富的属之一（Frodin，2004；Hughes，2008）。这种严重偏斜的 "一家独大" 的科内分化现象，只偶见于凤仙花科（Balsaminaceae）[凤仙花属（*Impatiens*）vs.水角属（*Hydrocera*）]等极少数类群，吸引了众多生物学家的关注（de Lange & Bouman，1992，1999；Forrest & Hollingsworth，2003；Hughes，2008；税玉民和陈文红，2017）。

秋海棠科植物多为茎直立、匍匐状，稀攀缘状或仅具根状茎、球茎或块茎；常肉质。单叶互生，偶为复叶，叶边缘具齿或分裂极稀全缘，通常基部偏斜，两侧不相等，具长柄，托叶早落。叶背面或叶脉常为浓艳的红色，颇具特色。花单性，雌雄同株或异株，通常组成聚伞花序；柱头螺旋状，具乳状凸起；花被片花瓣状；蒴果具有不等三翅或近等三翅或无翅（Doorenbos et al.，1998；Judd et al.，2008）；种子细小，极多，横切面具有一圈细长的领细胞（Bouman & de Lange，1983；de Lange & Bouman，1992，1999）。秋海棠科植物多分布于阴暗潮湿的岩壁或土岸，是东南亚和中国南方热带与亚热带林下较为常见的地被植物。

本章首先根据 Moonlight 等（2018）最新分类系统从 GBIF（Global Biodiversity Information Facility，http://www.gbif.org/）中收集了东南亚及邻近地区特别是中国南方的秋海棠科植物的具体分布点，构建秋海棠科东南亚的生物地理学分布格局，并利用 DIVA-GIS 7.5.0 构建了 1°×1° 物种分布图来揭示秋海棠属不同组的物种多样性分布格局。最后，我们结合秋海棠科生物学特性和环境因素，探讨秋海棠科植物多样性和特有中心形成与维持机制、迁移路线与适应进化。

6.1　物种多样性和地理分布格局

秋海棠属有 1870 余种，是维管植物最大的属之一（Frodin，2004；Hughes & Takeuchi，2015），而且在加里曼丹岛还有超过 300 多个物种未被描述（Julia &

Kiew，2014）。2005～2015 年以来，秋海棠属新种发表迅速，有 341 个新种被发掘，单 2015 年就发表了 105 个新种（Moonlight et al.，2018）。目前秋海棠科被分为 70 组（Doorenbos et al.，1998；Ku，1999；Shui et al.，2002；de Wilde & Plana，2003；Forrest & Hollingsworth，2003）。

秋海棠属物种属于泛热带分布，主要分布于亚洲、美洲和非洲，在澳大利亚热带雨林和斐济群岛东部至加拉帕戈斯群岛的太平洋地区无分布（Tebbitt，2005；Heywood，2007）。中国是秋海棠属植物分布范围极广的区域，秋海棠（*B. grandis*）在我国河北省也有分布，是秋海棠属物种分布的北界（Tebbitt，2005；Heywood，2007）。亚洲和美洲的秋海棠属物种丰富度都很高（Doorenbos et al.，1998），但非洲仅有约 160 种（Sosef，1994；Doorenbos et al.，1998；Plana，2003）。

基于 *An Annotated Checklist of Southeast Asian Begonia*（Hughes，2008）和众多新种的报道（Thomas & Hughes，2008；Girmansyah，2009；Girmansyah et al.，2009；Hughes & Coyle，2009；Hughes et al.，2009，2010；Kiew & Sang，2009；Thomas et al.，2009a，2009b），东南亚目前分布有秋海棠属 800 种左右（表 6.1）（Hughes，2008）。

表 6.1　东南亚秋海棠属物种地理分布格局（括号中为特有种数）

Table 6.1　Geographic distribution pattern of *Begonia* in Southeast Asia (Endemic species were included in brackets)

组	印度-缅甸区		巽他区			华莱士区		菲律宾区	总物种数/东南亚种数
	中国南部	中南半岛	马来半岛	加里曼丹岛	苏门答腊	爪哇岛	苏拉威西岛	菲律宾群岛	
Alicida	—	3（2）	—	—	—	—	—	—	4/3
Apterobegonia	—	2（2）	—	—	—	—	—	—	2/2
Baryandra	1	—	—	—	8（8）	—	—	53（53）	64/62
Bracteibegonia	—	—	1	—	12（10）	2（1）	—	—	13/13
侧膜组	55（53）	13（12）	1	—	—	—	—	—	69/68
东亚秋海棠组	35（26）	33（30）	2（2）	—	—	—	—	—	85/63
Jackia	1	5（4）	10（9）	5（5）	26（23）	8（6）	—	—	53/51
Lauchea	—	5（4）	—	1	1	1	—	—	5/5
Monophyllon	—	2（2）	—	—	—	—	—	—	2/2
小海棠组	—	20（9）	10（2）	6	6	7（1）	—	—	28/25
扁果组	77（48）	47（16）	28（24）	5（1）	9（5）	7（3）	—	2（1）	171/136
Petermannia	2（2）	9（6）	5（2）	205（203）	17（13）	7（3）	48（47）	64（63）	416/347
Ridleyella	—	—	2（2）	5（5）	—	—	—	—	7/7
Reichenheimia	4（3）	9（8）	—	—	—	—	—	—	20/13
Symbegonia	—	1	1	2	1	1	—	1	13/2
物种总数	175（132）	149（95）	60（41）	236（222）	72（51）	33（14）	48（47）	120（117）	952/799

虽然非洲的秋海棠属物种多样性最低，但分子系统学研究结果发现，非洲很可能是秋海棠科的起源地，目前分布在亚洲和美洲的秋海棠属植物都是从非洲扩散而来的（Forrest & Hollingsworth，2003；Forrest et al.，2005；Goodall-Copestake，2005）。该属根据体细胞染色体数目，可以分为两大类（Ku et al.，2007）。

第一类群的体细胞染色体数目多数为 $2n=22$，但也有一些多倍体和非整倍体的物种存在（Legro & Doorenbos，1969，1971，1973；Doorenbos et al.，1998；Oginuma & Peng，2002；Ku et al.，2007）。该类群主要包含亚洲大陆物种分布最集中的小海棠组（Parvibegonia）、东亚秋海棠组（Diploclinium）、扁果组（Platycentrum，包括原来的无翅组 Sphenanthera）。该类群的物种有多样的果实形态和结构，包括蒴果、雨媒果实、肉质果和多数物种具有的块茎或根状茎（Tebbitt et al.，2006；Tian et al.，2018）。

第二类群包括：①侧膜组（Coelocentrum），主要分布于我国；②Ridleyella 组，马来半岛特有；③Bracteibegonia 组，主要分布于爪哇岛和苏门答腊岛；④Petermannia 组，主要分布于马来西亚、印度尼西亚和菲律宾；⑤Symbegonia 组，主要分布于印度尼西亚和新几内亚岛；⑥东亚秋海棠组，分布于马来西亚；⑦单裂组（Reichenheimia），主要分布于中国南部和中南半岛。该类群大多数物种具有根状茎，但是 Petermannia 组、Symbegonia 组和 Bracteibegonia 组物种的根状茎消失了。该类群大多为蒴果，仅苏拉威西岛 Petermannia 组中一些肉质果的物种独立进化。该类群的体细胞染色体数目多数为 $2n=30$（Ku，2006；Ku et al.，2007），一些马来西亚单裂组、东亚秋海棠组和 Petermannia 组物种有 33 个和 40 个体细胞染色体数目（Legro & Doorenbos，1969，1971，1973；Doorenbos et al.，1998）。Legro 和 Doorenbos（1971，1973）认为，单裂组（Reichenheimia）和 Petermannia 组中某些具有 44 个体细胞染色体数目的物种很可能由 30 个染色体数目的三倍体物种进化而来。

6.1.1 物种多样性与特有中心

东南亚秋海棠属植物包括 15 组，分别为：①Alicida 组；②Apterobegonia 组；③Baryandra 组；④Bracteibegonia 组；⑤侧膜组（Coelocentrum）；⑥东亚秋海棠组（Diploclinium）；⑦Jackia 组；⑧Lauchea 组；⑨Monophyllon 组；⑩小海棠组（Parvibegonia）；⑪扁果组（Platycentrum）；⑫Petermannia 组；⑬Ridleyella 组；⑭单裂组（Reichenheimia）；⑮Symbegonia 组。

东南亚秋海棠属植物有 799（余）种，其中中国南部有 175（余）种，特有种 132（余）种，特有率为 75.4%；中南半岛有 149（余）种，特有种 95（余）种，特有率为 63.8%；马来半岛有 60（余）种，特有种 41（余）种，特有率为 68.3%；加里曼丹岛有 229（余）种，特有种 214（余）种，特有率为 93.4%；苏门答腊岛有 72（余）种，特有种 51（余）种，特有率为 70.8%；爪哇岛有 33（余）种，特有种 14（余）种，特有率为 42.4%；苏拉威西岛有 56（余）种，特有种 55 种，特有率为 98.2%；菲律宾群岛有 120（余）种，特有种 117（余）种，特有率为 97.5%（表 6.1，图 6.1）。东南亚秋海棠科植物不同区域物种数和特有种数都很高，物种丰富度最高的地区为中国西南部，特有种丰富度最高的地区为加里曼丹岛，物种特有率在 90% 的地区有加里曼丹岛、苏拉威斯岛和菲律宾群岛。

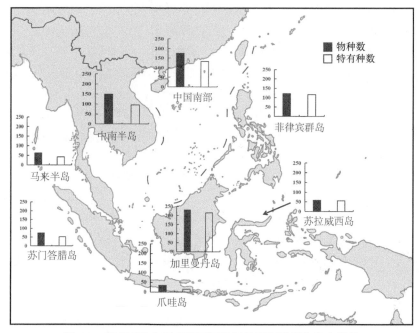

图 6.1　东南亚及中国南部不同地区的秋海棠属物种多样性
Fig. 6.1　Species diversity of *Begonia* in different regions of Southeast Asia and South China
(Including Taiwan Island)

　　东南亚秋海棠属植物有 4 个物种多样性与特有中心：①中国西南-中南半岛北部；②苏门答腊岛中部；③加里曼丹岛北部；④菲律宾群岛中部（图 6.2）。其中，尤以中国西南-中南半岛北部分布中心最大、特有种最丰富（Gu et al.，2007；Chung et al.，2014）。秋海棠属植物对石灰岩生境有着较高的适应专一性（Chung et al.，2014），4 个物种多样性与特有性中心均以石灰岩地貌为主。在季风和台风带来的周期性强降雨作用下，石灰岩地层被溶蚀形成大面积的峰林、峰丛、洼地与洞穴，导致高度破碎化、异质性的生境，促进了秋海棠属的物种分化（Chung et al.，2014；姜超等，2017）。

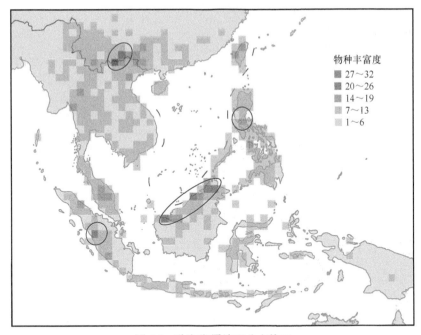

图 6.2　秋海棠属地理分布格局

红色圆圈代表丰富度最高的多样性中心（至少 25% 物种为新特有种）

Fig. 6.2　Geographical distribution pattern of *Begonia*

Red circles indicate diversification centers with highest species richness (at least 25% species are neoendemics)

6.1.2　地理分布格局

（1）*Alicida* 组

秋海棠属 *Alicida* 组有 4 个物种，有 3 个物种分布在中南半岛，2 个物种为中南半岛特有（图 6.3）。*Begonia alicida*、*B. tricuspidata* 和 *B. vagans* 分布于中南半岛，*B. alicida* 为巴基斯坦和泰国特有种，*B. tricuspidata* 为缅甸南部特有种，*B. vagans* 为泰国特有种。*Alicida* 组为东亚秋海棠组和单裂组的姐妹类群（Doorenbos et al.，1998）。

（2）*Apterobegonia* 组

秋海棠属 *Apterobegonia* 组有 2 个物种，分别为 *B. delicatula* 和 *B. phutthaii*。*B. delicatula* 仅分布于缅甸南部，*B. phutthaii* 仅分布于泰国南部（图 6.3）。*Apterobegonia* 组与 *Bracteibegonia* 组的系统发育关系最近（Doorenbos et al.，1998）。

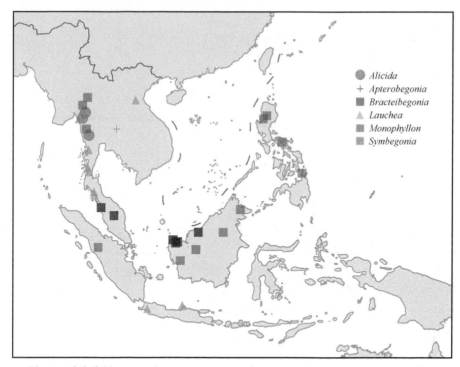

图 6.3　秋海棠属 *Alicida* 组、*Apterobegonia* 组、*Bracteibegonia* 组、*Lauchea* 组、
Monophyllon 组和 *Symbegonia* 组地理分布格局

Fig. 6.3　Geographical distribution patterns of *Begonia* sect. *Alicida, Apterobegonia,*
Bracteibegonia, Lauchea, Monophyllon and *Symbegonia*

（3）*Baryandra* 组

秋海棠属 *Baryandra* 组近期从东亚秋海棠组中分离出来，现有 64 个物种
（Rubite et al.，2013），其中 62 个物种集中分布在中国南部、菲律宾群岛和加
里曼丹岛东北部（Moonlight et al.，2018）。兰屿秋海棠（*B. fenicis*）分布于日本
和中国台湾岛，菲律宾群岛特有 53 种，加里曼丹岛东北部特有 8 种，该属物种
多样性与特有中心位于菲律宾群岛中部（图 6.4）。大部分 *Baryandra* 组的物种主
要分布于中海拔地区，少数物种分布于接近海平面的低海拔地区（如 *B. hughesii*、
B. taraw 和 *B. wadei*）或高海拔的云雾林（如 *B. angilogensis*、*B. klemmei* 和 *B.*
oxysperma）。

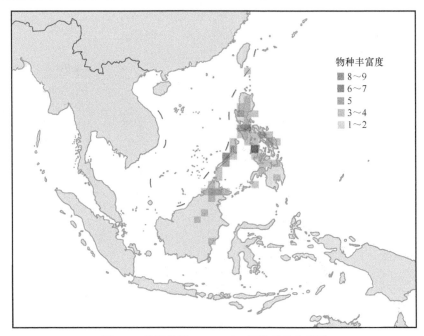

图 6.4　秋海棠属 *Baryandra* 组地理分布格局

Fig. 6.4　Geographical distribution pattern of *Begonia* sect. *Baryandra*

单裂组物种主要分布于马来半岛和苏门答腊岛，形态和系统发育关系与 *Baryandra* 组最近。单裂组主要的形态区别：每个子房有 2 个胎座（*Baryandra* 组 1 个）和船形的全缘及覆层托叶（*Baryandra* 组为菲卵圆形、微小无毛且反折的托叶）。

根据祖先地理分布区域重建，巽他大陆很可能是本类群的祖先区域，但需要分子数据验证加里曼丹岛和新几内亚岛的物种导致菲律宾群岛的物种辐射进化，菲律宾的物种很可能是加里曼丹岛的原始类群经由巴拉望岛和苏禄群岛扩散而来的（Atkins et al.，2001；Evans et al.，2003）。

（4）*Bracteibegonia* 组

秋海棠属 *Bracteibegonia* 组有 13 个物种，集中分布在东南亚地区（图 6.5）。苏门答腊岛是 *Bracteibegonia* 组物种多样性与特有中心，有 12 个物种，10 个物种特有分布，分别为 *B. aberrans*、*B. beludruvenea*、*B. fasciculata*、*B. flexula*、*B. horsfieldii*、*B. jackiana*、*B. lepidella*、*B. pilosa*、*B. triginticollium* 和 *B. verecunda*；爪哇岛西部地区分布有 2 个物种（*B. bracteata* 和 *B. lepida*），1 个为特有种（*B. lepida*）；马来半岛南部分布有 1 个物种（*B. barbellata*）。

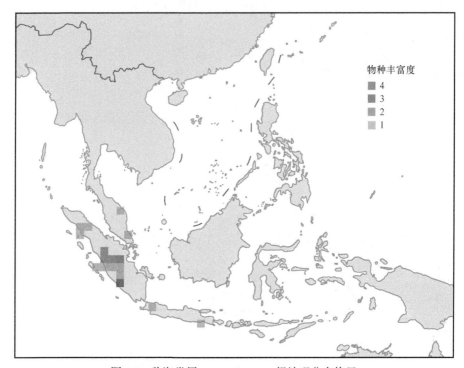

图 6.5　秋海棠属 *Bracteibegonia* 组地理分布格局

Fig. 6.5　Geographical distribution pattern of *Begonia* sect. *Bracteibegonia*

Bracteibegonia 组为 *Petermannia* 组和 *Symbegonia* 组的姐妹类群。本组物种茎上有毛，生长速度缓慢，叶具有短叶柄，花序梗短，具束状和分散的雄蕊群，果实通常具毛，雌花花被片宿存（Hughes et al.，2015a）。

（5）侧膜组（*Coelocentrum*）

侧膜组有 69 个物种，其中 68 种分布于东南亚地区，物种多样性与特有中心位于中国西南和越南交界区（图 6.6），98.5% 的物种为狭域特有种。中国南部分布有侧膜组物种 55 种，其中 53 种为特有种，特有率高达 96.4%，42 种为广西特有，8 个为云南特有，少瓣秋海棠（*B. wangii*）是云南和广西的共同特有种。中南半岛分布有 13 个物种，其中 12 种为特有种，特有率高达 92.3%，双花秋海棠（*B. biflora*）为中国西南部地区和越南的共同特有种。铁十字秋海棠（*B. masoniana*）原产地为我国和马来西亚，主要生长于密林湿土石穴上和石灰岩石上。

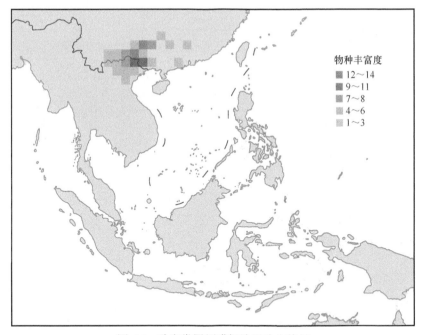

图 6.6　秋海棠属侧膜组地理分布格局

Fig. 6.6　Geographical distribution pattern of *Begonia* sect. *Coelocentrum*

　　秋海棠属侧膜组物种是专性生长于石灰岩地貌的代表类群之一，也是秋海棠属最古老的类群之一（Reitsma，1983），主要生长于中国西南和越南交界区的石灰岩洞穴或石缝中（Peng et al.，2008a，2008b；Qin & Liu，2010）。许多物种仅分布于一个或几个地点，各个物种间形态特征之间主要以叶片形态、短柔毛、质地和花斑叶区别（Gu et al.，2007）。相对于岛屿和高山地区的秋海棠物种，本组在石灰岩地貌上的植物分类研究从 15 种（Ku，1999）到 50 种成倍增长（Gu et al.，2007；Liu et al.，2007；Peng et al.，2007，2008a，2008b，2012，2013；Ku et al.，2008；Averyanov & Nguyen，2012）。侧膜组物种与东亚秋海棠组的部分物种关系很近，两组物种均生长于石灰岩地貌上。

（6）东亚秋海棠组（*Diploclinium*）

　　东亚秋海棠组现有 85 个物种，63 个物种分布于东南亚地区，物种多样性与特有中心位于中国西南部和中南半岛（图 6.7），其中 55 个物种为狭域特有种（表 6.1），特有率高达 **88.7%**。中国西南部分布有 35 个物种，26 个为特有种，特有率为 **74.3%**，其中云南有 17 个特有种，广西有 4 个特有种（巨苞秋海棠 *B. gigabracteata*、金秀秋海棠 *B. glechomifolia*、*B. mashanica* 和都安秋海棠 *B. suboblata*），海南有 1 个特有种（侯氏秋海棠 *B. howii*），广东有 1 个特有种（西江秋海棠 *B. fordii*），台湾岛有 1 个特有种（岩生秋海棠 *B. ravenii*）；中南半岛有

33 个物种，30 个为特有种，特有率为 90.9%；马来半岛有 2 个物种，均为特有种
（*B. jayaensis* 和 *B. lowiana*）。

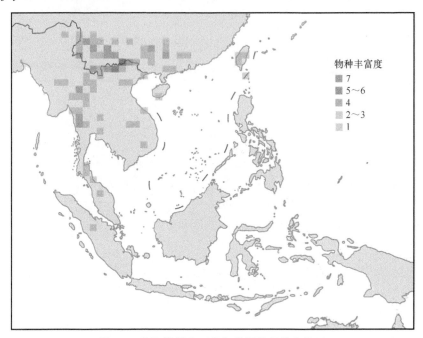

图 6.7　秋海棠属东亚秋海棠组地理分布格局

Fig. 6.7　Geographical distribution pattern of *Begonia* sect. *Diploclinium*

东亚秋海棠组为草本或亚灌木，茎直立、无直立茎或茎匍匐，在茎基部有匍
匐的根状茎或块茎。雌雄同株，中轴胎座，每室胎座具有 2 裂片，蒴果 3 室，具
有相等或不相等的 3 翅。原东亚秋海棠组物种的多样性中心在菲律宾北部和中部、
巴拉望岛和加里曼丹岛北部（Hughes，2008；Rubite，2010），现将这部分类群分
类至 *Baryandra* 组中。

（7）*Jackia* 组

秋海棠属 *Jackia* 组有 53 个物种，其中 51 个物种分布于中国南部、中南半岛、
马来半岛、加里曼丹岛、苏门答腊岛和爪哇岛，均为狭域特有种，本组物种多样
性与特有中心位于苏门答腊岛中部（图 6.8）。中国南部有 1 个物种越南秋海棠（*B.
bonii*）；中南半岛有 5 个物种，4 个为特有种（*B. cladotricha*、*B. gesneriifolia*、*B.
minuscula* 和 *B. vietnamensis*）；马来半岛有 10 个物种，9 个为狭域特有种；加里
曼丹岛有 5 个物种（*B. andersonii*、*B. hosensis*、*B. natunaensis*、*B. orbiculata* 和
B. tambelanensis），均为特有种；苏门答腊岛有 26 个物种，23 个为特有种，特有
率高达 88.5%；爪哇岛有 8 个物种，6 个为特有种。

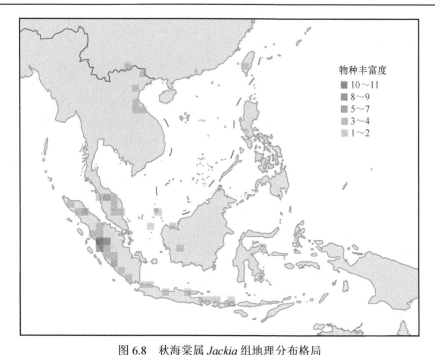

图 6.8　秋海棠属 *Jackia* 组地理分布格局

Fig. 6.8　Geographical distribution pattern of *Begonia* sect. *Jackia*

秋海棠属 *Jackia* 组多为一年生草本，无地下茎，叶子基着或呈盾状，不对称或亚对称，花序腋生，二歧聚伞花序。雌雄异株，果实为蒴果，通常在成熟时反折。

（8）*Lauchea* 组

秋海棠属 *Lauchea* 组有 5 个物种，分别是 *B. adenopoda*（中南半岛特有）、*B. crenata*（分布于中南半岛和加里曼丹岛）、*B. namkadingensis*（老挝特有）、*B. pteridiformis*（泰国特有）和 *B. tenasserimensis*（分布于泰国和缅甸）（图 6.3）。

Begonia pteridiformis 和 *B. tenasserimensis* 有块茎，果实两室，带有一个大的翅和两个侧膜胎座，原属于小海棠组（Phutthai & Sridith，2010；Phutthai & Hughes，2017）。*Lauchea* 组的 5 个物种有特别的果实形态（被腺毛覆盖，最大翅为肉质）和对称的披针状叶。

（9）*Monophyllon* 组

秋海棠属 *Monophyllon* 组有 2 个物种 *B. paleacea* 和 *B. prolifera*，*B. paleacea* 为越南特有，*B. prolifera* 为泰国和缅甸特有（图 6.3）。该类群有块茎，果实两室，与小海棠组的物种形态和系统发育关系最近，主要区别为 *Monophyllon* 组物种的花序从叶基部萌发。

（10）小海棠组（*Parvibegonia*）

小海棠组有 28 个物种（Moonlight et al.，2018），东南亚地区分布有 25 种，其余 3 种（*B. brevicaulis*、*B. canarana* 和 *B. watti*）均分布在印度。小海棠组物种多样性与特有中心在马来半岛和中南半岛（图 6.9），其中中南半岛有 20 个物种，9 个为特有种，特有率为 45%；马来半岛有 10 个物种，2 个为特有种（*B. phoeniogramma* 和 *B. thaipingensis*）；加里曼丹岛有 6 个物种，无特有种；苏门答腊岛有 6 个物种，无特有种；爪哇岛有 7 个物种，1 个为特有种（*B. tenuifolia*）（表 6.1）。*Begonia tenuifolia* 分布至华莱士线东部的努沙登加拉群岛西部（Kiew，2005；Hughes，2008）。

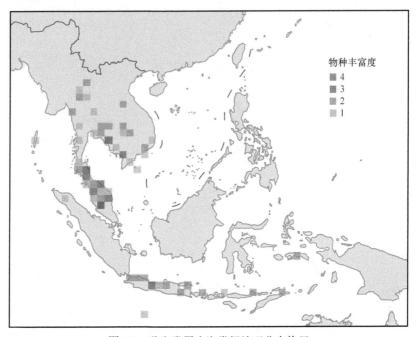

图 6.9　秋海棠属小海棠组地理分布格局

Fig. 6.9　Geographical distribution pattern of *Begonia* sect. *Parvibegonia*

小海棠组中 *B. sinuata* 分布最为广泛，根据古地理的重建，发现所在的邦加岛是连接马来半岛、加里曼丹岛和苏门答腊岛西南部的陆桥，并在晚中新世和上新世多次与爪哇岛东部相连（Thomas et al.，2011a）。研究显示，亚洲大陆很可能是本组物种的祖先区域，也是马来西亚支系的祖先区域，主要是由于小海棠组祖先类群提前适应了季节性的气候，在海平面下降和冰期广泛的季节性气候条件下，从亚洲大陆通过马来半岛和包括邦加岛在内的陆桥向巽他古陆扩散。同时，湿润的气候条件使得适应性更强的物种占据了有利生态位，马来西亚的小海棠组物种分布区域因此收缩。

小海棠组物种均为草本，具块茎，稀无直立茎；雌雄同株。花序顶生，花小；雄花花丝茎部合生成柱状；雌花花柱 2（～3），常宿存，柱头肾形或新月形，子房 2（～3）室，每室胎座具 2 裂片（中部和上部）。蒴果近直立，具不等 3 翅，果壁纸质，不规则破裂。

Clarke（1879）将一些小海棠组、*Monophyllon* 组和 *Lauchea* 组物种放入新的 *Papyraceae* 组中，Irmscher（1925）强调了单型种的 *Heeringia* 组与小海棠组的关系比较近。*Monophyllon* 组、*Heeringia* 组和 *Lauchea* 组物种的特征为小块茎、2室的果实和 1 个发育良好的花丝，与小海棠组的物种形态相同。

小海棠组中马来西亚的物种具有独特的生存能力，通过在旱季休眠、块茎在雨季复苏度过旱季，物种一般植株较小，单株拥有较低的生物量，花芽萌发后成熟较快并在雨季大量繁殖。这种适应性对于本组物种在极度干旱的条件下生存有重要意义，这种现象不仅仅在东南亚大陆比较常见（Phutthai et al.，2009），同时也发生在马来半岛的北部、爪哇岛东部和小巽他群岛（Kiew，2005）。相对于这种现象，小海棠组大多数物种偏向于潮湿、背阴的生境。小海棠组物种的现有分布很大程度上与马来西亚的气候有关，主要是因为巽他陆架西部和萨胡尔陆棚东部环境很潮湿，而爪哇岛部分地区的生境拥有干旱的季节性气候（van Welzen et al.，2005）。

（11）扁果组（*Paltycentrum*）

扁果组物种有 171 种，136 个物种广泛分布于东南亚，物种多样性中心在中国南部与越南交界区（图 6.10）。中国南部分布有 77 个物种，48 个为特有种，特有率为 62.3%，其中台湾岛有 12 个特有种，云南有 23 个特有种，广西有 2 特有种（隆安秋海棠 *B. longanensis* 和观光秋海棠 *B. tsoongii*），广东有 1 个特有种（阳春秋海棠 *B. coptidifolia*），香港有 1 个特有种（香港秋海棠 *B. hongkongensis*）；中南半岛分布有 47 个物种，16 个为特有种，特有率为 34%，缅甸有 7 个特有种，越南有 4 个特有种（*B. brevipedunculata*、*B. caobangensis*、*B. sphenantheroides* 和 *B. tamdaoensis*），泰国有 2 个特有种（*B. khaophanomensis*、*B. prolixa*）；马来半岛有 28 种，24 个为特有种，特有率为 85.7%；加里曼丹岛分布有 5 种，1 个为特有种（*B. chlorocarpa*）；苏门答腊岛分布有 9 种，5 个为特有种（*B. leuserensis*、*B. pseudoscottii*、*B. scottii*、*B. teysmanniana*、*B. tuberculosa*）；爪哇岛分布有 7 个物种，3 个为特有种（*B. multibracteata*、*B. areolata*、*B. robusta*）；菲律宾分布有 2 个物种，1 个为特有种（*B. halconensis*）。

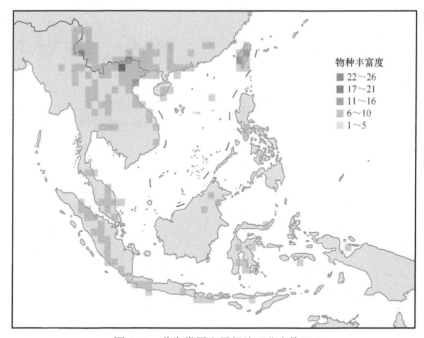

图 6.10　秋海棠属扁果组地理分布格局

Fig. 6.10　Geographical distribution pattern of *Begonia* sect. *Paltycentrum*

　　扁果组马来西亚东部类群属于粗喙秋海棠（*B. longifolia*）和 *B. robusta* 物种复合体（Tebbitt，2003；Hughes，2008）。粗喙秋海棠是本组中分布最广的物种，从印度东北部、不丹、中国、中南半岛、马来半岛、苏门答腊岛、爪哇岛、巴厘岛至苏拉威西岛都有分布（Tebbitt，2003；Hughes，2008）。根据粗喙秋海棠的分布格局和物种的形态数据，Tebbitt（2003）认为它起源于印度东北部和越南北部山区，通过山脉向马来西亚和中国台湾岛等地进行扩散，分子数据证实本种首先在东南亚形成物种复合体，更新世在马来群岛进行扩散。*Begonia robusta* 物种复合体和粗喙秋海棠的分布格局比较相似，从苏门答腊岛和爪哇岛至小巽他群岛、苏拉威西岛皆有分布（Hughes，2008）。这两个物种在更新世很短的时间内在马来西亚区域进行了快速扩散，一方面是由于肉质果的果实形态更容易被蝙蝠及其他动物传播种子（Tebbitt et al.，2006），另一方面这两个物种有很强的环境适应能力（Tebbitt，2003）。

　　秋海棠属扁果组为草本或亚灌木，雌雄同株，稀附生，茎直立或者匍匐，具有纤细或粗壮的根状茎。花序顶生或腋生；雄花花丝分离，药隔有时突出；子房2室（稀3室）；蒴果具3翅，2枚较小，1枚大翅伸长，向下倾斜。

（12）*Petermannia* 组

　　Petermannia 组有 416 个物种，有 347 个物种广泛分布在东南亚地区，本组的物种多样性与特有中心位于加里曼丹岛北部沙捞越地区（图 6.11）。海南岛有

2 个物种（海南秋海棠 *B. hainanensis* 和保亭秋海棠 *B. sublongipes*）；中南半岛有 9 个物种，6 个为特有种（*B. abbreviata*、*B. cucphuongensis*、*B. eberhardtii*、*B. kuchingensis*、*B. lamxayiana* 和 *B. rubrosetosa*）；马来半岛有 5 个物种，2 个为特有种（*Begonia × benaratensis* 和 *B. jiewhoei*）；加里曼丹岛有 205 个物种，203 个为特有种，特有率为 99%；苏门答腊岛有 17 种，13 个为特有种，特有率为 76.5%；爪哇岛有 7 个物种，3 个为特有种（*B. brangbosangensis*、*B. lombokensis* 和 *B. saxatilis*）；苏拉威西岛有 48 个物种，47 个为特有种，特有率高达 97.9%；菲律宾群岛有 64 个，63 个为特有种，特有率高达 98.4%。

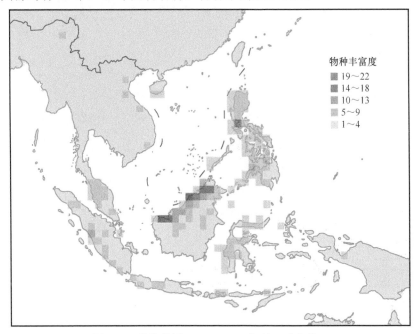

图 6.11　秋海棠属 *Petermannia* 组地理分布格局

Fig. 6.11　Geographical distribution pattern of *Begonia* sect. *Petermannia*

　　Petermannia 组物种有很强的地理结构，根据祖先地理重建和不同类群分化时间，显示本类群在晚中新世或早上新世起源于巽他大陆，其中，马来西亚的西部类群为新几内亚岛和菲律宾的姐妹类群，可能是祖先类群在早上新世从巽他大陆沿着华莱士线向华莱士区的新几内亚岛进行扩散，进一步由新几内亚岛向菲律宾扩散（Thomas，2010）。地质数据显示，巽他大陆、苏拉威西岛、菲律宾和新几内亚岛在晚中新世、上新世和更新世时期海平面比现在降低了 120 m，三个时间段都没有明显的陆桥能够发生物种迁移（Voris，2000；Hall，2001，2009）。然而，华莱士区苏拉威西岛晚中新世出现的大量陆地，以及巽他大陆、班达群岛及哈马黑拉岛区域大量火山岛的出现为物种的扩散提供了潜在的陆桥（Hall，2001，2009）。所以，哈马黑拉岛区域大量火山岛的出现为本类群从新几内亚岛向菲律宾

的扩散提供了条件（Hall，2009）。

　　根据本组物种系统发育关系和地理分布格局，*Petermannia* 组物种在祖先物种扩散至各个岛屿之后发生了辐射进化，拥有非常高的物种多样性进化速率，平均多样性速率为 1.14 个物种/百万年（0.77～1.99 个物种/百万年），这个结果与已有的结果比较相似（Scherson et al.，2008；Valente et al.，2010）。除了 *B. rieckei*，邻近岛屿之间没有共有种，但是 *B. rieckei* 是一个非常复杂的物种复合体，包括苏拉威西岛特有的两个类群（*B. koordersii* 和 *B. strictipetiolaris*）、*B. rieckei*（分布于苏拉威西岛、马鲁古群岛和新几内亚岛）、*B. pseudolateralis*（分布于菲律宾）、*B. brachybotrys*（分布于新几内亚岛和周边岛屿）和 *B. peekelii*（分布于俾斯麦群岛）（Hughes，2008）。根据 Hughes（2008），这些起源于苏拉威西岛的类群形态差异非常小，应归并为一个种。

（13）*Ridleyella* 组

　　Ridleyella 组现有 7 个物种，集中分布在马来半岛和加里曼丹岛北部的沙捞越地区。马来半岛有 2 个特有种（*B. eiromischa* 和 *B. kingiana*），加里曼丹岛有 5 个特有种（*B. burttii*、*B. padawanensis*、*B. payung*、*B. serianensis* 和 *B. speluncae*）。

（14）单裂组（*Reichenheimia*）

　　单裂组物种现有 20 种，其中 13 种分布于东南亚，物种多样性与特有中心位于中国南部和中南半岛中部（图 6.12）。中国南部分布有 4 个物种，3 个为特有种

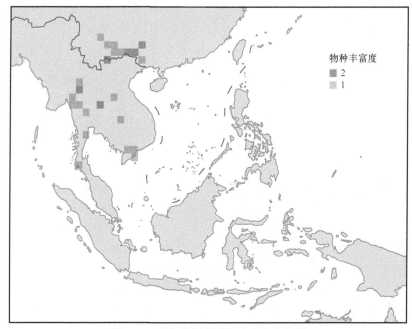

图 6.12　秋海棠属单裂组地理分布格局

Fig. 6.12　Geographical distribution pattern of *Begonia* sect. *Reichenheimia*

（凤山秋海棠 *B. chingii*、昌感秋海棠 *B. nymphaeifolia* 和小叶秋海棠 *B. parvula*）；中南半岛分布有 9 个物种，8 个为特有种，其中泰国有 3 个特有种（*B. cardiophora*、*B. intermixta* 和 *B. pumilio*），越南有 2 个特有种（*B. harmandii* 和 *B. pierrei*），缅甸有 1 个特有种（*B. nivea*）。

秋海棠属单裂组最明显的形态特征为拥有块茎和完整的侧膜胎座，其中凤山秋海棠雌花子房基部稍远离的部位着生有小苞片，而几乎所有中国产秋海棠种类不存在小苞片。在野生条件下，小叶秋海棠存在重瓣的变异植株（李宏哲，2006）。

（15）*Symbegonia* 组

Symbegonia 组有 13 个物种，仅 2 个物种分布于东南亚，其余多数分布于新几内亚岛等地区。*Begonia strigosa* 分布于中南半岛、马来半岛、加里曼丹岛、苏门答腊岛、爪哇岛和菲律宾，*B. sympapuana* 分布于加里曼丹岛（图 6.3）。

Symbegonia 组原属于 *Petermannia* 组（Forrest & Hollingsworth，2003），主要的区别为本组拥有雌花、融合的花被片和伸长的柱头，很多雄花也有融合的花被片和柱状的雄蕊（Hughes et al.，2015a）。

6.2　物种多样性的驱动力

6.2.1　生境

秋海棠科植物多数为一年生草本或软木质灌木，适应热带雨林中阴暗潮湿的小生境，经常生长于小溪或瀑布岩壁上（Goodall-Copestake，2005；Kiew，2005；Phutthai et al.，2009），许多特有种狭域分布于石灰岩地貌上（Kiew，1998，2001a，2001b，2005；Kiew & Sang，2009）。

碳酸盐盐床约占全世界面积的 11%，随着对地下水文系统的认识，喀斯特地貌面积占全世界陆地的 14%（Williams，2008）。东南亚和我国南部拥有的石灰岩地貌超过 800 000 km^2，是全世界分布最广泛的石灰岩地貌（Gillieson，2005）。特别是我国南部（广西、广东西部、贵州南部和云南东南部）和越南北部的石灰岩地貌形态多样，有锥状喀斯特、塔状喀斯特和喀斯特洞穴（Waltham，2008），包括了形态多变的物种和高比例的特有种（Xu，1995；Clements et al.，2006；朱华，2007），是众多物种的避难所（Nekola，1999）。我国 250 个特有属中 61 个特有属在广西被发现（覃海宁和刘演，2010），大部分生长于石灰岩地貌。复杂的喀斯特地形地貌塑造了多种多样的微生境，为秋海棠属物种的特有化进程提供了外部条件。

东南亚秋海棠科植物多生长于花岗岩或石灰岩岩石表面，同时在页岩、砂岩和石英岩中也发现了一些物种（Kiew，2005；Phutthai et al.，2009；Hughes & Pullan，

2007)。秋海棠科植物通常生长在热带雨林的岩石或土层表面，Kiew（2005）指出一些秋海棠科物种以幼苗形式生长于陡峭的崖壁或斜坡上，所以很难采集。Phutthai 等（2009）发现极少数的秋海棠科物种附生于树干基部，如分布于菲律宾的 *B. oxysperma* 和新几内亚岛的 *B. kaniensis*。大多数秋海棠科物种对光和湿度很敏感，仅有少数一些广布种有很强的适应能力，如粗喙秋海棠（Tebbitt，2003；Phutthai et al.，2009）。

据统计，我国有 60 余个秋海棠属物种分布于石灰岩地貌，其中广东有 1 种，广西有 44 种，贵州有 3 种，云南有 19 种（Gu et al.，2007；Liu et al.，2007；Peng et al.，2007，2008a，2008b，2010，2012，2013）。根据现有分类系统，我国秋海棠属植物发生了至少 7 次适应石灰岩基质事件。加里曼丹岛沙捞越地区 18 个秋海棠属物种生长于石灰岩地区，12 个（67%）物种共同生长于同一地点（Kiew，2001a），在沙捞越古晋地区 15 个秋海棠属物种为当地山区特有（Kiew，2004）。

6.2.2　单性花

秋海棠属物种都是单性花，常雌雄同株，偶见雌雄异株。雌雄同株的雌花与雄花也往往不同时成熟，称为功能性的雌雄异株，异交水平很高，也是促进物种分化与维持的重要原因。

秋海棠属花少有香气，主要靠"欺骗性"传粉促进异花传粉，雄花以花粉作为传粉者的报酬物，雌花柱头拟态雄蕊花药形态来吸引传粉者（van der Pijl，1978；Wiens，1978；Agren & Schemske，1991，1995）。不同秋海棠科植物雌花和雄花花部结构（如花萼长度和宽度）大小成正比（Agren & Schemske，1995），但一些物种雄花大于雌花（如 *B. oaxacana* 和 *B. involucrata*），一些物种雌花尺寸大于雄花（如 *B. cooperi* 和 *B. estrellensis*）（Agren & Schemske，1995），更有一些以昆虫为传粉者的物种雄花和雌花的花萼数量不同（Schemske et al.，1995），或雌花比雄花产生更多的香气来吸引传粉者（Seitner，1976）。秋海棠科植物不同物种有不同的花部形态，各自构成了一个自我模拟的贝氏拟态传粉系统（Batesian auto-mimetic pollination system）（Wiens，1978）。

通常认为，蜂类是秋海棠科植物的主要传粉类群（Seitner，1976；Wiens，1978；Faegri & Pijl，1979；Givnish，1980）。但是，哥伦比亚的秋海棠属物种 *B. ferruginea*（*Casparya* 组）有红色的管状花，雌蕊能够产生花蜜，传粉者为蜂鸟（Vogel，1998）。秋海棠属 *Symbegonia* 组物种有管状花，传粉者为以花蜜为食的太阳鸟（Forrest et al.，2005）。因此，单性花的特征、雌蕊拟态和多样的传粉类群促进了秋海棠属物种的分化与维持。

6.2.3　生活史策略

　　一些秋海棠科植物能够适应季节性气候，许多小海棠组、东亚秋海棠组、无翅组亚洲大陆和马来西亚类群通过在干旱季节休眠，以及在下一个雨季由块茎或块根复苏来度过干旱季节（Kiew，2005；Phutthai et al.，2009）。虽然秋海棠科物种是多年生植物，但许多亚洲物种，如 *B. sibthorpioides* 和 *B. sinuata* 为躲避干旱表现出一年生状态，它们植株通常较小，具有很小的生物量，开花迅速，在雨季能够产生大量的种子（Kiew，2005；Phutthai et al.，2009）。这种适应性能让它们度过几个月的旱季，非洲的 *Augustia* 组、*Peltaugustia* 组、*Rostrobegonia* 组和 *Sexlaria* 组物种主要通过休眠来适应季节性干旱气候，这也是秋海棠属物种得以从非洲东岸沿着较为干旱的阿拉伯半岛南部扩散至亚洲的重要条件。

6.2.4　造山运动

　　分子数据显示，秋海棠属 *Pertermannia* 组从上新世开始快速分化，并在更新世多样性速率最高，在加里曼丹岛（约 90 种）、苏拉威西岛（约 35 种）、新几内亚岛（约 70 种）和菲律宾（约 65 种）发生了辐射进化，导致这些地区物种多样性和特有率极高（Hughes，2008；Thomas & Hughes，2008；Girmansyah，2009；Girmansyah et al.，2009；Hughes et al.，2009，2010；Hughes & Coyle，2009；Kiew & Sang，2009；Thomas et al.，2009a，2009b）。苏拉威西岛、新几内亚岛和菲律宾曾发生大量的造山运动，与当地秋海棠科物种多样化的时间基本一致（Hall，2001，2009）。许多东南亚秋海棠物种为狭域特有种，通常仅分布于局限的海拔范围、山顶或峡谷中（Sands，2001；Kiew，2005；Hughes，2008），如加里曼丹岛基纳巴卢山秋海棠属有 17 个特有种，其中 14 种仅分布于高海拔地区或山地雨林中（Sands，2001），马来半岛金马伦高原也存在很多秋海棠属特有种（Kiew，2005）。苏拉威西岛中东部 Gunung Hek 地区的 3 个物种 *B. hekensis*、*B. stevei* 和 *B. varipeltata* 生长形态和生殖形态都有很大区别，分子数据显示这 3 个物种在当地发生了辐射进化，并在很短时间内形态产生了很大分化（Hughes，2006；Thomas & Hughes，2008；Thomas et al.，2009b）。

　　东南亚秋海棠属不同地区特有率极高，大多数物种局域生长于高海拔或者山地雨林中。同一物种不同种群之间遗传和形态分化很大，表明秋海棠属物种扩散能力非常有限、种群间基因流较低（Matolweni et al.，2000；Hughes et al.，2003；Hughes & Hollingsworth，2008）。van Welzen 等（2005）也发现，造山运动的发生导致多个植物类群在异他大陆和马来半岛之间、苏门答腊岛和加里曼丹岛之间进行了大规模的物种迁移与交流。因此，加里曼丹岛高海拔地区的地质动态和苏拉威西岛、菲律宾及新几内亚岛的造山运动导致的生境破碎化是东南亚秋海棠科植物多样性高的主要原因之一。

6.2.5　气候因素

东亚季风气候的形成加速了中国西南部和中南半岛北部石灰岩地貌的侵蚀，逐渐形成峰丛、峰林、洞穴与洼地交错的高度破碎化和异质性的喀斯特生境，促进了秋海棠属物种的分化（Chung et al.，2014；姜超等，2017）。因此，秋海棠属物种可能也经历了苦苣苔亚科植物"扩散、阻断、隔离、分化"的过程，其中最关键的是季风能够携带植物繁殖体进行扩散（姜超等，2017）。同时，秋海棠属植物在上新世和更新世快速分化的时间与气候和海平面浮动的时间一致。有研究证实，气候和海平面的浮动对亚马孙森林鸟类（Haffer，1969，1997）、东南亚鼠类啮齿动物（Gorog et al.，2004）、椒蔻属（*Aframomum*）植物（Harris et al.，2000）、凤仙花属（*Impatiens*）植物（Janssens et al.，2009）、东南亚蚁类（Quek et al.，2007）、印加树属（*Inga*）植物（Richardson et al.，2001）和非洲的秋海棠属植物（Sosef，1994）等物种分化与维持具有强大的驱动力。更新世时期，干冷气候季节性植被类型对东南亚热带雨林没有明显的影响，并呈现出与其他地区热带雨林不同的格局（Morley，2000，2007；Cannon et al.，2009），但随着山地热带雨林的扩张和收缩，秋海棠属物种种群的生境被迫迁移，所以气候的浮动为种群的隔离提供了外部条件。

另外，海平面上升和下降、陆地暴露和淹没的轮回对低地雨林物种的多样性有着很大的影响，特别是对巽他大陆和菲律宾群岛的影响更大。古地理区域的重建研究表明，上新世陆桥将巽他大陆现有的主要岛屿互相连接，亚洲主大陆、苏门答腊岛、爪哇岛和加里曼丹岛当时都连成一片并持续200万年（Hall，2009；Woodruff，2010），大陆和岛屿的连接有利于秋海棠属低海拔物种进行迁移和扩张分布区。这个时期高海拔广布种在随后生境破碎后相互隔离，并造成异域物种形成。

非洲的秋海棠属物种主要通过旱季休眠和雨季复苏来度过季节性干旱，亚洲和美洲仅有少量物种具有这一特征。这说明，东南亚旱季和雨季的降水差异不是很大，不足以胁迫东南亚秋海棠属物种进化出休眠与复苏的特性。

6.2.6　杂交

杂交对于物种形成有非常重要的作用，特别是对于新世界的兰科植物多样性有很深的影响（Pinheiro et al.，2010）。杂交很可能也是秋海棠属物种多样性的重要原因之一。由于秋海棠属种间具有很高的交配亲和性，易发生杂交，因此，自然状况下也可能容易发生杂交，产生大量杂交个体或种群，并具有通过自然杂交形成新物种的巨大潜力。秋海棠属杂交成种与物种间的杂交很可能是小秋海棠组

和 *Petermannia* 组通过核基因片段及叶绿体基因片段建立的系统发育树存在不一致的主要原因（Goodall-Copestake，2009；Thomas，2010）。

关于杂交渗透对秋海棠属物种多样性的影响需要了解物种间繁殖隔离的强度和杂交后代是否可育，但是关注度比较少。*Begonia* × *breviscapa*、*Begonia* × *chungii* 和 *Begonia* × *taipeiensis* 是三个已知的自然杂交种（Peng & Sue，2000；Peng & Ku，2009；Peng et al.，2010），说明在野外部分秋海棠属物种之间繁殖隔离比较微弱（Tebbitt，2005）。但是，同域分布的秋海棠物种比较少见。园艺中的杂交现象在野外比较少见，说明生境隔离对秋海棠物种的鉴定有重要作用。

我国秋海棠属植物自然杂交现象很常见，总计 29 个物种参与了杂交，产生了 31 个自然杂交物种约 50 个种群。其中，掌叶秋海棠（*B. hemsleyana*）和粗喙秋海棠参与杂交程度最高，分别与另外的 8 种和 7 种秋海棠发生了杂交；裂叶秋海棠（*B. palmata*）发生杂交的种群最多，达 16 处。自然杂交现象在云南发生的频率最高，共计有 20 个物种参与杂交，产生了 31 处杂交种群（田代科等，2017）。杂交多为单向发生，个体以 F1 代个体为主，尚未脱离亲本独立成种。秋海棠的主要访花昆虫为食蚜蝇类，其次是蜜蜂科，但各自传粉特点及效率尚待进一步研究。秋海棠属植物杂交发生及杂种形成必须满足 5 个条件：①重叠或邻近分布；②花期重叠；③有效的传粉媒介；④杂交亲和；⑤适宜种子萌发和幼苗生长的小生境及气候条件（田代科等，2017）。

6.3 物种迁移路线

秋海棠属大多数物种为狭域分布，仅小部分物种如 *B. longifolia* 为广布种，可分布于不同的生境类型（Tebbitt，2003），非洲的秋海棠属仅有超过 25 个物种能够适应季节性的气候变化（Plana，2003）。依据地理分布区域，秋海棠属可被分为非洲、美洲和亚洲分布 3 个类型，每个类型包括 17～29 个组（Doorenbos et al.，1998；Shui et al.，2002；de Wilde & Plana，2003；Forrest & Hollingsworth，2003；Gu et al.，2007）。

基于秋海棠科（Goodall-Copestake，2005）、夏海棠属（Clement et al.，2004）、秋海棠属（Goodall-Copestake et al.，2009）和非洲秋海棠属（Plana et al.，2004）的分子数据研究表明，秋海棠科的分化时间在始新世中期，可能起源于古北大陆东南部（Goodall-Copestake et al.，2009），很可能是现在的非洲大陆或马达加斯加岛，这里的物种有很高的遗传多样性与形态多样性（Doorenbos et al.，1998）。

6.3.1 从非洲向美洲的扩散

秋海棠科起源时间大概在晚白垩纪至早第三纪，随后通过当时北大西洋的中部岛屿从非洲扩散至美洲（图 6.13）。在晚第三纪，热带雨林的广布种 *Symphonia globulifera* 也被发现发生过类似的长距离扩散事件（Dick et al.，2003）。这一扩散路线与"金虎尾路线"（参见第 4 章）吻合，在其他一些热带植物类群中也有发现（Pennington & Dick，2004）。

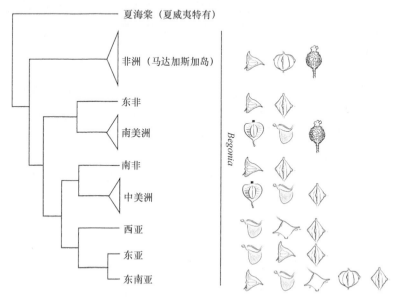

图 6.13　秋海棠科植物地理分布格局及果实特征演化（改自 Goodall-Copestake et al.，2010）

Fig. 6.13　Geographical distribution pattern and the evolution of fruit traits of Begoniaceae
(Revised from Goodall-Copestake et al., 2010)

6.3.2　从非洲到亚洲的扩散

阿拉伯半岛南部的也门索科特拉岛仅有 2 个秋海棠属物种，是索科特拉岛-亚洲支系较早分化出的类群，距离它们姐妹类群最近的所在地（印度南部地区和斯里兰卡）有 2000 km（Thomas，2010）。秋海棠属物种从非洲到亚洲的长距离扩散，可在早第三纪和晚第三纪通过阿拉伯走廊（阿拉伯半岛南端温热而湿润的海岸带）至亚洲（Zachos et al.，2001；Goodall-Copestake，2005）（图 6.13）。

分子数据表明，秋海棠属物种非洲类群扩散至亚洲类群的时间为中新世早期至中期（1700 万～1500 万年前），此时东南亚气候温暖湿润，全球气候正在变暖，中新世中期气候达到最佳状态（Zachos et al.，2001）。Morley（2007）研究表明，中新世时期温暖的气候使东南亚热带雨林向北扩散至日本南部，向西扩散至印度次大陆北部。然而，蒸发岩和钙质沉积物研究表明亚洲西部和阿拉伯半岛中新世时期气候干燥（Scotese，2003；Morley，2007），由于秋海棠属物种偏好生长于阴暗潮湿的环境，在干燥的条件下从非洲到亚洲的扩散是不可能的。Kürschner

（1986）和 Kürschner 等（2006）研究表明，印度和马来西亚植物类群通过阿拉伯地区发生过迁移，主要是因为在阿拉伯半岛沿海的陡坡或悬崖有足够的水汽条件，可作为非洲和马来西亚植物类群的避难所，为植物的迁移提供了湿润的环境。但是，索科特拉岛与地理距离较近的非洲和阿拉伯地区的植物区系关系近，与印度和东南亚热带植物区系的关系较远，仅很少的印度-马来西亚植物类群，如蒲葵属（*Livistona*）和水锦树属（*Wendlandia*）2 属索科特拉岛和东南亚地区的类群关系很近（Mies，1996；Kilian et al.，2004；Miller & Morris，2004）。蒲葵属主要分布于亚洲和澳大利亚，而同属的 *Livistona carinensis* 分布于索马里、吉布提和也门，两支系相距甚远，分化的时间为中新世早期至中期（Crisp et al.，2010）。中新世中期气候适宜，到上新世（约 600 万年前）这段时间气候逐渐变冷（Zachos et al.，2001）、CO_2 含量下降，直接导致了陆地植被的减少（Kürschner et al.，2008）、高温型雨林收缩至热带地区，以及中低纬度区域的绿地和沙漠扩张（Morley，2007）。Yuan 等（2005）基于龙胆科藻百年属（*Exacum*）系统发育、分化时间和生物地理学分析得出，藻百年属起源于马达加斯加岛，在中新世温暖湿润的气候下扩散至印度和斯里兰卡的南部地区、东南亚、索科特拉岛和阿拉伯地区，随后由于中新世中期干旱植被类型的扩张藻百年属植物分布区域减少。秋海棠属物种的情况与蒲葵属和藻百年属相似，索科特拉岛与印度和斯里兰卡类群亲缘关系较近。Thomas（2010）通过生物地理学研究发现，对于秋海棠属，亚洲地区很可能是索科特拉岛类群的祖先区域，它们很可能通过斯里兰卡和印度南部区域扩散至索科特拉岛和阿拉伯地区，或秋海棠属物种在印度南部和斯里兰卡多样化之后穿过印度北部扩散至东南亚以及索科特拉岛和阿拉伯地区，并且中新世中期之后干旱气候条件导致部分物种在索科特拉岛灭绝，但这个推测使得秋海棠属物种的迁移更加模糊。

Rajbhandary 等（2011）发现，尽管中新世中期热带气候有利于本属物种的扩散，但是此时东南亚和阿拉伯半岛的气候很干燥（Morley，2007），阿拉伯半岛不可能是秋海棠属非洲祖先类群长距离扩散至亚洲的通道。喜马拉雅山脉在始新世初期（约 3500 万年前）欧亚板块碰撞逐渐开始形成（Ali & Aitchison，2008），秋海棠属物种到达亚洲约在 1500 万年前，此时喜马拉雅山脉海拔已经很高（Amano & Taira，1992）。因此，此时印度大陆北部的山区生境适宜，可能是秋海棠属物种从非洲北迁至中南半岛和马来西亚的通道。

6.3.3 在马来群岛间的扩散

马来西亚植物地理区域包括从泰国南部穿过马来西亚、新加坡、印度尼西亚、东帝汶、菲律宾群岛至新几内亚岛和所罗门群岛（Raes & Welzen，2009），是全世界热带雨林最大的地区之一，包括巽他区、华莱士区、菲律宾和新几内亚岛等生物多样性热点地区（Roos，1993；Myers et al.，2000；Brooks et al.，2006）。

Thomas（2010）通过生物地理学研究发现亚洲大陆可能是秋海棠属索科特拉

岛-亚洲类群的祖先区域,秋海棠属在亚洲的多样性是由于从亚洲大陆向马来群岛发生了多次由西向东的扩散,并在马来群岛发生了辐射进化而来。

(1) 在巽他区的扩散

马来西亚的秋海棠属 *Ridleyella* 组、*Bracteibegonia* 组、*Petermannia* 组、*Symbegonia* 组、单裂组和东亚秋海棠组物种的平均分化时间为 1200 万年前,说明中新世中晚期是马来西亚植物类群的起源时间。秋海棠属有 5 个支系从亚洲大陆经由陆路扩散至巽他区,其中 3 个类群(*Platycentrum* 组、单裂组和 *Petermannia* 组)在巽他区进行了辐射进化。古地理区域重建研究表明,巽他区包括马来半岛在内的大部分地区曾均为陆地,在中新世和上新世时期彼此之间相互连接(Hall,2001,2009),马来群岛西部和周边陆地由于海平面较低形成了广袤的陆地(Voris,2000;Woodruff,2010),便于秋海棠属物种的扩散。

然而,当时加里曼丹岛南部有大量的泥炭沼泽林(Wikramanayake et al.,2002),低地森林的土壤并不适合秋海棠属物种进行扩散,仅很少一部分秋海棠属物种能够生长(Hughes & Pullan,2007)。孢粉学和地形学研究表明,巽他大陆第四纪存在季节性气候(Bird et al.,2005;Cannon et al.,2009),此时加里曼丹岛土壤和气候条件是秋海棠属植物扩散的最大障碍。尽管此时森林的覆盖面积很广,但是秋海棠属物种的生境破碎化,同时经历了陆桥和长距离扩散,很难在加里曼丹岛大面积扩散。

(2) 在马来西亚中部和东部的扩散

秋海棠属物种多样性的格局与地质变化有很大关联,马来西亚西部在渐新世和中新世已是陆地,而华莱士区和新几内亚岛在中新世晚期及上新世才逐渐出现(Hall,2001,2009)。生物地理学研究发现,秋海棠属小海棠组、*Petermannia* 组、*Platycentrum* 组和 *Reichenheimia* 组等 6 个支系发生了从马来群岛由西向东穿越华莱士线到达华莱士区的扩散,但是没有发生从华莱士区向巽他区扩散的现象。类似的扩散方式还发生在米仔兰属(*Aglaia*)植物(Mueller et al.,2008)、大头蛙属(*Limnonectes*)类群(Evans et al.,2003)和金钩花属(*Pseuduvaria*)植物中(Su & Saunders,2009)。

秋海棠属物种从巽他区向华莱士区扩散的时间发生于上新世至更新世(约1000 万年前),此时马来西亚区域的秋海棠属植物多样性还比较低。晚中新世苏拉威西岛和新几内亚岛陆地才大量出现秋海棠属植物,巽他群岛、班达群岛和哈马黑拉群岛火山岛的出现为秋海棠属物种在岛屿间的扩散提供了条件(Hall,2001,2009)。新几内亚岛是菲律宾秋海棠属 *Petermannia* 组 3 个物种的祖先区域,是唯一从华莱士区由西向东扩散至巽他区的类群。哈马黑拉群岛火山岛的出现为新几内亚岛和菲律宾群岛之间的扩散提供了有利条件。

（3）在苏拉威西岛的扩散

苏拉威西岛是由欧亚大陆和澳大利亚大陆的小块陆地及火山岛合并而来的（Moss & Wilson，1998；Hall，2002）。苏拉威西岛秋海棠属物种发生了 3 次独立扩散事件，分别是 *Petermannia* 组在中新世的 1 次扩散、粗喙秋海棠和 *B. robusta* 物种复合体从上新世至更新世的 2 次扩散，且只有第 1 次扩散发生了辐射进化（Hughes，2008；Thomas et al.，2011b）。同时，板块运动也为马来西亚物种的扩散提供了潜在的外部条件（Michaux，1991，2010；Morley，2000；Ladiges et al.，2003）。始新世望加锡海峡在块断作用和沉降作用下形成很深的海峡，从加里曼丹岛分离出一块陆地，与澳大利亚的部分陆地形成了苏拉威西岛（Ridder-Numan，1996；Moss & Wilson，1998；Morley，2000；Hall，2001，2009）。然而，生物地理学研究表明，望加锡海峡的形成要早于马来西亚秋海棠属物种多样性的形成，苏拉威西岛在秋海棠属物种迁移至此很长一段时间都未露出海面（Hall，2001，2009）。因此，板块运动可能不是秋海棠属物种多样性的主要原因。

苏拉威西岛秋海棠属 *Petermannia* 组有两个明显的特征。第一，苏拉威西岛秋海棠属物种与邻近岛屿没有物种交换，仅与菲律宾群岛共享一个物种 *B. pseudolateralis*。本物种属于一个物种复合体，包括分布于苏拉威西岛的 *B. koordersii* 和 *B. strictipetiolaris*，分布于苏拉威西岛、马鲁古群岛和新几内亚岛的 *B. rieckei*，分布于新几内亚岛和周边岛屿的 *B. brachybotrys*，以及分布于俾斯麦群岛的 *B. peekelii*，这些物种形态差异很小，均属于一个广布种（Hughes，2008）。这个物种复合体很可能在上新世或更新世起源于苏拉威西岛，随后扩散至菲律宾、马鲁古群岛和新几内亚岛。第二，苏拉威西岛秋海棠属 *Petermannia* 组有很强的地理结构，每个半岛（北部、东部、西南部和东南部）都有特有支系。

秋海棠属 *Petermannia* 组物种在上新世快速多样化，并在更新世多样化速率达到顶峰，与苏拉威西岛和新几内亚岛的造山运动时间一致，同时海平面和气候的明显浮动对物种多样性也产生了很大影响。

（4）在菲律宾的扩散

Dickerson（1928）研究表明，秋海棠属植物经由 4 条路线扩散至菲律宾群岛，但是都不适用于秋海棠科植物。*Baryandra* 组有 64 个物种，其中 53 种分布于菲律宾群岛，仅有 3 个物种分布于加里曼丹岛（Rubite et al.，2013）。Hughes 等（2015b）研究发现，加里曼丹岛 *Baryandra* 组 3 个物种为后期分化出来，表明 *Baryandra* 组物种从菲律宾经巴拉望岛扩散至加里曼丹岛。兰屿秋海棠（*B. fenicis*）是 *Baryandra* 组分布于菲律宾北部的物种，为后期分化而来，说明是 *Baryandra* 组物种从吕宋岛扩散至巴丹岛和兰屿岛。棉兰老岛和周边地区有 *Baryandra* 组 4 个物种，为后期分化而来，表明 *Baryandra* 组物种从吕宋岛由北到南扩散至此。

由此可以看出，菲律宾群岛中部才可能是 *Baryandra* 组物种的祖先分布区域，而其祖先类群则是从马来西亚西部地区长距离扩散至此。

Baryandra 组物种中新世晚期（约 500 万年前）到达菲律宾群岛，此时班乃岛和吕宋岛连成一片，此后吕宋岛迅速向北移动，班乃岛成为一个独立岛屿（Hall，2002）。所以，秋海棠属物种很可能 1120 万～850 万年前从马来西亚西部长距离扩散至菲律宾西北部，此时巴拉望岛、吕宋岛和班乃岛连成一片，之后迅速扩散至其他岛屿。

因此，影响菲律宾群岛秋海棠属物种迁移和扩散的主要因素有：①地质构造运动；②造山和火山运动；③海平面浮动；④台风作用。

6.3.4　亚洲秋海棠科物种的性状演变

（1）植株生长型

秋海棠科物种形态多样，特别是在生长习性、多年生器官、叶形、花序结构和果实类型方面存在较大变化。果实、子房的形态学和解剖学研究对于秋海棠科物种的鉴定和属以下的分类有重要作用（Warburg，1984；Irmscher，1925；Doorenbos et al.，1998），在《中国植物志》，心皮数、子房室数和胎盘类型等特征对秋海棠属分类学起到关键作用（Gu，2007），其他性征如块茎或根状茎性状、花部或花序性状如花被片数量和雌雄花的分布也有重要作用（Doorenbos et al.，1998）。

Thomas 等（2011a）通过祖先特征重建分析发现，秋海棠科物种多年生器官的祖先性征不确定，但块茎可能是单裂组、扁果组、小海棠组、东亚秋海棠组、*Alicida* 组和无翅组的祖先性征，在扁果组-无翅组支系中发生了块茎向根状茎形态的转变，并且在无翅秋海棠（*B. acetosella*）、粗喙秋海棠和 *B. aptera* 3 个物种中根状茎性状转变为直立茎和纤维状的根系统；根状茎性状可能是 *Ridleyella* 组、东亚秋海棠组、*Bracteibegonia* 组和 *Petermannia* 组物种的祖先性状，而 *Bracteibegonia* 组、*Petermannia* 组和 *Symbegonia* 组部分物种为根状茎。

秋海棠属 3 室子房成熟时长成干燥蒴果，这一性征为亚洲秋海棠科物种的祖先性征。东亚秋海棠组、扁果组的 2 室子房及雨媒传播的果实性征是独立进化而来的，*Ridleyella* 组的 2 室子房特征也是独立进化。祖先特征重建发现，小海棠组-无翅组支系发生了至少 2 次从 2 室子房和雨媒果实类型向肉质果实的转变，*Petermannia* 组某些物种的肉质果特征为独立进化而来，侧膜组带有侧膜胎座的单室子房由中轴胎座的 3 室胎座进化而来。

（2）翅果与种子扩散方式

依据被子植物不同的种子扩散方式，秋海棠科种子和果实扩散的方式主要通过风、水和动物三种媒介传播（图 6.14）（de Lange & Bouman，1992，1999）。de Lange 和 Bouman（1992，1999）发现生长于非洲和美洲开阔植被中的秋海棠科植物主要通过风传播种子（图 6.14），而生长于温暖潮湿或郁闭植被中的秋海棠科植物主要通过动物或雨水传播种子，表明生境与种子传播方式具有相关性。风媒传播在开阔的生境中更有效率，而动物媒和雨媒传播在郁闭的生境中更占优势。在其他被子植物中也可见这种自然规律（Howe & Smallwood，1982），亚洲秋海棠科植物同样有类似现象。亚洲秋海棠科植物风媒传播种子的形态比较相似，很少受到夏季季风的影响，由于亚洲降水量很大，风媒传播种子经常呈现出动物媒或雨媒传播种子的形态（图 6.14）。亚洲秋海棠科物种大部分种子为雨媒传播，扁果组的 100 个物种和东亚秋海棠组的 29 个物种种子通过雨传播，无翅组和 *Leprosae* 组约有 30 个物种种子通过动物传播（图 6.14）。

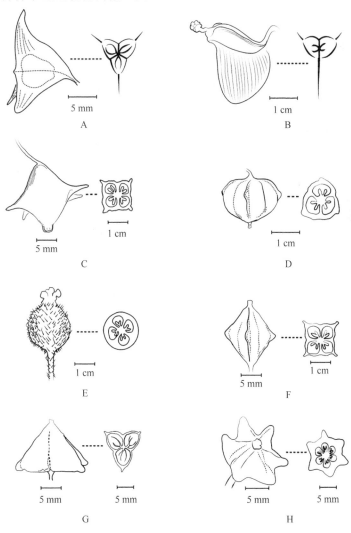

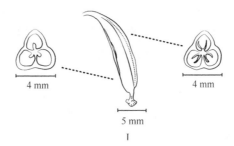

图 6.14　东南亚秋海棠属果实类型及横切面（改自 Tebbitt et al.，2006）

A. 海棠王秋海棠（风媒传播）；B. 黄瓣秋海棠（雨媒传播）；C. *B. roxburghii*（动物传播）；D. 多角秋海棠（动物传播）；E. *B. arborescens*（动物传播）；F. 无翅秋海棠（动物传播）；G. *B. turbinata*（动物传播）；H. 北越秋海棠（疑似雨媒传播）；I. 癞叶秋海棠（疑似动物传播）

Fig. 6.14　Fruit types and transection of Southeast Asian *Begonia* (Revised from Tebbitt et al., 2006)

A. *B. rajah* (wind dispersed); B. *B. xanthina* (rain-ballist dispersed); C. *B. roxburghii* (animal dispersed); D. *B. multangula* (animal dispersed); E. *B. arborescens* (animal dispersed); F. *B. acetosella* (animal dispersed); G. *B. turbinata* (animal dispersed); H. *B. balansana* (rain-ballist dispersed?); I. *B. leprosa* (animal dispersed?)

　　秋海棠科风媒种子的特征为 3 室、具 3 个相等或近相等的翅（图 6.14A），经过风的传播后会释放种子，一旦释放后种子会随着气流或地表径流进一步扩散（Ridley，1930；de Lange & Bouman，1999）。雨媒种子通常具 2 个子房，果皮革质，腹部 2 个小翅，背部 1 个大翅，一旦子房成熟，花柄逐渐弯曲，果实旋转 180°，2 个小翅朝上，1 个大翅朝下，形似钟摆（图 6.14B，H），这种种子扩散方式与其他雨媒传播的种子不同（Savile，1953；Brodie，1955；van der Pijl，1982；Emig et al.，1999），主要发生在扁果组和东亚秋海棠组（de Lange & Bouman，1992，1999；Kiew，2005）。秋海棠属有些物种如 *B. roxburghii* 和 *B. multangula* 等的种子主要是鸟类或其他脊椎动物进行传播，动物传播的种子大多不开裂、无翅，常为彩色（图 6.14C～G，I），果实形态多样性。

　　Tebbitt 等（2006）发现，秋海棠科扁果组、无翅组和 *Leprosae* 组早期分化出的物种种子不适于风媒传播，后期分化出的物种种子主要靠雨媒传播，其中含肉质果壁的物种经过了多次进化。扁果组-无翅组支系缺乏风媒种子的特征，有雨媒或动物媒种子的特征和生长型。尽管亚洲物种和非洲某些类群具有雌雄异株、厚实和坚韧的叶子以及半肉质果壁等特征，但亚洲秋海棠属物种种子的雨媒和动物媒传播性状是近期进化出来的（Tebbitt et al.，2006）。这表明，在东南亚季风气候雨季集中降雨的选择压力下，东南亚秋海棠属物种进化出雨媒传播特征；东南亚也有类似于非洲大量分布的灵长目与啮齿动物，还有部分物种的种子独立进化出动物传播的性状。

第 7 章 兰科植物地理

Chapter 7 Phytogeography of Orchidaceae

张　哲（ZHANG Zhe），向文倩（XIANG Wen-Qian），宋希强（SONG Xi-Qiang）

摘要：兰科（Orchidaceae）植物广布于除两极和极端沙漠地区外的各种陆地生态系统，有 800 多属 28 000 多种。现有研究表明，兰科植物可能起源于 1.12 亿年前早白垩纪的澳大利亚地区，随后逐渐分化出 5 亚科，包括拟兰亚科（Apostasioideae）、香荚兰亚科（Vanilloideae）、杓兰亚科（Cypripedioideae）、红门兰亚科（Orchidoideae）和树兰亚科（Epidendroideae）。历史上，兰科植物长距离扩散速率相对于其他植物较低，从而限制了物种在跨洋大洲间的基因交流，加剧了物种在独立大陆板块内的分化。同时，兰科植物的生物学特性，如兰科植物花部特征的多样性、近缘种间对不同传粉者的适应性、花粉集合形成花粉团、对传粉者和菌根真菌的专一性、欺骗性传粉、利用长舌花蜂和鳞翅目昆虫传粉、附生习性及与之相关的景天酸代谢途径等，都被认为驱动了兰科植物的物种形成和分化。东南亚地区兰科植物种数约占全球的 1/3，是兰科植物生物多样性热点区域之一。纵观整个兰科植物的分化和扩散历史，东南亚区域具有最高的物种分化速率，特别是高山隆起和火山喷发很可能促进了附生兰科植物祖先类群的形成，并分化出数量庞大的附生类群。本章系统整理了东南亚兰科植物种类及其扩散演化历史，并对其生活习性和传粉系统进行了归类。共整理出东南亚兰科植物 8862 种，分属于 5 亚科 17 族 26 亚族 233 属。主要生活型为附生的有 126 属 6000 种以上，地生的有 93 属 2000 种以上，腐生的有 10 属约 100 种，藤本 5 属 50 余种。根据整理出的东南亚 76 属的兰科植物传粉系统，发现有 44 属含有自动自交的物种，具报酬物的传粉系统包括花粉（仅见于拟兰亚科）、芳香类物质（仅见于香荚兰亚科）和花蜜（5 亚科均有）等；欺骗性传粉系统广泛存在于各个亚科，包括食源性欺骗、性拟态、产卵地拟态和信息素拟态等类型。东南亚兰科植物在物种、生活习性及传粉系统方面展现出极高的多样性，对这些生物学特点的总结将为兰科植物的保育提供一定的理论基础和本底资料。

Abstract

Orchidaceae, widely distributed in various terrestrial ecosystems except Antarctica, Arctic and extreme desert areas, comprises more than 28 000 species in more than 800 genera. Previous research results show that: Orchidaceae may have originated in Australia at 112 million years ago (Early Cretaceous), and then gradually differentiated into five sub-families, including Apostasioideae, Vanilloideae, Cypripedioideae, Orchidoideae and Epidendroideae. In history, long-distance dispersal events of Orchidaceae were lower than other plants, which limited the gene exchange among species across ocean continents and exacerbated the differentiation of species within independent continental plates. The evolution of floral characteristics, striking adaptations to different pollinators among close relatives, pollen packets into pollinia, specialization on individual pollinators or mycorrhizal fungi, pollination via deceit, euglossine bees or Lepidoptera, and epiphytism *per se* or associated traits such as CAM photosynthesis, have all been proposed as drivers of the extraordinary species richness of orchids. As one of the hotspots of orchid biodiversity in the world, Southeast Asia accounted for about 1/3 of all orchid species. Across orchid history, Southeast Asia led to the highest advantage in net diversification rate (per million years) relative to other regions. Importantly, the mountains and volcanoes of insular in Southeast Asia are most likely to promote the formation of epiphytic characteristics of ancestral orchids and form a large number of epiphytic groups. In this chapter, we reviewed the species diversity, evolution and dispersal history, as well as classified the habits and pollination systems of orchid species in Southeast Asia. A total of 8862 orchid species, which belongs to 5 subfamilies, 17 tribes, 26 sub-tribes and 233 genera in Southeast Asia, were enumerated and evaluated. The main habits of orchids in Southeast Asia include more than 6000 epiphytic species of 126 genera, more than 2000 terrestrial species of 93 genera, about 100 saprophytic species of 10 genera and more than 50 vine species of 5 genera. According to the pollination system of 76 genera of Orchidaceae in Southeast Asia, 44 genera contained automatic self-pollination species. Rewarding pollination systems involve the forms of pollen (only found in subfamily Apostasioideae), fragrance oils (only found in subfamily Vanilloideae) and nectar (found in all five subfamilies) as rewards. Additionally, deceptive pollination systems exist widely in all five subfamilies, including food-deceptive system, sexual mimicry, oviposition-site mimicry and pheromone mimicry. Orchidaceae in Southeast Asia show a high diversity of species, habits and pollination systems. The summary of orchid biological characteristics provides some theoretical foundations and context information for the conservation.

　　兰科（Orchidaceae）植物隶属于木兰纲（Magnoliopsida）百合亚纲（Liliidae）天门冬目（Asparagales），是被子植物中与菊科并列的最大科，有 800 多属 28 000 多种，约占世界维管植物总数的 8%，并且以每年数百种的速度增加（POWO，2021），估测有 31 000 种之多（Joppa et al.，2011）。兰科植物广布于除两极和极端沙漠地区外的各种陆地生态系统，生活习性可分为附生、地生和腐生三类，70%～80%的兰科植物属于附生类，其次是地生类，仅有极少数属于腐生类（Sosa et al.，2016）。兰科植物形态特征多样，具块茎、根状茎或假鳞茎；叶基生或茎生；花序顶生或侧生，总状花序或圆锥花序，单花或多花；花梗和子房常扭转；花两性，通常两侧对称；花被片 6，2 轮；离生或部分合生；花常具距或囊；中央花瓣特化为唇瓣，位于远轴端；具蕊柱和蕊喙；花粉常黏合成团块；子房下位，1 室，侧膜胎座，较少 3 室而具中轴胎座；果常为蒴果，少荚果；种子极多，细小，粉尘状，无胚乳，种皮常在两端延长成翅状（中国科学院中国植物志编辑委员会，1999）。

兰科植物可能起源于 1.12 亿年前早白垩纪的澳大利亚地区，此时非洲大陆、印度和马达加斯加岛已与南极洲和澳大利亚分离开来，而澳大利亚和南美洲通过南极洲连接在一起（Givnish et al.，2015，2016）。约 9000 万年前，兰科植物从澳大利亚地区穿越南极洲向新热带区扩散，逐渐分化出 5 亚科，包括拟兰亚科（Apostasioideae）、香荚兰亚科（Vanilloideae）、杓兰亚科（Cypripedioideae）、红门兰亚科（也称兰亚科）（Orchidoideae）和树兰亚科（Epidendroideae）（Givnish et al.，2015，2016）。历史上兰科植物的长距离扩散速率相对于其他植物较低，从而限制了物种在跨洋大洲间的基因交流，加剧了物种在独立大陆板块内的分化（Givnish et al.，2016）。

纵观兰科植物的分化和扩散历史，与南美洲、非洲两个兰科植物物种多样性中心相比，东南亚具有最高的物种分化速率（Givnish et al.，2016）。这可能得益于东南亚非常复杂的地质历史，在大陆板块碰撞和连接、陆地隆起形成高山、火山喷发、海平面的反复波动等条件下，加剧了物种的分化和多样性的形成（Guo et al.，2012，2015；Thomas et al.，2012）。特别是高山隆起和火山喷发很可能促进了附生兰科植物祖先类群的形成，并分化出众多的附生类群（Givnish et al.，2015）。

本章根据 Kew Garden 的世界植物名称检索名录（World Checklist of Selected Plant Families，WCSPF）（http://wcsp.science.kew.org/）公布的兰科植物物种数及分布信息，以及 GBIF（Global Biodiversity Information Facility，http://www.gbif.org/）收集兰科植物的分布地点信息，并利用 DIVA-GIS 7.5 构建 1°×1°物种分布图来揭示兰科在东南亚的物种多样性分布格局。通过查阅书籍或文献（Pridgeon et al.，1997，1999，2001，2003，2005，2009，2014；Chen et al.，2009；Chase et al.，2015；Givnish et al.，2015，2016；Angiosperm Phylogeny Group et al.，2016）获取兰科的分类系统、物种多样性和物种系统发育位置，对东南亚的兰科植物进行名录整理和分析，并对其生活习性和传粉生物学进行概述。兰科植物的起源由于缺乏化石证据，不同作者基于不同的证据，在起源时间和地点等方面有不同的观点，为保证统一性，本章采用 Givnish 等（2015，2016）的研究成果作为科属之间的起源断代参考。

7.1 世界兰科植物的系统分类

本章参考 Chase 等（2015）提出的兰科分类系统，该系统基于分子系统学的研究成果，采取了大族、大亚族和大属概念。根据这一系统可将兰科分为 5 亚科：拟兰亚科（Apostasioideae）、香荚兰亚科（Vanilloideae）、杓兰亚科（Cypripedioideae）、红门兰亚科（Orchidoideae）和树兰亚科（Epidendroideae）。另根据分类系统更新情况，本章将红门兰亚科旗唇兰属（*Kuhlhasseltia*）和全唇兰属（*Myrmechis*）并入齿唇兰属（*Odontochilus*）；小红门兰属（*Ponerorchis*）并入舌喙兰属（*Hemipilia*）。树兰亚科甜薯兰属（*Kalimantanorchis*）并入竹茎兰属（*Tropidia*）；裤萼兰属（*Bracisepalum*）并入足柱兰属（*Dendrochilum*）；树鼠兰属（*Rhinerrhizopsis*）并入茂物兰属（*Bogoria*）。新增红门兰亚科 2 属：壁道兰属（*Bidoupia*）和苞鞭兰属（*Kipandiorchis*）；树兰亚科 2 属，包括拟锚柱兰属（*Didymoplexiopsis*）和拟笋兰属（*Thuniopsis*）。

7.1.1　拟兰亚科（Apostasioideae）

2 属，即拟兰属（*Apostasia*）和三蕊兰属（*Neuwiedia*）。

7.1.2　香荚兰亚科（Vanilloideae）

2 族 14 属。

（1）朱兰族（Pogonieae）

5 属，包括美洲朱兰属（*Cleistes*）、玫蕾兰属（*Cleistesiopsis*）、伸翅兰属（*Duckeella*）、仙指兰属（*Isotria*）和朱兰属（*Pogonia*）。

（2）香荚兰族（Vanilleae）

9 属，包括菝葜兰属（*Clematepistephium*）、肉果兰属（*Cyrtosia*）、美蕉兰属（*Epistephium*）、绒珊兰属（*Eriaxis*）、倒吊兰属（*Erythrorchis*）、山珊瑚属（*Galeola*）、盂兰属（*Lecanorchis*）、苞荚兰属（*Pseudovanilla*）和香荚兰属（*Vanilla*）。

7.1.3　杓兰亚科（Cypripedioideae）

5 属，包括杓兰属（*Cypripedium*）、镊萼兜兰属（*Mexipedium*）、兜兰属（*Paphiopedilum*）、美洲兜兰属（*Phragmipedium*）和璧月兰属（*Selenipedium*）。

7.1.4　红门兰亚科（Orchidoideae）

红门兰亚科是兰科中的次大亚科，含有 4 族 21 亚族约 197 属。

（1）银钟兰族（Codonorchideae）

仅银钟兰属（*Codonorchis*）1 属。

（2）盔唇兰族（Cranichideae）

包括 8 亚族 98 属：①绿丝兰亚族（Chloraeinae），含 3 属；②盔唇兰亚族

（Cranichidinae），含 15 属；③玉绶草亚族（Galeottiellinae），仅 1 属；④斑叶兰亚族（Goodyerinae），含 34 属；⑤锈宝兰亚族（Manniellinae），仅 1 属；⑥翅柱兰亚族（Pterostylidinae），含 2 属；⑦茸帚兰亚族（Discyphinae），仅 1 属；⑧绶草亚族（Spiranthinae），含 41 属。

（3）双尾兰族（Diurideae）

包括 9 亚族 39 属：①针花兰亚族（Acianthinae），含 5 属；②裂缘兰亚族（Caladeniinae），含 11 属；③隐柱兰亚族（Cryptostylidinae），含 2 属；④双尾兰亚族（Diuridinae），含 2 属；⑤槌唇兰亚族（Drakaeinae），含 6 属；⑥大柱兰亚族（Megastylidinae），含 7 属；⑦葱叶兰亚族（Prasophyllinae），含 3 属；⑧地下兰亚族（Rhizanthellinae），仅 1 属；⑨太阳兰亚族（Thelymitrinae），含 3 属。

（4）红门兰族（Orchideae）

包括 4 亚族 58 属：①凤仙兰亚族（Brownleeinae），含 2 属；②乌头兰亚族（Coryciinae），含 4 属；③萼距兰亚族（Disinae），含 3 属；④红门兰亚族（Orchidinae），含 49 属。

7.1.5　树兰亚科（Epidendroideae）

树兰亚科是兰科中的最大亚科，包括16族27亚族约518属。

（1）鸟巢兰族（Neottieae）

含 6 属。

（2）箬叶兰族（Sobralieae）

含 4 属。

（3）垂帽兰族（Triphoreae）

包括 2 亚族 5 属：①尖齿兰亚族（Diceratostelinae），仅 1 属；②垂帽兰亚族（Triphorinae），含 4 属。

（4）竹茎兰族（Tropidieae）

含 2 属。

（5）羊柴兰族（Xerorchideae）

含 1 属。

（6）盔天麻族（Wullschlaegelieae）

含 1 属。

（7）天麻族（Gastrodieae）

含 6 属。

（8）芋兰族（Nervilieae）

包括 2 亚族 3 属：①芋兰亚族（Nerviliinae），仅 1 属；②虎舌兰亚族（Epipogiinae），2 属。

（9）泰兰族（Thaieae）

含 1 属。

（10）龙嘴兰族（Arethuseae）

包括 2 亚族 26 属：①龙嘴兰亚族（Arethusinae），含 5 属；②贝母兰亚族（Coelogyninae），含 21 属。

（11）沼兰族（Malaxideae）

包括 2 亚族 16 属：①石斛亚族（Dendrobiinae），含 2 属；②沼兰亚族（Malaxidinae），含 14 属。

（12）兰族（Cymbidieae）

包括 9 亚族 165 属：①兰亚族（Cymbidiinae），含 6 属；②美冠兰亚族（Eulophiinae），含 13 属；③瓢唇兰亚族（Catasetinae），含 8 属；④弯足兰亚族（Cyrtopodiinae），含 1 属；⑤信香兰亚族（Coeliopsidinae），含 3 属；⑥烈日兰亚族（Eriopsidinae），含 1 属；⑦腭唇兰亚族（Maxillariinae），含 12 属；⑧文心兰亚族（Oncidiinae），含 65 属；⑨奇唇兰亚族（Stanhopeinae），含 20 属；⑩轭瓣兰亚族（Zygopetalinae），含 36 属。

（13）树兰族（Epidendreae）

包括 6 亚族 100 属：①拟白及亚族（Bletiinae），含 4 属；②蕾丽兰亚族（Laeliinae），含 39 属；③腋花兰亚族（Pleurothallidinae），含 38 属；④蔺叶兰亚族（Ponerinae），含 4 属；⑤布袋兰亚族（Calypsinae），含 13 属；⑥禾叶兰亚族（Agrostophyllinae），含 2 属。

（14）吻兰族（Collabieae）

含 20 属。

（15）柄唇兰族（Podochileae）

含 27 属。

（16）万代兰族（Vandeae）

包括 4 亚族 135 属：①仙梨兰亚族（Adrorhizinae），含 3 属；②多穗兰亚族（Polystachyinae），含 2 属；③指甲兰亚族（Aeridinae），含 83 属；④彗星兰亚族（Angraecinae），含 47 属。

兰科植物的系统发育树见图 7.1。

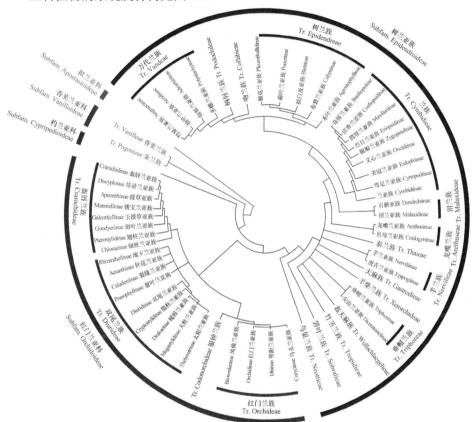

图 7.1　兰科植物的系统发育树（改自 Chase et al.，2015）

Fig. 7.1　Phylogenetic tree of Orchidaceae (Revised form Chase et al., 2015)

7.2　东南亚兰科植物种类及分布格局

根据 Kew Garden 的 WCSPF（http://wcsp.science.kew.org/）公布的兰科植物物种数，并参考相关书籍和文献对东南亚的兰科植物进行名录整理。

东南亚是世界兰科植物的分布多样性中心，种类可能超过 10 000 种。本章共整理出东南亚兰科植物 8862 种，分属于 5 亚科 17 族 26 亚族 233 属（表 7.1），分布中心位于加里曼丹岛中部和北部，菲律宾中部，中国西南至越南南部，中南半岛西北部及与横断山脉交接部，以及苏门答腊岛和爪哇岛（图 7.2）。

表 7.1 东南亚兰科植物物种多样性、生活习性及分布格局

Table 7.1 Species diversity, habits and distribution pattern of Orchidaceae in Southeast Asia

亚科	族	亚族	属	东南亚物种数	全球物种数	东南亚物种种数占比	主要生活习性	全球地理分布
拟兰亚科 (Apostasioideae)			拟兰属 (Apostasia)	6	8	75.00	地生	亚洲热带亚热带地区至澳大利亚北部
			三蕊兰属 (Neuwiedia)	8	9	88.89	地生	中南半岛至中国南部和太平洋西南部
香荚兰亚科 (Vanilloideae)	朱兰族 (Pogonieae)		朱兰属 (Pogonia)	2	5	40.00	地生	俄罗斯远东至中国和日本、马鲁古群岛，加拿大东部至美国东部
	香荚兰族 (Vanilleae)		肉果兰属 (Cyrtosia)	5	5	100.00	藤本	中国中部、南部至亚洲东部温带和亚洲热带地区
			倒吊兰属 (Erythrorchis)	1	2	50.00	藤本	印度阿萨姆至日本和马来西亚、澳大利亚东部
			山珊瑚属 (Galeola)	3	6	50.00	藤本	印度洋西部、亚洲热带亚热带地区
			盂兰属 (Lecanorchis)	11	20	55.00	地生	亚洲热带亚热带地区
			苞荚兰属 (Pseudovanilla)	6	8	75.00	藤本	马来群岛至太平洋西部
			香荚兰属 (Vanilla)	31	105	29.52	藤本	全球热带亚热带地区
杓兰亚科 (Cypripedioideae)			杓兰属 (Cypripedium)	4	51	7.84	地生	北半球温带和亚洲热带北美洲热带地区
			兜兰属 (Paphiopedilum)	116	138	84.06	地生，少数附生	中国南部至亚洲热带地区
红门兰亚科 (Orchidoideae)	盔唇兰族 (Cranichideae)	斑叶兰亚族 (Goodyerinae)	开唇兰属 (Anoectochilus)	38	43	88.37	地生	亚洲热带亚热带地区至太平洋地区
			叉柱兰属 (Cheirostylis)	31	53	58.49	地生，少数附生	非洲热带和南部地区至太平洋西部

续表

亚科	族	亚族	属	东南亚物种数	全球物种数	东南亚物种数占比	主要生活习性	全球地理分布
红门兰亚科 (Orchidoideae)	盔唇兰族 (Cranichideae)	斑叶兰亚族 (Goodyerinae)	镖唇兰属 (Cystorchis)	20	21	95.24	地生或腐生	泰国至太平洋西部
			玛瑙兰属 (Dossinia)	2	2	100.00	地生	加里曼丹岛
			钳唇兰属 (Erythrodes)	22	26	84.62	地生，少数附生	亚洲热带地区至太平洋西南部
			阔蕊兰属 (Eurycentrum)	4	7	57.14	地生	新几内亚岛、所罗门群岛、圣克鲁斯群岛、瓦努阿图
			斑叶兰属 (Goodyera)	50	98	51.02	地生，少数附生	欧洲、马德拉群岛、莫桑比克、印度洋西部、亚洲热带地区至太平洋西部
			爬兰属 (Herpysma)	1	1	100.00	地生	喜马拉雅山脉至中国中南部和苏门答腊岛
			翻唇兰属 (Hetaeria)	21	29	72.41	地生	非洲热带西部地区至坦桑尼亚、印度洋西部、亚洲热带地区至太平洋西南部
			袋唇兰属 (Hylophila)	4	7	57.14	地生，少数附生	中国台湾、泰国至巴布亚新几内亚
			筑兰属 (Lepidogyne)	1	1	100.00	地生	加里曼丹岛、爪哇岛、马来西亚、菲律宾、苏门答腊岛和新几内亚
			血叶兰属 (Ludisia)	2	2	100.00	地生，少数附生	中国南部至马来群岛中部和西部
			笼纹兰属 (Macodes)	11	11	100.00	地生	琉球群岛南部、越南至瓦努阿图
			齿唇兰属 (Odontochilus)	52	68	76.47	地生，少数腐生	日本南部至喜马拉雅山脉和马来群岛西部
			褶苏兰属 (Orchipedum)	3	3	100.00	地生	泰国、越南、爪哇岛、马来西亚、菲律宾、新几内亚岛
			宝囊兰属 (Papuaea)	1	1	100.00	地生	新几内亚岛

续表

亚科	族	亚族	属	东南亚物种种数	全球物种种数	东南亚物种种数占比	主要生活习性	全球地理分布
红门兰亚科 (Orchidoideae)	盔唇兰族 (Cranichideae)	斑叶兰亚族 (Goodyerinae)	平苞兰属 (Platylepis)	6	17	35.29	地生	非洲热带及南部地区、印度洋西部、马鲁古群岛至太平洋南部
			菱兰属 (Rhomboda)	18	22	81.82	地生，少数附生	亚洲热带亚热带至太平洋西南部
			蚕旗兰属 (Schuitemania)	1	1	100.00	地生	菲律宾
			二尾兰属 (Vrydagzynea)	39	39	100.00	地生，少数附生	亚洲热带亚热带至太平洋西南部
			线柱兰属 (Zeuxine)	50	74	67.57	地生，少数附生	非洲热带地区至亚洲中部和太平洋洋西部
			Bidoupia	2	2	100.00	地生	越南
			Kipandiorchis	2	2	100.00	附生	加里曼丹岛
		翘柱兰亚族 (Pterostylidinae)	翘柱兰属 (Pterostylis)	8	211	3.79	地生	马鲁古群岛至太平洋西南部和新西兰
		绶草亚族 (Spiranthinae)	绶草属 (Spiranthes)	5	34	14.71	地生	欧亚大陆至太平洋西南、非洲北部、美洲中部和北部至加勒比海区域
		针花兰亚族 (Acianthinae)	铠兰属 (Corybas)	94	132	71.21	地生，少数附生	亚洲热带亚热带至太平洋区域、亚南极群岛
			指花兰属 (Stigmatodactylus)	11	11	100.00	地生	喜马拉雅山脉东侧至日本南部和新喀里多尼亚岛
	双尾兰族 (Diurideae)	裂缘兰亚族 (Caladeniinae)	裂缘兰属 (Caladenia)	2	267	0.75	地生	爪哇岛至澳大利亚、新西兰、新喀里多尼亚岛
		隐柱兰亚族 (Cryptostylidinae)	隐柱兰属 (Cryptostylis)	19	23	82.61	地生	亚洲热带亚热带至太平洋西南部
		双尾兰亚族 (Diuridinae)	双尾兰属 (Diuris)	1	71	1.41	地生	小巽他群岛、澳大利亚东部和南部
		锚唇兰亚族 (Drakaeinae)	肘兰属 (Arthrochilus)	3	15	20.00	地生	新几内亚岛至澳大利亚东部和北部

续表

亚科	族	亚族	属	东南亚物种数	全球物种数	东南亚物种数占比	主要生活习性	全球地理分布
红门兰亚科 (Orchidoideae)	双尾兰族 (Diurideae)	葱叶兰亚族 (Prasophyllinae)	葱叶兰属 (Microtis)	2	19	10.53	地生	中国南部至日本、马来群岛、澳大利亚至太平洋西南部
		太阳兰亚族 (Thelymitrinae)	胡须兰属 (Calochilus)	1	27	3.70	地生	新几内亚岛至新西兰和新喀里多尼亚岛
			太阳兰属 (Thelymitra)	3	110	2.73	地生	爪哇岛至新西兰和新喀里多尼亚岛
	红门兰族 (Orchideae)	凤仙兰亚族 (Brownleeinae)	双袋兰属 (Disperis)	1	78	1.28	地生	非洲、亚洲热带至太平洋西北部
		红门兰亚族 (Orchidinae)	苞唇兰属 (Brachycorythis)	8	36	22.22	地生或附生	非洲大陆热带和南部地区、马达加斯加、印度次大陆至中国台湾
			合柱兰属 (Diplomeris)	1	3	33.33	地生	喜马拉雅山脉至中国南部
			盔花兰属 (Galearis)	2	10	20.00	地生	喜马拉雅山脉至俄罗斯远东地区、美洲亚北极地区至美国中北部和东部
			手参属 (Gymnadenia)	1	23	4.35	地生	欧亚大陆温带地区至喜马拉雅山脉
			玉凤花属 (Habenaria)	161	835	19.28	地生	全球热带亚热带地区至西伯利亚南部
			舌喙兰属 (Hemipilia)	8	68	11.76	地生	喜马拉雅山脉至中国中部和台湾、印度次大陆、中南半岛
			角盘兰属 (Herminium)	7	19	36.84	地生	欧亚大陆
			白蝶兰属 (Pecteilis)	7	8	87.50	地生	俄罗斯远东至亚洲热带地区
			阔蕊兰属 (Peristylus)	69	76	90.79	地生	马斯克林群岛、亚洲热带至蒙古国和太平洋地区

续表

亚科	族	亚族	属	东南亚物种种数	全球物种种数	东南亚种数占比	主要生活习性	全球地理分布
红门兰亚科 (Orchidoideae)	红门兰族 (Orchideae)	红门兰亚族 (Orchidinae)	舌唇兰属 (Platanthera)	26	136	19.12	地生	马斯克林群岛、非洲北部、欧亚大陆、美洲中部和北部、古巴
			鸟足兰属 (Satyrium)	1	86	1.16	地生	非洲热带和南部地区、印度洋西部、印度次大陆至中国中南部
			林荫兰属 (Silvorchis)	4	4	100.00	腐生	越南、爪哇岛
			毛轴兰属 (Sirindhornia)	3	3	100.00	地生	中国中南部、孟加拉国、缅甸、泰国
			长喙兰属 (Tsaiorchis)	1	1	100.00	地生	中国南部、越南
树兰亚科 (Epidendroideae)	鸟巢兰族 (Neottieae)		无叶兰属 (Aphyllorchis)	17	22	77.27	腐生	亚洲热带亚热带至澳大利亚昆士兰北部
			头蕊兰属 (Cephalanthera)	5	19	26.32	地生或腐生	非洲北部、欧亚大陆温带地区、北美洲西部
			火烧兰属 (Epipactis)	4	49	8.16	地生、少数腐生	全球温带和亚热带至非洲马拉维、在东南亚主要分布于中南半岛
			鸟巢兰属 (Neottia)	6	64	9.38	地生或腐生	北半球温带和近北极地区至非洲西北部、在东南亚主要分布于缅甸、越南
	竹茎兰族 (Tropidieae)		管花兰属 (Corymborkis)	1	6	16.67	地生	全球热带亚热带地区
			竹茎兰属 (Tropidia)	23	32	71.88	地生、少数腐生	亚洲热带亚热带地区至太平洋西南部、美国佛罗里达州至美洲热带地区
	天麻族 (Gastrodieae)		锚柱兰属 (Didymoplexiella)	8	8	100.00	腐生	中南半岛至马来群岛西部和日本南部
			双唇兰属 (Didymoplexis)	12	17	70.59	腐生	非洲南部和热带地区至太平洋西部

续表

亚科	族	亚族	属	东南亚物种种数	全球物种种数	东南亚物种种数占比	主要生活习性	全球地理分布
树兰亚科（Epidendroideae）	天麻族（Gastrodieae）		天麻属（Gastrodia）	33	60	55.00	腐生	非洲热带地区、印度洋西部、俄罗斯远东地区至热带亚洲和新西兰、瓦努阿图
			拟锚柱兰属（Didymoplexiopsis）	1	1	100.00	腐生	中国海南、老挝、泰国、越南
	芋兰族（Nervilieae）	芋兰亚族（Nerviliinae）	芋兰属（Nervilia）	35	67	52.24	地生	非洲至太平洋区域
		虎舌兰亚族（Epipogiinae）	虎舌兰属（Epipogium）	2	4	50	腐生	欧亚大陆温带地区、非洲热带地区和太平洋群岛南部
			肉药兰属（Stereosandra）	1	1	100.00	腐生	中南半岛至琉球群岛和太平洋西南部
	泰兰族（Thaieae）		泰兰属（Thaia）	1	1	100.00	地生	中国云南、老挝、泰国
	龙嘴兰族（Arethuseae）	龙嘴兰亚族（Arethusinae）	筒瓣兰属（Anthogonium）	1	9	11.11	地生、少数附生	喜马拉雅山脉东侧至中国南部和斯里兰卡
			竹叶兰属（Arundina）	1	2	50.00	地生	亚洲热带亚热带地区
		贝母兰亚族（Coelogyninae）	油灯兰属（Aglossorrhyncha）	11	13	84.62	附生	马鲁古群岛至太平洋西南部
			白及属（Bletilla）	4	5	80.00	地生	中南半岛北部至亚洲东部温带地区
			蜂腰兰属（Bulleyia）	1	1	100.00	附生或岩生	喜马拉雅山脉东侧至中国中南部
			苣柱兰属（Chelonistele）	14	14	100.00	附生	加里曼丹岛、爪哇岛、马来西亚、菲律宾、苏拉威西岛
			贝母兰属（Coelogyne）	191	200	95.50	附生或岩生	亚洲热带亚热带地区至太平洋西南部
			足柱兰属（Dendrochilum）	295	295	100.00	附生、少数地生	中国台湾岛、中南半岛至新几内亚岛

续表

亚科	族	亚族	属	东南亚物种数	全球物种数	东南亚物种数占比	主要生活习性	全球地理分布
树兰亚科（Epidendroideae）	龙嘴兰族（Arethuseae）	贝母兰亚族（Coelogyninae）	合唇兰属（*Dickasonia*）	1	1	100.00	附生	印度大吉岭、不丹、马来西亚
			蔗兰属（*Dilochia*）	10	10	100.00	附生	中南半岛至新几内亚岛
			厌虫兰属（*Entomophobia*）	1	1	100.00	附生或岩生	加里曼丹岛
			继新兰属（*Geesinkorchis*）	4	4	100.00	附生	加里曼丹岛、苏门答腊岛
			球序兰属（*Glomera*）	157	157	100.00	附生	中南半岛至太平洋西部
			连母兰属（*Gynoglottis*）	1	1	100.00	附生	苏门答腊岛
			蹄苗兰属（*Nabaluia*）	3	3	100.00	附生	加里曼丹岛
			新型兰属（*Neogyna*）	1	1	100.00	附生或岩生	尼泊尔至中国中南部和中南半岛
			耳唇兰属（*Otochilus*）	5	5	100.00	附生	喜马拉雅山脉至中国中南部和中南半岛
			曲唇兰属（*Panisea*）	11	11	100.00	附生或岩生	印度次大陆至中国中南部和马来半岛
			石仙桃属（*Pholidota*）	34	34	100.00	附生或岩生	亚洲热带亚热带地区至太平洋西南部
			独蒜兰属（*Pleione*）	13	21	61.90	附生、岩生或地生	喜马拉雅山脉至中国中部和中南半岛
			笋兰属（*Thunia*）	5	5	100.00	地生或附生	印度次大陆至中国中南部和马来半岛
			小沼兰属（*Oberonioides*）	1	1	100.00	地生或附生	中国东南部至中南半岛
			拟笋兰属（*Thuniopsis*）	1	1	100.00	附生或岩生	中国云南、缅甸

续表

亚科	族	亚族	属	东南亚物种数	全球物种数	东南亚物种数占比	主要生活习性	全球地理分布
树兰亚科（Epidendroideae）	沼兰族（Malaxideae）	石斛亚族（Dendrobiinae）	石豆兰属（Bulbophyllum）	1 510	1 867	80.88	附生或岩生	全球热带亚热带地区
			石斛属（Dendrobium）	1 396	1 509	92.51	附生或岩生，少数地生	亚洲热带亚热带至太平洋地区和新西兰
		沼兰亚族（Malaxidinae）	翅梗兰属（Alatiliparis）	5	5	100.00	附生	爪哇岛、苏门答腊岛
			沼兰属（Crepidium）	265	265	100.00	地生，少数附生或岩生	亚洲热带亚热带至太平洋地区
			无耳沼兰属（Dienia）	4	6	66.67	地生，少数附生	亚洲热带亚热带至太平洋西部
			套叶兰属（Hippeophyllum）	10	10	100.00	附生	马来群岛至所罗门群岛
			羊耳蒜属（Liparis）	229	426	53.76	地生，岩生或附生	全球广布
			原沼兰属（Malaxis）	13	182	7.14	地生，少数附生，极少腐生	全球广布
			鸢尾兰属（Oberonia）	239	323	73.99	附生	非洲南部和热带亚洲至太平洋地区
			覆苞兰属（Stichorkis）	20	20	100.00	附生	印度洋西部、亚洲热带亚热带地区至太平洋西南部
	兰族（Cymbidieae）	兰亚族（Cymbidiinae）	合萼兰属（Acriopsis）	9	9	100.00	附生	亚洲热带亚热带地区至太平洋西北部
			兰属（Cymbidium）	64	71	90.14	附生、岩生或地生	亚洲热带亚热带地区至澳大利亚
			斑被兰属（Grammatophyllum）	11	13	84.62	附生	中南半岛至太平洋西部
			紫舌兰属（Porphyroglottis）	1	1	100.00	附生	加里曼丹岛、马来西亚、苏门答腊岛

续表

亚科	族	亚族	属	东南亚物种种数	全球物种种数	东南亚物种种数占比	主要生活习性	全球地理分布
树兰亚科（Epidendroideae）	兰族（Cymbidieae）	兰亚族（Cymbidiinae）	盒足兰属（Thecopus）	2	2	100.00	附生	泰国、越南、加里曼丹岛、马来西亚
			盒柱兰属（Thecostele）	1	1	100.00	附生	孟加拉国至马来群岛
		美冠兰亚族（Eulophiinae）	攀瓷兰属（Claderia）	2	2	100.00	附生	中南半岛至新几内亚岛
			双足兰属（Dipodium）	27	27	100.00	地生，少数腐生	中南半岛至太平洋西部
			美冠兰属（Eulophia）	30	200	15.00	地生，少数腐生	全球热带亚热带地区
			地宝兰属（Geodorum）	7	12	58.33	地生	亚洲热带亚热带地区至太平洋西部
	树兰族（Epidendreae）	腋花兰亚族（Pleurothallidinae）	杯兰属（Brachionidium）	1	75	1.33	附生	主要分布于美洲热带地区
		布袋兰亚族（Calypsinae）	杜鹃兰属（Cremastra）	1	4	25.00	地生	俄罗斯远东地区至中南半岛
			山兰属（Oreorchis）	5	16	31.25	地生	喜马拉雅山脉至俄罗斯远东和亚洲东部温带地区，在东南亚主要分布于缅甸
			筒距兰属（Tipularia）	1	7	14.29	地生	喜马拉雅山脉东侧至日本、美国中东部至东部
			宽距兰属（Yoania）	1	4	25.00	腐生	喜马拉雅山脉东部至亚洲东部温带地区
		禾叶兰亚族（Agrostophyllinae）	禾叶兰属（Agrostophyllum）	129	129	100.00	附生	印度洋西部至太平洋西部
	吻兰族（Collabieae）		坛花兰属（Acanthophippium）	11	13	84.62	地生	亚洲热带亚热带地区至太平洋西部
			安兰属（Ania）	6	11	54.55	地生	亚洲热带亚热带地区

续表

亚科	族	亚族	属	东南亚物种种数	全球物种种数	东南亚物种种数占比	主要生活习性	全球地理分布
树兰亚科 (Epidendroideae)	吻兰族 (Collabieae)		虾脊兰属 (Calanthe)	173	216	80.09	地生	旧世界热带亚热带至太平洋地区、墨西哥至哥伦比亚、加勒比海地区
			黄兰属 (Cephalantheropsis)	4	4	100.00	地生，少数附生	喜马拉雅山脉东侧至日本和马来群岛
			金唇兰属 (Chrysoglossum)	3	4	75.00	地生，少数附生	亚洲热带亚热带地区至太平洋西南部
			吻兰属 (Collabium)	12	14	85.71	地生，少数附生	中国南部至太平洋西南部
			密花兰属 (Diglyphosa)	3	3	100.00	地生	喜马拉雅山脉东侧至新几内亚岛
			毛梗兰属 (Eriodes)	1	1	100.00	附生或岩生	不丹至中南半岛
			滇兰属 (Hancockia)	1	1	100.00	地生	中国中南部至越南北部、日本南部至中国台湾北部
			水仙兰属 (Ipsea)	1	3	33.33	地生	印度南部、斯里兰卡、泰国
			云叶兰属 (Nephelaphyllum)	13	13	100.00	地生，少数附生	马来西亚东部至中国海南和马来群岛中部及西部
			粉口兰属 (Pachystoma)	2	3	66.67	地生	亚洲热带亚热带地区至太平洋西南部
			鹤顶兰属 (Phaius)	35	45	77.78	地生	非洲热带至太平洋地区
			帽叶兰属 (Pilophyllum)	1	1	100.00	地生	中南半岛至所罗门群岛
			苞舌兰属 (Plocoglottis)	36	41	87.80	地生，少数附生	中国云南至中南半岛和巴布亚新几内亚
			紫茎兰属 (Risleya)	1	1	100.00	腐生	中国云南和西藏、不丹、缅甸
			苞舌兰属 (Spathoglottis)	37	48	77.08	地生	亚洲热带亚热带至太平洋地区
			带唇兰属 (Tainia)	25	25	100.00	地生	亚洲热带亚热带地区至澳大利亚东北部

续表

亚科	族	亚族	属	东南亚物种种数	全球物种种数	东南亚物种种数占比	主要生活习性	全球地理分布
树兰亚科 (Epidendroideae)	吻兰族 (Collabieae)		三像兰属 (Devogelia)	1	1	100.00	地生	马鲁古群岛、新几内亚岛
	树唇兰族 (Podochileae)		牛齿兰属 (Appendicula)	158	158	100.00	附生、岩生、少数地生	亚洲热带亚热带地区至太平洋西部
			毛鞘兰属 (Ascidieria)	9	9	100.00	附生	泰国、加里曼丹岛、马来西亚、菲律宾、苏门答腊岛
			藓兰属 (Bryobium)	26	26	100.00	附生	亚洲热带地区至澳大利亚北部
			美柱兰属 (Callostylis)	3	5	60.00	附生	中国南部至亚洲热带地区
			钟兰属 (Campanulorchis)	4	5	80.00	附生	中国海南、越南
			牛角兰属 (Ceratostylis)	152	152	100.00	附生或岩生	亚洲热带亚热带地区至太平洋西部
			宿苞兰属 (Cryptochilus)	8	8	100.00	附生或岩生	喜马拉雅山脉至中国南部和中南半岛
			歧荚兰属 (Dilochiopsis)	1	1	100.00	附生	马来半岛
			宝柱兰属 (Epiblastus)	23	23	100.00	地生	菲律宾群岛至太平洋西南部
			毛兰属 (Eria)	152	237	64.14	附生、岩生、少数地生	亚洲热带亚热带至太平洋地区
			石榴兰属 (Mediocalcar)	16	17	94.12	附生	马鲁古群岛至太平洋西部
			拟毛兰属 (Mycaranthes)	37	37	100.00	附生、岩生、少数地生	中国中南部至亚洲热带地区
			八雄兰属 (Octarrhena)	48	52	92.31	附生	斯里兰卡、马来群岛至太平洋西南部

续表

亚科	族	亚族	属	东南亚物种数	全球物种数	东南亚物种数占比	主要生活习性	全球地理分布
树兰亚科 (Epidendroideae)	柄唇兰族 (Podochileae)		拟石斛属 (Oxystophyllum)	36	36	100.00	附生或岩生	中国海南、中南半岛至巴布亚新几内亚
			馥兰属 (Phreatia)	194	211	91.94	附生	亚洲热带亚热带地区至太平洋地区
			苹兰属 (Pinalia)	150	150	100.00	附生或地生	亚洲热带亚热带地区至太平洋西南部
			杉叶兰属 (Poaephyllum)	7	7	100.00	附生	中南半岛至新几内亚岛
			柄唇兰属 (Podochilus)	63	63	100.00	附生或岩生	亚洲热带亚热带地区至澳大利亚东北部
			盾柄兰属 (Porpax)	25	25	100.00	附生或岩生	非洲热带地区、亚洲热带亚热带地区至太平洋西南部
			双镰兰属 (Pseuderia)	16	20	80.00	附生	马鲁古群岛至太平洋西部
			紫锥兰属 (Ridleyella)	1	1	100.00	附生	新几内亚岛
			矮柱兰属 (Thelasis)	25	26	96.15	附生	亚洲热带亚热带地区至太平洋西南部
			毛鞘兰属 (Trichotosia)	75	78	96.15	附生、岩生、少数地生	中国南部至亚洲热带亚热带地区和太平洋西南部
	万代兰族 (Vandeae)	仙梨兰亚族 (Adrorhizinae)	白芨兰属 (Bromheadia)	28	30	93.33	附生	亚洲热带亚热带地区至澳大利亚昆士兰州北部
		多穗兰亚族 (Polystachyinae)	多穗兰属 (Polystachya)	1	234	0.43	附生或岩生	全球热带亚热带地区
		指甲兰亚族 (Aeridinae)	脆兰属 (Acampe)	5	8	62.50	附生或岩生	非洲索马里至非洲南部、印度洋西部、印度次大陆至中国南部和菲律宾群岛
			腺钗兰属 (Adenoncos)	17	17	100.00	附生	中南半岛南部至新几内亚岛

续表

亚科	族	亚族	属	东南亚物种数	全球物种数	东南亚物种数占比	主要生活习性	全球地理分布
树兰亚科 (Epidendroideae)	万代兰族 (Vandeae)	指甲兰亚族 (Aeridinae)	指甲兰属 (Aerides)	25	25	100.00	附生	亚洲热带亚热带地区
			吕宋兰属 (Amesiella)	3	3	100.00	附生	菲律宾群岛
			蜘蛛兰属 (Arachnis)	15	15	100.00	附生	喜马拉雅山脉中部至琉球群岛和马来群岛
			胼胝兰属 (Biermannia)	7	11	63.64	附生	印度阿萨姆至马来半岛
			茂物兰属 (Bogoria)	7	7	100.00	附生	加里曼丹岛、爪哇岛、菲律宾、苏门答腊岛、新几内亚岛
			短足兰属 (Brachypeza)	12	12	100.00	附生	中南半岛至新几内亚岛
			冕药兰属 (Calymmanthera)	5	5	100.00	附生	马鲁古群岛、新几内亚岛、所罗门群岛、斐济群岛
			反舌兰属 (Ceratocentron)	1	1	100.00	附生	菲律宾群岛
			低药兰属 (Chamaeanthus)	2	3	66.67	附生	中国台湾、泰国、加里曼丹岛、爪哇岛、菲律宾
			异型兰属 (Chiloschista)	13	20	65.00	附生或岩生	亚洲热带亚热带地区至太平洋西部
			宿唇兰属 (Chroniochilus)	4	4	100.00	附生	中国云南、泰国、加里曼丹岛、爪哇岛、马来西亚、苏门答腊岛
			虎牙兰属 (Cleisomeria)	2	2	100.00	附生	印度阿萨姆至马来群岛西部
			隔距兰属 (Cleisostoma)	116	116	100.00	附生，少数岩生	亚洲热带亚热带地区至太平洋西部
			拟隔距兰属 (Cleisostomopsis)	2	2	100.00	附生	中国东南部、泰国、越南

续表

亚科	族	亚族	属	东南亚物种数	全球物种数	东南亚物种数占比	主要生活习性	全球地理分布
树兰亚科 (Epidendroideae)	万代兰族 (Vandeae)	指甲兰亚族 (Aeridinae)	隐户兰属 (Cryptopylos)	1	1	100.00	附生	柬埔寨、老挝、泰国、越南、苏门答腊岛
			毛环兰属 (Deceptor)	1	1	100.00	附生	越南
			异花兰属 (Dimorphorchis)	10	10	100.00	附生	加里曼丹岛、马鲁古群岛、菲律宾、苏拉威西岛、俾斯麦群岛、新几内亚岛、所罗门群岛
			蛇舌兰属 (Diploprora)	2	2	100.00	附生	印度、喜马拉雅山脉至中国台湾
			鼻仙兰属 (Dryadorchis)	5	5	100.00	附生	新几内亚岛
			达雅兰属 (Dyakia)	1	1	100.00	附生	加里曼丹岛
			厚囊兰属 (Eclecticus)	1	1	100.00	附生	柬埔寨、老挝、泰国
			盆距兰属 (Gastrochilus)	24	56	42.86	附生	亚洲热带亚热带地区
			火炬兰属 (Grosourdya)	26	26	100.00	附生	中国海南至中南半岛和马来群岛
			舟雪兰属 (Gunnarella)	3	9	33.33	附生	新几内亚岛、所罗门群岛、新喀里多尼亚岛、瓦努阿图
			槽舌兰属 (Holcoglossum)	11	14	78.57	附生	印度阿萨姆至中国台湾和中南半岛
			膜花兰属 (Hymenorchis)	12	12	100.00	附生	越南、爪哇岛、马来西亚、菲律宾、新几内亚岛、新喀里多尼亚岛
			柔浩兰属 (Jejewoodia)	6	6	100.00	附生或岩生	加里曼丹岛

续表

亚科	族	亚族	属	东南亚物种种数	全球物种种数	东南亚物种种数占比	主要生活习性	全球地理分布
树兰亚科 (Epidendroideae)	万代兰族 (Vandeae)	指甲兰亚族 (Aeridinae)	钗子股属 (Luisia)	34	39	87.18	附生或岩生	亚洲热带亚热带地区至太平洋西部
			缆车兰属 (Macropodanthus)	9	9	100.00	附生	尼科巴群岛至菲律宾群岛
			小囊兰属 (Micropera)	18	21	85.71	附生	中国西藏东南部至亚洲热带地区和太平洋西部
			小瓶兰属 (Microsaccus)	12	12	100.00	附生	中南半岛至菲律宾群岛
			枕碧兰属 (Omoea)	2	2	100.00	附生	爪哇岛、菲律宾、苏门答腊岛
			啄金兰属 (Ophioglossella)	1	1	100.00	附生	新几内亚岛
			凤蝶兰属 (Papilionanthe)	7	11	63.64	附生	印度至中国中南部和马半岛
			筒叶兰属 (Paraphalaenopsis)	4	4	100.00	附生, 少数岩生	加里曼丹岛
			钻柱兰属 (Pelatantheria)	7	8	87.50	附生或岩生	印度至日本南部和马来群岛西部
			巾唇兰属 (Pennilabium)	16	16	100.00	附生	喜马拉雅山脉东侧至马来群岛中部和西部
			蝴蝶兰属 (Phalaenopsis)	80	80	100.00	附生、地生或岩生	亚洲热带亚热带地区至澳大利亚东北部
			苇钗兰属 (Phragmorchis)	1	1	100.00	附生	菲律宾群岛
			鹿角兰属 (Pomatocalpa)	19	25	76.00	附生	亚洲热带亚热带地区至太平洋西南部

续表

亚科	族	亚族	属	东南亚植物种数	全球物种数	东南亚物种数占比	主要生活习性	全球地理分布
树兰亚科 (Epidendroideae)	万代兰族 (Vandeae)	指甲兰亚族 (Aeridinae)	伸轴兰属 (Porrorhachis)	2	2	100.00	附生	加里曼丹岛、爪哇岛、苏拉威西岛
			长足兰属 (Pteroceras)	17	27	62.96	附生	印度至中国中南部和马来群岛
			火焰兰属 (Renanthera)	20	20	100.00	附生或岩生,少数地生	中国南部至亚洲热带地区
			钻柱兰属 (Rhynchostylis)	4	4	100.00	附生	印度至中国中南部和马来群岛
			寄树兰属 (Robiquetia)	75	75	100.00	附生	亚洲热带亚热带地区至太平洋西部
			拟囊唇兰属 (Saccolabiopsis)	12	14	85.71	附生	喜马拉雅山脉东侧至太平洋西南部
			囊唇兰属 (Saccolabium)	8	8	100.00	附生	爪哇岛、苏门答腊岛
			乳距兰属 (Santotomasia)	1	1	100.00	附生	菲律宾群岛
			盔唇兰属 (Sarcanthopsis)	7	7	100.00	附生或岩生	新几内亚岛至太平洋西南部
			肉唇兰属 (Sarcochilus)	6	25	24.00	附生或岩生	新几内亚岛至新喀里多尼亚岛和澳大利亚东部
			大喙兰属 (Sarcoglyphis)	10	12	83.33	附生	喜马拉雅山脉东侧至中国中南部和马来群岛西部
			肉兰属 (Sarcophyton)	2	3	66.67	附生	中国台湾至菲律宾群岛
			匙唇兰属 (Schoenorchis)	22	25	88.00	附生	亚洲热带亚热带地区至太平洋西南部

续表

亚科	族	亚族	属	东南亚物种种数	全球物种种数	东南亚物种种数占比	主要生活习性	全球地理分布
树兰亚科 (Epidendroideae)	万代兰族 (Vandeae)	指甲兰亚族 (Aeridinae)	举喙兰属 (*Seidenfadenia*)	1	1	100.00	附生或岩生	老挝、缅甸、泰国
			盖喉兰属 (*Smitinandia*)	3	3	100.00	附生	喜马拉雅山脉至中国云南和马来群岛
			坚唇兰属 (*Stereochilus*)	7	7	100.00	附生	喜马拉雅山脉东侧至中南半岛、菲律宾
			带叶兰属 (*Taeniophyllum*)	209	236	88.56	附生或岩生	非洲加纳至津巴布韦、亚洲热带亚热带至太平洋地区
			白点兰属 (*Thrixspermum*)	177	177	100.00	附生或岩生，少数地生	亚洲热带亚热带地区至太平洋西部
			短头兰属 (*Trachoma*)	15	15	100.00	附生	印度阿萨姆至太平洋地区
			毛舌兰属 (*Trichoglottis*)	82	82	100.00	附生	亚洲热带亚热带地区至太平洋西北部
			红头兰属 (*Tuberolabium*)	8	11	72.73	附生	中国南部至马来群岛
			叉喙兰属 (*Uncifera*)	5	6	83.33	附生	喜马拉雅山脉至中国中南部和中南半岛
			万代兰属 (*Vanda*)	71	73	97.26	附生	亚洲热带亚热带地区至太平洋西北部
			拟万代兰属 (*Vandopsis*)	4	4	100.00	附生、岩生或地生	中国南部至亚洲热带地区
总计 17		26	233	8862	13045	67.93		

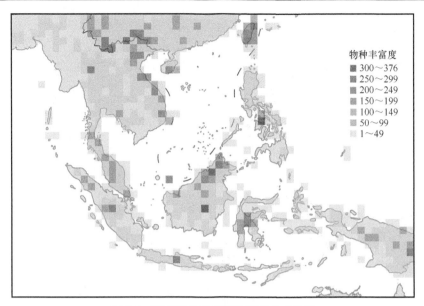

图 7.2 东南亚兰科植物的地理分布格局

Fig. 7.2 Geographical distribution pattern of Orchidaceae in Southeast Asia

拟兰亚科、香荚兰亚科、杓兰亚科和红门兰亚科在东南亚各个分区分布的属的数量差别不大（图 7.3）。树兰亚科以巽他区分布最多，达到 142 属；其次是印度-缅甸区（138 属）；华莱士区 117 属；菲律宾区最少，仅有 99 属（图 7.3）。

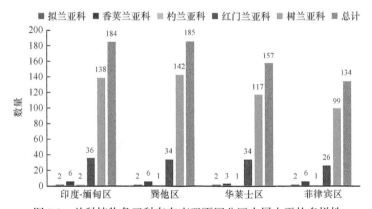

图 7.3 兰科植物各亚科在东南亚不同分区内属水平的多样性

Fig. 7.3 Genus diversity of orchid subfamilies in different regions of Southeast Asia

7.2.1 东南亚拟兰亚科植物种类及分布格局

拟兰亚科是兰科的基部类群，约 9000 万年前最早于澳大利亚地区从兰科祖先类群中分化出来。约 2500 万年前，由澳大利亚通过新几内亚岛并穿过华莱士线到达东南亚地区（Givnish et al.，2015，2016）。东南亚是世界拟兰亚科的分布多样性中心,有 2 属 14 种,主要分布于加里曼丹岛中部和北部、中南半岛西部、马来半岛南部和苏门答腊岛(图 7.4)。

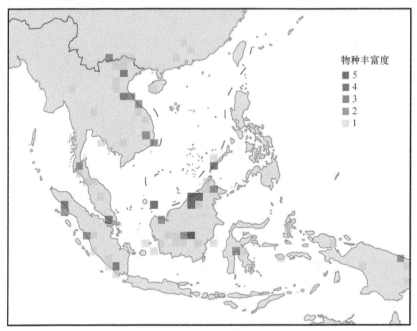

图 7.4　东南亚拟兰亚科的地理分布格局

Fig. 7.4　Geographical distribution pattern of Apostasioideae in Southeast Asia

该亚科全球分布有 2 属 17 种,主要分布于东南亚、日本和澳大利亚北部的湿润地区。其中拟兰属(*Apostasia*)世界分布有 8 种,除深圳拟兰(*A. shenzhenica*)和佛冈拟兰(*A. fogangica*)外,其余 6 种在东南亚地区均有分布。

三蕊兰属(*Neuwiedia*)世界分布 9 种,除麻栗坡三蕊兰(*N. malipoensis*)外,其余 8 种在东南亚均有分布。

7.2.2　东南亚香荚兰亚科植物种类及分布格局

香荚兰亚科起源于约 8400 万年前的新热带区,其下的朱兰族(Pogonieae)于4400 万年前从新热带区向北美洲扩散,分化出玫蕾兰属(*Cleistesiopsis*)、仙指兰属(*Isotria*)和朱兰属(*Pogonia*),随后这些类群约于 1100 万年前向欧亚大陆扩散;本亚科香荚兰族(Vanilleae)自新热带区起源后,于 6400 万～5900 万年前通过长距离扩散穿越太平洋到达新喀里多尼亚岛,分化出菝葜兰属(*Clematepistephium*)和绒珊兰属(*Eriaxis*);而苞荚兰属(*Pseudovanilla*)和肉果兰属(*Cyrtosia*)于6100 万年前从新热带区长距离扩散至澳大利亚和东南亚地区;随后,肉果兰属进一步扩散到东亚地区,苞荚兰属(*Pseudovanilla*)又于 3100 万～600 万年前扩散至波纳佩岛和斐济群岛(Givnish et al., 2016)。香荚兰属(*Vanilla*)于 6100 万年前形成，并于 2600 万～1800 万年前扩散至非洲，随后从非洲于 1300 万年前扩散至印度洋，于 1200 万～400 万年前扩散至加勒比海区域（Givnish et al.，2016）。

东南亚是世界香荚兰亚科分布中心之一，共有 2 族 7 属 59 种，主要分布在马来半岛、加里曼丹岛北部和菲律宾中部。

（1）朱兰族（Pogonieae）

东南亚仅含朱兰属（*Pogonia*）的 2 种，分布于马鲁古群岛。该属全球有 5 种，分布范围为俄罗斯远东至中国和日本、马鲁古群岛、加拿大东部至美国东部。

（2）香荚兰族（Vanilleae）

东南亚香荚兰族有 6 属 57 种，包括香荚兰属（*Vanilla*）31 种、盂兰属（*Lecanorchis*）11 种、苞荚兰属（*Pseudovanilla*）6 种、肉果兰属（*Cyrtosia*）5 种、山珊瑚属（*Galeola*）3 种和倒吊兰属（*Erythrorchis*）1 种。

香荚兰族植物除地生习性的盂兰属外均为攀缘藤本。其中肉果兰属、美蕉兰属、山珊瑚属、苞荚兰属多分布于澳大利亚、马达加斯加岛、太平洋岛屿等地区的热带及亚热带地区；菝葜兰属、倒吊兰属、绒珊兰属及香荚兰属广泛分布于旧世界和新世界热带地区；盂兰属多分布于马来群岛至日本的区域（图 7.5）。

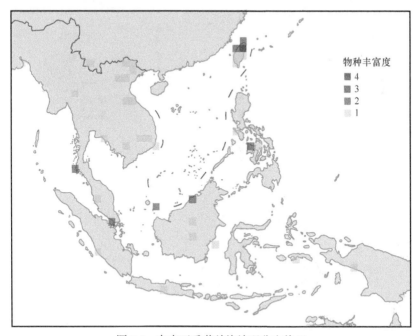

图 7.5　东南亚香荚兰族地理分布格局

Fig. 7.5　Geographical distribution pattern of Vanilleae in Southeast Asia

该族大部分属为寡型属或单型属，香荚兰属为该族中的最大属，全世界 100

余种，目前东南亚分布的香荚兰属物种的迁移路线可能是沿新热带区—非洲—印度洋区域—东南亚（Givnish et al.，2016）。

该族物种在东南亚的分布中心为马来半岛、加里曼丹岛北部和菲律宾中部（图 7.5）。

7.2.3　东南亚杓兰亚科植物种类及分布格局

杓兰亚科包括 5 属，包括杓兰属（*Cypripedium*）、镊萼兜兰属（*Mexipedium*）、兜兰属（*Paphiopedilum*）、美洲兜兰属（*Phragmipedium*）和璧月兰属（*Selenipedium*）。该亚科物种广泛分布于欧亚大陆的温带至热带地区及南美洲、北美洲地区，杓兰属主要分布于北半球温带和亚热带地区，有些种类延伸到北美洲热带地区；镊萼兜兰属、美洲兜兰属和璧月兰属则主要集中在新热带区；兜兰属主要集中在旧热带区（图 7.6）。

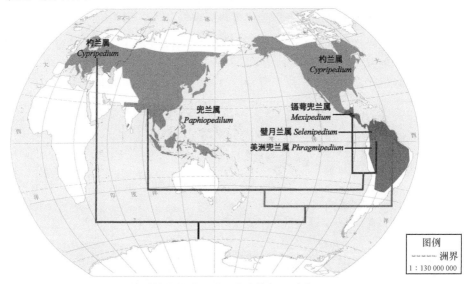

图 7.6　杓兰亚科植物的世界地理分布格局（改自 Guo et al.，2012）

Fig. 7.6　Geographical distribution pattern of Cypripedioideae in Southeast Asia (Revised from Guo et al., 2012)

目前的研究表明，大陆分裂及随后的冰期气候变冷导致了该亚科物种的不连续分布。杓兰属是该亚科的基部类群，7600 万年前于新热带区分化形成，随后长距离扩散至欧亚大陆，少量到达东南亚，随后又返回扩散至北美洲数次。璧月兰属、美洲兜兰属、镊萼兜兰属分别于约 3100 万年前、2800 万年前、2100 万年前分化形成。兜兰属于 4600 万年前经历了长距离扩散，可能的扩散路线为新热带区—北美洲—白令陆桥—东亚—东南亚，并在东南亚地区分化出众多种类（Givnish et al.，2016）。

东南亚杓兰亚科有 2 属，即兜兰属和杓兰属。

兜兰属世界分布有 130 多种，东南亚是兜兰属的世界多样性中心，有 116 种，分布中心位于中国西南部至越南中部、加里曼丹岛中部和菲律宾中部（图 7.7）。

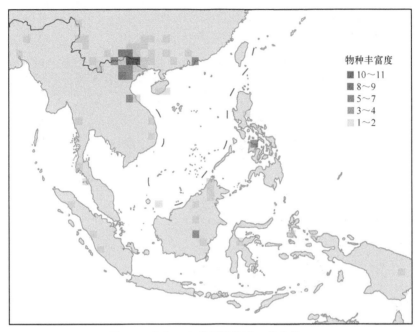

图 7.7　东南亚兜兰属植物地理分布格局

Fig. 7.7　Geographical distribution pattern of *Paphiopedilum* in Southeast Asia

杓兰属全球分布有 51 种，主要分布于北半球温带和亚高山带至美洲中部。东南亚分布仅 4 种，主要分布于中国西南和中南半岛。

7.2.4　东南亚红门兰亚科植物种类及分布格局

红门兰亚科是兰科中仅次于树兰亚科的类群，于 6400 万年前在新热带区与树兰亚科分化后逐渐向外扩散，包括银钟兰族（Codonorchideae）、盔唇兰族（Cranichideae）、双尾兰族（Diurideae）和红门兰族（Orchideae）。该亚科中红门兰族沿新热带区—非洲—欧亚大陆的路线扩散，最后到达日本和北美洲；银钟兰族仅在南美洲分布；双尾兰族沿新热带区—澳大利亚—东南亚、新西兰和新喀里多尼亚岛的路线扩散；盔唇兰族的物种主要在新热带区分化形成，一部分逐渐扩散至北美地区，如盔唇兰属（*Cranichis*）和绶草属（*Spiranthes*），另一部分向澳大利亚和太平洋区域扩散，如粗距兰属（*Pachyplectron*）、翅柱兰属（*Pterostylis*）及它们的近缘类群（Givnish et al.，2016）。

东南亚分布有红门兰亚科共 3 族 12 亚族 49 属 830 种。

（1）盔唇兰族（Cranichideae）

东南亚分布有 3 亚族 25 属 394 种。

A. 斑叶兰亚族（Goodyerinae）

东南亚分布有 23 属 381 种，包括斑叶兰属（*Goodyera*）、线柱兰属（*Zeuxine*）、齿唇兰属（*Odontochilus*）、二尾兰属（*Vrydagzynea*）、开唇兰属（*Anoectochilus*）、叉柱兰属（*Cheirostylis*）、菱兰属（*Rhomboda*）、钳唇兰属（*Erythrodes*）、鳔唇兰属（*Cystorchis*）、翻唇兰属（*Hetaeria*）等。下面简单介绍几个物种多样性高的属。

I. 斑叶兰属（*Goodyera*）

东南亚有 50 种，分布中心位于菲律宾中部、中国西南与越南交接部、加里曼丹岛和苏拉威西岛（图 7.8）。该属全球近 100 种，在晚白垩纪起源于热带亚洲地区，而后向北扩散（田怀珍，2008）。现广泛分布于中国大部分地区及印度、不丹、印度尼西亚、日本、韩国、尼泊尔、泰国、越南、克什米尔地区、缅甸、俄罗斯（亚洲部分）、欧洲及北美洲（周晓旭，2017）。

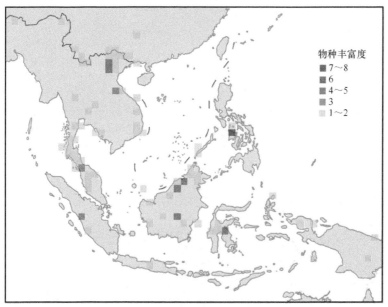

图 7.8　东南亚斑叶兰属植物的地理分布格局

Fig. 7.8　Geographical distribution pattern of *Goodyera* in Southeast Asia

II. 线柱兰属（*Zeuxine*）

东南亚有 50 种，分布中心位于中南半岛和菲律宾中部。该属全球有 70 余种，分布范围为非洲热带地区至亚洲中部和太平洋西部区域。

III. 齿唇兰属（*Odontochilus*）

东南亚分布有 52 种，东南亚地区广布。该属全球有 68 种，分布范围为印度北部、喜马拉雅山脉、东南亚地区、北至日本北部、东至太平洋岛屿西南部等地。

IV. 二尾兰属 (*Vrydagzynea*)

东南亚分布有该属所有 39 种，东南亚地区广布。该属全球分布范围为亚洲热带亚热带至太平洋西部地区。

V. 开唇兰属 (*Anoectochilus*)

东南亚有 38 种，分布中心位于中国西南部至越南南部、苏门答腊岛中部和加里曼丹岛北部。该属全球有 40 余种，分布范围为亚洲热带亚热带至西太平洋地区。

B. 翅柱兰亚族 (Pterostylidinae)

东南亚仅分布有翅柱兰属 (*Pterostylis*) 的 8 种，主要分布于印度尼西亚小巽他群岛、马鲁古群岛及新几内亚岛。该属全球分布有 200 余种，分布范围为马鲁古群岛至太平洋西南部和新西兰。

C. 绶草亚族 (Spiranthinae)

东南亚仅分布有绶草属 (*Spiranthes*) 的 5 种，在东南亚地区广布。该属全球有 30 余种，主要分布于欧亚大陆至太平洋西南、非洲北部、美洲中部和北部至加勒比海区域。

（2）双尾兰族（Diurideae）

东南亚分布有 7 亚族 9 属 136 种。

A. 针花兰亚族 (Acianthinae)

东南亚分布有 2 属 105 种，其中：铠兰属 (*Corybas*) 有 94 种，东南亚地区广布。该属全球有 130 余种，分布范围为亚洲热带亚热带至西太平洋及新西兰亚南极群岛。指柱兰属 (*Stigmatodactylus*) 在东南亚分布有该属所有 11 种，主要分布于泰国、马来群岛和新几内亚岛。该属全球分布范围为喜马拉雅山脉东侧向北至日本，向南至新喀里多尼亚岛。

B. 裂缘兰亚族 (Caladeniinae)

东南亚仅分布有裂缘兰属 (*Caladenia*) 的 2 种，分布于印度尼西亚爪哇岛、小巽他群岛和苏拉威西岛。该属全球有 260 余种，分布范围为爪哇岛至澳大利亚、新西兰、新喀里多尼亚岛等。

C. 隐柱兰亚族 (Cryptostylidinae)

东南亚仅分布有隐柱兰属 (*Cryptostylis*) 的 19 种，在东南亚地区广布。该属全球有 20 余种，分布范围为亚洲热带亚热带至太平洋西南部。

D. 双尾兰亚族 (Diuridinae)

东南亚仅分布有双尾兰属 (*Diuris*) 的 1 种，分布于小巽他群岛。该属全球有 70 余种，主要分布于澳大利亚东部和南部。

E. 槌唇兰亚族 (Drakaeinae)

东南亚仅分布有肘兰属 (*Arthrochilus*) 的 3 种，分布于新几内亚岛。该属全球有 10 余种，分布范围为新几内亚岛至澳大利亚东部和北部。

F. 葱叶兰亚族（Prasophyllinae）

东南亚仅分布有葱叶兰属（*Microtis*）的 2 种，分布于马来群岛。该属全球约有 19 种，分布范围为中国南部至日本、马来群岛、澳大利亚至太平洋西南部。

G. 太阳兰亚族（Thelymitrinae）

东南亚仅分布有 2 属 4 种，其中：太阳兰属（*Thelymitra*）有 3 种，分布于马来群岛和新几内亚岛。该属全球 110 余种，主要分布范围为爪哇岛至新西兰和新喀里多尼亚岛。胡须兰属（*Calochilus*）有 1 种，分布于新几内亚岛。该属全球近 30 种，主要分布范围为新几内亚岛至新西兰和新喀里多尼亚岛。

（3）红门兰族（Orchideae）

东南亚分布有 2 亚族 15 属 300 种。

A. 凤仙兰亚族（Brownleeinae）

东南亚仅分布有双袋兰属（*Disperis*）的 1 种，分布于泰国、马来群岛和新几内亚岛。该属全球有 70 余种，分布范围为非洲、亚洲热带亚热带至太平洋西北部。

B. 红门兰亚族（Orchidinae）

东南亚分布有 14 属 299 种，包括玉凤花属（*Habenaria*）、阔蕊兰属（*Peristylus*）、舌唇兰属（*Platanthera*）、苞叶兰属（*Brachycorythis*）、角盘兰属（*Herminium*）等。

I. 玉凤花属（*Habenaria*）

东南亚分布有该属 161 种，分布中心位于中南半岛西北部和爪哇岛中部（图 7.9）。

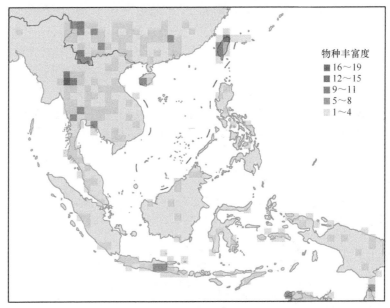

物种丰富度
- 16～19
- 12～15
- 9～11
- 5～8
- 1～4

图 7.9　东南亚玉凤花属植物的地理分布格局

Fig. 7.9　Geographical distribution pattern of *Habenaria* in Southeast Asia

该属全球有 800 余种，是红门兰亚族中最大的属，地生，广布于新世界、旧世界植物区的热带和亚热带地区（Pridgeon et al.，2001；Batista et al.，2013），物种多样性中心位于巴西、非洲中部和南部及亚洲地区。目前的研究发现，该属与边沁兰属（*Benthamia*）、凤盔兰属（*Bonatea*）、合柱兰属（*Diplomeris*）、怒江兰属（*Gennaria*）、角盘兰属（*Herminium*）、先骕兰属（*Hsenhsua*）、白蝶兰属（*Pecteilis*）、瘤柱兰属（*Tylostigma*）关系密切。根据系统分类学的研究证据，Jin 等（2014a）建议将这些属与玉凤花属融合并分为 2 个或 2 个以上的属。

II. 阔蕊兰属（*Peristylus*）

根据 Chase 等（2015）的分类，该属达 100 余种，但 Raskoti 等（2016）研究发现该属原在高山区域分布的种类属于角盘兰属（*Herminium*）。因此，该属全球分布 70 余种，主要分布于马斯克林群岛、亚洲热带亚热带至蒙古国和太平洋地区。

东南亚分布有 69 种，分布中心位于中南半岛西北部、爪哇岛中部、加里曼丹岛中部和菲律宾中部（图 7.10）。

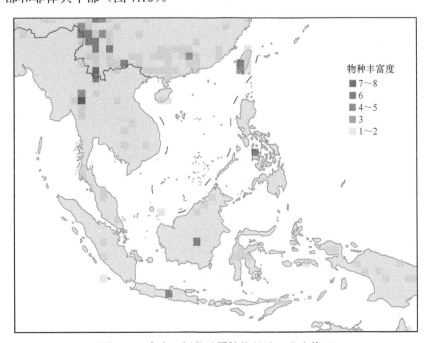

物种丰富度
■ 7～8
■ 6
■ 4～5
■ 3
■ 1～2

图 7.10　东南亚阔蕊兰属植物的地理分布格局
Fig. 7.10　Geographical distribution pattern of *Peristylus* in Southeast Asia

III. 舌唇兰属（*Platanthera*）

东南亚有 26 种，广布于东南亚地区。该属全球 130 余种，分布范围为马斯克林群岛、非洲北部、欧亚大陆、美洲中部和北部、古巴。

7.2.5　东南亚树兰亚科植物种类及分布格局

树兰亚科是兰科中的最大亚科,全球共包括 16 族 25 亚族 516 属 10 000 余种,与红门兰亚科于 6400 万年前分化形成。

基部类群鸟巢兰族(Neottieae)最先分化和扩散,分别从新热带区扩散至欧亚大陆、东南亚和北美洲,目前主要分布于北半球的温带和亚热带地区,个别种类扩散到热带高山地区(Pridgeon et al.,2005;Chen et al.,2009;Zhou & Jin,2018)。

箬叶兰族(Sobralieae)、垂帽兰族(Triphoreae)、竹茎兰族(Tropideae)、芋兰族(Nervileae)也由祖先类群从新热带区长距离扩散至东南亚地区分化形成。

现存树兰族的大部分类群均为祖先类群于 3000 万年前从东南亚回迁至新热带区后逐渐分化形成,它们包括布袋兰亚族(Calypsinae)凸粉兰属(*Coelia*)、禾叶兰亚族(Agrostophyllinae)、拟白及亚族(Bletiinae)、蕾丽兰亚族(Laeliinae)、腋花兰亚族(Pleurothallidinae)、蔺叶兰亚族(Ponerinae)及除兰亚族(Cymbidinae)外的兰族(Cymbideae)类群;而兰亚族于 1700 万年前从东南亚开始扩散,分别到达澳大利亚、太平洋海域和欧亚大陆地区;禾叶兰亚族(Agrostophyllinae)中的悬树兰属(*Earina*)于 3000 万年前从东南亚扩散至太平洋区域;布袋兰亚族中的大部分类群于 3200 万年前扩散至北美洲地区,随后又发生至少 2 次扩散事件,从北美洲扩散返至欧亚大陆和东南亚(Givnish et al.,2016)。

龙嘴兰族(Arethuseae)于 1500 万年前从东南亚长距离扩散至北美洲,随后又扩散返回东南亚地区(Givnish et al.,2016)。

万代兰族(Vandeae)中的彗星兰亚族(Angraecinae)是祖先类群于 2100 万年前从东南亚长距离扩散至非洲分化形成(Givnish et al.,2016)。

吻兰族(Collabieae)、柄唇兰族(Podochileae)、沼兰族(Malaxideae)中的石斛亚族(Dendrobiinae)也发生过多次较长距离的扩散,从东南亚扩散至澳大利亚和太平洋海域(Givnish et al.,2016)。

东南亚树兰亚科共有 12 族 14 亚族 173 属 7839 种。

(1)鸟巢兰族(Neottieae)

东南亚分布有 4 属 32 种,具体如下。

无叶兰属(*Aphyllorchis*),17 种,在东南亚地区广布。该属全球有 20 余种,分布范围为亚洲热带亚热带至澳大利亚昆士兰州北部。

鸟巢兰属(*Neottia*),6 种,分布于缅甸和越南。该属全球有 60 余种,主要分布范围为北半球温带和近北极地区至非洲西北部。

头蕊兰属(*Cephalanthera*),5 种,分布于老挝、缅甸和泰国。该属全球近 20 种,主要分布范围为非洲北部、欧亚大陆温带地区至中南半岛和北美洲西部。

火烧兰属(*Epipactis*),4 种,分布于老挝、缅甸、泰国和越南。该属全球近

50 种，主要分布范围为全球温带和亚热带至非洲马拉维。

（2）竹茎兰族（Tropidieae）

东南亚分布有 2 属 24 种，具体如下。

竹茎兰属（*Tropidia*），23 种，分布于中南半岛至新几内亚岛的区域。该属全球有 30 余种，分布范围为亚洲热带亚热带地区至太平洋西南部、美国佛罗里达州至美洲热带地区。

管花兰属（*Corymborkis*），1 种，分布于中南半岛至新几内亚岛的区域。该属全球有 6 种，广布于全球热带亚热带地区。

（3）天麻族（Gastrodieae）

东南亚分布有 4 属 54 种，具体如下。

天麻属（*Gastrodia*），33 种，在东南亚地区广布。该属全球约 60 种，分布范围为非洲热带地区、印度洋西部、俄罗斯远东地区至热带亚洲、新西兰和西太平洋的瓦努阿图。

双唇兰属（*Didymoplexis*），12 种，分布于中南半岛至新几内亚岛的区域。该属全球近 20 种，分布范围为非洲南部及热带至太平洋西部。

锚柱兰属（*Didymoplexiella*），东南亚包含所有 8 种，分布于中南半岛和马来群岛。全球分布范围为中南半岛至马来群岛西部和日本南部。

单种属拟锚柱兰属（*Didymoplexiopsis*），1 种，分布于中国海南、老挝、泰国和越南。

（4）芋兰族（Nervilieae）

东南亚分布有 2 亚族 3 属 38 种，具体如下。

A. 芋兰亚族（Nerviliinae）

东南亚仅分布有芋兰属（*Nervilia*）的 35 种，分布中心位于中南半岛东北部和西北部、苏门答腊岛。该属全球分布有近 70 种，分布范围为非洲至太平洋区域。

B. 虎舌兰亚族（Epipogiinae）

东南亚分布有 2 属 3 种，具体如下。

虎舌兰属（*Epipogium*），2 种，分布于中南半岛至新几内亚岛的区域。该属全球有 4 种，分布范围为欧亚大陆温带地区、非洲热带地区至太平洋西南部。

单种属肉药兰属（*Stereosandra*），1 种，分布范围为中南半岛至琉球群岛和太平洋西南部。

（5）泰兰族（Thaieae）

东南亚仅分布有单种属泰兰属（*Thaia*）的 1 种，该种只在东南亚地区分布，分布范围为中国云南、老挝和泰国。

（6）龙嘴兰族（Arethuseae）

东南亚分布有 2 亚族 23 属 766 种。

A. 龙嘴兰亚族（Arethusinae）

东南亚仅分布有 2 属 2 种，具体如下。

筒瓣兰属（*Anthogonium*），1 种，分布于柬埔寨、老挝、缅甸、泰国和越南。该属全球有 9 种，分布范围为喜马拉雅山脉东侧至中国南部和斯里兰卡。

竹叶兰属（*Arundina*），1 种，在东南亚地区广布。该属全球 2 种，主要分布于亚洲热带亚热带地区。

B. 贝母兰亚族（Coelogyninae）

东南亚分布有 21 属 764 种，包括足柱兰属（*Dendrochilum*）、贝母兰属（*Coelogyne*）、球序兰属（*Glomera*）、石仙桃属（*Pholidota*）、穹柱兰属（*Chelonistele*）等。

I. 足柱兰属（*Dendrochilum*）

东南亚分布有该属所有 295 种，分布多样性中心位于加里曼丹岛中部和北部、菲律宾中部（图 7.11）。该属全球分布范围为中国台湾、中南半岛至新几内亚岛的区域。

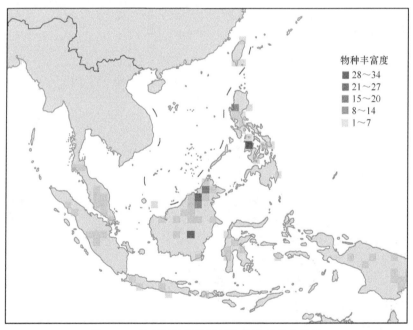

图 7.11　东南亚足柱兰属植物的地理分布格局

Fig. 7.11　Geographical distribution pattern of *Dendrochilum* in Southeast Asia

II. 贝母兰属（*Coelogyne*）

东南亚分布有 191 种，分布中心位于加里曼丹岛中部和北部、菲律宾中部（图 7.12）。该属全球约 200 种，分布范围为亚洲热带亚热带地区至太平洋西部。

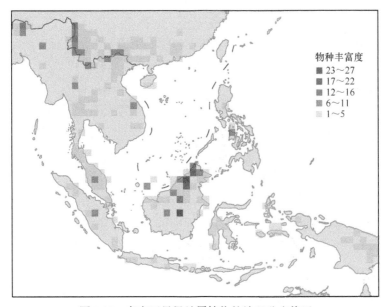

图 7.12　东南亚贝母兰属植物的地理分布格局

Fig. 7.12　Geographical distribution pattern of *Coelogyne* in Southeast Asia

III. 球序兰属（*Glomera*）

东南亚分布有该属所有 157 种，分布中心位于新几内亚岛（图 7.13）。该属全球分布范围为中南半岛至太平洋西部。

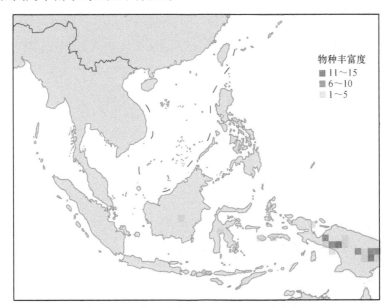

图 7.13　东南亚球序兰属植物的地理分布格局

Fig. 7.13　Geographical distribution pattern of *Glomera* in Southeast Asia

IV. 石仙桃属（*Pholidota*）

东南亚分布有该属所有 34 种，分布中心位于中国西南部至越南南部、加里曼丹岛中部和北部（图 7.14）。该属全球分布范围为亚洲热带亚热带地区至太平洋西南部。

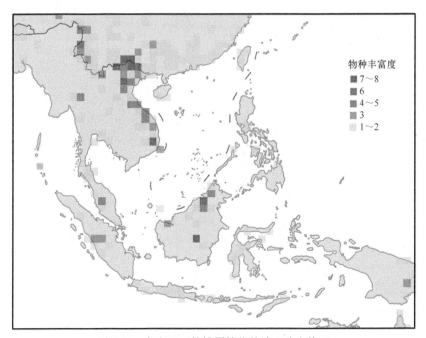

图 7.14　东南亚石仙桃属植物的地理分布格局

Fig. 7.14　Geographical distribution pattern of *Pholidota* in Southeast Asia

V. 穹柱兰属（*Chelonistele*）

东南亚有该属所有 14 种，分布于加里曼丹岛、爪哇岛、马来西亚、菲律宾、苏拉威西岛。

（7）沼兰族（Malaxideae）

东南亚分布有 2 亚族 10 属 3691 种，具体如下。

A. 石斛亚族（Dendrobiinae）

东南亚分布有 2 属 2906 种，包括兰科中两个大属：石豆兰属（*Bulbophyllum*）和石斛属（*Dendrobium*）。

I. 石豆兰属（*Bulbophyllum*）

东南亚分布有 1510 种，分布中心位于加里曼丹岛中部和北部、苏拉威西岛、菲律宾中部和中南半岛西北与横断山脉交接部（图 7.15）。该属全球分布有 1800 余种，是兰科中的第一大属，广布于全球热带亚热带地区（Pridgeon et al.，2014）。

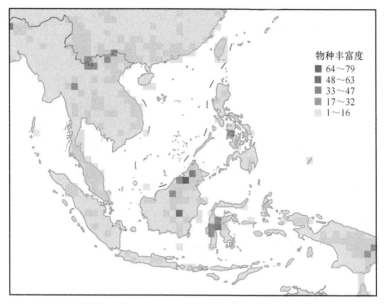

图 7.15　东南亚石豆兰属植物的地理分布格局

Fig. 7.15　Geographical distribution pattern of *Bulbophyllum* in Southeast Asia

II. 石斛属（*Dendrobium*）

东南亚分布有 1396 种，分布中心为中南半岛西北部及与横断山脉交接部，加里曼丹岛中部和北部，以及苏拉威西岛及菲律宾中部（图 7.16）。该属全球分布有

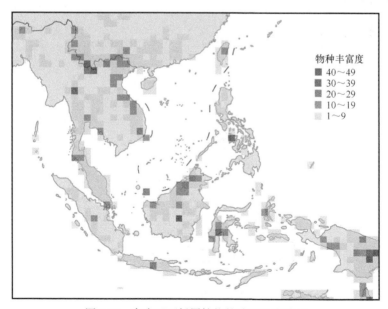

图 7.16　东南亚石斛属植物的地理分布格局

Fig. 7.16　Geographical distribution pattern of *Dendrobium* in Southeast Asia

1500 余种，是兰科中的第二大属，广布于亚洲热带亚热带至太平洋地区和新西兰（Pridgeon et al.，2014）。

B. 沼兰亚族（Malaxidinae）

东南亚分布有 8 属 785 种，包括沼兰属（*Crepidium*）、鸢尾兰属（*Oberonia*）、羊耳蒜属（*Liparis*）、覆苞兰属（*Stichorkis*）、原沼兰属（*Malaxis*）等。

I. 沼兰属（*Crepidium*）

东南亚分布有该属所有 265 种，分布中心位于加里曼丹岛中部和北部、苏门答腊岛北部、菲律宾中部和中南半岛西北部。该属全球分布范围为亚洲热带亚热带至太平洋区域。

II. 鸢尾兰属（*Oberonia*）

东南亚分布有 239 种，分布中心位于中南半岛西北部及与横断山脉交接部，以及苏门答腊岛中部、爪哇岛中部、加里曼丹岛中部和菲律宾中部。该属全球有 300 余种，分布范围为非洲南部和热带亚洲至太平洋区域。

III. 羊耳蒜属（*Liparis*）

东南亚有 229 种，分布中心位于中国西南至越南南部、中南半岛西北部、加里曼丹岛中部和菲律宾中部（图 7.17）。该属全球有 400 余种，全球广布。

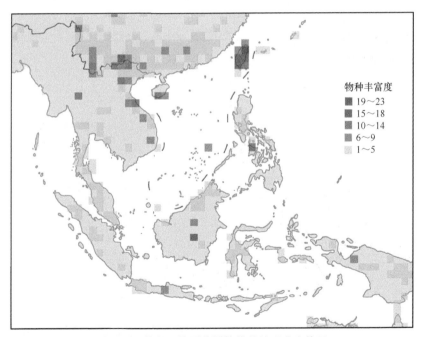

图 7.17　东南亚羊耳蒜属植物的地理分布格局

Fig. 7.17　Geographical distribution pattern of *Liparis* in Southeast Asia

IV. 覆苞兰属（*Stichorkis*）

东南亚有该属所有 20 种，在东南亚地区广布。该属全球分布范围为印度洋西部和亚洲热带地区至太平洋西南部。

（8）兰族（Cymbidieae）

东南亚分布有 2 亚族 10 属 154 种，具体如下。

A. 兰亚族（Cymbidiinae）

东南亚分布有 6 属 88 种，包括兰属（*Cymbidium*）、合萼兰属（*Acriopsis*）、斑被兰属（*Grammatophyllum*）、盒足兰属（*Thecopus*）、紫舌兰属（*Porphyroglottis*）和盒柱兰属（*Thecostele*）。

I. 兰属（*Cymbidium*）

东南亚分布有 64 种，分布中心位于中国西南至越南南部，以及中南半岛西北部和加里曼丹岛中部（图 7.18）。该属全球有 70 余种，分布范围为亚洲热带亚热带地区至澳大利亚。

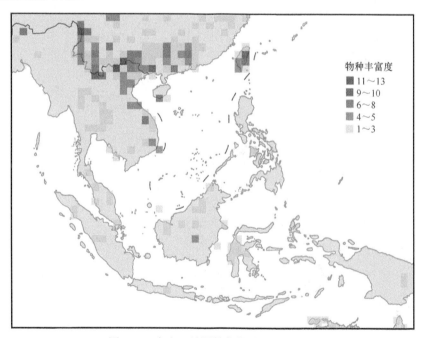

物种丰富度
- 11～13
- 9～10
- 6～8
- 4～5
- 1～3

图 7.18 东南亚兰属植物的地理分布格局

Fig. 7.18 Geographical distribution pattern of *Cymbidium* in Southeast Asia

II. 斑被兰属（*Grammatophyllum*）

东南亚分布有该属 11 种，东南亚地区广布。该属全球有 13 种，分布范围为中南半岛至太平洋西部。

III. 合萼兰属（*Acriopsis*）

东南亚分布有该属所有 9 种，东南亚地区广布。全球分布范围为亚洲热带亚热带地区至太平洋西北部区域。

B. 美冠兰亚族（Eulophiinae）

东南亚分布有 4 属 66 种，具体如下。

攀瓷兰属（*Claderia*），分布有该属所有 2 种，仅分布于东南亚地区，分布范围为中南半岛至新几内亚岛。

双足兰属（*Dipodium*），分布有该属所有 27 种，东南亚地区广布。全球分布范围为中南半岛至太平洋西部区域。

美冠兰属（*Eulophia*），30 种，东南亚地区广布。该属全球有 200 种，广布于全球热带亚热带地区。

地宝兰属（*Geodorum*），7 种，东南亚地区广布。该属全球有 12 种，分布范围为亚洲热带亚热带地区至太平洋西部。

（9）树兰族（Epidendreae）

东南亚分布有 3 亚族 6 属 138 种，具体如下。

A. 腋花兰亚族（Pleurothallidinae）

东南亚仅分布有杯兰属（*Brachionidium*）的 1 种，仅分布于加里曼丹岛。该属全球有 70 余种，主要分布于美洲热带地区。

B. 布袋兰亚族（Calypsinae）

东南亚分布有 4 属 8 种，具体如下。

杜鹃兰属（*Cremastra*），1 种，分布于老挝、泰国和越南。该属全球有 4 种，主要分布于俄罗斯远东地区至中南半岛。

山兰属（*Oreorchis*），5 种，分布于缅甸。该属全球有 16 种，分布范围为喜马拉雅山脉至俄罗斯远东和亚洲东部温带地区。

筒距兰属（*Tipularia*），1 种，分布于缅甸。该属全球有 7 种，分布范围为喜马拉雅山脉至日本、美国中东部至东部。

宽距兰属（*Yoania*），1 种，分布于越南。该属全球有 4 种，分布范围为东喜马拉雅山脉至亚洲东部温带地区。

C. 禾叶兰亚族（Agrostophyllinae）

东南亚仅分布有禾叶兰属（*Agrostophyllum*），包含该属所有 129 种，分布中心位于苏门答腊岛中部、加里曼丹岛中部和北部、菲律宾中部（图 7.19）。该属全球分布范围为印度洋西部至太平洋西部。

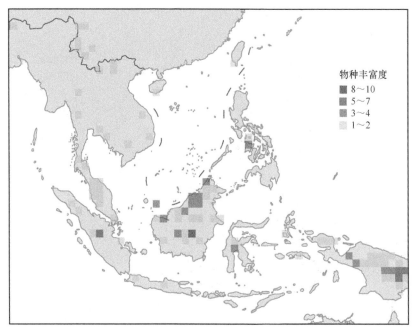

图 7.19　东南亚禾叶兰属植物的地理分布格局

Fig. 7.19　Geographical distribution pattern of *Agrostophyllum* in Southeast Asia

（10）吻兰族（Collabieae）

东南亚分布有 19 属 366 种，包括虾脊兰属（*Calanthe*）、鹤顶兰属（*Phaius*）、苞舌兰属（*Spathoglottis*）、卷舌兰属（*Plocoglottis*）、带唇兰属（*Tainia*）等。

I. 虾脊兰属（*Calanthe*）

东南亚分布有 173 种，分布中心位于中国西南至越南中部、苏门答腊岛中部、加里曼丹岛中部和菲律宾中部（图 7.20）。该属全球有 200 余种，分布范围为旧世界热带亚热带至太平洋地区、墨西哥至哥伦比亚、加勒比海地区。

II. 鹤顶兰属（*Phaius*）

东南亚分布有 35 种，分布中心位于中国西南至越南南部、苏门答腊岛中部、爪哇岛中部和加里曼丹岛中部（图 7.21）。该属全球有 40 余种，分布范围为非洲热带至太平洋区域。

III. 苞舌兰属（*Spathoglottis*）

东南亚分布有 37 种，分布中心位于中国西南部至越南南部（图 7.22）。该属全球近 50 种，分布范围为亚洲热带亚热带至太平洋区域。

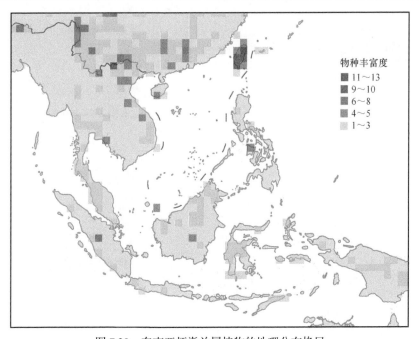

图 7.20　东南亚虾脊兰属植物的地理分布格局

Fig. 7.20　Geographical distribution pattern of *Calanthe* in Southeast Asia

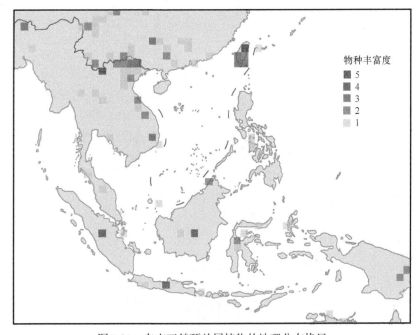

图 7.21　东南亚鹤顶兰属植物的地理分布格局

Fig. 7.21　Geographical distribution pattern of *Phaius* in Southeast Asia

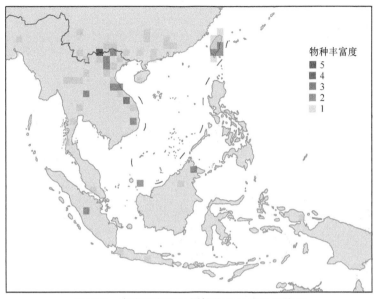

图 7.22 东南亚苞舌兰属植物的地理分布格局
Fig. 7.22 Geographical distribution pattern of *Spathoglottis* in Southeast Asia

IV. 卷舌兰属（*Plocoglottis*）

东南亚分布有 36 种，分布中心位于马来半岛南部、苏门答腊岛中部、加里曼丹岛及菲律宾中部（图 7.23）。该属全球有 40 余种，分布范围为中国云南至中南半岛和巴布亚新几内亚。

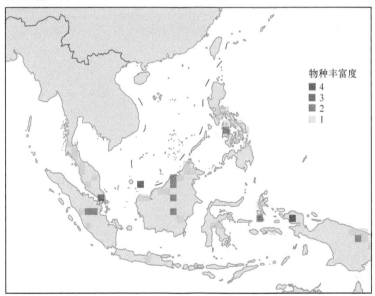

图 7.23 东南亚卷舌兰属植物的地理分布格局
Fig. 7.23 Geographical distribution pattern of *Plocoglottis* in Southeast Asia

V. 带唇兰属（*Tainia*）

东南亚分布有该属所有 25 种，在东南亚地区广布。全球分布范围为亚洲热带亚热带地区至澳大利亚东北部区域。

（11）柄唇兰族（Podochileae）

东南亚分布有 23 属 1229 种，包括馥兰属（*Phreatia*）、牛齿兰属（*Appendicula*）、牛角兰属（*Ceratostylis*）、毛兰属（*Eria*）、苹兰属（*Pinalia*）、毛鞘兰属（*Trichotosia*）、柄唇兰属（*Podochilus*）、八雄兰属（*Octarrhena*）、拟毛兰属（*Mycaranthes*）、拟石斛属（*Oxystophyllum*）等。

I. 馥兰属（*Phreatia*）

东南亚分布有 194 种，分布中心位于爪哇岛中部、加里曼丹岛中部和菲律宾中部。该属全球有 200 余种，全球分布范围为亚洲热带亚热带至太平洋区域。

II. 牛齿兰属（*Appendicula*）

东南亚分布有该属所有 158 种，东南亚地区广布。全球分布范围为亚洲热带亚热带地区至太平洋西部区域。

III. 牛角兰属（*Ceratostylis*）

东南亚分布有该属所有 152 种，分布中心位于中国西南至越南南部、苏门答腊岛、爪哇岛、加里曼丹岛中部和菲律宾中部。该属全球分布范围为亚洲热带亚热带地区至太平洋西部区域。

IV. 毛兰属（*Eria*）

东南亚分布有 152 种，分布中心位于中国西南至越南中部、苏门答腊岛中部和菲律宾中部（图 7.24）。该属全球分布范围为亚洲热带亚热带至太平洋区域。

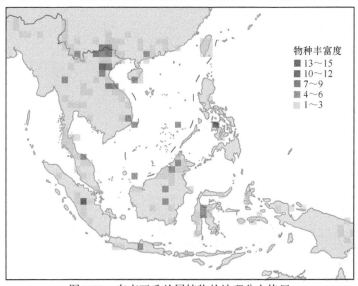

图 7.24　东南亚毛兰属植物的地理分布格局

Fig. 7.24　Geographical distribution pattern of *Eria* in Southeast Asia

V. 苹兰属（*Pinalia*）

东南亚分布有该属全部 150 种，分布中心位于中南半岛西北部及与横断山脉交接部、菲律宾中部。全球分布范围为亚洲热带亚热带地区至太平洋西南部。

VI. 毛鞘兰属（*Trichotosia*）

东南亚分布有 75 种，分布中心位于加里曼丹岛中部（图 7.25）。该属全球有近 80 种，分布范围为中国南部至亚洲热带地区和太平洋西南部区域。

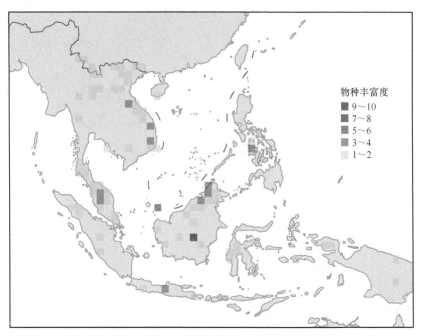

物种丰富度
■ 9～10
■ 7～8
■ 5～6
■ 3～4
■ 1～2

图 7.25　东南亚毛鞘兰属植物的地理分布格局

Fig. 7.25　Geographical distribution pattern of *Trichotosia* in Southeast Asia

VII. 柄唇兰属（*Podochilus*）

东南亚分布有该属所有 63 种，分布中心位于菲律宾中部、中国西南至越南中部、加里曼丹岛中部和北部、苏拉威西岛（图 7.26）。该属全球分布范围为亚洲热带亚热带地区至澳大利亚东北部区域。

VIII. 八雄兰属（*Octarrhena*）

东南亚分布有 48 种，分布中心位于新几内亚岛、菲律宾中部和苏拉威西岛。该属全球有 50 余种，分布范围为斯里兰卡、马来群岛至太平洋西南部区域。

IX. 拟毛兰属（*Mycaranthes*）

东南亚分布有该属所有 37 种，分布中心位于加里曼丹岛中部和北部、苏门答腊岛中部（图 7.27）。该属全球分布范围为中国中南部至热带亚洲区域。

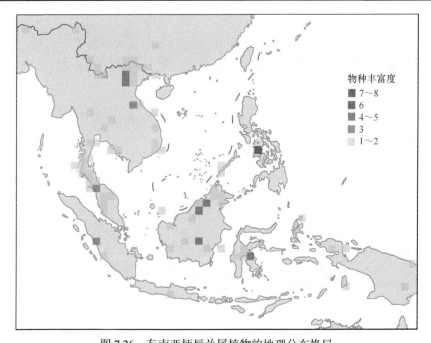

图 7.26　东南亚柄唇兰属植物的地理分布格局

Fig. 7.26　Geographical distribution pattern of *Podochilus* in Southeast Asia

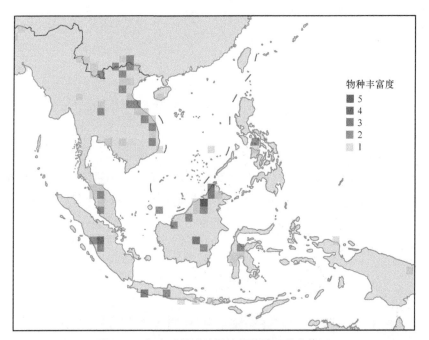

图 7.27　东南亚拟毛兰属植物的地理分布格局

Fig. 7.27　Geographical distribution pattern of *Mycaranthes* in Southeast Asia

（12）万代兰族（Vandeae）

东南亚分布有 3 亚族 68 属 1348 种。

A. 仙梨兰亚族（Adrorhizinae）

东南亚仅分布有白苇兰属（*Bromheadia*）的 28 种，在东南亚地区广布。该属全球有 30 余种，分布范围为亚洲热带地区至澳大利亚昆士兰州北部。

B. 多穗兰亚族（Polystachyinae）

东南亚仅分布有多穗兰属（*Polystachya*）多穗兰（*Pol. concreta*）1 种，主要分布于中南半岛和马来群岛。该属全球分布有 200 余种，广布于全球热带亚热带地区。

C. 指甲兰亚族（Aeridinae）

东南亚分布有 66 属 1319 种，包括带叶兰属（*Taeniophyllum*）、白点兰属（*Thrixspermum*）、隔距兰属（*Cleisostoma*）、蝴蝶兰属（*Phalaenopsis*）、毛舌兰属（*Trichoglottis*）、寄树兰属（*Robiquetia*）、万代兰属（*Vanda*）、钗子股属（*Luisia*）等。

I. 带叶兰属（*Taeniophyllum*）

东南亚有 209 种，东南亚地区广布。该属全球 230 余种，分布范围为非洲加纳至津巴布韦、亚洲热带亚热带至太平洋区域（Pridgeon et al.，2014）。

II. 白点兰属（*Thrixspermum*）

东南亚分布有该属所有 177 种，分布中心位于菲律宾中部、越南中部、马来半岛南部、苏门答腊岛中部和爪哇岛中部。该属全球分布范围为亚洲热带亚热带地区至太平洋西部区域。

III. 隔距兰属（*Cleisostoma*）

东南亚分布有该属所有 116 种，分布中心位于中国西南部至越南南部、马来半岛南部、加里曼丹岛和菲律宾中部。该属全球分布范围为亚洲热带亚热带地区至太平洋西部。

IV. 蝴蝶兰属（*Phalaenopsis*）

东南亚分布有该属所有 80 种，分布中心位于菲律宾中部、中国西南至越南中部、加里曼丹岛。该属全球分布范围为亚洲热带亚热带地区至澳大利亚东北部区域。

Tsai（2011）研究蝴蝶兰属植物的系统发生学发现，蝴蝶兰属起源于中国南部地区，随后逐渐向中南半岛-印度-东南亚地区扩散和分化，最远到达澳大利亚北部；整体上，蝴蝶兰属可分为 4 个类群：美丽蝴蝶兰类群（*P. amabilis* complex）、南洋蝴蝶兰类群（*P. sumatrana* complex）、大叶蝴蝶兰类群（*P. violacea* complex）和路德蝴蝶兰类群（*P. lueddemanniana* complex）。Tsai 等（2015）对美丽蝴蝶兰类群（*P. amabilis* complex）进行了更加细致的系统发生学研究，结果发现这一类群内蝴蝶兰物种的分布比较分散，可能是晚更新世（Late Pleistocene）的地壳运动导致的地理隔离加之物种种群不同程度地扩散造成的；在沃姆冰期（Würm Glacial Period），种群扩张和气候波动导致了物种的分化；随后，在末次冰盛期（Last Glacial Maximum），种群规模下降，个别种群灭绝或消失；最终，适宜生境的逐渐缩小和退化导致了地理隔离，形成新物种。

V. 毛舌兰属（*Trichoglottis*）

东南亚分布有该属所有 82 种，分布中心位于菲律宾中部、爪哇岛和加里曼丹岛。该属全球分布范围为亚洲热带亚热带地区至太平洋西部。

VI. 寄树兰属（*Robiquetia*）

东南亚分布有该属所有 75 种，分布中心位于马来群岛。该属全球分布范围为亚洲热带亚热带地区至太平洋西部区域。

VII. 万代兰属（*Vanda*）

东南亚分布有 71 种，分布中心位于中南半岛西北与横断山脉交接部（图 7.28）。该属全球 73 种，分布范围为亚洲热带亚热带地区至太平洋西北部。

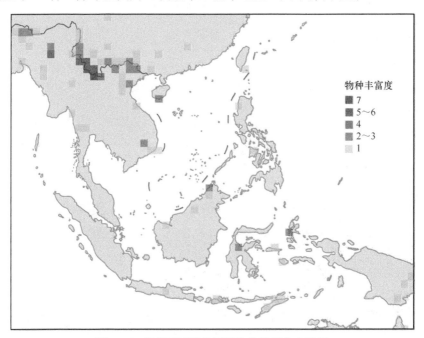

图 7.28　东南亚万代兰属植物的地理分布格局

Fig. 7.28　Geographical distribution pattern of *Vanda* in Southeast Asia

VIII. 钗子股属（*Luisia*）

东南亚分布有 34 种，分布中心位于中南半岛西北与横断山脉交接部（图 7.29）。该属全球近 40 种，分布范围为亚洲热带亚热带地区至太平洋西部。

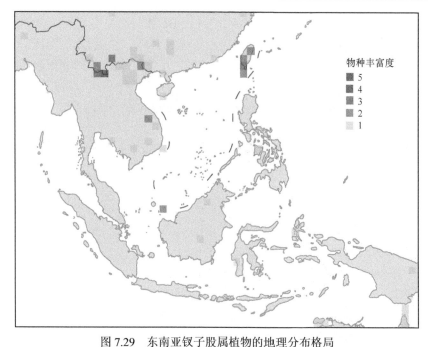

图 7.29　东南亚钗子股属植物的地理分布格局

Fig. 7.29　Geographical distribution pattern of *Luisia* in Southeast Asia

7.3　兰科植物的物种多样性形成机制及适应进化

兰科植物是被子植物中与菊科并列的最大科，有 800 多属 28 000 多种，约占世界维管植物总数的 8%，并且以每年数百种的速度增加（POWO，2021），估测有 31 000 种之多（Joppa et al.，2011）。目前的研究显示，兰科植物在独立大陆板块内的物种形成和分化速率要远高于由于其特化的生物学特性带来的选择作用，但后者对于物种形成和分化的作用也不容忽视（Givnish et al.，2015，2016）。兰科植物花部特征的多样性（van der Pijl & Dodson，1966）、近缘种间对不同传粉者的适应性（Ramírez et al.，2011）、花粉集合形成花粉团（Johnson & Edwards，2000；Harder & Johnson，2008）、对传粉者和菌根真菌的专一性（Rasmussen，2002；Ramírez et al.，2011）、欺骗性传粉（Cozzolino，2005）、利用长舌花蜂和鳞翅目昆虫传粉（Gravendeel et al.，2004）、附生习性及与之相关的景天酸代谢途径（Gravendeel et al.，2004；Silvera et al.，2009）等，都被认为驱动了兰科植物的物种形成和分化（Givnish et al.，2015，2016）。

7.3.1　兰科植物的起源与扩散

根据现有的被子植物化石资料，兰科植物可能起源于 1.12 亿年前早白垩纪的澳大利亚地区，此时非洲大陆、印度和马达加斯加岛已与南极洲和澳大利亚分离开来，而澳大利亚和南美洲通过南极洲连接在一起。约 9000 万年前，兰科植物从澳大利亚地区穿越南极洲向新热带区扩散，逐渐分化出 5 亚科，包括拟兰亚科（Apostasioideae）、香荚兰亚科（Vanilloideae）、杓兰亚科（Cypripedioideae）、红门兰亚科（Orchidoideae）和树兰亚科（Epidendroideae）（Givnish et al.，2016）。

现有证据表明，历史上兰科植物至少经历过 74 次的长距离扩散事件，但扩散速率相对于其他植物较低，从而限制了物种在跨洋大洲间的基因交流，加剧了物种在独立大陆板块内的分化（Givnish et al.，2016）。目前的研究证据可以较为清楚地分析兰科植物一些分支的长距离扩散事件，并最终导致了物种在不同板块内的分化，包括：从东南亚至新热带区的 2 次扩散，形成了兰亚族和腋花兰亚族；从东南亚至非洲，形成了彗星兰亚族；从东南亚至北美洲，形成了布袋兰亚族中的大部分类群；从新热带区至东南亚扩散 2 次，形成了鸟巢兰族、竹茎兰族及芋兰族；从新热带区至非洲形成红门兰族，从新热带区至澳大利亚形成双尾兰族，从新热带区至太平洋区域形成翅柱兰亚族和部分的斑叶兰亚族类群；从太平洋区域至新热带区扩散 2 次，形成绶草亚族和部分斑叶兰亚族类群；从新热带区至非洲，形成部分香荚兰属物种；由非洲重返新热带区的加勒比海区域，形成更多的香荚兰属物种；从新热带区到东南亚，形成部分香荚兰族类群；从新热带区至东南亚，形成菝葜兰属和绒珊兰属（Givnish et al.，2016）。而基部类群拟兰亚科的扩散大致发生在 2500 万年前，此时澳大利亚、欧亚大陆和太平洋板块碰撞导致新几内亚岛及附近岛屿隆起，拟兰亚科由澳大利亚通过新几内亚岛并穿过华莱士线到达东南亚地区（Givnish et al.，2016）。

东南亚地区是世界最主要的三大热带雨林分布区之一，也是世界生物多样性最高的区域之一，大约有 42 000 种维管植物（Brooks et al.，2006）。东南亚地区兰科植物预计超过 10 000 种，约占世界兰科植物的 1/3，是世界上兰科植物最为丰富的区域。该区域物种多样性的形成主要是因其位于温暖湿润的热带，地质历史上位于欧亚板块与印度-澳大利亚板块之间，另外该区域主要为陆架区，被海水分割成分散隔离的众多岛屿，在冰期-间冰期的气候旋回中受到气候与海平面变化的强烈影响加速了物种与基因的交流，从而累积大量的物种（Yu et al.，2015；翁成郁，2018）。在第四纪气候变化时期，温度与海平面变化强烈地影响了物种的分布范围与彼此间的隔离与融合，使得它们的多样性受到较大影响。冰期时海平面的下降使得大面积陆地出露，有利于物种的传播与扩张及基因的交流，间冰期时上升的海平面隔离出了不同的生境，有利于新物种生成，但是灭绝也更容易发生（Guo et al.，2012，2015；Thomas et al.，2012；翁成郁，2018）。此外，高山的形成及火山喷发促使大量植物向附生习性演变，随后形成数量庞大的附生植物类群（Givnish et al.，2016）。

7.3.2 兰科植物的生活习性

在陆地生态系统中，被子植物生活习性的多样性决定着植物类群的物种多样性、种群扩张程度及其在种群中的优势度（Ricklefs & Renner，1994；Tiffney & Maze，1995）。兰科植物的生活习性多样，大约 2/3 的兰科植物都属于附生类，其次是地生类，少数属于腐生类，极少数种类具有攀缘藤本的习性（Sosa et al.，2016）。大部分分布于温带的兰科植物都是地生习性，而热带地区具有最高的物种多样性，而且 80%以上的种类都是附生习性（Sosa et al.，2016）。

附生习性的兰科植物在属内的平均物种数要多于地生习性的兰科植物（Gravendeel et al.，2004），并且相对地生兰科植物的物种形成和分化速率也更高（Givnish et al.，2016）。附生习性是兰科植物极为重要的进化特征，影响着兰科植物物种的生存、形成、扩散和分化。主要体现在以下几大方面：①附生习性促进了兰科植物的"开疆拓土"和物种的保持。因为在树干和树枝上很少有维管植物定植，附生兰科植物具有较小的竞争压力，保证了自己的生态位。②附生习性能够保持物种较高的遗传多样性。一是因为在森林内部树木表面积要远远大于地表，附生植物相对于陆生植物具有更大的生长和扩散空间；二是不同树冠内部温湿度均不相同，能够促使物种在小尺度上出现不同的变异和分化。③附生习性往往与降雨和湿度有关，森林中雾气的沉积和蒸发率随海拔梯度的上升和地形变化创造出不同的生境条件，从而在更大尺度上导致隔离并加速物种的分化。④兰科植物种子可以扩散非常长的距离，但能够定植下来的却很少，促进了物种在不同生境中的分化（Givnish et al.，2015）。附生习性在树兰亚科新近类群（如树兰族、兰族、龙嘴兰族等）中至少进化过一次，发生时间不晚于 3500 万年前，而这一习性随后在部分类群中出现过至少 3 次返祖事件，包括拟白及亚族、布袋兰亚族和龙嘴兰亚族；其他亚科的部分以地生习性为主的类群，如杓兰亚科兜兰属和美洲兜兰属，以及兰亚科双袋兰属和 *Eurystyles* 的一些物种也演化出了附生习性（Givnish et al.，2016）。

景天酸代谢（crassulacean acid metabolism，CAM）途径与附生习性密切相关，附生兰科植物中超过 50%的物种是景天酸代谢途径（Lüttge，2004；Gravendeel et al.，2004）。C_3 光合途径（C_3 photosynthetic pathway）是兰科的祖先特质，现有的研究表明，C_3 光合途径包含几乎所有参与 CAM 途径的基因，后者很可能是由前者经过调控和表达重组进化而来的（Westeberhard et al.，2010，2011）。现有证据表明，伴随着几个亚科的平行进化，CAM 途径在兰科植物中至少独立进化过 10 次，并发生过几次返祖事件（Silvera et al.，2009）。树兰亚科发生了大量 CAM 途径的辐射分化事件，可能与发生在 6500 万年前的第三纪物种分化有关（Silvera et al.，2009）。而树兰亚科与兰亚科在距今 6500 万年的古新世早期分化（Givnish et al.，2016），这一时期土壤干旱、CO_2 浓度下降等剧烈气候变化频繁发生，这些因素也促进了具有 CAM 途径的附生植物的生存和进化（Silvera et al.，2009）。

东南亚地区的兰科植物包含了附生、地生、腐生和藤本 4 种生活习性（表 7.2）。

表 7.2　东南亚兰科植物属水平的主要生活习性类型

Table 7.2　Main life habit types at the genus level in Orchidaceae in Southeast Asia

亚科	族	亚族	附生	地生	腐生	藤本	总属数
拟兰亚科（Apostasioideae）				2			2
香荚兰亚科（Vanilloideae）	朱兰族（Pogonieae）			1			1
	香荚兰族（Vanilleae）			1		5	6
杓兰亚科（Cypripedioideae）				2			2
红门兰亚科（Orchidoideae）	盔唇兰族（Cranichideae）	斑叶兰亚族（Goodyerinae）	1	22			23
		翅柱兰亚族（Pterostylidinae）		1			1
		绶草亚族（Spiranthinae）		1			1
	双尾兰族（Diurideae）	针花兰亚族（Acianthinae）		2			2
		裂缘兰亚族（Caladeniinae）		1			1
		隐柱兰亚族（Cryptostylidinae）		1			1
		双尾兰亚族（Diuridinae）		1			1
		槌唇兰亚族（Drakaeinae）		1			1
		葱叶兰亚族（Prasophyllinae）		1			1
		太阳兰亚族（Thelymitrinae）		2			2
	红门兰族（Orchideae）	凤仙兰亚族（Brownleeinae）		1			1
		红门兰亚族（Orchidinae）		13	1		14
树兰亚科（Epidendroideae）	鸟巢兰族（Neottieae）			3	1		4
	竹茎兰族（Tropidieae）			2			2
	天麻族（Gastrodieae）				4		4
	芋兰族（Nervilieae）	芋兰亚族（Nerviliinae）		1			1
		虎舌兰亚族（Epipogiinae）			2		2
	泰兰族（Thaieae）			1			1
	龙嘴兰族（Arethuseae）	龙嘴兰亚族（Arethusinae）		2			2
		贝母兰亚族（Coelogyninae）	18	3			21
	沼兰族（Malaxideae）	沼兰亚族（Malaxidinae）	4	4			8
		石斛亚族（Dendrobiinae）	2				2
	兰族（Cymbidieae）	兰亚族（Cymbidiinae）	6				6
		美冠兰亚族（Eulophiinae）	1	3			4
	树兰族（Epidendreae）	腋花兰亚族（Pleurothallidinae）	1				1

续表

| 亚科 | 族 | 亚族 | 主要生活习性类型 | | | | 总属数 |
			附生	地生	腐生	藤本	
树兰亚科（Epidendroideae）	树兰族（Epidendreae）	布袋兰亚族（Calypsinae）		3	1		4
		禾叶兰亚族（Agrostophyl-linae）	1				1
	吻兰族（Collabieae）		1	17	1		19
	柄唇兰族（Podochileae）		22	1			23
	万代兰族（Vandeae）	仙梨兰亚族（Adrorhizinae）	1				1
		多穗兰亚族（Polystachyinae）	1				1
		指甲兰亚族（Aeridinae）	66				66
总计	17	26	125	93	10	5	233

（1）附生为主的种类

其中主要生活习性为附生的种类有 6000 种以上，占东南亚兰科植物总数的 2/3 左右。它们分属于 125 属，占东南亚兰科植物总属数的 53.65%。附生习性为主的属主要集中在树兰亚科，种类最为丰富的类群为龙嘴兰族、柄唇兰族和万代兰族的大部分属；红门兰亚科仅有斑叶兰亚族的苞鞭兰属为附生；杓兰亚科兜兰属的部分种类具有附生习性；拟兰亚科和香荚兰亚科没有附生习性为主的属（表 7.2）。

（2）地生为主的种类

主要生活习性为地生的种类有 2000 种以上，占东南亚兰科植物总数的 1/4 左右。它们分属于 93 属，占总属数的 39.91%；拟兰亚科植物均为地生；香荚兰亚科仅有朱兰族朱兰属（*Pogonia*）和香荚兰族芋兰属（*Nervilia*）为地生；红门兰亚科是地生习性最为主要的类群，大部分属的主要生活习性均为地生；树兰亚科在除天麻族和万代兰族外均具有地生为主的属，其中最为丰富的类群是吻兰族，有 17 个属的主要生活习性为地生（表 7.2）。

（3）腐生为主的种类

主要生活习性为腐生的种类不足 100 种。它们分属于 10 属，占总属数的 4.29%。主要集中在树兰亚科基部类群，如天麻族和芋兰族的虎舌兰亚族；红门兰亚科仅有林荫兰属（*Silvorchis*）、鳔唇兰属（*Cystorchis*）部分种类、齿唇兰属（*Odontochilus*）极少数种类为腐生；其余 3 个亚科没有腐生习性为主的属（表 7.2）。

（4）藤本为主的种类

主要生活习性为藤本的种类有 40 多种，仅见于香荚兰亚科香荚兰族的肉果兰属（*Cyrtosia*）、倒吊兰属（*Erythrorchis*）、山珊瑚属（*Galeola*）、苞荚兰属

（*Pseudovanilla*）和香荚兰属（*Vanilla*）共 5 个属（表 7.2），占东南亚兰科植物总属数的 2.15%。

7.3.3　兰科菌根

高等植物的营养根系在被真菌侵染后可与其菌丝形成一种联合体，即菌根。菌根能够直接参与植物根系甚至整株植物的生理代谢活动，保障植物的生长、个体间的竞争以及对病原体的防护，而植物也会为真菌提供光合作用的产物（盖雪鸽等，2014；Swarts & Dixon，2009）。这种共生现象广泛存在于大多数陆生植物中（Smith & Read，2008），根据形态特征，菌根可分为内生菌根和外生菌根两大类。兰科菌根（orchid mycorrhiza，OM）属于内生菌根的一种（Smith & Read，2008）。与兰科植物关系紧密的菌根真菌常见于担子菌门（Basidiomycota）的胶膜菌属（*Tulasnella*）、*Ceratobasidium* 和 *Serendipita*（Dearnaley et al.，2012）。

与其他植物的内生菌根不同的是，兰科菌根是兰科植物生长发育各个阶段不可或缺的关键因素（McCormick et al.，2018）。兰科菌根的形成大致可分为两个阶段：一是种子萌发到原球茎（protocorm）形成；二是幼苗到成年植株。由于兰科植物的种子没有胚乳，所有的兰科植物在种子萌发和原球茎形成这个阶段完全依赖于菌根，属于完全真菌异养（myco-heterotrophic）（Leake，1994；Rasmussen，2002）。而在幼苗到成年植株这个阶段，兰科植物与菌根的关系可分为完全自养（photosynthetic）、部分真菌异养（partial myco-heterotrophic）和完全真菌异养（myco-heterotrophic）。完全自养并不多见；部分真菌异养常见于温带地生兰科植物如火烧兰属（*Epipactis*）、兰属（*Cymbidium*）和头蕊兰属（*Cephalanthera*）等（Julou et al. 2005；Selosse & Roy，2009）；完全真菌异养则常见于一些腐生或无光合作用的兰科植物，如天麻属（*Gastrodia*）和无叶兰属（*Aphyllorchis*）（Leake，2004）。部分的兰科植物还会出现季节性或资源限制导致的营养休眠，如粉口兰属（*Pachychilus*）（Gremer et al.，2010；Shefferson et al.，2018），在此期间，菌根对于保持植株生理活性以及提供给植株营养物质起到了重要作用（Shefferson et al.，2003，2014，2018）。

兰科菌根除了影响兰科植物的生活史，对于兰科植物自然种群的分布及种群动态也有着不同的影响。尽管大部分的研究表明，在地理尺度上（geographic scale），兰科植物的分布并不受菌根真菌分布的限制，但在局域尺度上（local scale）却与菌根真菌的分布存在相关性（McCormick & Jacquemyn，2014）。种子袋"诱捕"（seed packet baiting）实验表明，兰科菌根真菌丰度越高，其种子萌发率也越高；自然条件下，靠近成年植株的种子萌发率更高，同时成年植株附近的菌根真菌的丰度也更高（McCormick et al.，2009，2012）。对于完全异养的珊瑚兰属 *Corallorhiza odontorhiza* 的研究表明，革菌属（*Tomentella*）真菌决定了 *C. odontorhiza* 的植株数量以及空间分布格局（McCormick et al.，2009）。

另外，兰科菌根真菌可能随着时间发生变化，也会受到生境中生物或非生物因素的影响（Ercole et al.，2015）。例如，菌根真菌可能作用于兰科植物种子萌发和原球茎形成阶段；但随着时间的推移，菌根真菌的丰富度和分布可能会产生波动，导致其在生境中富集或消失，进而影响兰科植物在幼苗到成年植株阶段菌根真菌分布的差异，导致部分植株发育为成年植株而另一部分死亡，最终出现斑块状的分布格局（Jersáková & Malinová，2007）。这种分布格局会导致菌根真菌富集的区域汇集更多的植株或者长势更好的植株，在开花期形成较大的花展示（flower display）或者群体效应，能够吸引更多传粉者的"访问"，进而导致较高的繁殖成功率，影响到种群的繁殖动态（如 *Orchis galilaea*）（Machaka-Houri et al.，2012）。

然而，不是所有的真菌都能适应不同的生境，土壤和气候条件的差异可能会导致生境中兰科菌根真菌丰富度和多样性的差异（Bonnardeaux et al.，2007；Bunch et al.，2013；Mujica et al.，2016）。有些兰科植物能够适应不同的生境，并与不同的菌根真菌形成共生关系（Grau et al.，2017；Maghnia et al.，2017；Chaudhary et al.，2018）。例如，在杓兰属 *Cypripedium acaule* 以及 2 种 *Bipinnula* 兰花中发现，不同土壤条件下与兰花共生的菌根真菌种类也不同（Bunch et al.，2013；Mujica et al.，2016）。

7.3.4　兰科植物的花部特征

兰科植物的花朵两侧对称，由外轮 3 个花瓣化的萼片（1 个上萼片和 2 个侧萼片）和内轮 3 个花瓣（2 个侧瓣及 1 个唇瓣）组成（Gaudio & Aceto，2011）。唇瓣往往具有非常大的变异，以适应不同的传粉者（Mondragon-Palomino & Theissen，2009）。兰科植物两侧对称的花部特征及唇瓣的高度特化，促进了传粉系统的特化，提高了花粉传递的效率，对于物种间的生殖隔离起到非常重要的作用（Johansen & Frederiksen，2002）。兰科植物还具有其他植物少有的花部结构，如合蕊柱和花粉团（花粉块）。

合蕊柱将雄性和雌性功能器官融合为一个独立的花部结构，着生于花朵中央的位置（Rudall & Bateman，2002）。花粉粒集合形成花粉团位于合蕊柱顶端，并被花药帽覆盖；柱头位于合蕊柱中下部，与花粉团间常具隔片。除了花柱草科（Stylidiaceae）、马兜铃科（Aristolochiaceae）、仙茅科（Hypoxidaceae）和白玉簪科（Corsiaceae）中的个别物种，合蕊柱无疑是兰科植物所特有，进化程度也最高。

与大部分植物粉尘状的花粉不同，兰科植物的花粉往往黏合在一起形成花粉块或花粉团（pollinia），这个特征仅见于兰科（Orchidaceae）和夹竹桃科（Apocynaceae）萝藦属（*Metaplexis*）（Johnson & Edwards，2000；Rudall & Bateman，2002）。兰科植物花粉块在质地、形态及其附属物上的多样性极高，以适应于不同的传粉系统。不同兰科植物的花粉块在数量上也有所差异，可通过花粉鞘和含油层直接聚集黏合在一起，或连接一个花粉块柄（caudicle），最终通过末端的黏盘（viscidium）黏附于传粉者身体的不同部位。花药帽也是附属物之一，除保护花粉块外，在传粉过程中也起到一定的作用（Johnson & Edwards，2000）。花粉粒黏合形成花粉块，在传粉过程中作为一个整体被传粉者带走，有效地降低了花粉传递过程中的浪费（Johnson & Edwards，2000；Harder & Johnson，2008）；一个花粉块内可以包含 5500～400 000 个花粉粒，确保了足够的花粉负荷（pollen load），足以对一朵花内的所有胚珠进行受精，进而提高花粉传递的效率（Nazarov & Gerlach，1997）。另外，很多兰科植物的花粉被传粉者带走后，并不能直接沉降到柱头上，需要经过花粉块柄 20 s 到数小时内逐渐弯曲以满足授粉结构上的吻合，而且花药帽在花粉被带走后的一段时间内也会覆盖花粉，因此降低了自花或同株授粉的可能性，进而提高了异交率。此外，一些兰科植物还会通过雌雄异熟和自交不亲和的机制来提高异交率（Johnson & Edwards，2000）。

花粉团这一特征使得兰花实现对传粉者的精准利用，如将花粉块准确地沉降在传粉者身体某一部位，进而实现传粉者的专一性；相应地，传粉者对兰花的选择压力也促进了兰科植物繁殖器官的分化，进而导致新物种的形成。另外，花粉团这一特征带来了足够的花粉负荷，使得族群内很少数量的变异，也可获得大量的后代，进而促进新物种的形成（Givnish et al.，2016）。

7.3.5　兰科植物的传粉系统

传粉者对兰科植物的多样性形成和分化起着重要作用（Inda et al.，2012），兰科植物传粉系统及传粉者的保护也是大部分兰科植物保护中必须首要关注的问题，特别是对于专一性较强的类群，如欺骗性传粉、长舌花蜂作为主要传粉者的类群（Mant et al.，2002；Swarts & Dixon，2009）。

除无融合生殖，如南方玉凤花（*Habenaria malintana*）（Zhang & Gao，2018），自动自花授粉，如大根槽舌兰（*Holcoglossum amesianum*）（Liu et al.，2006），以及非生物媒介辅助的自动自花授粉，如多花脆兰（*Acampe rigida*）（Fan et al.，2012）外，几乎所有兰科植物都是生物媒介传粉。除部分鸟类传粉类群外（Micheneau et al.，2006；van der Niet et al.，2015），兰科植物大部分以昆虫作为传粉者，其中以膜翅目（Hymenoptera）蜂类和双翅目（Diptera）蝇类传粉最为常见，占整个兰科的 60%左右（Dressler，1993）。兰科植物传粉系统的特化在种间存在极大的变异，大约 60%的兰科植物拥有唯一特定的传粉者，形成了一一对应的特化传粉关系（Tremblay，1992）。

植物与传粉者间存在互惠互利的关系，传粉者为植物提供传粉服务，而植物以各种各样的报酬物回馈给传粉者，如食物、筑巢材料，甚至提供庇护所或产卵地。在兰科植物中，报酬物大多是花蜜、花粉或脂类等食源性物质，也有树蜡、树脂类（昆虫筑巢之用）（Tremblay et al.，2005）以及芳香类物质（长舌花蜂所特有，用于交配吸引异性）（Eltz et al., 1999）。但一些植物却进化出了不为传粉者提供报酬的特质，已发现有 8000～10 000 种被子植物的传粉方式是欺骗性传粉系统（Schiestl, 2005；Jersáková et al., 2009），其中兰科植物是数量最多（6000～8000 种，占兰科植物总数的 1/3）、欺骗形式最为多样和欺骗方式最为特别的一个类群（Jersáková et al., 2006, 2009）。绝大多数的欺骗性兰科植物通过泛化食源性欺骗（generalized food deception）方式来达到传粉的目的，而另一些则通过贝氏花拟态（Batesian floral mimicry）系统，根据拟态对象的不同可分为食源性拟态（food-source mimicry）、性拟态（sexual mimicry）、栖息地拟态（shelter mimicry）、产卵地拟态（oviposition-site mimicry）、信息素拟态（pheromone mimicry）（Jersáková et al., 2009）。

　　欺骗性传粉特性在除拟兰亚科外的类群中至少进化过一次，之后在部分类群中出现了丢失事件，包括银钟兰族，盔唇兰族中的斑叶兰亚族、绶草亚族、盔唇兰亚族，鸟巢兰族，箬叶兰族，垂帽兰族，竹茎兰族，柄唇兰族，树兰族中的禾叶兰亚族、拟白及亚族、蒴叶兰亚族、彗星兰亚族，以及兰族中的兰亚族、瓢唇兰亚族、轭瓣兰亚族、奇唇兰亚族、信香兰亚族和腭唇兰亚族。对膜翅目昆虫的欺骗类群主要是杓兰亚科和红门兰亚科（除了蕈蚊传粉的针花兰亚族）的物种；对双翅目昆虫的欺骗类群以树兰亚科树兰族的腋花兰亚族及其近缘类群最为典型；兰族文心兰亚族的大部分物种以欺骗膜翅目 Centris 进行传粉（Givnish et al., 2015）。

　　利用鳞翅目昆虫传粉的兰花往往具有花蜜距，此结构极易受到传粉者选择压力导致长度变化，进而导致物种分化和特化传粉系统的形成。利用鳞翅目昆虫传粉的类群至少分化过 5 次，主要类群包括红门兰族的萼距兰亚族、红门兰亚族，吻兰族，柄唇兰族的毛兰属，树兰族，以及万代兰族的彗星兰亚族；但树兰族的拟白及亚族、腋花兰亚族和蒴叶兰亚族后来不再利用鳞翅目传粉（Givnish et al., 2015），如 Blanco 和 Gabriel（2005）报道了腋花兰亚族婴靴兰属 *Lepanthes glicensteinii* 通过性欺骗的方式利用雄性蕈蚊传粉。

　　利用雄性长舌花蜂传粉的类群至少进化过 2 次，包括兰族中瓢唇兰亚族、轭瓣兰亚族、奇唇兰亚族、信香兰亚族和腭唇兰亚族（Givnish et al., 2015）。但随后腭唇兰亚族类群不再利用长舌花蜂传粉，如 Singer（2002）报道了该族折腭兰属 *Trigonidium obtusum* 通过性欺骗的方式利用 *Plebeia droryana* 传粉。目前，兰科中利用长舌花蜂传粉的种类超过 600 种，主要分布在新热带区，并形成了极为特化的关系（Hetheringtonrauth & Ramírez, 2016）。利用长舌花蜂传粉的兰花往往释放出大量的芳香类物质，近缘物种间的生殖隔离主要依靠特化的花部结构，使得花粉块沉降在长舌花蜂身体的不同部位，保证同种间的花粉传递（Givnish et al., 2015）。

（1）自动自花传粉系统

　　兰科植物的雌蕊、雄蕊集中于合蕊柱上，雌蕊、雄蕊的隔离往往通过蕊喙来保证，进而防止自交的发生（Kurzweil et al.，2005；Efimov，2011）。一般而言，蕊喙后方凹陷形成药窝，前方形成"着粉盘"或其包囊。花粉黏合成团块，与蕊喙相连接。但在大部分自动自交的类群中，往往具有蕊喙退化、发育不完全或裂解的现象，进而使花粉团和柱头能够突破隔离，导致自交的发生（Catling，1990）。另外，还有一些较为特别的机制，如柱头通过分泌大量的水分促使对花粉团的包合，如弯足兰属 *Cyrtopodium polyphyllum*（Catling，1990；Pansarin et al.，2008）；花萼、雄蕊或花粉团的运动（Catling，1990；Liu et al.，2006）；花粉团易碎或花粉团液化并沉降于柱头表面（Hagerup，1952）等。

　　自动自花传粉机制由祖先类群（异花传粉）在多因素的条件下独立演化而来，（Hapeman & Inoue，1997），现广泛出现于兰科植物各个族、亚族类群中（Gamisch et al.，2014）。甚至在同属、同种内，也会出现兼性的传粉方式（既具有自动自花传粉机制，也依赖传粉者传粉），如太阳兰属（*Thelymitra*）、石豆兰属（*Bulbophyllum*）、绶草属（*Spiranthes*）、头蕊兰属（*Cephalanthera*）、火烧兰属（*Epipactis*）、风兰属（*Angraecum*）和美冠兰属（*Eulophia*）（Gamisch et al.，2014）。有些种类还出现了闭花受精这种完全自花传粉机制，如香荚兰属二色香荚兰（*Vanilla bicolor*）（van dam Alex et al.，2010）、天麻属 *Gastrodia flexistyloide*（Suetsugu，2014）。

　　部分自交类群还依赖非生物媒介协助传粉，如脆兰属多花脆兰（*Acampe rigida*）的传粉完全依赖雨水（Fan et al.，2012），通过雨滴坠落击打花粉团，进而反弹进柱头完成自花传粉。羊耳蒜属 *Liparis loeselii*、*Liparis kumokiri* 和僧兰属 *Oeceoclades maculata* 也会借助雨滴驱动传粉（González-Díaz & Ackerman，1988）；带叶兰属 *Taeniophyllum hasseltii*、隔距兰属短茎隔距兰（*Cleisostoma parishii*）和凤蝶兰属单花凤蝶兰（*Papilionanthe uniflora*）借助风力驱动传粉（van der Cingel，2001）。

（2）具报酬物的传粉系统

　　尽管兰科植物以欺骗性传粉而闻名，但绝大多数的兰科植物还具有报酬物。这些报酬物大多是花蜜、花粉或脂类等食物，也有树蜡或树脂类（昆虫筑巢之用）（Tremblay et al.，2005）以及芳香类物质（长舌花蜂所特有，用于交配吸引异性）（Eltz et al.，1999）。

　　由于兰科植物的花粉往往集合形成花粉团，因此以花粉为报酬物的类群在兰科植物中并不多见，仅见于基部类群拟兰亚科，包括三蕊兰属（*Neuwiedia*）和拟兰属（*Apostasia*），它们的唇瓣特征进化不明显（Kocyan & Endress，2001），花朵均没有花蜜，但以花粉作为传粉者报酬。三蕊兰属的主要传粉者为无刺蜂（*Trigona bee*），传粉者通过高频率的翅膀震动使花粉释放出来（Jersáková et al.，2006）以取得报酬。拟兰亚科保留着兰科植物以花粉作为报酬物的这一祖先特质（Bateman et al.，2003）。

以花蜜为报酬物的类群可能最早分化形成于香荚兰亚科，这一类群具有无蜜和有蜜两个类群，有蜜类群进一步分化形成了杓兰亚科、红门兰亚科及树兰亚科类群（Rudall & Bateman，2002；Kocyan et al.，2004）。以花蜜为报酬物是兰科植物中的主要报酬类型，广泛分布于红门兰亚科和树兰亚科，但这一特征在不同类群中出现了不断丢失或返祖事件（Cozzolino et al.，2001；Bateman et al.，2003），如 *Disa* 和 *Anacamptis*（Johnson et al.，1998；Cozzolino et al.，2001）。以树蜡或树脂类为报酬物的类群常见于腭唇兰属（*Maxillaria*）及其近缘类群，也见于 *Rhetinantha notylioglossa* 和 *Heterotaxis brasiliensis* 等个别物种（Whitten et al.，2007；Davies & Stpiczynska，2012），采集此种报酬物的昆虫主要为蜂类，用于筑巢之用，包括胡蜂、长舌花蜂、无刺蜂和切叶蜂（Armbruster，2012，2017）。芳香类报酬物仅见于长舌花蜂为传粉者的类群中，约有 600 种，主要分布于新热带区，包括 *Gongora*、*Notylia*、*Catasetum* 及香荚兰属等（Pansarin & Pansarin，2014；Hetheringtonrauth & Ramírez，2016）。

（3）欺骗性传粉系统

A. 泛化食源性欺骗

泛化食源性欺骗传粉系统广泛存在于兰科植物中，约占欺骗性兰科植物总数的 2/3。在此系统中，植物没有特定的模拟报酬植物，而是本身具有食源植物的花信号，以此使传粉者将其与传粉者报酬物联系起来，其传粉成功依赖于传粉者较差的学习和区分能力，且不仅取决于自身花信号的质量，其分布区域内的其他报酬植物的丰度对传粉能否成功也有影响（Chittka & Raine，2006）。

B. 食源性拟态

在此传粉系统中，兰科植物往往模拟模型植物的花色和花型，其中花色起到了主要的作用（Fenster et al.，2004；Lazaro et al.，2008）。食源性拟态在萼距兰属（*Disa*）的 *D. cepalotes*、*D. ferruginea* 及 *D. nivea*（Johnson et al.，2003a；Johnson，1994b；Anderson et al.，2005）、*D. puchra*（Johnson，2000）中得到了很好的展现。共同的研究显示，拟态植物和模型植物在花色和花型上相似。但 Peter 和 Johnson（2008）对 *Eulophia zeyheriana* 的研究发现，其与模型植物花色的反射光谱相似，但花型不同。蜂类的行为学实验研究发现，当蜂类获得报酬后，更倾向于访问花色相似的其他个体，与模型植物花色相似的拟态植物会获得更多的访问（Gumbert & Kunze，2001；Gigord et al.，2001；Johnson et al.，2003b）。值得一提的是，同一物种的模型植物可能并非一种。Newman 等（2012）对 *Disa ferruginea* 两种花色表型（红色和橙色）的研究发现，红花表型的模型植物为 *Tritoniopsis triticea*，而橙花表型的模型植物为 *Kniphofia uvaria*。

C. 性拟态

性拟态是目前研究发现的最不可思议的传粉机制（Schiestl，2005；Spaethe et al.，

2010），它是指植物通过模拟传粉者的雌性个体来吸引雄性传粉者，雄性传粉者在与花进行假交配（pseudocopulation）的过程中进行传粉（Schiestl，2005）。因此，性欺骗的传粉者经常是特有的，并且其模拟传粉者性信息的花香只对特定的传粉者具有吸引作用（Schiestl，2005）。目前发现的性欺骗传粉类群有分布于澳大利亚、少量扩散到东南亚地区的 11 属，包括肘兰属（*Arthrochilus*）、裂缘兰属（*Caladenia*）、飞鸭兰属（*Caleana*）、胡须兰属（*Calochilus*）、飞鸟兰属（*Chiloglottis*）、隐柱兰属（*Cryptostylis*）、槌唇兰属（*Drakaea*）、小兔兰属（*Leporella*）和翅柱兰属（*Pterostylis*）等；欧洲分布有 2 属：蜂兰属（*Ophrys*）和红门兰属（*Orchis*）；南非分布有 1 属，为萼距兰属（*Disa*）；中美洲和南美洲分布有 8 属，包括 *Geoblasta*、婴靴兰属（*Lepanthes*）、腭唇兰属（*Maxillaria*）、*Stellilabium*、毛顶兰属（*Telipogon*）、毛角兰属（*Trichoceros*）和美洲三角兰属（*Trigonidium*）等；日本分布的 *Cymbidium pumilum* 疑似是性欺骗传粉系统。这些属总计约有 400 种（Steiner et al.，1994；Pridgeon et al.，1997；Gaskett，2011）。

D. 产卵地拟态

产卵地拟态是指利用某些昆虫的产卵行为，拟态昆虫的产卵地，吸引昆虫前来产卵达到传粉的目的。产卵地拟态欺骗方式较为复杂，通常拟态腐败的气味或者真菌的子实体（Urru et al.，2011）。例如，兜兰属（*Paphiopedilum*）的一些种类通过唇瓣上黑色的突起物或棍棒状的腺毛来拟态蚜虫，吸引雌性食蚜蝇来产卵而实现欺骗性传粉（Shi et al.，2009）。

E. 栖息地拟态

栖息地拟态是指兰科植物利用昆虫的巢穴和栖息行为，拟态其巢穴或栖息地，吸引昆虫传粉。*Serapias* 是一个典型的例子，其花冠呈筒状、暗红色，与芦蜂属（*Ceratina*）等的巢穴入口极为相似，进而达到欺骗的目的（Dafni，1984）。

F. 信息素拟态

信息素拟态是指植物通过拟态一些与化学信号有关的信息素吸引传粉者传粉。例如，华石斛（*Dendrobium sinense*）通过拟态蜜蜂的报警信息素吸引黑盾胡蜂（*Vespa bicolor*）访问；*Epipactis veratrifolia* 通过拟态蚜虫的报警信息素，进而吸引食蚜蝇访花（Stökl et al.，2011）。Karremans 等（2015）报道了 4 种帽花兰属（*Specklinia*）植物通过模拟昆虫聚集信息素（aggregation pheromone）来吸引不同的果蝇（*Drosophila* spp.）传粉。

东南亚地区兰科植物超过 10 000 种，约占世界兰科植物种数的 1/3，仅次于新热带区。但目前对东南亚兰科植物的研究还较为薄弱，特别是传粉生物学方面的研究还相对较少，本节大部分分析笔者仅能从属水平或由其他地区报道的近缘种或近缘属来探索不同类群的主要传粉者类群及其传粉系统（表 7.3），共整理了东南亚分布的 76 个属的传粉系统。

表 7.3　东南亚兰科植物属水平的传粉系统

Table 7.3　Pollination system of Orchidaceae at genus level in Southeast Asia

亚科	族	亚族	属	种	传粉系统	报酬物或欺骗类型	传粉者类群	参考文献
拟兰亚科 (Apostasioideae)			拟兰属 (Apostasia)	拟兰 (*A. odorata*)、剑叶拟兰 (*A. wallichii*)、*A. nuda*	需要传粉者	花粉	蜂类	Kocyan & Endress, 2001
			三蕊兰属 (Neuwiedia)	*N. veratrifolia*、*N. zollingeri* var. *javanica*	自花传粉、需要传粉者	花粉	蜜蜂总科 (Apoidea) 刺蜂属 (Trigona) 无	Inoue et al., 1995; Okada et al., 1996; Kocyan & Endress, 2001
香荚兰亚科 (Vanilloideae)	朱兰族 (Pogonieae)		朱兰属 (Pogonia)	小朱兰 (*P. minor*)	自花传粉			Suetsugu, 2014
				朱兰 (*P. japonica*)、*P. ophioglossoides*	需要传粉者	食源性欺骗	蜜蜂总科熊蜂属 (Bombus)、芦蜂属 (Ceratina)	Matsui et al., 2001
	香荚兰族 (Vanilleae)		肉果兰属 (Cyrtosia)	血红肉果兰 (*C. septentrionalis*)	自花传粉			Suetsugu, 2013b
				C. diemenicus	需要传粉者	产卵地拟态	菌蚊科 (Mycetophilidae)	van der Cingel, 2001
			孟兰属 (Lecanorchis)	*L. javanica*	自花传粉			van der Cingel, 2001
			香荚兰属 (Vanilla)	*V. griffithii*、*V. palmarum*、*V. planifolia*、*V. savannarum*、二色香荚兰 (*V. bicolor*)	自花传粉			van der Dam et al., 2010
				V. planifolia、*V. pompona*、*V. dubia*	需要传粉者	芳香类物质	蜜蜂总科长舌花舌蜂科 (Euglossini)	Lubinsky et al., 2006; Pansarin & Pansarin, 2014
				V. insignis、*V. odorata*、*V. planifolia*、*V. edwallii*	需要传粉者	食源性欺骗	蜂类	Pansarin & Pansarin, 2014; Pansarin et al., 2014

续表

亚科	族	亚族	属	种	传粉系统	报酬物或欺骗类型	传粉者类群	参考文献
杓兰亚科 (Cypripedioideae)			杓兰属 (Cypripedium)	小花杓兰 (C. micranthum)、四川杓兰 (C. sichuanense)、西藏杓兰 (C. tibeticum)、褐花杓兰 (C. smithii)、C. candidum、C. parviflorum、C. macranthos var. rebunense、C. japonicum、C. flavum	需要传粉者	食源性欺骗	蝇科 (Muscidae)、虻科 (Tabanidae)、蜜蜂总科熊蜂属 (Bombus) 等	Sugiura et al., 2001, 2002；Bänziger et al., 2005, 2008；Li et al., 2006, 2008a、2008b；李鹏和罗毅波, 2009；Suetsugu & Fukushima, 2014a；Grantham et al., 2019
				毛瓣杓兰 (C. fargesii)	需要传粉者	信息素拟态	扁平足蝇科 (Platypezidae)	Ren et al., 2011
			兜兰属 (Paphiopedilum)	小叶兜兰 (P. barbigerum)、巨瓣兜兰 (P. bellatulum)、长瓣兜兰 (P. dianthum)、带叶兜兰 (P. hirsutissimum)、紫纹兜兰 (P. purpuratum)、P. callosum	需要传粉者	产卵地拟态	食蚜蝇科 (Syrphidae)	Bänziger, 1994, 1996, 2002；Shi et al., 2009
				杏黄兜兰 (P. armeniacum)、麻栗坡兜兰 (P. malipoense)、硬叶兜兰 (P. micranthum)	需要传粉者	食源性欺骗	蜜蜂总科熊蜂属	刘仲健等, 2006；Liu et al., 2006；Ma et al., 2016
红门兰亚科 (Orchidoideae)	盂兰族 (Cranichideae)	斑叶兰亚族 (Goodyerinae)	开唇兰属 (Anoectochilus)	A. yatesiae	自花传粉			van der Cingel, 2001
			斑叶兰属 (Goodyera)	G. carnea、G. triandra	自花传粉			van der Cingel, 2001
				光萼斑叶兰 (G. henryi)	需要传粉		蜜蜂总科熊蜂属、蜜蜂属 (Apis)	van der Cingel, 2001

续表

亚科	族	亚族	属	种	传粉系统	报酬物或欺骗类型	传粉者类群	参考文献
红门兰亚科 (Orchidoideae)	盔唇兰族 (Cranichideae)	斑叶兰亚族 (Goodyerinae)	斑叶兰属 (Goodyera)	多叶斑叶兰 (G. foliosa)	需要传粉者	食源性欺骗	蜜蜂总科蜜蜂属	查兆兵等, 2016
			翻唇兰属 (Hetaeria)	H. cristata	无融合生殖			丁浩, 2016
			齿唇兰属 (Odontochilus)	O. papuana	自花传粉			van der Cingel, 2001
			血叶兰属 (Ludisia)	血叶兰 (L. discolor)	需要传粉者	花蜜	蝶类	张洪芳等, 2010
			线柱兰属 (Zeuxine)	线柱兰 (Z. strateumatica)	需要传粉者			Sun, 1997
		翅柱兰亚族 (Pterostylidinae)	翅柱兰属 (Pterostylis)	P. cucullata、P. curta、P. falcata、P. gibbosa、P. nutans	需要传粉者	性拟态	蕈蚊科、蚊科 (Culicidae)	van der Cingel, 2001
		绶草亚族 (Spiranthinae)	绶草属 (Spiranthes)	绶草 (S. sinensis)、S. spiralis	需要传粉者	花蜜	蜜蜂总科熊蜂属、蜜蜂属	Willems & Lahtinen, 1997
	双尾兰族 (Diurideae)	针花兰亚族 (Acianthinae)	铠兰属 (Corybas)	C. cheesemanii, C. trilobus	需要传粉者	产卵地拟态	菌蚊科	Clements et al., 2007; St George, 2007; Kelly et al., 2013
			指柱兰属 (Stigmatodactylus)	S. paradoxa	自花传粉			van der Cingel, 2001
		裂缘兰亚族 (Caladeniinae)	裂缘兰属 (Caladenia)	C. minor	自花传粉			van der Cingel, 2001
				C. zephyra、C. woolcockiorum、C. wanosa、C. verrucosa、C. valida	需要传粉者	性拟态	胡蜂总科 (Vespoidea) 钩土蜂科 (Tiphiidae)	Gaskett, 2011

续表

亚科	族	亚族	属	种	传粉系统	报酬物或欺骗类型	传粉者类群	参考文献
红门兰亚科 (Orchidoideae)	双尾兰族 (Diurideae)	隐柱兰亚族 (Cryptostylidinae)	隐柱兰属 (Cryptostylis)	隐柱兰 (C. arachmites)、C. fulca	自花传粉			Gaskett, 2011
				C. erecta、C. hunteriana、C. leptochila、C. ovata、C. subulata	需要传粉者	性拟态	姬蜂总科 (Ichneumonoidea) 姬蜂科 (Ichneumonidae)	Gaskett, 2011
		双尾兰亚族 (Diuridinae)	双尾兰属 (Diuris)	D. aequalis、D. maculata	需要传粉者	食源性欺骗	蜜蜂总科分舌蜂科 (Colletidae)	Gaskett, 2011
		槌唇兰亚族 (Drakaeinae)	肘兰属 (Arthrochilus)	A. huntianus、A. irritabilis、A. latipes	需要传粉者	性拟态	胡蜂总科钩土蜂科	Gaskett, 2011
		葱叶兰亚族 (Prasophyllinae)	葱叶兰属 (Microtis)	M. parviflora	需要传粉者	花蜜	蚁科 (Formicidae)	Peakall & Beattie, 1989
		太阳兰亚族 (Thelymitrinae)	胡须兰属 (Calochilus)	C. campestris	自花传粉			van der Cingel, 2001
				C. caeruleus、C. holtzei	需要传粉者	性拟态	土蜂总科 (Scolioidea) 长腹土蜂属 (Campsomeris)	van der Cingel, 2001
			太阳兰属 (Thelymitra)	T. canaliculata、T. circumsepta、T. flexuosa、T. fuscolutea、T. longifolia	自花传粉			van der Cingel, 2001
				T. epipactoides、T. nuda、T. antennifera	需要传粉者	食源性欺骗	蜜蜂总科隆蜂科 (Halictidae)、胡蜂总科	Bernhardt & Burns-Balogh, 1986; Dafni & Calder, 1987
	红门兰族 (Orchideae)	凤仙兰亚族 (Brownleeinae)	双袋兰属 (Disperis)	D. capensis	需要传粉者	油脂	蜜蜂总科准蜜蜂科 (Melittidae)	Steiner, 1989; Johnson, 1994a

续表

亚科	族	亚族	属	种	传粉系统	报酬物或欺骗类型	传粉者类群	参考文献
红门兰亚科 (Orchidoideae)	红门兰族 (Orchideae)	红门兰亚族 (Orchidinae)	盔花兰属 (Galearis)	G. diantha	自花传粉，需要传粉者	食源性欺骗	蜜蜂总科熊蜂属	杨小峰，2007；Sun et al., 2011
			手参属 (Gymnadenia)	手参 (G. conopsea)	需要传粉者	花蜜	蛾类、蝶类	Schiestl & Cozzolino, 2008
				G. odoratissima	需要传粉者	花蜜	蛾类	Schiestl & Cozzolino, 2008
			玉凤花属 (Habenaria)	南方玉凤花 (H. malintana)	无融合生殖			Zhang & Gao, 2018
				粉叶玉凤花 (H. glaucifolia)、H. epipactidea、H. decaryana、H. parviflor、H. pleiophylla	需要传粉者	食源性欺骗	天蛾科 (Sphingidae)、蛾类、蝶类	Singer, 2001; Peter & Johnson, 2009; Pedron et al., 2012; Ikeuchi et al., 2015; Xiong et al., 2015
				H. sagittifera	需要传粉者	报酬物或欺骗类型不明	日本条螽 (Ducetia japonica)	Suetsugu & Tanaka, 2014
			舌喙兰属 (Hemipilia)	扇唇舌喙兰 (H. flabellata)、广布小红门兰 (H. chusua)	需要传粉者	食源性欺骗	蜜蜂总科条蜂属 (Anthophora)、熊蜂属	Luo & Chen, 2010; Sun et al., 2011
			舌唇兰属 (Platanthera)	细距舌唇兰 (P. bifolia)、P. chlorantha、P. ciliaris、P. lacera、P. leucophaea	需要传粉者	花蜜	天蛾科、蛾类、蝶类	Wallace, 2006; Tałałaj et al., 2017
				P. stricta	需要传粉者	花蜜	蜜蜂总科熊蜂属、蛾类	Patt et al., 1989
			鸟足兰属 (Satyrium)	缘毛鸟足兰 (S. nepalense var. ciliatum)	无融合生殖			寸宇智, 2005

续表

亚科	族	亚族	属	种	传粉系统	报酬物或欺骗类型	传粉者类群	参考文献
红门兰亚科 (Orchidoideae)	红门兰族 (Orchideae)	红门兰亚族 (Orchidinae)	鸟足兰属 (Satyrium)	S. carneum、S. coriifolium、S. hallackii、S. longicauda、S. princeps	需要传粉者	花蜜	蜜蜂总科木蜂属 (Xylocopa)、蛾类、蝶类、太阳鸟科 (Nectariniidae)	Schiestl & Schlüter, 2009
				S. pumilum	需要传粉者	产卵地拟态	蝇类、鸟类	van der Niet et al., 2011; Johnson, 1996
			毛轴兰属 (Sirindhornia)	毛轴兰 (S. monophylla)、怒江毛轴兰 (S. pulchella)、S. mirabilis	需要传粉者	花蜜	蜜蜂总科隧蜂科 (Halictidae)	Srimuang et al., 2010
树兰亚科 (Epidendroideae)	鸟巢兰族 (Neottieae)		头蕊兰属 (Cephalanthera)	C. rubra	自花传粉, 需要传粉者	食源性欺骗	蜜蜂总科地蜂属 (Andrena)	Suetsugu et al., 2015
			火烧兰属 (Epipactis)	E. veratrifolia	需要传粉者	产卵地拟态	食蚜蝇科 (Syrphidae)	Jin et al., 2014b
			鸟巢兰属 (Neottia)	N. ovata	自花传粉	花蜜		Talalaj et al., 2017
				高山鸟巢兰 (N. listeroides)	需要传粉者	花蜜	蚁科 (Formicidae)	王淳秋等, 2008
				N. nidus-avis	需要传粉者	花蜜	大蚊科 (Tipulidae)	van der Cingel, 2001
	天麻族 (Gastrodieae)		天麻属 (Gastrodia)	闭花天麻 (G. clausa)、大名山天麻 (G. damingshanensis)、无喙天麻 (G. albida)、G. flexistyloide、G. takeshimensis	自花传粉			Hsu & Kuo, 2010; Hsu et al., 2011; Suetsugu 2012, 2013a, 2014; Hu et al., 2014
				G. sesamoides	需要传粉者	淀粉	蜜蜂总科 Exoneura	Jones, 1985
				G. similis	需要传粉者	产卵地拟态	蝇类	Martos et al., 2015

续表

亚科	族	亚族	属	种	传粉系统	报酬物或欺骗类型	传粉者类群	参考文献
树兰亚科 (Epidendroideae)	天麻族 (Gastrodieae)		天麻属 (Gastrodia)	天麻 (G. elata)	自花传粉，需要传粉者	食源性欺骗	蜜蜂总科淡脉隧蜂属 (Lasioglossum)	Kato et al., 2006; Sugiura, 2016
	芋兰族 (Nervilieae)	芋兰亚族 (Nerviliinae)	芋兰属 (Nervilia)	N. nipponica、N. gassneri	自花传粉	花蜜		Gale, 2007
				白脉芋兰 (N. crociformis)、N. bicarinata、N. petraea、N. shirensis	需要传粉者	食源性欺骗	胡蜂总科蜾蠃科 (Eumenidae)、蜜蜂总科隧蜂科	Pettersson, 1989
		虎舌兰亚族 (Epipogiinae)	虎舌兰属 (Epipogium)	虎舌兰 (E. roseum)	自花传粉			Zhou et al., 2012
				裂唇虎舌兰 (E. aphyllum)	需要传粉者	花蜜	蜜蜂总科熊蜂属	Święczkowska & Kowalkowska, 2015; Jakubska-Busse et al., 2014
	龙嘴兰族 (Arethuseae)	龙嘴兰亚族 (Arethusinae)	竹叶兰属 (Arundina)	A. speciosa	自花传粉			
				竹叶兰 (A. graminifolia)	需要传粉者	食源性欺骗	蜜蜂总科木蜂属、切叶蜂属 (Megachile)、寄生蜂属 (Thyreus)	Dressler, 1981
		贝母兰亚族 (Coelogyninae)	白及属 (Bletilla)	白及 (B. striata)	需要传粉者	食源性欺骗	蜜蜂总科四条蜂属 (Tetralonia)	Sugiura, 1995
			贝母兰属 (Coelogyne)	流苏贝母兰 (C. fimbriata)	需要传粉者	食源性欺骗	胡蜂总科黄胡蜂属 (Vespula)	Cheng et al., 2009

续表

亚科	族	亚族	属	种	传粉系统	报酬物或欺骗类型	传粉者类群	参考文献
树兰亚科 (Epidendroideae)	龙嘴兰族 (Arethuseae)	贝母兰亚族 (Coelogyninae)	贝母兰属 (Coelogyne)	C. fragrans	需要传粉者	报酬物或欺骗类型不明	胡蜂总科胡蜂科 (Vespidae)	van der Cingel, 2001
			足柱兰属 (Dendrochilum)	D. longifolium	需要传粉者	食源性欺骗	甲虫	Pedersen, 1995
				D. pterogyne、D. haslamii	白花传粉			van der Cingel, 2001
			蔗兰属 (Ditochia)	D. wallichii	白花传粉			van der Cingel, 2001
			独蒜兰属 (Pleione)	台湾独蒜兰 (P. formosana)	需要传粉者	食源性欺骗	蜜蜂总科木蜂属,熊蜂属	陈进燎等, 2019
	沼兰族 (Malaxideae)	石斛亚族 (Dendrobiinae)	石豆兰属 (Bulbophyllum)	B. apahanopetalum、B. cleistogamum、B. dasyphyllum、B. dischidifolium、B. nieuwenhuisii	白花传粉			van der Cingel, 2001
				B. beccari、B. echinolabium、B. graveolens、B. pahudii	需要传粉者	产卵地拟态	蝇类、甲虫	van der Cingel, 2001
				B. macranthum	需要传粉者	油脂	蝇类	van der Cingel, 2001
				B. makoyanum、南方卷瓣兰 (B. lepidum)	需要传粉者	食源性欺骗		van der Cingel, 2001
			石斛属 (Dendrobium)	D. hasseltii、D. lawesii、D. secundum	需要传粉者	报酬物或欺骗类型不明	鸟类	van der Cingel, 2001
				D. nfundibulum	需要传粉者	食源性欺骗	蜜蜂总科熊蜂属	van der Cingel, 2001

续表

亚科	族	亚族	属	种	传粉系统	报酬物或欺骗类型	传粉者类群	参考文献
树兰亚科 (Epidendroideae)	沼兰族 (Malaxideae)	石斛亚族 (Dendrobiinae)	石斛属 (Dendrobium)	*D. unicum*、*D. superbum*	需要传粉者	食源性欺骗	蜜蜂或胡蜂类	van der Cingel, 2001
				华石斛 (*D. sinense*)	需要传粉者	信息素拟态	胡蜂总科胡蜂属	Brodmann et al., 2009
		沼兰亚族 (Malaxidinae)	羊耳蒜属 (Liparis)	*L. caespitosa*、*L. cleistogama*、*L. longipes*	自花传粉			van der Cingel, 2001
				L. kumokiri、*L. loeselii*	自花传粉			González-Díaz & Ackerman, 1988
				L. reflexa	需要传粉者	花蜜	麻蝇科 (Sarcophagidae)	van der Cingel, 2001
			原沼兰属 (Malaxis)	*M. maximowicaiana*、*M. soleiformis*、*M. neproglossa*	自花传粉			van der Cingel, 2001
	兰族 (Cymbidieae)	兰亚族 (Cymbidiinae)	兰属 (Cymbidium)	纹瓣兰 (*C. aloifolium*)、椰香兰 *C. atropurpureum*、*C. finlaysonianum*、*C. pumilum*	自花传粉、需要传粉者	报酬物或欺骗类型不明	蜜蜂总科蜜蜂属、熊蜂属、木蜂属	van der Cingel, 2001; Suetsugu. 2015
				美花兰 (*C. insigne*)	需要传粉者	食源性欺骗	蜜蜂总科熊蜂属	van der Cingel, 2001
		美冠兰亚族 (Eulophiinae)	双足兰属 (Dipodium)	*D. punctatum*	需要传粉者	食源性欺骗	蜜蜂总科切叶蜂属 (Megachile)	van der Cingel, 2001
			美冠兰属 (Eulophia)	*E. alta*	自花传粉			van der Cingel, 2001
				E. cristata、*E. horsfallii*、*E. speciosa*	需要传粉者	食源性欺骗	蜜蜂总科木蜂属	van der Cingel, 2001
	树兰族 (Epidendreae)	布袋兰亚族 (Calypsinae)	杜鹃兰属 (Cremastra)	*C. appendiculata* var. *variabilis*	需要传粉者	花蜜	蜜蜂总科熊蜂属	van der Cingel, 2001

续表

亚科	族	亚族	属	种	传粉系统	报酬物或欺骗类型	传粉者类群	参考文献
树兰亚科 (Epidendroideae)	树兰族 (Epidendreae)	布袋兰亚族 (Calypsinae)	山兰属 (Oreorchis)	山兰 (O. patens)	需要传粉者	产卵地拟态	食蚜蝇科、蜜蜂总科斑腹蜂属 (Nomada)	Sugiura et al., 1997
		禾叶兰亚族 (Agrostophyllinae)	禾叶兰属 (Agrostophyllum)	A. crassicaule、A. compressum、A. dichorense、A. graminifolium、A. montanum	自花传粉			van der Cingel, 2001
	吻兰族 (Collabieae)		虾脊兰属 (Calanthe)	C. aureifolia、C. inaperta、C. manii、C. papuana、C. vestita	自花传粉			van der Cingel, 2001
				虾脊兰 (C. discolor)、药山虾脊兰 (C. yaoshanensis)、C. striata	需要传粉者	食源性欺骗	蜜蜂总科木蜂属	Sugiura, 2013; Suetsugu & Fukushima, 2014b; Ren et al., 2014
				C. alismaefolia		食源性欺骗	蝶类	王武, 2013
			鹤顶兰属 (Phaius)	P. albescens、P. amboinensis、P. maculata	自花传粉			van der Cingel, 2001
				P. tankervilleae	自花传粉、需要传粉者	报酬物、或欺骗类型不明	蜜蜂总科木蜂属	van der Cingel, 2001
				P. delavayi	需要传粉者	食源性欺骗	蜜蜂总科熊蜂属	Li et al., 2011
			卷舌兰属 (Placoglottis)	P. glaucescens	自花传粉			van der Cingel, 2001

续表

亚科	族	亚族	属	种	传粉系统	报酬物或欺骗类型	传粉者类群	参考文献
树兰亚科 (Epidendroideae)	吻兰族 (Collabieae)		卷舌兰属 (Plocoglottis)	P. foetida	需要传粉者	报酬物或欺骗类型不明	蝇类	van der Cingel, 2001
	柄唇兰族 (Podochileae)		苞舌兰属 (Spathoglottis)	S. microchilina	自花传粉			van der Cingel, 2001
			牛齿兰属 (Appendicula)	A. biumbonata、A. bracteata、A. carinifera、A. diamuensis、A. flaccida	自花传粉			van der Cingel, 2001
			毛兰属 (Eria)	匍茎毛兰 (E. clausa)、E. bifalcis	自花传粉			van der Cingel, 2001
				E. ignea、E. ornata	需要传粉者	报酬物	鸟类	van der Cingel, 2001
			拟毛兰属 (Mycaranthes)	M. stenophylla	自花传粉			
				拟毛兰 (M. floribunda)、M. oblitterata	需要传粉者	报酬物或欺骗类型不明	蜂类	van der Cingel, 2001
			盾柄兰属 (Porpax)	P. lanii	需要传粉者	报酬物或欺骗类型不明	蝇类	Christensen, 1994

续表

亚科	族	亚族	属	种	传粉系统	报酬物或欺骗类型	传粉者类群	参考文献
树兰亚科 (Epidendroideae)	柄唇兰族 (Podochileae)		矮柱兰属 (Thelasis)	T. abbreviata、T. carinata	自花传粉			van der Cingel, 2001
			毛鞘兰属 (Trichotosia)	T. teysmannii	自花传粉			van der Cingel, 2001
	万代兰族 (Vandeae)	多穗兰亚族 (Polystachyinae)	多穗兰属 (Polystachya)	P. singaporensis	自花传粉			van der Cingel, 2001
				P. flavescens			蜜蜂总科隧蜂科	Fan et al., 2012
		指甲兰亚族 (Aeridinae)	脆兰属 (Acampe)	多花脆兰 (A. rigida)	自花传粉			van der Cingel, 2001
			隔距兰属 (Cleisostoma)	短茎隔距兰 (C. parishii)	自花传粉			van der Cingel, 2001
				大序隔距兰 (C. paniculatum)	需要传粉者	花蜜	蜜蜂总科切叶蜂属	张林澜, 2015
			槽舌兰属 (Holcoglossum)	滇西槽舌兰 (H. rupestre)	需要传粉者	花蜜	金龟子总科 (Scarabaeidae)、叶甲总科 (Chrysomeloidea)	Jin et al., 2005
				大根槽舌兰 (H. amesianum)	自花传粉			Liu et al., 2006
			钗子股属 (Luisia)	L. curtisii	需要传粉者	食源性欺骗，产卵地拟态	金龟子科、叶甲科	Pedersen et al., 2013
				叉唇钗子股 (L. teres)	需要传粉者	性拟态	金龟子科	Arakaki et al., 2016
			凤蝶兰属 (Papilionanthe)	P. longicornu、P. uniflora	自花传粉			van der Cingel, 2001

续表

亚科	族	亚族	属	种	传粉系统	报酬物或欺骗类型	传粉者类群	参考文献
树兰亚科 (Epidendroideae)	万代兰族 (Vandeae)	指甲兰亚族 (Aeridinae)	凤蝶兰属 (Papilionanthe)	凤蝶兰 (P. teres)	需要传粉者	报酬物或欺骗类型不明	蜜蜂总科木蜂属	van der Cingel, 2001; Kocyan et al., 2008
			蝴蝶兰属 (Phalaenopsis)	美丽蝴蝶兰 (P. amabilis)	需要传粉者	食源性欺骗	蜜蜂总科木蜂属	van der Cingel, 2001
				五唇兰 (P. pulcherrima)	需要传粉者	食源性欺骗	蜜蜂总科无垫蜂属 (Amegilla)、彩带蜂属 (Nomia)	Jin et al., 2012; 张哲, 2013
				海南蝴蝶兰 (P. hainanensis)	需要传粉者	食源性欺骗	蜜蜂总科切叶蜂属	张哲, 2019
				大尖囊蝴蝶兰 (P. deliciosa)	需要传粉者	食源性欺骗	蜜蜂总科彩带蜂属	张哲, 2019
			鹿角兰属 (Pomatocalpa)	P. macphersonii	需要传粉者	报酬物或欺骗类型不明	蜜蜂总科无刺蜂属	van der Cingel, 2001
			匙唇兰属 (Schoenorchis)	S. paniculata、S. sarcophylla	白花传粉			van der Cingel, 2001
			带叶兰属 (Taeniophyllum)	T. hasseltii	白花传粉			van der Cingel, 2001
			万代兰属 (Vanda)	叉唇万代兰 (V. cristata)	需要传粉者	报酬物或欺骗类型不明	甲虫	Pradhan, 1983
				琴唇万代兰 (V. concolor)、V. teres、V. hookeriana	需要传粉者	食源性欺骗	蜜蜂总科木蜂属、熊蜂属、甲虫、蛾类	van der Cingel, 2001; 张自斌等, 2015

无融合生殖类群：仅出现于少数物种中，如玉凤花属南方玉凤花（*Habenaria malintana*）（Zhang & Gao，2018）、翻唇兰属白肋翻唇兰（*Hetaeria cristata*）（丁浩，2016）和线柱兰属线柱兰（*Zeuxine strateumatica*）（Sun，1997）。

自动自交类群：东南亚地区分布类群有 44 个属出现了具有自动自交的物种，如 *Thelymitra*、石豆兰属（*Bulbophyllum*）、绶草属（*Spiranthes*）、头蕊兰属（*Cephalanthera*）、火烧兰属（*Epipactis*）、风兰属（*Angraecum*）和美冠兰属（*Eulophia*）（Gamisch et al.，2014）。有些物种还出现了闭花受精这种完全的自花授粉机制，如香荚兰属二色香荚兰（*Vanilla bicolor*）（van der Dam et al.，2010）、天麻属 *Gastrodia flexistyloide*（Suetsugu，2014）。部分自交类群还依赖非生物媒介协助，如脆兰属多花脆兰（*Acampe rigida*）的授粉完全依赖雨水（Fan et al.，2012），通过雨滴坠落击打花药，进而反弹进入柱头完成授粉。羊耳蒜属 *Liparis loeselii*、*Liparis kumokiri* 和僧兰属 *Oeceoclades maculata* 借助雨滴驱动授粉（González-Díaz & Ackerman，1988）；带叶兰属 *Taeniophyllum hasseltii*、隔距兰属短茎隔距兰（*Cleisostoma parishii*）和凤蝶兰属单花凤蝶兰（*Papilionanthe uniflora*）借助风力驱动授粉（van der Cingel，2001）。

具报酬物的传粉类群：根据报酬物的类型可分为花粉、花蜜、油脂及芳香类物质等。拟兰亚科类群主要以花粉作为报酬物，传粉者为蜂类，如三蕊兰属 *Neuwiedia veratrifolia*、*N. zollingeri* var. *javanica*（Kocyan & Endress，2001）。花蜜作为报酬物的类群涉及广泛，如血叶兰属（*Ludisia*）、绶草属（*Spiranthes*）、葱叶兰属（*Microtis*）、舌唇兰属（*Platanthera*）、鸟巢兰属（*Neottia*）等，传粉者类群也比较多样，包括蜂类、蝶类、蛾类及鸟类等（表 7.3）。油脂作为报酬物的类群如双袋兰属 *Disperis capensis*，传粉者为蜂类（Steiner，1989；Johnson，1994a）；石豆兰属 *Bulbophyllum macranthum*，传粉者为蝇类（van der Cingel，2001）。以芳香类物质作为报酬物的见于香荚兰科的个别物种，传粉者类群是蜜蜂总科长舌花蜂科昆虫（Lubinsky et al.，2006；Pansarin & Pansarin，2014）。

欺骗性传粉类群：根据欺骗方式的不同，可分为食源性欺骗（包括泛化食源性欺骗和食源性拟态）、性拟态、产卵地拟态和信息素拟态。其中，食源性欺骗类群最为广泛，如香荚兰亚科朱兰属（*Pogonia*）和香荚兰属（*Vanilla*）的部分种类，杓兰亚科杓兰属（*Cypripedium*）和兜兰属（*Paphiopedilum*）的部分种类，兰亚科斑叶兰属（*Goodyera*）、双尾兰属（*Diuris*）、盔花兰属（*Galearis*）、玉凤花属（*Habenaria*）、舌喙兰属（*Hemipilia*）等的部分种类，以及树兰亚科头蕊兰属（*Cephalanthera*）、天麻属（*Gastrodia*）、芋兰属（*Nervilia*）、竹叶兰属（*Arundina*）、石豆兰属（*Bulbophyllum*）、石斛属（*Dendrobium*）、兰属（*Cymbidium*）、虾脊兰属（*Calanthe*）、鹤顶兰属（*Phaius*）及万代兰属（*Vanda*）的部分种类。性拟态类群仅见于兰亚科翅柱兰属（*Pterostylis*）、裂缘兰属（*Caladenia*）、隐柱兰属（*Cryptostylis*）、肘兰属（*Arthrochilus*）和胡须兰属（*Calochilus*）的部分种类，传粉者类群涉及膜翅目土蜂总科（Scolioidea）、胡蜂总科（Vespoidea）、姬蜂总科（Ichneumonoidea）和双翅目菌蚊科（Mycetophilidae）、蚊科（Culicidae）昆虫。产卵地拟态类群见于杓兰亚科兜兰属（*Paphiopedilum*），兰亚科铠兰属（*Corybas*）和鸟足兰属（*Satyrium*），以及树兰亚科火烧兰属（*Epipactis*）、天麻属（*Gastrodia*）、石豆兰属（*Bulbophyllum*）、山兰属（*Oreorchis*）、钗子股属（*Luisia*）的部分种类，传粉者类群主要是双翅目菌蚊科（Mycetophilidae）、食蚜蝇科（Syrphidae）及喜腐蝇类。信息素拟态种类较少，如杓兰属 *Cypripedium fargesii*，传粉者为扁足蝇科（Platypezidae）昆虫；石斛属华石斛（*Dendrobium sinense*）通过模拟蜜蜂报警信息素欺骗黑盾胡蜂（*Vespa bicolor*）传粉（Brodmann et al.，2009）。

第8章　木棉亚科植物地理

Chapter 8　Phytogeography of Bombacoideae

向文倩（XIANG Wen-Qian），任明迅（REN Ming-Xun）

摘要： 根据最新的分类系统，原木棉科（Bombacaceae）作为锦葵科的木棉亚科（Bombacoideae）进行处理。木棉亚科主要分布在热带美洲、非洲、东南亚等地，东南亚地区有猴面包树属（*Adansonia*）、木棉属（*Bombax*）、吉贝属（*Ceiba*）、瓜栗属（*Pachira*）、番木棉属（*Pseudobombax*）、山鹑树属（*Bernoullia*）等6属。木棉亚科植物在东南亚的分布中心位于中南半岛和马来半岛一带。目前普遍认为，木棉亚科可能起源于古新世的新热带地区，后因冈瓦纳古陆的分裂，迁移到非洲地块；再通过洋流或人类活动传播到印度板块，并在印度板块撞击欧亚大陆的时候，迁移到东南亚地区。木棉亚科植物在东南亚的迁移和适应进化过程中，从蝙蝠传粉逐渐向鸟类传粉转变，并出现了较多的中间类型。在适应洋流和风力传播的选择压力下，木棉亚科果实与种子进化出了3种主要类型：种子有翅、种子带绵毛、内果皮海绵状。木棉亚科植物用途广泛，观赏价值和经济价值极大，与人类生活及文化息息相关。人类活动影响着东南亚木棉亚科植物分布格局，如吉贝属、瓜栗属等主要是通过印度洋贸易网络，被人为地从西非传播到印度，再逐渐扩散到东南亚。

Abstract

According to the latest classification system, Bombacoideae are treated as a subfamily of Malvaceae, which are mainly distributed in tropical America, Africa and Southeast Asia. There are six genera in Southeast Asia, including *Adansonia*, *Bombax*, *Ceiba*, *Pachira*, *Pseudobombax* and *Bernoullia*. The Malay Peninsula and Indo-China Peninsula are the geographical distribution centers of Bombacoideae in Southeast Asia. It is generally believed that Bombacoideae may have originated in the Paleocene Neotropical region and then migrated to the African Plate due to the division of Gondwanaland. It spread to the Indian subcontinent through ocean transmission or human activities. After the collision between the Indian subcontinent and Asia, it migrated to Southeast Asia. In order to adapt to the type and abundance of pollinators, some species changed from bat pollination syndrome to bird pollination syndrome in the process of migration and evolution, and more intermediate types appeared. There are significant differences in self-compatibility among genera, within genera, and even within the same species in different regions. The fruits of Bombacoideae can be divided into three clades: winged seeds, spongy endocarp, and kapok clade. Bombacoideae are closely related to human life, and their distribution pattern is greatly affected by human activities. Some plants, such as *Ceiba* and *Pachira*, are mostly spread via human-mediated dispersal through the Indian Ocean trading network, from West Africa to the Indian subcontinent and then Southeast Asia.

　　木棉亚科（Bombacoideae）隶属于锦葵科（Malvaceae），约 20 属 200 余种（APG IV，2016）。木棉亚科广泛分布于全球热带地区（图 8.1），是一个非常典型的从热带辐射到温带的植物类群（Baum et al.，2004）。木棉亚科约 90% 的物种分布在中美洲、南美洲的新热带森林，是热带森林典型的先锋种、优势种（Ferreira & Prance，1998；Andel，2001）。以非洲、亚洲旧热带区域分布为主的有猴面包树属（*Adansonia*）、木棉属（*Bombax*）和红木棉属（*Rhodognaphalon*）（Robyns，1963；Carvalho-Sobrinho et al.，2016）。

　　目前普遍认为，木棉亚科植物起源于美洲，逐渐扩散到非洲，通过印度板块的运动，抵达东南亚地区（Carvalho et al.，2011）。东南亚木棉亚科分布有猴面包树属、木棉属、吉贝属（*Ceiba*）、瓜栗属（*Pachira*）、番木棉属（*Pseudobombax*）、山笋树属（*Bernoullia*）共 6 属。

　　本章我们首先综述木棉亚科最新的系统分类、主要生物学特点及地理分布特点，然后从 GBIF（Global Biodiversity Information Facility，http://www.gbif.org/）及历史文献中收集木棉亚科植物的分布地点信息，构建物种多样性的地理分布格局。根据最新文献（APG IV，2016；Carvalho-Sobrinho et al.，2016；Costa et al.，2017；Lima et al.，2019）获取木棉亚科的分类系统、物种多样性和物种系统发育位置，并利用 DIVA-GIS 7.5 构建 $1° \times 1°$ 物种分布图来揭示木棉亚科各属在东南亚的物种多样性分布格局。最后，从花部综合征、果实多样性及人为因素来讨论木棉亚科的生物地理学格局、迁移历史及适应进化。

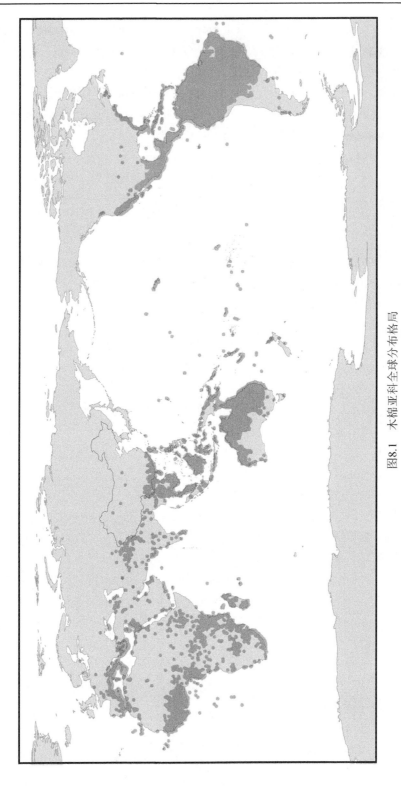

图8.1　木棉亚科全球分布格局

Fig. 8.1　Global distribution pattern of Bombacoideae

8.1　木棉亚科植物概况

8.1.1　木棉亚科的系统位置

传统上，木棉科（Bombacaceae）是一个独立的多系类群（冯国楣，1984），与原锦葵科、梧桐科（Sterculiaceae）、椴树科（Tiliaceae）组成了锦葵目的核心。形态上都有像鱼皮的树皮、掌状叶脉和瓣裂的花萼（Bayer et al.，1999），以及相似的导管、韧皮部、木质部射线等（Cronquist，1981）。根据分子数据系统，如果维持传统概念的单系的锦葵科不变，则木棉科、梧桐科、椴树科等 3 科必须拆分成 10～11 科，造成科的数目大大增加。因此，APG 系统建议将木棉科、梧桐科、椴树科并入锦葵科中作为亚科处理（图 8.2）。

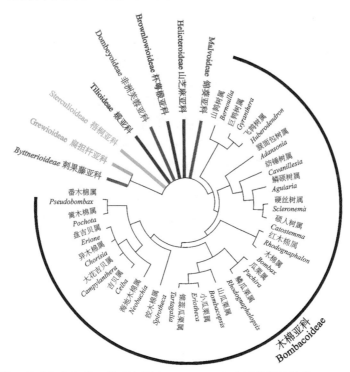

图 8.2　木棉亚科系统发育树（基于核基因 ETS、ITS 和叶绿体基因片段 *mat*K、*trn*L-*trn*F、*trn*S-*trn*G）（改自 Carvalho-Sobrinho et al.，2016）

Fig. 8.2　Phylogenetic tree of Bombacoideae based on nuclear ETS and ITS and cpDNA (*mat*K、*trn*L-*trn*F、*trn*S-*trn*G) (Revised from Carvalho-Sobrinho et al., 2016)

根据形态和分子数据（Judd & Manchester，1997；Alverson et al.，1999；Heywood et al.，2007），原木棉科中的大部分属仍保留在木棉亚科中，但弯蕊木

属（*Camptostemon*）、蜜源葵属（*Lagunaria*）、翅萼槿属（*Pentaplaris*）等被纳入锦葵亚科（Heywood et al.，2007）；目前认为，轻木属（*Ochroma*）为锦葵亚科其他物种的姐妹类群。木棉亚科与锦葵亚科的系统关系一直非常密切。Baum 等（1998）将原锦葵科（Malvaceae）和原木棉科组成的分支命名为锦葵支系（Malvatheca）。Alverson 等（1999）、Bayer 等（1999）利用 *atp*B、*rbc*L 和 *ndh*F 等分子数据支持了这一分支。但是直到现在，木棉亚科和锦葵亚科的界限、基部类群的归属等问题仍未确定。

　　原木棉科包含 4 个分支，即木棉族（Bombaceae）、猴面包树族（Adansonieae）、山鹡树族（Bernoullieae）以及榴莲族（Durioneae）（Cronquist，1981）。Nyffeler 和 Baum（2000）基于叶绿体和核糖体 DNA 的系统发育研究，将榴莲族与原属梧桐科的山芝麻族（Helictereae）组成山芝麻亚科（Helicteroideae）。Cheek（2006）、Heywood 等（2007）则将榴莲族作为一个独立的亚科：榴莲亚科（Durionaceae），使得榴莲族（榴莲属）从木棉亚科分出来。现木棉亚科包括以下三大分支：①山鹡树族，乔木，植株高大，有板根，花聚集在枝顶，单侧；雄蕊 5～20，花丝合生成花冠筒；无柄，每心皮 10 枚胚珠；内果皮薄如纸，种子具翅；通常分布在热带美洲。②猴面包树族，掌状复叶，3～7 片小叶；花生近枝顶叶腋，1 朵；雄蕊合生；每心皮 1～2 枚胚珠；果实木质不开裂，内果皮海绵状；染色体 $n=80$；通常分布在热带美洲、非洲大陆、阿拉伯半岛、马达加斯加岛和澳大利亚北部。③木棉族，树干具皮刺；每心皮胚珠多数；蒴果木质，开裂，种子小，染色体 $n=43$、46、97、138；主要分布在热带美洲、非洲、东南亚及澳大利亚（Heywood et al.，2007）。

8.1.2　木棉亚科的生物学特征与经济价值

　　目前，木棉亚科约 20 属 200 余种。木棉亚科大多为乔木，主干基部常有板状根。叶互生，掌状复叶或单叶，常具鳞秕；托叶早落。花两性，大而美丽，辐射对称，腋生或近顶生，单生或簇生；花萼通常大且合生，杯状，顶端截平或不规则的 3～5 裂；花瓣 5 片，覆瓦状排列，有时基部与雄蕊管合生；雄蕊 5 至多数，退化雄蕊常存在，花丝分离或合生成雄蕊管，花药肾形至线形，常 1 室或 2 室；子房上位，2～5 室，每室有倒生胚珠 2 枚至多数，中轴胎座，花柱不裂或 2～5 浅裂。蒴果，室背开裂或不裂；种子常被内果皮的丝状绵毛所包围。

　　木棉亚科植物用途广泛，普遍具有较高的经济价值。木棉亚科植物大多树形高大，生长迅速，在中美洲、澳大利亚北部、中国南方地区，其木材被广泛用于制作独木舟、乐器、饭甑、棺椁等（向文倩等，2023），如猴面包树（*A. digitata*）、木棉（*B. ceiba*）、美丽异木棉（*C. speciosa*）等。木棉亚科植物蒴果中丰富的绵毛不仅可以用于填充枕头、被子、褥子、衣物等，还可以进行纺织，是早期人类重

要的生产生活资料，如吉贝（*C. pentandra*）、木棉等。木棉亚科植物具有较高的
食用价值，如猴面包树果实中的果肉多汁，含有丰富的有机酸和胶质，既可生吃，
又可制作清凉饮料和调味品；而猴面包树叶片中含有丰富的维生素和钙质，其鲜
嫩的树叶是当地人十分喜爱的蔬菜；而且，猴面包树树干中贮藏了大量水分，可
供旅人取水。木棉亚科植物具有较高的药用价值，如木棉根具有清热利湿、收敛
止血的功效，多用于治疗慢性胃炎、胃溃疡、产后浮肿、赤痢、瘰疬、跌打扭伤
等；木棉花性凉，具有清热、利湿、解毒的功效；而木棉树皮味苦、性平，能治
疗风湿痹痛、痢疾、牙痛、疥癣，可祛风湿、通经络等。此外，木棉亚科植物是
热带森林重要的组成部分，能为当地哺乳动物、鸟类、昆虫等提供食物以及栖息、
繁衍的场所，具有较高的生态价值；而且木棉亚科植物普遍适应干旱胁迫，是重
要的生态林树种（程广有，2004），对修复已退化热带森林生态系统、防止水土流
失及石漠化整治具有重要意义（Dadhwal & Singh，1993；罗金环等，2020）。木
棉亚科植物极具观赏价值，绝大多数物种可作为行道树、庭院树，如木棉、美丽
异木棉等。不仅如此，木棉亚科植物在文化传播中还起到了重要作用，如赤道几
内亚的国徽由美丽异木棉组成；吉贝是危地马拉的国树；在中美洲的玛雅文明和
阿兹特克文明中，吉贝属植物被视为神圣的"世界之树"；而在印度、越南、中
国，木棉被视为神树，常在木棉树下设立神龛，祈求风调雨顺、繁荣昌盛（罗琴，
2020）；在西非人眼中，猴面包树属植物是"生命之树"，认为第一个人类诞生于
猴面包树属的树干（Das et al.，2021）。

8.1.3 木棉亚科的地理分布格局

木棉亚科分布范围从热带逐渐向亚热带辐射（图 8.1），物种分布中心在美洲
热带、非洲中部、东南亚以及澳大利亚北部。在北半球，南美洲分布区北界从美
国加利福利亚州到宾夕法尼亚州一线，非洲分布区北界从塞内加尔到尼日利亚再
到东非埃塞俄比亚，欧亚大陆分布区的北界从地中海沿岸（约 40°N）到中国云南-
广西一线。在南半球，南美洲分布区的南界从厄瓜多尔、秘鲁到巴西南里奥格兰
德州。非洲分布区集中在中部和南部，南界位于非洲最南端。大洋洲分布区在澳
大利亚中北部的沿海地区，南界处于 40°S 左右。

木棉亚科大多数属的物种分布中心位于南美洲和中美洲地区，仅猴面包树
属、木棉属、红木棉属集中分布在旧世界的非洲和亚洲热带地区。猴面包树属
的物种分布中心在非洲，间断分布在美洲、印度次大陆西部、澳大利亚北部。
木棉属物种分布中心位于西非、东南亚及澳大利亚北部，在美洲、非洲、亚洲
的热带地区呈洲际间断分布格局（图 8.1）。红木棉属仅分布在西非的几内亚湾。
非洲北部的撒哈拉沙漠、阿拉伯半岛、西亚等地区多为干旱沙地，木棉亚科植
物分布记录很少。

8.2　木棉亚科东南亚分布属概况

　　东南亚分布有木棉亚科 6 属约 10 种（图 8.3，图 8.4），包括木棉属、吉贝属、猴面包树属、瓜栗属、番木棉属、山鹊树属。在东南亚，印度-缅甸区和巽他区是木棉亚科的属和种的分布中心（图 8.3，图 8.4）。

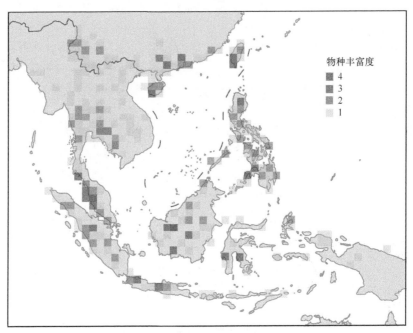

图 8.3　东南亚木棉亚科地理分布格局

Fig. 8.3　Geographical distribution pattern of Bombacoideae in Southeast Asia

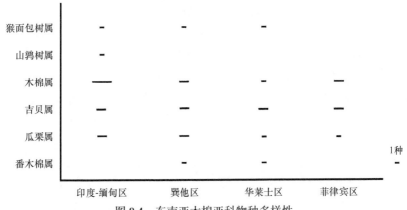

图 8.4　东南亚木棉亚科物种多样性

Fig. 8.4　Species diversity of Bombacoideae in Southeast Asia

8.2.1　木棉属（*Bombax*）

幼树的树干通常有圆锥状的粗刺。花单生或簇生于叶腋或近顶生，花通常红色，有时橙红色或黄白色；花萼革质，杯状，花后基部周裂，连同花瓣和雄蕊一起脱落；花瓣 5 片；雄蕊多数，花丝基部合生成短的雄蕊管。花丝分为内、外两轮，外轮雄蕊分为 5 束，每束花丝基部合生，与花瓣对生；内轮雄蕊又分为内轮长雄蕊和内轮短雄蕊，通常各 10 枚。花药 1 室，肾形，底着药；子房 5 室，每室有胚珠多数，花柱细棒状，柱头星状 5 裂，柱头探出式雌雄异位。蒴果背开裂为 5 爿，果爿革质，内有丝状绵毛；种子小，黑色，藏于绵毛内。

木棉属为旧热带属（Robyns，1963），目前约 50 种，是木棉亚科的一个典型属，其亲缘属为吉贝属，主要分布在热带非洲、美洲，以及印度次大陆、东南亚和澳大利亚北部。分布中心在西非、东南亚印度-缅甸区、澳大利亚北部。东南亚分布有 5 种：木棉、长果木棉（*B. insigne*）、越南木棉（*B. albidum*）、棱果木棉（*B. anceps*）、菲律宾木棉（*B. blancoanum*），主要分布在印度-缅甸区。其中，木棉在东南亚 4 个区均有分布，长果木棉和越南木棉仅分布在印度-缅甸区，棱果木棉分布在印度-缅甸区和巽他区，菲律宾木棉仅分布在菲律宾区（图 8.5）。

图 8.5　东南亚木棉属地理分布格局

Fig. 8.5　Geographical distribution pattern of *Bombax* in Southeast Asia

木棉属的花粉化石最早发现于美国新泽西州（距今 6900 万～6500 万年），可能起源于古新世北美洲（Wolfe，1975）。与近缘属吉贝属一样，其可能在中新世从美洲扩散到非洲。根据 Morley（2000），木棉属可能和热带亚洲其他植物一样，在印度次大陆与亚洲碰撞后，从印度次大陆迁移到东南亚。

木棉属植物生长迅速，是热带森林边缘的优势树种，也是森林生态系统的重要组成，具有较高的生态价值；木棉属植物通常花色艳丽，常作为行道树、园林观赏植物，在中国云南、广西、海南岛等地观赏木棉花是旅游重点项目；木棉属植物纤维应用也很广泛，其中木棉纤维是目前天然纤维中较细、较轻、中空度较高、较保暖的纤维材料，具有较高的经济价值；其花、树皮、根均可入药，清热、利湿、解毒，具有较高的药用价值；木棉属植物果实具有大量的棉絮，云南的傣族、海南的黎族以此为原材料织锦，织就成著名的侗锦、黎锦，并形成了鲜明的木棉文化。先秦时期，木棉所在南方地区社会发展滞后；晋-南北朝时期，木棉的实用价值如作为纺织原料或填充物等得到充分发挥；明清及民国时期，木棉逐渐成为英雄的象征，成为书画作品中的常见素材。当代人们赋予了木棉坚韧独立、顽强拼搏的精神，木棉在食用、药用及地方文化符号等方面得到了广泛应用。

8.2.2　吉贝属（*Ceiba*）

落叶乔木，树干有刺或无刺。花单一或 2～15 朵簇生于落叶的节上，下垂，辐射对称，稀近两侧对称；萼钟状、坛状，不规则的 3～12 裂，厚，宿存；花淡红色或黄白色；雄蕊管短；花丝 3～15，分离或分成 5 束，每束花丝顶端有 1～3 个扭曲的一室花药；子房 5 室；每室胚珠多数；花柱线形。蒴果木质或革质，下垂，长圆形或近倒卵形，室背开裂为 5 片；果爿内面密被绵毛；种子多数，藏于绵毛内，具假种皮；胚乳少。

吉贝属是木棉亚科中最著名，也是栽培最广泛的树种，约 43 种。吉贝属为新热带属，分布在墨西哥、中美洲、南美洲、加勒比海地区，但吉贝属也大量分布在西非和东南亚等地区（Gibbs & Semir，2003）。分布中心在美洲和西非。东南亚分布 2 种：吉贝（*C. pentandra*）和美丽异木棉（*C. speciose*），且在东南亚 4 个区均有分布，其中印度-缅甸区和巽他区分布最为集中（图 8.4，图 8.6）。

吉贝属可能起源于热带美洲，在中新世从美洲扩散到非洲（Maley & Livingstone，1983）。Dick 等（2007）分子数据显示，南美洲北部的法属圭亚那和西非的单倍型相同，表明吉贝可能从南美洲北部向非洲扩散，或者从非洲向美洲进行两次传播。巴西东北部和西非之间异常强劲的风可能输送了被棉絮缠绕的吉贝种子，也可能通过亚马孙河或奥里诺科河从南美洲漂流到非洲。而波多黎各岛这种从未与大陆相连的火山岛屿也有吉贝分布，证明了吉贝的迁移和扩散也受到人为因素的影响。尤其是在 10 世纪，吉贝属的观赏价值和经济价值备受关注，其栽培种可能被人为地通过印度洋贸易网络从西非扩散到阿拉伯半岛、印度次大陆以及东南亚马来西亚等地区（van Kessel，2007），进而形成了目前吉贝的全球分布格局。

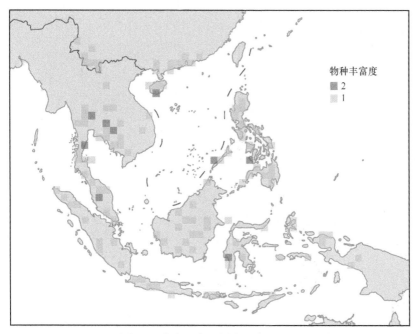

图 8.6　东南亚吉贝属地理分布格局

Fig. 8.6　Geographical distribution pattern of *Ceiba* in Southeast Asia

　　吉贝属植物具有较高的观赏价值，是良好的行道树和观赏树种；其纤维可以用来填充床垫、枕头等，种子不仅可以作为肥料还可以制油加入肥皂中。在东南亚，吉贝果实中白色蓬松的纤维被用作天然纤维填充床垫。在拉美裔到来之前，这种纤维对制衣很重要。树皮可以入药，治疗头疼、糖尿病等。

8.2.3　瓜栗属（*Pachira*）

　　花单生叶腋，具梗；苞片 2~3 枚；花萼杯状，短、截平或具不明显的浅齿，果期宿存；花瓣白色或淡红色，外面常被绒毛；雄蕊多数，基部合生成管，基部以上分离为多束，每束再分离为多数花丝，花药肾形；子房 5 室，每室胚珠多数；花柱伸长，柱头 5 浅裂。果近长圆形，木质或革质，室背开裂为 5 片，内面具长绵毛。种子大，近梯状楔形，子叶肉质，内卷。

　　瓜栗属约 85 种，分布在中美洲、南美洲、非洲的热带森林。根据当前瓜栗属的分布格局，其分布中心和起源可能均在美洲。东南亚栽培有 2 种，分别为马拉巴栗（*P. glabra*）和瓜栗（*P. aquatica*），主要分布在印度-缅甸区。其中，马拉巴栗分布在印度-缅甸区、巽他区及菲律宾区，而瓜栗主要分布在印度-缅甸区和菲律宾区（图 8.4，图 8.7）。

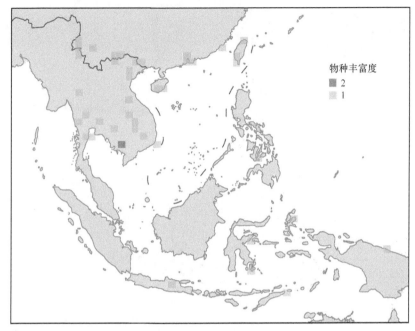

图 8.7　东南亚瓜栗属地理分布格局

Fig. 8.7　Geographical distribution pattern of *Pachira* in Southeast Asia

　　瓜栗属植物树干的纤维可用于制作纸及糨糊，种子油可食用，常作为室内盆栽。其中马拉巴栗又名发财树，在日本作为观赏植物栽培的历史很长，被中国台湾地区人们赋予财运等吉利的意义后，马拉巴栗在东南亚逐渐普及，其栽培范围日益扩大，成为东南亚最普遍的观赏植物之一。这可能也是这一新热带属能广泛分布在东南亚地区的原因之一。马拉巴栗在台湾栽培最为广泛，具有重要的经济地位（薛聪贤，2003），中国大陆所栽培的植株多数从台湾引进，这可能也是瓜栗属在中国南部分布较多的原因之一。

8.2.4　猴面包树属（*Adansonia*）

　　树干无刺。花大，腋生，单一或成对，具梗，下垂；苞片 2 枚；花萼革质，花瓣 5 片，基部合生；雄蕊多数，合生成长的雄蕊管，上部分离，花丝极多数；花药肾形，1 室；子房 5～10（～15）室；每室胚珠多数；花柱伸长，柱头星状分叉为 5～15 肢，裂肢短，展开。果木质，不开裂，长圆形或近棒状，大，果肉肉质，无绵毛；种子多数，大，藏于果肉内，有假种皮，胚乳少。

　　猴面包树属约 15 种，广泛分布于旧热带地区（Ávila-Lovera & Ezcurra，2016），分布中心在非洲（图 8.8）。其中大猴面包树（*A. grandidieri*）、红花猴面包树（*A. madagascariensis*）、大果猴面包树（*A. perrieri*）、红皮猴面包树（*A.*

rubrostipa)、灰岩猴面包树（*A. suarezensis*）和亮叶猴面包树（*A. za*）是马达加斯加岛特有物种，小花猴面包树（*A. kilima*）是非洲特有种，澳洲猴面包树（*A. gregorii*）是澳大利亚特有种。东南亚只有猴面包树零散分布在印度-缅甸区、巽他区以及华莱士区（图 8.4，图 8.8）。

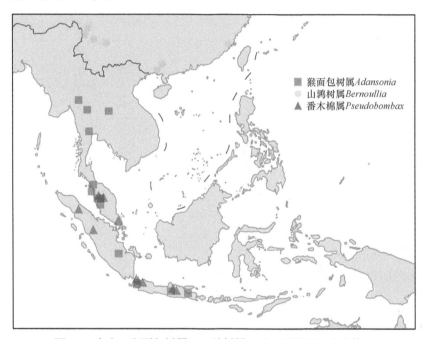

图 8.8　东南亚猴面包树属、山芒树属、番木棉属地理分布格局
Fig. 8.8　Geographical distribution pattern of *Adansonia*, *Bernoullia* and *Pseudobombax* in
Southeast Asia

　　Pock 等（2009）认为，猴面包树属可能起源于新大陆，随后迁移到旧热带地区。分子数据（Baum et al.，1998；Wickens & Lowe，2008；Bell et al.，2015）表明，非洲大陆、马达加斯加岛和澳大利亚三个主要的谱系在距今 500 万～1500 万年（中新世期间）有一个共同的祖先，澳大利亚北部和沿海地区的猴面包树属可能是长距离海洋扩散的结果（Baum et al.，1998）。Bell 等（2015）将东南亚的猴面包树与印度东南部、西非的归为同一类，表明东南亚猴面包树的分布更可能受人为因素影响。
　　猴面包树属以其长寿命和民族植物学的重要性而闻名，是非洲丛林的标志性物种；树干粗大，起运输、储存和支撑的作用（Chapotin et al.，2006），其丰富的储水组织可以在有水的时候储存水分，以抵抗季节性干旱。叶子被当地人当作蔬菜食用，果实可以食用，种子也可制作植物油。猴面包树被非洲原住民当作水源，纤维可以做成绳子和布，甚至被挖空用于住房。在生态学上，其果实是狐猴的主要食物之一，也是许多鸟类的筑巢地。除了作为昆虫的食物来源，其还为非洲的大象提供食物和水，具有重要的生态作用。

8.2.5　山鹑树属（*Bernoullia*）

大型乔木，树皮棕色；叶通常 5～6 片，有时只有 3 片，长圆形，10～22 cm，叶渐尖，楔形，薄，绿色；花在单侧，整个花序鲜红色或橙红色，疏生，被微柔毛，花长，有花梗；花萼 1 cm，浅裂；花瓣 5 片，与雄蕊管贴生，长圆形，长于花萼；花丝形成约 2 cm 长的雄蕊管，雄蕊管长，外露，花药聚集在顶端，花药 15～20，无柄；果实木质，约 20 cm。种子有约 5 cm 的长翼。

山鹑树属有 5 种，主要分布在中美洲和亚洲中部，分布中心为中美洲和欧亚内陆。东南亚的印度-缅甸区分布有 1 种：*Bernoullia flammea*（图 8.4，图 8.8）。*B. flammea* 的花与木棉亚科其他属不同：花在单侧，橙色，小，鸟类传粉（Toledo，1977）；种子有单翅，被称为螳螂翼（Robyns，1966）。目前鲜有人专注和研究山鹑树属起源、迁移路线。根据目前分布格局，我们推测山鹑树属可能与木棉亚科其他属一样，起源于美洲。与其他几个分布在旧世界的属不同，山鹑树属可能通过北大西洋陆桥，从美洲迁移到地中海地区，受人为活动或气流影响，再扩散到亚洲中部。这还需要进一步分子数据和化石证据。

8.2.6　番木棉属（*Pseudobombax*）

树干无刺，树皮通常有垂直、绿色的条纹；花艳丽，花瓣狭长，枝顶端丛生；花萼肉质，宿存；花丝数量众多，部分合生成雄蕊管；花药为马蹄形；果实木质化，有丰富的绵毛；种子相对较小且数量众多。根据形态特征，该属分为三个主要的分支：叶柄状（具叶柄）的叶子、果实 5 棱以及具有短柔毛的叶子和花萼（Robyns，1963）。

番木棉属约 29 种，主要分布在中美洲和南美洲（Robyns，1963）。在东南亚巽他区和华莱士区分布有 1 种：*P. argentinum*（图 8.4，图 8.8）。根据目前番木棉的分布格局，我们推测 *P. argentinum* 可能与猴面包树和吉贝属植物一样，是在葡萄牙殖民时期，人为地将这种具有观赏价值的植物带到了东南亚地区，也有可能是航海者从巽他海峡经过时，将 *P. argentinum* 留在了巽他区和华莱士区。

8.3　物种多样性分布中心

8.3.1　东南亚木棉亚科植物多样性中心

尽管木棉亚科仅有三个属为旧热带属，但在世界范围内的分布中心不仅包括南美洲，还包括旧世界的非洲和东南亚地区（图 8.1）。在东南亚，印度-缅甸区约10 种，巽他区约有 8 种，华莱士区约 6 种，菲律宾区约 5 种（图 8.4），其中以中南半岛和马来半岛为物种分布中心（图 8.3）。

8.3.2　东南亚木棉亚科起源及其扩散

木棉亚科与锦葵亚科亲缘关系最近（APG IV，2016）。木棉亚科在锦葵科中进化程度较高，各种性状分化较晚。木棉亚科的早期分布可以从树叶和花粉的化石确定。Fuchs（1967）认为木棉亚科具有"三系"起源，以中-南美洲、东非-马达加斯加岛、东南亚为起源中心。

现存木棉亚科植物存在明显的掌状复叶，树叶最古老的化石记录集中在北美洲和南美洲，可以追溯到晚白垩纪（Ward，1887；Wolfe，1977）。木棉亚科花粉化石主要分为"木棉型"（*Bombax* type）和"猴面包树型"（*Adansonia* type）（Fuchs，1967；Muller，1981；Mandal，2005），这两种花粉类型具体分化时间还有待研究确定。目前发现，木棉（*B. ceiba*）花粉化石最早出现在古新世（距今6500 万～5300 万年）的美国新泽西州（Wolfe，1975），在中古新世（约 6000 万年）才出现在南美洲热带地区（Jaramillo et al.，2011）。在这种情况下，木棉亚科可能在白垩纪晚期起源于北美洲（Wolfe，1975；Nilsson & Robyns，1986）。在中古新世期，可能才从北美洲传播到南美洲（Bayona et al.，2011；Cardona et al.，2011）。

随着分子技术的发展和成熟，越来越倾向于利用分子生物学手段研究木棉亚科植物的亲缘关系、起源、进化、迁移等。目前，普遍认为木棉亚科在南美洲有着最多的共性和最高的物种多样性（Baum et al.，2004；Nyffeler et al.，2005）。目前木棉亚科这种分布模式可能与冈瓦纳古陆起源有关（Raven & Axelrod，1974）。木棉亚科植物可能从新热带地区进入非洲后，从非洲通过海洋扩散或者人类活动传播到印度次大陆。在印度次大陆与亚洲碰撞后，从印度次大陆迁移到东南亚（Carvalho et al.，2011）。

8.4　东南亚木棉亚科的适应进化

8.4.1　花部结构的适应与进化

根据 Venkata（1952）和 Van Heel（1966）的研究，锦葵科原始有 5 个自由的雄蕊，然后产生了三种进化趋势：雄蕊数量的增加；产生单室花药；雄蕊的合生。木棉亚科植物作为锦葵科中较为进化的类群，通常兼具这三种特征：单室花药、雄蕊多数、花丝合生。不同地理区域传粉丰度和种类的变化，可能导致木棉亚科的传粉综合征有以下 4 个方面的适应与进化。

1. 传粉者的转变

蝙蝠传粉综合征通常表现为：花大，通常白色，夜间开放，花蜜丰富，悬垂花；鸟类传粉综合征通常为：花大，花色艳丽，白天开放，花蜜丰富，花直立。木棉亚科植物广泛分布于全球热带地区和泛热带地区，传粉者普遍较为丰富。但因为自然和人为原因，部分地区蝙蝠数量和丰度下降，进而可能导致木棉亚科部分属的花部特征从蝙蝠传粉综合征向鸟类传粉综合征转变。

分布中心在中美洲和南美洲的番木棉属，具有典型的蝙蝠传粉花部特征（图8.9）。花通常夜间开放，大而粗壮，雄蕊多数，看起来像刷子或球体，具有大量稀释的花蜜，由不同蝙蝠物种或有袋动物传粉（Gribel，1988）。番木棉属通常在旱季落叶后开花，并倾向于在树枝顶端开花，这可能也是对翼手目的双重适应（Faegri & van der Pijl，1979）。

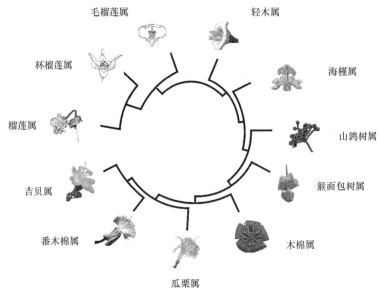

图 8.9　东南亚木棉亚科及近缘类群的花部特征

Fig. 8.9　Floral characteristics of Bombacoideae and related taxa in Southeast Asia

Pseudobombax longiflorum 花较倾斜，雄蕊形成一个"球"，花蜜藏在较狭窄的花冠内，夜晚有果蝠等小型动物取食花蜜，进行传粉（Gribel，1988）。但对于 *P. tomentosum* 来说，其花大、直立、花丝粗壮，花蜜藏在深而宽的花冠内，以及雄蕊直立等有利于负鼠目和体型较大的叶口蝠科等大型哺乳动物的传粉（Gribel，1988）。*P. munguba* 缺少花蜜，由杂食性大型蝙蝠 *Phyllostomus hastatus* 定期传粉（Gribel & Gibbs，2002）。这是目前唯一一个记录的缺乏花蜜且由大型蝙蝠定期传粉的例子。

分布中心在非洲的猴面包树属中蝙蝠传粉和鸟类传粉物种的花部特征具有显

著的差异。猴面包树属花朵巨大、粗壮、夜间开放（图 8.9）（Baum，1995；Pettigrew et al.，2012），拥有丰富的花蜜和浓郁的香味。根据花芽的形状、花的方向和雄蕊管的长度将猴面包树属分为三类：①猴面包树；②短雄蕊管类，如大猴面包树和灰岩猴面包树；③长雄蕊管类，如澳大利亚特有种澳洲猴面包树和另 4 种马达加斯加岛特有种（Baum，1995）。

猴面包树和短雄蕊管类的花为悬垂花。猴面包树的主要传粉者为果蝠（Jaeger，1945；Harris & Baker，1959），短雄蕊管类主要由果蝠和其他夜间哺乳动物如狐猴等传粉。这些大花非常适合蝙蝠传粉，其强壮的花冠、合生的雄蕊管足以支撑蝙蝠取食花蜜。此外，这些花长在树枝末端，便于蝙蝠发现。

长雄蕊管类有圆形的树冠和分权较多的枝条，使得花朵不会暴露在树冠之外，不利于蝙蝠传粉（Wickens & Lowe，2008）。澳洲猴面包树，花夜间开放，带有香味，雌雄蕊淡白色，花蜜较前两类少，长圆形的花瓣和坚硬的花萼能阻止短喙一类的昆虫访问与取食花蜜。访花者有鹰蛾、蜜袋鼯、鸟类等，主要传粉者是长舌天蛾。虽然蝙蝠也有访问并以其花蜜为食，但这种圆柱形的花更适合于飞蛾和其他昆虫传粉。

而与猴面包树系统发育关系较近的木棉属的花部特征更倾向于鸟类传粉综合征（图 8.9）。虽然木棉属也具有符合蝙蝠传粉的花部特征，如花通常在后半夜开放，但特别适合蝙蝠传粉并限制鸟类和其他哺乳动物接触的悬垂花已经在木棉属中消失。木棉属花朵直立、丰富的稀释花蜜、杯状的花冠以及鲜艳的红色更吸引也更适合鸟类传粉。木棉的传粉者在不同地域也存在差异。在非洲东部和印度，木棉的传粉者主要为蝙蝠、鸟类（Beentje，1989；Aluri et al.，2005）；而在东南亚地区木棉的传粉者则以鸟类为主，而蝙蝠传粉相对较少（李奇生等，2016；向文倩和任明迅，2019）。

有类似情况的还有山芝麻亚科榴莲属（也作榴莲亚科，原属于木棉亚科）。榴莲属（*Durio*）大多为悬垂花（图 8.9），适应蝙蝠倒挂，方便取食花蜜，进行传粉。但在东南亚有些地区，这些具有典型的蝙蝠传粉花部特征的榴莲属植物只有在开花高峰期才有蝙蝠访问，而大多时间则是鸟类进行有效传粉。Wayo（2018）认为昆虫似乎也是榴莲属的重要传粉者，其研究结果还强调，夜间觅食的蜂类能够确保夜间开花植物类群的传粉，即使那些通常被认为是蝙蝠传粉。

榴莲属典型的蝙蝠传粉综合征也逐渐进化出鸟类传粉综合征（图 8.9）。榴莲属中花白色、香味浓郁而晚上开放的物种通常是蝙蝠传粉；花红色、白天开放而香味淡的种类通常为鸟类传粉。由花色和气味的变化导致的传粉者变化，还存在许多过渡类型。例如，黄金榴莲（*D. kutejensis*）花直立、红色，散发强烈的榴莲果实气味，Yumoto（2000）观察到大蜜蜂、鸟类和蝙蝠在白天和晚上的不同时间取食花蜜，都能进行有效传粉。而大花榴莲（*D. grandifloras*）和长圆榴莲（*D. oblongus*）花白色，白天开放，气味较淡，只有鸟类访问，有效传粉发生在白天（Yumoto，2000）。这些转变可能会导致东南亚地区蝙蝠传粉植物的花部综合征逐渐向鸟类传粉或其他动物传粉进化。

2. 雄蕊的变化

木棉亚科植物雄蕊的变化表现在雄蕊数量和花丝合生程度上。木棉亚科中蝙蝠传粉植物如番木棉属、瓜栗属、猴面包树属等雄蕊数量极多，100～2000 枚不等，花丝基部合生成雄蕊管；而鸟类传粉植物如木棉属、山𪼸树属等雄蕊数量相对较少，通常在 100 枚以下，花丝通常大部分合生，且合生方式相对复杂（图 8.9）。

番木棉属花瓣反折，雄蕊多数，1000～2000 枚，花丝基部合生成雄蕊管，上部分花丝分开，形成刷子一样的球体，雄蕊群完全暴露给访花者，适合蝙蝠"着陆"。雄蕊精确地接触蝙蝠腹部和皮毛。这类蝙蝠传粉植物开花时，每一次开的花相对很少，蝙蝠必须从一棵树移到另一棵树上，促进了异花传粉（Gribel，1988）。

而山𪼸树属花丝完全合生成雄蕊管，15～20 枚，仅花药分开，外露，鸟类传粉。鸟类觅食花基部的花蜜时，头部接触聚集的花药。花丝结合能将花药固定在一个相对稳定的空间位置上聚集。聚集的花药可以更精确地接触传粉者特定的身体部位，从而减少花粉浪费。

木棉属花丝合生更为复杂。木棉雄蕊群基部合生成短的雄蕊管，上部分分成内、外两轮。外轮雄蕊花丝基部合生成 5 束，每束 10～15 枚雄蕊；内轮雄蕊群围绕花柱簇生在一起，10 枚，花丝两两大部分合生，仅花药分开；内轮短雄蕊位于内轮长雄蕊外侧，与内轮长雄蕊间隔排列，多为 10 枚，花丝通常两两基部合生。

雄蕊通过花丝合生增强雄蕊的强度，为鸟类的访问提供稳定的降落点，以支撑移动的传粉者，避免鸟类的重量和移动造成的压力给雄蕊带来损伤，从而减少花粉浪费。花丝合生还可以促进鸟类在一次访问中通过多个身体部位与花的繁殖器官接触，并且可以延长传粉者的访问时间，从而促进花粉的去除（Xiang et al.，2022）。花丝合生似乎是对花粉传递效率高但访问频率低的传粉者的一种适应（Song et al.，2019）。尽管花丝合生有可能增加自交花粉沉积的机会，但它也可以增加接触柱头的鸟类身体部位的接触精度和类型，并促进异交花粉落到柱头上（Xiang et al.，2022）。

3. 花色的变化

花冠颜色是动物传粉者进行花朵定位最重要的视觉信号之一（Chittka & Waser，1997）。不同的传粉者往往对不同花色有着不同的敏感度，从而表现出对某种花色的访问倾向性，如鸟类与蝶类多访问红花，蜂类偏好黄花和蓝紫花（Chang & Rausher，1999；Fenster et al.，2004；张大勇，2004）。白色或黄色居多的吉贝属、轻木属、番木棉属、猴面包树属通常是蝙蝠传粉；而红色的木棉属和山𪼸树属则通常是鸟类传粉。

同一种植物的不同个体也会表现出花色多态性（Stanton et al.，1986；

Schoonhoven et al., 2007；Majetic et al., 2009；Koski & Ashman, 2016），可能具有不一样的适应意义（Vaidya et al., 2018），且同种植物的不同花色在种群内的分布频率有时极不均衡。木棉属木棉的花通常为深红色（工业国际标准色卡 RAL3020）、橘红（RAL2002）、橙色（RAL2008），鸟媒传粉（Aluri et al., 2005），但在中国云南、广西及海南岛的部分种群中出现了较低频率的黄花（RAL1016）表型，有大量蜜蜂访花，能自然结实。

木棉深红色、橘红、橙色花瓣反射光谱基本一致，统称为红花，反射波长集中在 580～700 nm；黄花反射率则在 330 nm、550 nm 处分别有波峰。蜜蜂的视觉范围为 300～600 nm，鸟类感知的波长为 300～700 nm（Raine & Chittka, 2007）。这表明，红花和黄花的反射波长均在鸟类视觉范围内；但蜜蜂对黄色特别敏感，基本只访问黄花（图 8.10）。向文倩和任明迅（2019）发现，在自然条件下，木棉黄花坐果率（1.08%±0.56%）显著低于红花坐果率（3.27%±0.93%），这可能是因为黄花很少受到鸟类访问，访问黄花的蜜蜂主要是掠夺花粉的盗粉者（Aluri et al., 2005），很少实现成功的异交传粉。这也可能是木棉黄花在种群内发生频率极低的原因（向文倩和任明迅, 2019）。

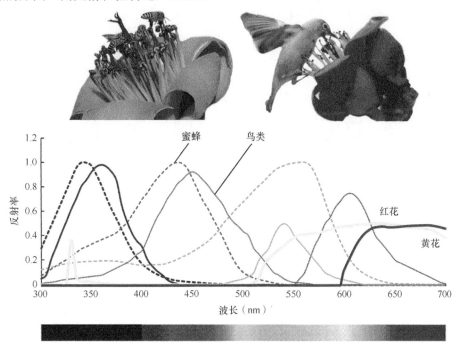

图 8.10　木棉红花和黄花花瓣的反射光谱（改自向文倩和任明迅, 2019）
短虚线为蜜蜂视觉系统，圆点虚线为鸟类视觉灵敏度
Fig. 8.10　Reflection spectra of red and yellow flowers of *Bombax ceiba*
(Revised from Xiang and Ren, 2019)
The short dashed lines are spectral sensitivities of bees, the dotted lines are spectral sensitivities of birds

但是，黄花个体可能对木棉的繁殖也有着一定的积极作用。在鸟类访花稀缺的情况下，黄花吸引来的蜜蜂可能促进红花传粉，甚至红花与黄花之间的传粉，起到传粉保障作用。Bergamo 等（2016）认为，由于鸟类可以同时感知红花和黄花，红花并不能直接提高鸟媒吸引力，更主要的作用是回避了传粉效率较低的蜜蜂的访问。但蜜蜂经过长时间的适应，也会访问红花（Chittka & Waser，1997）。因此，能够大量吸引蜜蜂的黄花可能存在另一个适应意义：黄花的存在减少了蜜蜂对红花的访问，避免蜜蜂骚扰鸟类访问红花。

4. 自交不亲和性

木棉亚科在繁育系统上具有显著差异。其中木棉属、番木棉属、猴面包树属等自交不亲和，而吉贝属、瓜栗属等在同一属内不同种间具有不同程度的自交亲和性，如吉贝属植物的繁育系统从完全自交不亲和到完全异交不等。甚至同一种内的繁育系统会因为分布地点不同而呈现显著差异，这可能也是为了适应不同地区的传粉者类型和数量，保证种群迅速扩张而采取的策略。例如，吉贝在萨摩亚和巴西等地区自交不亲和（Gribel et al.，1999）；但在巴拿马，其繁育系统为混合交配系统；而在东南亚和非洲，吉贝自交亲和（Baker，1955），能自交结实。这可能与当地传粉者的多样性和丰度有关。

吉贝是一种泛热带树种，夜间开花。花瓣、雄蕊和雌蕊都是白色的，花药金黄色，花蜜丰富（图8.9）。在美洲，主要由蝙蝠、有袋类、夜猴、鹰蛾等访问吉贝，其中最有效的传粉者是蝙蝠。美洲地区的吉贝通常具有严格的自交不亲和性，从而促进异交，增加个体的遗传杂合度，使植物在面对复杂多变的自然环境时有了更多适应性；但在东南亚地区，吉贝的访花者以蜜蜂、胡蜂、鸟类等为主（Gribel et al.，1999），蝙蝠传粉较少。东南亚的吉贝自交亲和，能有效保证繁殖，通过大量子代迅速占领适宜生境，实现群体扩张。

8.4.2　果实形态的适应与进化

木棉亚科在热带地区独具优势，为群落先锋物种，具有重要的生态作用（Prance et al.，1976；Ferreira & Prance，1998）。这不仅与花粉流有关，还与种子流有关。果实或种子的形态特征很大程度上影响了种子的去向。Carvalho-Sobrinho 等（2016）根据果实形态将木棉亚科分为 3 个族，即种子具翅的山榄树族；内果皮具长绵毛的木棉族；海绵内果皮的猴面包树族。

山榄树族主要分布在中美洲和南美洲西北部，零散分布在地中海沿岸和亚洲中部。具翅的种子能通过自旋转方式延长在空中的时间，降低降落速度，使种子流扩散距离更远。木棉族植物是森林边缘的先锋物种，果实通常含有大量的棉絮（图8.11），种子多数，每一粒种子位于球心，周围包裹着棉絮，形成一个球体。

种子小而轻，种子流扩散范围广，能有效地进行远距离传播，迅速扩张群体。木棉族种子还可能通过季风或洋流进行长距离扩散，形成洲际间断分布格局；而猴面包树族则通过吸引哺乳动物取食果实，将种子扩散到更远的地方。人类发现猴面包树族果实能食用后，更是将猴面包树族带到了定居点，并通过部落的迁移和其他人类活动实现了跨洋扩散。

图 8.11　东南亚木棉亚科及近缘类群的果实特征

Fig. 8.11　Fruit traits of Bombacoideae and related taxa in Southeast Asia

1. 山萝树族

山萝树族包括山萝树属、巨萝树属（*Gyranthera*）、飞萝树属（*Huberodendron*）。种子有翅，果实通常开裂，约 30 cm，较大，内果皮纸质，较薄。果实、种子和蝎尾状的花序（Gleason，1934）是识别该类的典型特征。山萝树属种子单侧具翅，翅长约 5 cm（图 8.11）。果实开裂后，单翅的种子在空中停留的时间较长，传播距离较远。大西洋气流可能在山萝树属的迁移和扩散中起到了促进作用。

2. 猴面包树族

猴面包树族主要包括纺锤树属（*Cavanillesia*）、鳞硕树属（*Aguiaria*）、硬丝树属（*Scleronema*）、硕人树属（*Catostemma*）以及古热带的猴面包树属。新热带物种通常仅 1～4 枚种子，而猴面包树属种子较多。

　　猴面包树属和硬丝树属果实木质、不开裂；纺锤树属具有大型翅果，纸质；硕人树属的果实木质化，蒴果延迟开裂（Shepherd & Alverson，1981）；鳞硕树属果实小，直径不到 4 cm，具有坚硬的开裂的外果皮，分成 5 瓣，所有的外果皮都附着在一个不开裂的内果皮基部。在猴面包树属、鳞硕树属、硕人树属中，内果皮倾向于黏附在种子表面（图 8.11）。

　　猴面包树果实为木质蒴果，果实被坚硬的木质外壳包围。Pock 等（2009）发现浸泡在海水中 6 个月的猴面包树果实仍能发芽，而且发芽率没有显著差异，证明了猴面包树果实长距离海洋传播的可能性（Baum et al.，1998）。此外，猴面包树果实还可食用，哺乳动物能将猴面包树属植物种子带到数千米甚至更远的地方。而航海、海上贸易等人为活动甚至能将猴面包树从非洲带到印度次大陆，这也可能是猴面包树洲际间断分布的重要原因（Duvall，2007）。

3. 木棉族

　　木棉族由木棉属、瓜栗属、番木棉属、吉贝属、山瓜栗属（*Bombacopsis*）、小瓜栗属（*Eriotheca*）、红木棉属、篱木棉属（*Pochota*）、绞木棉属（*Spirotheca*）、海地木棉属（*Neobuchia*）组成。仅木棉属和红木棉属分布在古热带区，其他均为新热带物种。果实和截形花萼是这一类的典型形态学特性。此外，大多数木棉族植物树干或树枝上具皮刺，但在瓜栗属和番木棉属中消失。

　　木棉族为蒴果，内果皮为棉花状的组织，通常包围着无翅、较轻、卵球形的种子。瓣膜开裂，种子能被风带到数千米外（图 8.11），种子多数，能迅速扩大种群。但在瓜栗属中，种子较大，数量减少，棉絮减少。

8.4.3　人为因素的作用

　　人类因为各种使用或文化用途运输了无数种植物。了解这些物种从起源地扩散到新分布点的时间和方式，有利于更全面地了解植物的扩散和全球生物地理学分布格局。木棉亚科中除了旧世界属猴面包树属、木棉属等集中分布在非洲和东南亚，新世界属吉贝属、瓜栗属、番木棉属等属约 10 种也分布在旧世界。木棉亚科植物用途广泛，兼具生态价值、经济价值、药用价值、观赏价值、文化价值等，与人类活动、生活息息相关，因此不得不考虑人为因素在木棉亚科植物迁移、进化中的影响。

1. 人为影响木棉亚科分布格局

　　木棉亚科中木棉族果实中含有白色蓬松的纤维，可作为生火和许多其他用途的火种，可用于棉纺织品，可作天然纤维填充床垫。对于东南亚地区而言，在拉美裔到来之前，这种纤维对制衣非常重要。我们发现人为因素极大地影响着木棉亚科植物的分布格局，尤其是木棉、猴面包树等兼具经济价值和文化价值的物种。

　　木棉通常生长在干热河谷及稀树草原等靠近水源的开阔地带，这些地带是人类建立村落、种植水稻的理想场所，使得人类居住地与木棉集中生长区域重叠。这种传统人类村落与木棉集中生长区域重叠的情况至今仍普遍存在于越南、孟加拉国，以及我国云南、四川、广西、海南等木棉主要分布地区。云南潞江坝位于怒江大峡谷中，是中国典型的亚热带干热河谷之一。沿江自然分布有大量成年野生木棉（曹永恒，1993；李奇生等，2016）。潞江坝由冲积扇、高黎贡山以及怒江山麓低海拔台地组成，傣族、傈僳族、彝族等 10 多种少数民族在此定居、繁衍生息，古朴的村落就掩映在古老的木棉树下。昌江位于海南岛西部，被誉为中国"木棉之乡"，也是海南岛黎苗原住民世代聚居的地方。

　　在海南昌江木棉分布较为集中的七叉镇，木棉通常分布在传统黎苗村寨附近及周边的稻田中。霸王岭中心大道是较为现代的区域，有相对集中的居民小区和商业店铺，仅在学校内及其附近保留有数棵成年木棉；而传统的黎苗传统村寨，如保营村、金炳村、乙劳村和宝山村附近分布有大量木棉成年个体（胸径＞30 cm）。该区域木棉主要分布在房前屋后，散布在村庄四周的农田，离村庄越远，成年木棉分布越稀疏（图 8.12）。这种木棉-村庄的空间分布格局可能是人为干预木棉扩散的结果，即当地黎苗原住民在木棉原有自然分布的基础上有意识地保护木棉，并帮助其进一步繁殖、扩散。

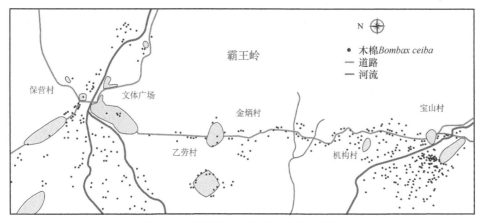

图 8.12　海南昌江七叉镇木棉分布格局

Fig. 8.12　Distribution pattern of *Bombax ceiba* in Qicha Town, Changjiang, Hainan

　　木棉植株高大，受到越南、印度，以及我国黎族、苗族、壮族等的先民的敬畏和崇拜。早期先民认为树形高大、花朵和种子数量极多的木棉树有神明庇护。因此，当地人常将树神、土地神的龛位设立在村头的木棉树下，以祈求人畜兴旺、繁荣昌盛（罗琴，2020）。此外，木棉还是印度、越南及我国岭南地区出现频率较高的风水林植物，多位于古村落、寺庙、烈士墓地等周围，成为重要场所和重大活动的标志物（李萃玲，2013），如越南河内市的师傅庙（Thay Pagoda）、海防汉诺塔（Trung Hanh），我国云南麻栗坡烈士陵园、香港烈士陵园等。在我国海南东方市田头村的村头村尾分布着大量的木棉树，在村前形成沿溪流分布的带状"风水林"，被称为"水口林"（图 8.13A）；稻田中间也有以木棉为主要优势树种的"风水林"（图 8.13B），当地人认为这些"风水林"能减少暴雨、洪水的冲刷，可抵挡"煞气"。这种"风水林"也出现在越南广南省和印度卡纳塔克邦。

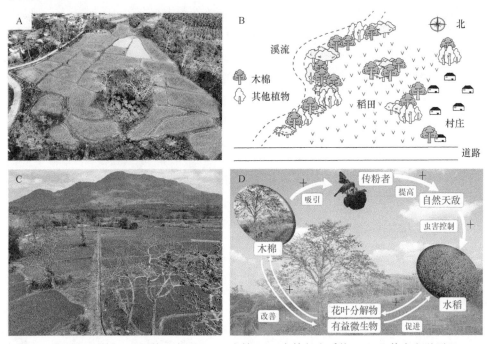

图 8.13　木棉风水林（A）及其示意图（B）、木棉-稻田农林复合系统（C）及其生态学原理（D）

Fig. 8.13　*Bombax* Fengshui forest (A) and its schematic diagram (B), *Bombax*-rice agroforestry system (C) and its ecological principles (D)

此外，木棉用途广泛，可以食用、药用、纺织等，与人类生产生活息息相关。因此，人们往往还会在分家或嫁娶之时，在新家的房前屋后、稻田田坎种上木棉树，以满足人们对木棉日益增加的日常需求。木棉幼树有皮刺，可以防止野生动物和家禽对庄稼的破坏，常被人为成排种植在田埂边，对稻田进行划分和分隔。因此，在木棉集中分布地区，我们经常可以看到大量木棉树分布在稻田阡陌和周边地带，形成了木棉-稻田农林复合系统。这一系统广泛存在于中南半岛、印度和中国南方地区（图 8.13C）。

每年 2~3 月，木棉花开，正值旱季，木棉花蜜是鸟类安全的饮水源和能量来源，吸引了大量杂食性鸟类取食木棉花蜜，并捕食稻田间的害虫，如小白鹭（*Egretta garzetta*）取食稻田中的福寿螺等；同时，丰富的花蜜还是昆虫生存、繁衍的理想场所，吸引了大量捕食性害虫天敌在木棉树上聚集，包括步甲、蜘蛛、隐翅虫、胡蜂等，有效控制稻田中害虫的数量，达到生物防治的效果。木棉根系发达，不仅起到巩固田坎、涵养水源等作用，可能还会提供或聚集有益微生物，促进稻田秋苗生长；同时，"落红不是无情物，化作春泥更护花"，成千上万朵木棉花凋谢后落入稻田中，在热带地区高温高湿的气候下，迅速分解形成养分，显著提高了稻田水体和土壤的养分，有利于秋苗生长，提高稻田产量，尤其是海南传统生黎人"随以手播种粒于上，不耕不耘，亦臻成熟焉"的耕种方式。

与木棉亲缘关系较近的猴面包树属也有类似的人为传播情况。在非洲，猴面包树大部分生长在热带森林地区。果实可食用，是当地人民常用的野生食物，该树是农村最重要的经济树种之一。猴面包树与人类定居点的建立和繁荣在时间和空间上均具有相关性（Duvall，2007）；猴面包树通常聚集分布在人类居住地附近，村落建立时间越久，猴面包树在村落植被中占比越高（Dhillion & Gustad，2004）。

除经济价值外，文化因素导致的人为传播对木棉亚科植物的扩散也具有深远的影响。在美洲，玛雅人认为木棉族中的吉贝是生命之树，是支撑天堂和人界的神树，因此，通常将吉贝种植在墓地附近和宗教中心。吉贝树也意味着生命，因为它们生长在良好的水源附近。如果人们想找水或者选择一个地方定居，就可以选择在吉贝种群附近。在西非，吉贝有具皮刺和无皮刺两个品种。具皮刺的吉贝通常用来做栅栏。此外，如瓜栗的商品名为发财树，这种被人为赋予了吉利、美好期许的植物，人为引进和栽培也在不断影响其全球的分布格局。日本和中国台湾将马拉巴栗引进并推广后，马拉巴栗才成为东南亚地区最普遍的观赏植物之一，其栽培种植面积在东南亚不断扩大。

2. 人为影响木棉亚科洲际间断分布

人类活动不仅在小范围上影响木棉亚科植物的空间分布格局，还影响着木棉亚科洲际间断分布格局，如猴面包树属、木棉属、瓜栗属、吉贝属等。目前关于影响猴面包树属洲际间断分布的研究最为系统、深入。猴面包树的分布中心在非洲，还分布在印度次大陆、斯里兰卡、印度洋周围的各个地方，如也门、科摩罗、马斯克林群岛、马来西亚、印度尼西亚等地。

基于非洲和印度次大陆史前其他植物的交流，如谷物、豆类等经济作物从非洲引入印度次大陆。Bell 等（2015）假设猴面包树作为一种营养价值和经济价值并存的植物，也可能在史前从非洲引入印度次大陆。但是，从非洲向这些地方扩散的方式和路径鲜为人知。Baum 等（1998）证明了非洲猴面包树在中新世通过长距离海洋扩散到澳大利亚西北部。猴面包树的果实在海水中浸泡 6 个月后仍能发芽，这可以解释非洲猴面包树在印度次大陆和印度洋周围沿海地区有分布的原因。

　　然而，根据形态学分类，非洲的猴面包树和印度次大陆的猴面包树之间缺乏物种水平的差异（Baum，1995）。Bell 等（2015）发现，西非、马斯克林群岛、印度东南部和马来西亚的种群同在一个支系，印度西部和中部为另一个支系（图 8.14），东非沿海与印度西部具有相同的单倍型。这使得人为扩散比跨洋漂流更为合理。

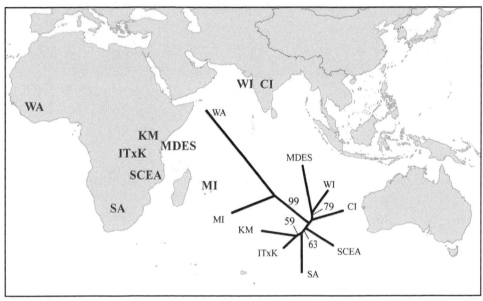

图 8.14　基于地域水平遗传距离的猴面包树系统发育（改自 Bell et al.，2015）

WA. 西非；MI. 马斯克林群岛；SA. 非洲南部；CI. 印度中部；WI. 印度西部；MDES. 蒙巴萨-达累斯萨拉姆；
SCEA. 东非南部海岸；KM. 乞力马扎罗山；ITxK. 坦桑尼亚内陆，不包括乞力马扎罗山

Fig. 8.14　Unrooted neighbour-joining phylogeny of *Adansonia digitata* populations，based on genetic distance at the regional level (Revised from Bell et al., 2015)

WA. West Africa; MI. Mascarene Islands; SA. Southern Africa; CI. Central India; WI. Western India; MDES. Mombasa-Dares
Salaam; SCEA. Southern coast East Africa; KM. Mount Kilimanjaro; ITxK. Inland Tanzania excluding Kilimanjaro

　　印度洋贸易网络可以为重建猴面包树从非洲引入印度次大陆和印度洋其他区域提供证据。图 8.15 显示了在不同历史时期将猴面包树从非洲引入印度次大陆及东南亚的海洋贸易途径。

　　10 世纪之前，苏丹和埃塞俄比亚在非洲东北部和印度西部的海洋贸易与东非和印度西部猴面包树的扩散是一致的（图 8.15，绿线）。10～17 世纪肯尼亚-阿拉伯贸易网络逐渐扩张（van Kessel，2007）。在此期间印度中部穆斯林皇家军队在

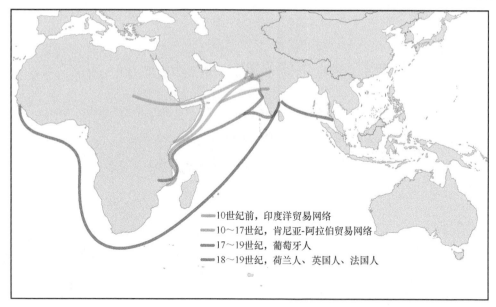

图 8.15　不同历史时期猴面包树从非洲引入印度次大陆及东南亚的海洋贸易途径

（改自 Bell et al.，2015）

Fig. 8.15　Inferred pathways of introduction of *Adansonia digitata* from continental Africa to India
and Southeast Asia in relation to oceanic trade during different historic periods

(Revised from Bell et al., 2015)

埃塞俄比亚和苏丹征兵（Burton-Page，1969），这两种人类活动将苏丹、肯尼亚
等地区的猴面包树果实进一步带到了印度中部（图 8.15，蓝线）。

17～19 世纪，东非的葡萄牙殖民者和商人带着奴隶从非洲东部的马拉维、莫
桑比克北部、坦桑尼亚南部等地方转移到莫桑比克等的港口（Cardoso，2010），
然后用船运输到印度南部（图 8.15，紫线）。猴面包树果实不仅方便携带，保存时
间也能达一年之久，果肉既新鲜又富含维生素 C，是漫长的海洋运输过程中很好
的选择。路途中，熟悉猴面包树的士兵和奴隶捡起掉落的猴面包树果实，从而将
猴面包树果实从非洲东部内陆城市带到港口，再运输到更远的印度（Carney &
Rosomoff，2011）。

来自西非、马斯克林群岛、印度东南部和马来西亚的这一类群的引入与荷兰、
英国和法国在非洲和亚洲之间的殖民历史是一致的。18 世纪和 19 世纪，英国和
荷兰的东印度公司从西非招募船员、士兵和劳工，通过船运输到印度东南部、斯
里兰卡和东印度的工厂和殖民地。海洋运输过程中，猴面包树可能作为粮食被人
为传播到印度。此外，英国、荷兰和法国植物学家在西非、马斯克林群岛、南亚
和东南亚的殖民地之间游历，经常收集一些具有商业价值或观赏价值的植物
（Dalziel，1937）。这两种人类活动的结合可能将西非的猴面包树引入了毛里求斯、
东印度和东南亚地区（图 8.15，红线）。

第9章 东南亚植物文化及其对植物地理分布格局的影响

Chapter 9 Plant cultures and their effects on phytogeographical distribution pattern in Southeast Asia

任明迅（REN Ming-Xun），谭 珂（TAN Ke）

摘要：全球生物多样性热点地区往往位于远离现代文明的山区或荒岛等边远地带，当地原住民的生物多样性利用方式与传统呈现出各具特点的多样性，直接影响着生物多样性保护及生物地理学格局。生物多样性与人类文化多样性息息相关、相互作用，产生了"生物文化多样性"。东南亚地区不仅有着丰富的生物多样性，还是中华文明、印度文明、西方殖民文化及当地原住民文化交会与融合的区域，是人类文明影响生物地理学格局和研究生物文化多样性的典型区域之一。本章结合生物多样性（植物物种数量、动物物种数量）和文化多样性（原住民族群数量、语言类型多样性）计算了东南亚主要地区中南半岛、马来半岛、加里曼丹岛、菲律宾等地的生物文化多样性指数，并以典型的生物文化类型讨论了生物文化多样性的形成与发展。结果表明，中南半岛和加里曼丹岛两地的娘惹和咖啡等饮食与药膳文化多样性最高，其次是菲律宾和马来半岛。东南亚生物文化包括了农耕文化、饮食与药膳文化、织锦与服饰文化、宗教植物与神山文化、棕榈科植物文化、竹文化、花梨与沉香文化、国花国树文化、独木舟文化、金三角"毒品文化"等十大类，深刻地诠释了人类文化与生物多样性的紧密联系。生物文化多样性既是生物多样性的重要组成部分，也在很大程度上反过来保护了当地生物多样性。这些不同的生物文化通过选择性保护和引种栽培等方式深刻地影响了东南亚植物地理分布格局，对植物资源的就地保护及传统生物文化的现代传承具有积极意义。

Abstract

The globally important biodiversity hotspots are always in the remote regions such as high mountains and ocean islands, where normally dwelt with indigenous peoples. During the long history with local biodiversity, indigenous people always live upon local plants and animals, and directly affect the geographical distribution and *in situ* conservations of local biodiversity. Therefore, human cultures are always accompanied with local biodiversity and interplayed in the history of indigenous people, which can be called "bioculture diversity". According to population size, language and culture diversity, Southeast Asia is recognized as the global hotspot of biocultural diversity, which is a result of mixtures of Chinese, Indian, and colonial cultures from western countries. In this Chapter, we calculated biocultural diversity index for four different regions in SE Asia (Indo-China Peninsula, Malay Peninsula, Kalimantan, Philippines) based on biodiversity (angiosperm and animal species richness) and cultural diversity (number of local ethnic groups and languages), and discussed the origin and evolution of local biocultures and their contributions to plant distribution patterns. Our results found that Indo-China Peninsula and Kalimantan have the highest biocultural diversity index, following by Philippines and Malay Peninsula. The most outstanding biocultures in Southeast Asia include agricultural traditions, food cultures such as nyonya and coffee, brocade and Dress cultures, religious plants and 'Hole Mountain' culture, Palm culture, Bamboo culture, padauk and agarwood culture, National Flower and National Tree, dugout canoe culture, poppy and drug culture of "Gold triangle", etc. These diverse biocultures are not only a part of local biodiversity, but also protect the plant and animal diversity and natural resources. Biodiversity protection and transplantation under biocultural purposes significantly affected the biogeographical pattern of local biological species, which played a key role in conservation of local biodiversity and the inheritance of local biocultures.

东南亚地区生物多样性热点地区大多位于边远山地或热带岛屿，往往被长期聚居此地的原住民或少数民族所占据。原住民通常指，有记载历史以来一直聚居在某地域并保留着传统文化的人类族群（Cocks，2006）。全世界有 5000 多个原住民群体，超过 3.7 亿人口，分布在 70 多个国家（Cocks，2006）。原住民长期在一个较为固定的环境中生存、繁衍，逐渐形成了合理利用当地生物资源和适应局域与区域生态环境的传统认知与文化体系，出现了具有一定浓厚地方特色的"生物文化多样性"（biocultural diversity）（Maffi，2001；Cocks，2006）。这些原住民长期合理利用当地生物资源的宝贵经验和知识遗产，对综合研究生物地理学、人文地理学、生物多样性保护与生态文明建设具有积极意义。

另外，东南亚地区还是中华文明、印度文明、西方殖民地文化以及当地原住民文明等交会与融合的地方，保留和发展了极为丰富多彩而又联系密切的生物文化多样性。生物文化多样性是指，生物多样性与文化多样性之间的联系，可以看成世界自然与人文差异的总和（Maffi，2001；Loh & Harmon，2005；丁陆彬等，2019）。东南亚是全球生物文化多样性最高的三个区域之一（另外 2 个是南美洲亚马孙流域、非洲中部）（Loh & Harmon，2005）。狭义的生物文化多样性，可以理解为不同地域人类直接利用生物与生态资源而形成的相对固定的传统认知体系和文化传承，而这种文化往往反过来又保护了自然资源（毛舒欣等，2017）。生物文化多样性研究涉及自然科学和社会人文科学，是典型的交叉学科。近年来，随着自然保护和生态文明建设越来越受到人们的普遍接受，生物文化多样性的重要性逐渐得到更多人的认可（Sasaoka et al.，2014；毛舒欣等，2017）。

　　本章将总结东南亚地区原住民的典型生物文化，并根据生物多样性与文化多样性的计算，定量分析菲律宾、加里曼丹岛、马来半岛、中南半岛等 4 个区域的生物文化多样性水平。之后，结合生物多样性与生物地理学格局，讨论东南亚生物文化多样性的形成历史与演化趋势，以深入解析东南亚植物地理学格局形成机制，指导东南亚及我国热带地区自然生物多样性与原住民生物文化的保护。

9.1　生物文化多样性的估测方法

　　根据东南亚的自然地理及数据的可获得性，本章将东南亚分为菲律宾群岛、加里曼丹岛、马来半岛、中南半岛等 4 个地区进行生物文化多样性的比较分析。根据 Lohj 和 Harmon（2005），生物文化多样性指数（index of biocultural diversity，IBCD）由生物多样性和文化多样性两个维度来进行衡量。其中，生物多样性根据野生植物多样性指数（IPD）、野生陆栖动物的物种多样性指数（IAD）进行估测；昆虫及低等植物的物种数量由于缺乏深入研究和可靠的物种多样性数据，不纳入分析。文化多样性根据原住民族群多样性指数（IMD）和语言多样性指数（ILD）的算术平均值进行衡量；宗教多样性由于缺乏统一的判断标准，不纳入分析。

　　参照 Lohj 和 Harmon（2005）的计算方法，生物文化多样性指数由生物多样性指数和文化多样性指数的算术平均值计算得来。在计算生物文化多样性指数时，需采用当地生物与文化多样性指数绝对值与全球相应数值的比值进行比较。为降低不同地区由面积差异过大而导致的数据缺乏可比性，数值进行对数转化后进行计算，如：

$$ILD = \lg LD_i / \lg LD_{word}$$

式中，LD_i 是某具体地区的原住民语言数量；LD_{word} 是全球语言数量（当前数值 6800）（Lohj & Harmon，2005）。

　　因此，生物多样性指数（IBD）= (IPD+IAD)/2；文化多样性指数（ICD）= (IMD+ILD)/2。

　　最后，生物文化多样性指数（IBCD）则由生物多样性指数和文化多样性指数的算术平均值计算得到，即：IBCD = (IBD + ICD)/2

　　结果表明，中南半岛和加里曼丹岛是东南亚生物文化多样性较高的地方（表 9.1），其次是菲律宾群岛，之后是马来半岛。根据 Lohj 和 Harmon（2005）的结果，加里曼丹岛和中南半岛的生物文化多样性指数可位列全球最高值的前 20 位，体现出东南亚极高的生物文化多样性。

表 9.1 东南亚生物文化多样性指数

Table 9.1 Biocultural diversity index in Southeast Asia

地区	原住民族群数量	语言类型数量	野生植物物种丰富度	野生陆栖动物物种丰富度	生物文化多样性指数
全球	12 583	6 800	250 876	14 709	1.000
中南半岛	260	155	7 500	850	0.645
马来半岛	18	13	2 400	350	0.485
加里曼丹岛	142	35	18 000	1 130	0.612
菲律宾	90	30	13 500	911	0.584

东南亚地区极高的生物文化多样性与当地丰富的自然生物多样性具有直接的联系，既是当地原住民在长期利用当地生物资源历史过程中逐渐形成和保留的，也得益于不同文明在这块土地上的交会与融合。

9.2 东南亚生物文化

本章选择 10 个典型的生物文化进行深入讨论和分析，从生物资源利用及人类文化角度解析东南亚植物地理格局的形成与发展。

1. 农耕文化

农耕文化是最能体现人类文明与自然生物多样性和谐发展的一个方面，是生物文化多样性的典型代表。东南亚邻近现代稻作文明起源地（印度平原、中国长江流域与珠江流域），具有悠久的稻作传统，形成了适应当地特殊气候条件与地形地貌的农耕文化（侯惠珺等，2016）。

A. 梯田稻作文化

最能体现东南亚农耕文化的可能就是当地特殊的梯田了（侯惠珺等，2016）。菲律宾的吕宋岛是该国最大的岛屿，也是稻田耕作的典范。位于菲律宾吕宋岛中央的科迪勒拉山脉水稻梯田是梯田文化的杰出代表，分布于科迪勒拉山脉海拔 700～1500 m 的山峰上。科迪勒拉山脉水稻梯田总长度达 2000 km，早在 1995 年就以"世界最大规模梯田"的名义被列入世界文化遗产（侯惠珺等，2016；梁中荟，2016；Ducusin et al.，2019）。科迪勒拉山脉水稻梯田的起源被认为与菲律宾的山地民族伊富高人（Ifugao）有关。伊富高人是居住在菲律宾吕宋岛北部多山地区以水稻种植为主要经济活动的原住民，他们可能在公元前约 1000 年至公元前 100 年时便开始耕作这一片梯田（Ducusin et al.，2019）。由于菲律宾灿烂的梯田文化及大规模集中分布的稻田，国际农业研究磋商组织的国际水稻研究所就设在吕宋岛南部的菲律宾首都马尼拉附近，成为亚洲历史最久、规模最大的国际农业研究机构。

　　处于碧瑶东北方的巴纳威镇及邦图克、巴达特等地区，是科迪勒拉山水稻梯田的主要分布区域。几个世纪以来，伊富高人靠肩扛手扶，用一块块岩石垒成一道道堤坝，直至成为现在被誉为"通往天堂的天梯"的稻米梯田。梯田从山脚开始，一直延伸至几千米，看起来就像一道绿色的楼梯延伸至天空（图9.1）。这些梯田的不同地块，可能栽种不同的作物，处在不同的耕作期；即使同一种作物的不同地块，也由于海拔与坡向等的差异，作物处于不同的成熟期。因此，整个梯田看起来错落有致，景观多变，显得生机勃勃（梁中荟，2016）。科迪勒拉山脉水稻梯田的珍贵之处在于，它是现今仍然存活的原始景观，当地居民沿用原始的农业方式耕种着千年水稻梯田，并承袭着古老文化（图9.1）。但由于环境的恶化和伊富高人年轻一代的价值观改变，梯田的面积大幅缩减，曾一度被联合国教科文组织世界遗产委员会列入世界濒危遗产名单（侯惠珺等，2016；梁中荟，2016）。近年来，科迪勒拉山脉水稻梯田得到了较好的修复和保护，越来越多的游客前来瞻仰古老的稻作文化（Ducusin et al.，2019）。

图 9.1　菲律宾吕宋岛的山区梯田和平原稻田（谭珂摄）

Fig. 9.1　Terraced fields in mountainous areas and plain rice fields on Luzon Island of Philippines

(Photoed by TAN Ke)

B. 农田灌溉体系

东南亚地形地貌复杂，既有陡峭的山地，又有大江大河冲积出来的河口三角洲等平原。特别是中南半岛，湄公河、红河、湄南河、伊洛瓦底江等大河入海口分布着大面积的洼地和平原，是水稻种植最理想的地点。在这些地方，农田的灌溉系统成为农耕文化的重要组成部分。例如，位于印度尼西亚巴厘岛的"苏巴克"（Subak）古代灌溉系统于 2012 年被列入世界文化遗产（高璇等，2019）。苏巴克世界文化遗产由 5 个遗产点组成，分别是巴度尔神庙（巴度尔湖边上的正统水神庙）、巴度尔火山湖（被原住民认为是所有泉水和河流的终极源头）、帕克里桑河流域的苏巴克景观（巴厘岛最古老的灌溉系统）、巴吐卡鲁山脉卡图尔火山口的苏巴克景观、建于 18 世纪的皇室家庙阿芸寺（最具地方特色的水神庙）。苏巴克灌溉系统由水稻梯田和水渠、水坝、印度教神庙等建筑物组成，经过几个世纪的使用，至今仍正常运行，证明其设计与运行几近完美（高璇等，2019）。其中，水神庙是整个苏巴克灌溉系统水管理系统的中枢，其历史最早可追溯至 9 世纪。整个苏巴克灌溉系统共有约 1200 个集水点，一条水源上有 50～400 个农民负责管理供水，泉水和河水先流经寺庙，然后灌溉稻田。苏巴克灌溉系统通过灌溉设施和水资源的时空管理活动，使其具有增加水文连通性、控制虫害和提高生态系统服务等功能（高璇等，2019）。苏巴克体现了原住民"幸福三要素"（Tri Hita Karana）的哲学概念，是精神王国、人类世界和自然领域三者的相互结合。这一哲学思想是过去 2000 多年来巴厘岛和印度文化交流的产物，其倡导的民主与公平的耕种实施原则，使得巴厘岛成为印度尼西亚群岛中最高产的水稻种植基地（高璇等，2019）。

泰国和缅甸是公认的"世界米仓"，是因为在这两个国家分布有大面积的平原，出产的大米质量好、产量高。泰国水稻种植已有 5500 年的历史，而以粒形修长和蒸煮后香味扑鼻著称的泰国大米，出口历史不过百年。泰国大米是籼稻的一种，口感香糯，具有独特的露兜树香味。目前泰国大米的年出口量已超过 700 万 t，约占世界总出口量的 30%，在竞争激烈的国际大米市场上销量连年稳居第一。泰国由此赢得"世界米仓"的桂冠。每年 5 月是泰国的春耕节，在春耕节典礼上，人们牵着牛行走于田野，标志着水稻生长季的开始。传说中，泰国东北部有块备受稻米女神眷顾的"大米黄金种植带"，那里雨露丰沛，日照充足，每年禾苗成熟之时，当地民众都会先祭祀稻米女神 Mae Posop 以表达感恩和敬畏（吴亮亮，2013）。

缅甸位于东南亚中南半岛的西部，国土面积有 67.66 万 km²，是中南半岛面积最大的国家。位于缅甸南部的伊洛瓦底江三角洲是缅甸最大的稻米种植地区，第二大稻米种植区域则位于伊洛瓦底省北部的勃固省，第三大稻谷种植中心是位于缅甸西北部的实皆。这三个地区都属于热带季风气候，年均降雨 500～5000 mm，年均气温 27℃，非常适宜水稻的生长。而且，缅甸的自然灾害低于泰国和越南；全国可耕土地面积约 1821 万 hm²，也远大于泰国。因此，缅甸有望超越泰国，坐上"世界米仓"头把交椅。

C. 刀耕火种文化

东南亚边远地带是全球刀耕火种方式仍然存在的最集中地区，属于一种典型的自给农业形式（Fox et al.，2009）。刀耕火种耕作方式主要是在旱季开始时，砍伐林地及林下植被，然后火烧，以灰烬作为肥料进行旱稻或其他作物的播种；其间不施加任何肥料和人为管理。刀耕火种的土地通常在种植1~2年后土壤肥力下降，当地人就弃耕，转移到其他林地周而复始进行类似的刀耕火种（图9.2）（Fox et al.，2009；Li et al.，2014；廖谌婳等，2014）。

图 9.2 越南大叻的刀耕火种景象（谭珂摄）
Fig. 9.2 Slash-and-burn agriculture in Đa Lat, Vietnam (Photoed by TAN Ke)

刀耕火种方式被广泛认为是热带地区毁林的主要原因，但这种原始的传统农耕方式可能是亚洲稻作文化的起源（Meine et al.，2008）。而且，刀耕火种农业也存在一定的积极作用，可能是热带潮湿山区原住民的一种合理的环境和经济选择（Fox et al.，2009；廖谌婳等，2014）。例如，在菲律宾群岛中央的民都洛岛，当地的芒扬人从事传统的"靠天吃饭"的轮作农耕。在旱季的时候，原住民焚烧灌木和林地，清理出空地并留下烧后的草木灰肥土，然后轮作薯类、玉米、豆类以及旱稻。在雨季来临之前，就可以收获了。雨季期间，原住民主要依靠打猎和采集森林中的蘑菇等（李冠廷等，2018）。这种轮作方式以及在旱季和雨季利用不同的生物资源，减轻了对生物多样性和生态系统稳定性的影响，既保护了当地生物多样性，又实现了可持续发展。

廖谌婳等（2014）针对缅甸、泰国及老挝的刀耕火种现象进行了遥感分析，发现泰国清莱以及老挝波乔的刀耕火种面积略有增多，而缅甸大其力的刀耕火种区域明显减少。这可能是这些国家对刀耕火种区域的轮歇周期、社会经济发展水平的不同而导致的。泰国清莱地区处于商品农业迅速发展阶段，以刀耕火种方式清理，以及耕作土地的需要，导致刀耕火种农业面积大幅度增加，但随后刀耕火种可能逐渐灭迹。老挝波乔的经济发展较为落后，当地山区原住民沿袭刀耕火种方式，其刀耕火种方式略有扩张，且将在后面较长的时间继续维持较高的面积（Li et al.，2014；廖谌婳等，2014）。缅甸大其力由于地多人少，刀耕火种轮歇周期较长，新增的刀耕火种区域面积大幅下降。在市场经济与现代耕作方式的渗透下，该地的刀耕火种方式可能也将逐渐消失。

2. 饮食与药膳文化

东南亚特别是马来西亚和印度尼西亚，肉骨茶和娘惹菜是最具盛名的地方特色食物。其中肉骨茶是用猪骨头熬成汤，然后放入各种香料和药材等调味，配上米饭食用。这种餐饮方式是典型的药膳文化，是适应湿热天气、治病祛寒的方式（尹霞 2016），可以反映出东南亚生物文化的历史与演变趋势。

A. 娘惹菜

娘惹菜是中华文化与东南亚文明碰撞而产生的特殊饮食文化。"娘惹"原指华人与马来西亚人通婚生下的女孩。600 多年前，郑和下西洋船队抵达了马来西亚，带来了东方的文明习俗，也带来了第一批移民。这些移民在保持自己原有生活习惯的同时逐渐融入当地社会。由于东南亚更为湿热，为去除体内湿气、提高食欲以及更好地保存食物，饮食采用大量香料和辣椒等，逐渐向"重口味"发展，形成了娘惹菜的雏形。

在马来西亚，娘惹菜除了用葱、姜、蒜和辣椒，还使用大量的香料如香茅、薄荷、肉桂等。在印度尼西亚地区，娘惹菜多放椰浆和香菜，菜品偏甜。在马来西亚北部、泰国南部，娘惹菜通常会加入虾酱调味，味更酸辣（尹霞，2016）。"峇拉煎"是一种经常与娘惹菜一起出现的配料和调味品，类似虾酱，只是去除了水分，压成了砖头的模样。峇拉煎的制作较为简单，首先把新鲜的小银虾加盐腌制，然后放在太阳下曝晒，充分发酵和晾干后，捣碎再曝晒。最后放入辣椒、虾皮、花生等辅料调匀，油炸即成，通常压制成砖块状便于长期保存。

娘惹菜也有极具特色的糕点与料理，往往色彩鲜艳、香味浓烈。露兜树科的香露兜（*Pandanus amaryllifolius*）是这些食物染色和增香的主要原料。香兰叶又称班兰叶（pandan），是东南亚常用的香料之一，叶片有独特的天然芳香味，能给食物增添清新、香甜的味道，在印度尼西亚、马来西亚、新加坡等地常作为料理与糕点常用材料。香兰叶也可打成汁液添加在甜点和食物进行染色。后来的娘惹菜发展出以新鲜椰汁混合香兰叶来制作各种食物与糕点。娘惹糕则由糯米、木薯粉、椰浆、香料等原料制成，口感软糯，并常用香兰叶、蝶豆花等的汁液上色，形成艳丽的色彩。

B. 米酒与五色饭文化

加里曼丹岛沙巴地区的原住民利用糯米与烟草、糖和酵母一起制作米酒（图9.3），口感特别（谭珂，个人观察）。该种酒有独特的酒曲制造方法，用黑藤或山橘叶等晒干、切碎后泡数小时后捞出杂质，然后用汁水浸泡山兰稻1～2天，之后碾碎做成饼，放在生姜叶之上，经过几天长出绒毛，即成酒曲（闫新通2019）。这种米酒酿造技艺在邻近的中国海南岛黎族人民中也广为流传，至今仍有传承。

图9.3　加里曼丹岛北部沙巴地区制作米酒的器具和配料（含糯米、烟草、酵母、糖等）（谭珂摄）
Fig. 9.3　Equipments and ingredients used for wine production with glutinous rice with tobacco, yeast, sugar etc. in Sabah, North Kalimantan (Photos by TAN Ke)

东南亚和中国海南黎族、苗族人民还利用茜草、枫树叶、茅草叶等的汁液，把米饭染成红、黑、蓝、黄等不同颜色，再加上一层未染色的糯米（白色）共五色，做成"五色饭"。有些地方还有红、黄、黑"三色饭"，分别取色于新鲜植物落葵（当地名为红蓝藤）、姜黄和枫香树叶的汁液。

此外，东南亚还有丰富的小吃饮食文化，如印度尼西亚用椰子树叶及叶柄制作的"沙嗲"烧烤、加里曼丹岛的猪笼草糯米饭等（任明迅，个人观察）。这类流传至今的利用当地特色植物资源作为食材的传统生活与生产方式十分具有保护价值，可以加强人们同自然环境和持续利用森林的联系。当森林受到破坏时，原住民更能体验到食品短缺的生存威胁，更愿意积极保护森林。这是生物文化多样性能够促进当地自然生物多样性就地保护与生态文明建设的一个主要因素。

C. 咖啡与咖喱文化

东南亚的咖啡种植始于17世纪，由荷兰人带到印度尼西亚开始种植，其后逐渐在东南亚其他地区推广开来，并出现了东南亚特有的"猫屎咖啡"。相传早期的时候，荷兰人在印度尼西亚苏门答腊岛和爪哇岛一带建立咖啡种植园时禁止当地人采撷和食用。但是，印度尼西亚当地人无意中发现一种大灵猫（麝香猫）

爱吃这些咖啡，并且会在拉大便的时候把咖啡豆原封不动地排出来（尹霞，2016）。当地人从这些粪便里挑出完整的咖啡豆，洗净后制作的咖啡风味独特。这可能是因为大灵猫肠道微生物去除了咖啡豆表皮的涩味（尹霞，2016）。广泛种植的咖啡到了印度尼西亚却因为当地濒危特有野生动物麝香猫的加入，诞生了独具特色、难以复制的稀缺品类，这是种植业和自然生态要素相结合后形成的一种独特的生物文化。

咖喱文化在环南海区域也十分流行。咖喱是由姜科植物姜黄（*Curcuma longa*）的根状茎和其他香料如芫荽籽、辣椒、白胡椒、桂皮、八角、小茴香、孜然等一起熬煮出来的。最早的咖喱起源于印度，主要是为了提高食欲、去除肉膻味、延长食物保质期。但在泰国，通常会加入椰浆来减低咖喱的辣味和增强香味，另加入香茅、月桂叶、鱼露（用小鱼虾为原料，经腌渍、发酵、熬炼后得到的一种琥珀色的汁液，味道咸而鲜）等香料，也令泰国咖喱独具一格。马来西亚咖喱一般会加入芭蕉叶、椰丝及椰浆等，味道清爽。因此，东南亚原住民使用本地食材替换原产地印度的部分食材，不仅降低了成本，还适应了原住民的口味，也是生物文化多样性形成与发展的一个生动实例。

D. 热带水果文化

东南亚丰富的野生水果也是当地生物文化的重要组成部分（杨晓洋，2018）。"猫山王"榴莲是享誉全球的最知名的榴莲品种。据称，"猫山王"的名称得来是因为当地人民称果子狸为"Musang"（猫山）。果子狸嗅觉灵敏，善于寻觅和发现最好的榴莲，所以原住民就用猫山命名上佳的榴莲（杨晓洋，2018）。150 多年以前，生物地理学之父华莱士在逗留东南亚群岛长达 8 年期间，也被榴莲"基本味道很像黄油……"的特别风味迷倒（Wallace，1869）。华莱士还注意到，东南亚达雅族（Dayak）在榴莲大丰收的时候，会把大量的果肉放在罐子或竹筒里用盐腌制，可保存一年之久。腌好的榴莲气味令一些欧洲人作呕，但达雅人把它当作吃饭前的开胃小菜（Wallace，1869）。

波罗蜜（*Artocarpus heterophyllus*）是东南亚极具热带风情的水果。波罗蜜是桑科波罗蜜属的常绿乔木，属典型的老茎生花植物，即花和果实长在树的主干或老枝条上。波罗蜜是世界上最重的水果，一般重达 5～20 kg，被称为"水果之王""热带水果皇后"（https://www.cas.cn/kxcb/kpwz/201207/t20120712_3615221.shtml）。波罗蜜不仅果肉可以鲜食，还可以加工成罐头、果脯、果汁。种子富含淀粉，可煮食；树液和叶药用，消肿解毒；果肉有止渴、通乳、补中益气功效；波罗蜜树形整齐，冠大荫浓，果奇特，是优美的庭荫树和行道树；上百年的波罗蜜树，木质金黄、材质坚硬，可制作家具，也可作黄色染料。波罗蜜果实内藏无数金黄色肉包，肥厚柔软，清甜可口，香味浓郁。东南亚当地年轻人约会前会将其当作口香糖咀嚼，可以改变口腔异味。20 世纪初，在敦煌文献中发现的《六祖坛经》记载："何名'波罗蜜'？此是西国语，唐言到彼岸，解义离生灭。著境生灭起，如水有波浪，即名于此岸；离境无生灭，如水常流通，即名为彼岸，故号'波罗蜜'"。"波罗"的汉语意思是"彼岸"，"蜜"的意思是"抵达、到达"，连起来就是"到达彼岸"的意思。因此，早期的人们认为，这种来自印度及东南亚的口味浓郁的热带水果，具有浓郁的佛教寓意。

椰子（*Cocos nucifera*）曾在环南海区域人类早期迁移过程中作为食物与水资源伴随着人类跨洋迁徙（Gunn et al.，2011），如大洋洲南岛民族被认为是从中国台湾岛经由菲律宾群岛迁移过去的；在这个过程中，早期人类就把大串的椰子拴在独木舟的后面作为轻便的食物与淡水资源（Ward & Brookfield，1992；Gunn et al.，2011）。对全球椰子 10 个遗传位点的分析发现，椰子遗传多样性主要分成两大类，一是太平洋诸岛类群，二是印度洋诸岛类群，这与南岛民族的迁徙路线完全吻合（Gunn et al.，2011）。这可能也是椰子能够遍布全球海岸的一个重要原因，同时也承载着东南亚及南太平洋地区人类迁移历史的文化烙印。

3. 织锦与服饰文化

东南亚地处热带与亚热带，高温多湿，服饰以清凉为主，主要利用当地植物的纤维编制而成。位于菲律宾和中国台湾岛之间的巴坦群岛原住民利用原生植物制作服饰（李冠廷等，2018）。巴坦群岛的原住民是伊瓦坦族（Ivatan），伊瓦坦族妇女头戴的毛茸茸的帽子"vakul"是用蕉麻（abaca）和一种棕榈科植物（voyavoy）编织而成的，男人则穿着用 voyavoy 纤维制作的背心。当地民居的屋顶用大量紧实的白茅（cogon）覆盖，可以抵御台风天气（李冠廷等，2018）。

"国服"是一个国家普遍接受的一种服饰形式，通常代表着该国主流文化与信仰，是体现该国历史与文明的一个重要载体。国服往往利用当地植物纤维或动物皮毛制造而成，是整个国家和全体人民普遍认同的一种生物文化。

菲律宾的"国服"是塔加拉族服饰（Barong Tagalog）。这种服装是利用菠萝叶纤维制作成透气性好、不缩水又便于洗涤的布料，极具乡土气息。菠萝服作为菲律宾的"国服"，背后还有一段历史。西班牙人统治菲律宾时期，下令所有菲律宾人必须穿透明衬衣，不许把衬衣下摆扎在裤子里。后来，菲律宾人开始在衬衣上制作各种花纹，彰显民族个性。到了 20 世纪 50 年代，这种服装被正式推为菲律宾男子的"国服"，并在 1996 年菲律宾主办亚太经济合作组织（APEC）峰会时作为礼物送给了外国领导人（于在照和钟智翔，2014；尹霞，2016）。

泰国的泰丝是由黄色蚕茧缫成的，其成品质地更硬，色泽更亮。表面拥有粗线条质地，装饰效果强烈，特别适合制作靠垫、领带、围巾、书籍封面甚至珠宝盒面。在 2003 年泰国召开的 APEC 峰会上，各国领导人所身着的泰国的民俗服饰就是由加入金线的泰丝制成的（于在照和钟智翔，2014；尹霞，2016）。

缅甸的荷丝织锦是利用荷花梗中的黏丝纺织而成的。首先将荷花梗用清水洗净浸泡，增强荷花梗的柔韧性。然后用刀切断花梗，进行抽丝，用手搓成短线，再连接成长线。通过冲洗、晾晒、纺锤等工序，做出能织布的线。这种荷丝织锦做出来的布料触感冰凉，但由于是全手工制作，产量很低，是世界最珍贵的织物之一（于在照和钟智翔，2014；尹霞，2016）。

巴迪克（巴迪衫）是印度尼西亚特有的一种蜡染花布及其服饰成品。巴迪克 Batik 一词源于爪哇语，意思是"一点点地描绘图案"。巴迪克蜡染是用蜂蜡在白布上添加色块，随后将描好的布浸染。由于染料不溶于蜂蜡，没有涂蜡的地方染上缤纷的颜色。2009 年，巴迪克被联合国教育、科学及文化组织列入"人类口头和非物质文化遗产代表作"，这项技艺被评为世界非物质文化遗产。巴迪克的艺术地位在印度尼西亚国内从此达到高峰，成为"国服"（于在照和钟智翔，2014）。印度尼西亚政府甚至将每周的星期五定为"巴迪克日"，在这一天，所有政府人员以及印度尼西亚大公司的工作人员都要穿着巴迪衫。巴迪克在内陆和沿海地区还有着一些区别，沿海巴迪克因海上贸易需要，不论在设计、颜色还是花色上更加具有异域风格，颜色更加明亮鲜艳，还有如凤凰、祥龙、莲花等图案，反映出中国文化的烙印（于在照和钟智翔，2014；尹霞，2016）。

除了制作衣服，菲律宾人还会用植物纤维制作其他织锦等装饰品，再利用植物叶片或根提取的颜色进行染色，制作鲜艳夺目的艺术珍品（图9.4）。

图 9.4 菲律宾用植物纤维制作的织锦（任明迅摄）

Fig. 9.4 Brocade made of plant fibres in Philippines (Photoed by REN Ming-Xun)

印度尼西亚不同岛屿还有着各种原始种族的服装，大部分人通常赤脚，身上衣服也非常奇特，布料由野生植物纤维制成，同时用野生植物的汁液染成颜色，马鲁古群岛的男性只在腰间系上树叶编成的短蓑衣。加里曼丹岛部分地区的原住民还利用木棉的树皮纤维制作布料，制成大衣（图9.5）；木棉果实内壁由内壁细胞发育、生长而成的纤维可作为衣服和枕头的填充物，是自然界最细、最轻、中空度最高、最保暖的纤维材质（详见第 8 章）。

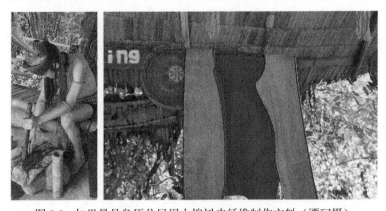

图 9.5　加里曼丹岛原住民用木棉树皮纤维制作衣料（谭珂摄）

Fig. 9.5　The local people in North Kalimantan make cloth from bark of *Bombax ceiba*

(Photoed by TAN Ke)

4. 宗教植物与神山文化

东南亚毗邻印度、中国，是佛教文化早期盛行地，佛教文化及原住民的宗教信仰在当地的生物多样性保护中体现得淋漓尽致。佛教的"五树六花"在这一地区原住民心中有着崇高的地位，往往大量种植在寺庙、庭院（王成晖等，2014）。"五树"是菩提树（*Ficus religiosa*）、高山榕（*Ficus altissima*）、贝叶棕（*Corypha umbraculifera*）、槟榔（*Areca catechu*）和糖棕（*Borassus flabellifer*）；"六花"是莲（*Nelumbo nucifera*）、文殊兰（*Crinum asiaticum*）、黄姜花（*Hedychium flavum*）、鸡蛋花（*Plumeria rubra* cv. Acutifolia）、黄兰（又名缅桂花）（*Michelia champaca*）和地涌金莲（*Musella lasiocarpa*）。

菩提树是当仁不让的佛教"第一圣树"。"菩提"一词为古印度语（即梵文）Bodhi 的音译，意思是觉悟、智慧，用以指人如梦初醒，顿悟真理，达到超凡脱俗的境界。佛祖既然是在此树下"得道"，此树便被当地古人称为菩提树。菩提树学名的种加词 religiosa，即"信仰""宗教"的意思，表明了人们对菩提树在宗教信仰中的神圣地位的普遍认可。贝叶棕是另一种极为重要的佛教圣树，是东南亚佛教与文化的载体和传播者。很早以前，东南亚人民就开始用贝叶棕的巨大叶片来记录自己民族的文字，因此东南亚文化在历史上有"绿叶文化"之称。用来刻字的贝叶棕叶片，需要先加上柠檬在锅里煮，晒干后就可用铁笔在贝叶上刻字，刻完后再刷上墨，这样字迹就可以长久保存（王成晖等，2014）。佛教上赫赫有名的"贝叶经"就是用贝叶棕叶制作而成的。因此，贝叶棕可以说是一种地理和民族文化的标记树（王成晖等，2014）。

东南亚有很多"神山"，既有深厚的宗教色彩，也有着很多美好的神话与传说。位于马来西亚加里曼丹岛北部沙巴地区的基纳巴卢山（Kinabalu）是东南亚最知名的"神山"。基纳巴卢山海拔约 4100 m，山体雄伟粗犷，具有阳刚之美，被认为是当地原住民卡达山族（Kada-zan）祖先灵魂的安息之所。1964 年，马来西亚成立了基纳巴卢山国家公园，并于 2000 年被列入世界自然遗产地，是马来西亚的第一个世界自然遗产地（Merckx et al.，2015）。由于地处板块接触挤压之地，基纳巴卢山仍在按每年增高约 5 mm 的速度隆升。基纳巴卢山是一座年轻的山峰，但生物多样性极高，既有来自邻近地区的生物物种，也与当地生境和海拔巨大差异导致的物种就地分化有关（Merckx et al.，2015）。

基纳巴卢山还有一个具有中华文化背景的名字：中国望夫山。相传在古时候，两位在广州外海打渔的中国兄弟，不慎遇到台风而漂流至加里曼丹岛的沙巴地区。两人在当地落地生根、娶妻生子，无奈兄弟俩都很怀念故乡，便协议由哥哥先回故乡探亲后再带一家回中国。不料哥哥一去不回，大嫂便每天站在山上翘首盼望直到老死。后人为了纪念这伟大的爱情故事，便把此山命名为"中国望夫山"。如今的基纳巴卢山分布着大量的奇花异草，山顶常年冰冻，山脚恒有温泉，是登山度假胜地，成为加里曼丹岛丰富生物多样性和民族文化的一个典型象征（Merckx et al.，2015）。

位于印度尼西亚南部的爪哇岛的最高山塞梅鲁火山，海拔 3676 m，是另一座当地人心目中的"神山"。在塞梅鲁火山的 Kalimati 地区，竖着一些叫"Memory Room"的石碑，这些石碑记录了一些失踪人口的信息，彰显着神山的神秘气息。这些"神山文化"，可能是原住民长期传承下来的保护生物资源和生态环境的认知体系，逐渐形成了带有宗教意识的传统文化。从生物文化多样性角度来说，受到保护的神山反过来又起着调节局域气候、涵养水源等作用（周鸿等，2002），还可能作为濒危物种的"避难所"、物种迁移的"踏脚石"，有助于促进野生生物种群增长、稳定生态过程，在客观上实现了生物多样性的就地保护（刘宏茂和许再富，1994；龙春林等，1998；Shenji，1999；周鸿等，2002；杨立新等，2019）。

5. 棕榈科植物文化

棕榈科在东南亚分布广泛，物种多样性极高，常见的有椰子（*Cocos nucifera*）、槟榔（*Areca catechu*）、油棕（*Elaeis guineensis*）、糖棕（*Borassus flabellifer*）、散尾葵（*Chrysalidocarpus lutescens*）、水椰（*Nypa fructicans*）等。油棕是巽他区特别是马来半岛上最为广泛种植的经济作物，被誉为"世界油王"（尹霞，2016）。马来西亚包揽了世界一半以上的棕油产量。油棕的油含量可达果实重量的一半以上。在相同种植面积下，油棕产油量比花生、大豆等常见榨油植物多达 5 倍以上。而且油棕全身都是宝，果皮、种仁可以榨油，果壳可以做活性炭，油棕花的分泌物可以酿酒。

有些棕榈科植物的果实还可供食用，如蛇皮果（*Salacca zalacca*）和水椰（*Nypa fructicans*）。椰子树在菲律宾被称为"生命之树"，这是因为椰子是菲律宾最重要的经济作物，直接或间接养活了整个国家 1/3 的人口。椰子是东南亚地区食物不可或缺的重要材料，在泰国菜头牌冬阴功汤、绿色咖喱中都有它的身影。椰子种植面积约占菲律宾国土的 1/5。在首都马尼拉的椰子树林中，还有一个"椰子宫"。这座宫殿完全是用椰子树材料制作而成的。

椰子的液态胚乳可供饮用，是海上航行的最佳淡水来源；椰子肉（固态胚乳）也可充饥。因此，东南亚早期人类常常带着椰子迁徙。有研究发现，南岛民族（最早起源于中国福建，之后通过中国台湾，进入东南亚）在东南亚及美洲之间的长途航行中，把一大串一大串的椰子拴在独木舟的后面，一起漂向远方（Ward & Brookfield，1992；Gunn et al.，2011）。2011 年，对全球椰子 10 个遗传位点的分析发现，椰子遗传多样性主要分成两大类，一是太平洋诸岛类群，二是印度洋诸岛类群，这与南岛民族的迁徙路线完全吻合。非洲、美洲以及西亚一带所有的椰子也或多或少存在被人类驯化和培育的印记，并与人类迁徙的历史路线比较符合（Gunn et al.，2011）。这证实了，早期人类在利用椰子的同时，通过携带椰子作为充饥解渴的食物漂洋过海，促进了这一物种的长距离传播，成为人类文明深刻影响植物扩散和生物地理学分布格局的有力证据。

槟榔文化是东南亚另一道亮丽的风景线。槟榔树细直、挺拔，果实可咀嚼做口香糖、兴奋剂，并有一定的药用功能。一般食用方法是裹以胡椒科植物蒌叶（*Piper betle*），包以牡蛎灰，咀嚼成汁（图 9.6）。东南亚一些地区的居民常把槟榔作为必需品用以礼待宾客，以表示对客人的尊重和诚意。槟榔也常用在佛教活动和祭拜活动中（王元林和邓敏锐，2005）。槟榔的食用方法在不同地区也有不同之处，有的地区食未成熟的槟榔核（也就是槟榔树的种子），有的则吃已成熟的。未成熟的种子较柔软多汁也比较甜，已成熟的较苦较硬。槟榔核也分生食与熟食，一般来说，住在潮湿地区的人多为生食，在干燥地区的为熟食，方法有以水滚烫过、用阳光曝晒干燥或腌渍。

图 9.6　槟榔食用方法与器具（谭珂摄）

Fig. 9.6　The methods and tools of eating betel nut (Photoed by TAN Ke)

在东南亚一带，槟榔在婚聘活动中也有十分重要的作用（吴玉凤，2010）。古人认为胡椒科的蒌叶（*Piper betle*）与槟榔有"夫妇相须之象"，故人们常将其作为聘果相互赠送，并有诗曰：赠子槟榔花，杂以相思叶（指蒌叶）。二物合成甘，有如郎与妾。正因为槟榔有如此特殊的含义，婚嫁中多以槟榔定情，并作为吉祥礼物之一。婚聘活动中以槟榔为礼的习俗在东南亚部分地区仍盛行不衰。在缅甸，当一个女孩中意前来的求婚者，她就请他吃槟榔，并借此暗示其他追求者知难而退。在马来西亚的 Iban，男子以槟榔叶向女子求婚，女方若同意，便接受之。在印度尼西亚爪哇岛，女人以不同的包槟榔的方式来暗示对男方的意思；如果她喜欢对方便把朝上的槟榔叶子折在一块；若是没意思，便将下头的叶子折在一块。马来西亚的新郎所送的聘礼中必备槟榔，新娘家需把新郎带来的蒌叶、槟榔等分给来宾。娶亲时，娶亲队伍中需有一人手持槟榔盒（吴玉凤，2010）。

印度尼西亚萨萨克人、萨凯人，以及越南康人、泰人的婚俗礼仪中，槟榔、蒌叶都作为重要的物品而名列其中（王元林和邓敏锐，2005）。不过，现代医学发现咀嚼槟榔可能刺激口腔黏膜屡次受伤屡次愈合，容易诱导口腔癌的发生。咀嚼槟榔的习俗正慢慢式微。

棕榈科植物的椰子还经常被用来修建房屋的墙体和屋顶，如菲律宾闻名的"nipa"聂帕棕榈的树叶大、柔韧，是传统聂帕屋的屋顶材料（李冠廷等，2018）。聂帕棕榈树是没有茎或仅有一点茎的棕榈。叶为复叶、大，有长而尖的次对小叶。最简单的聂帕屋用木头和竹子搭建，以聂帕棕榈叶做屋顶。这样既能在炎热天气里凉爽而通风，又能在台风毁坏后很快被修复，体现了菲律宾人随遇而安的洒脱品性。

整个东南亚广布的一种棕榈科植物西谷椰（*Metroxylon sagu*），在苏门答腊岛等地被当地人称为 Sago（西米）。这种植物的树叶可做屋顶（Sasaoka et al.，2014），更重要的是树干储存有大量的淀粉，是当地很多原住民的主粮。印度尼西亚苏门答腊岛附近岛屿"最后的原始部落"Mentawai 原住民，利用这种树干中心疏松部分进行淘洗和沉淀，最后晾干烹制成主食。这些原住民在房前屋后和乔迁新居之后会种植大量的 Sago 树，不仅丰富了该物种的遗传多样性，而且 Sago 树种植不占用大量土地，不破坏原生热带雨林，还通过增加局域生态系统多样性而提高了热带雨林的稳定性和稻田生态系统的健康（Sasaoka et al.，2014）。在新几内亚岛，Sago 有着最高的遗传多样性，可能是当地原住民大量种植和杂交育种的结果（Abbas et al.，2010）。

棕榈科植物还与佛教文化有着紧密联系，如前文提到的刻在贝叶棕叶片上的贝叶经是早期佛教经文的重要载体和文化标志。酒椰属（*Raphia*）果实就是制作"千眼菩提"的原料，黄藤属（*Daemonorops*）和省藤属（*Calamus*）果实则是"星月菩提"的原材料（杨晓洋，2018）。

6. 竹文化

竹子是禾本科竹亚科植物的统称，种类很多，有的低矮似草，有的高大如树，生长迅速，是世界上长得最快的植物。竹枝秆挺拔，修长，四季青翠，非常利于制作工具、建造房屋等使用。在越南，京族人民利用竹子制作独弦琴，音色优美，婉转动听。导致越南有种说法：姑娘不能听独弦琴，因为太动听了，容易被拨动心弦，迷失魂魄（梁远，2010）。越南有句成语"竹老笋生"，指的就是后人继承前人事业的意思，体现了竹子、竹鞭和竹笋生生不息的精气神。正是因为竹子的这种不屈不挠、代代相传的气节，越南少儿儿童先锋队的队徽就是竹笋的形象（梁远，2010）。

A. 竹建筑文化

竹子挺拔，修长，四季青翠，非常利于制作工具、建造房屋等使用。东南亚是全球最密集的竹子产地，由于竹子成本低廉，加上其结实耐久、通风性强、质量轻、韧性好的特性，是原住民修建房屋和制造各类器具的首选原料，也是现代建筑师尤为青睐的建筑材料。

华莱士在他逗留东南亚的 8 年期间，记载了早期原住民的竹文化。在加里曼丹岛逗留期间，他就发现当地的达雅人对竹子的充分利用，达雅人用竹子修房子、搭桥、爬树。达雅人的竹桥虽然简单，但结构设计上颇为巧妙。他们把竹子像字母 X 一样交叉绑在一起，立在河流的两边。再把一根粗大的竹子搭在交叉点，成为桥面；两侧再用细小的竹子作为扶手（Wallace，1869）。在龙目岛，还有一种利用竹筐装满石块的钻孔方法，利用其重力在铁制的枪管等物体上摩擦打孔（Wallace，1869）。

东南亚很多国家都利用竹子来建造房屋。例如，越南平阳省的水与风咖啡馆是一座令人难以置信的几乎完用竹子建造的建筑。整个建筑没有使用一根钉子，采用越南传统的竹编技术将每一根竹子完美地结合成一个整体。在菲律宾各地山区，现在还能看到利用竹子、树木和椰树叶片等制造的各种吊脚屋，往往依树而建，用于看守田地和果园。这些竹屋的屋顶和两侧使用当地常见的椰树叶片等编织而成（图 9.7）。

图 9.7 菲律宾山区用竹子、树木及椰树叶片制成的吊脚屋（任明迅摄）

Fig. 9.7 Hanging house made of bamboo, wood and coconut leaves in Philippines mountain area (Photos by REN Ming-Xun)

B. 竹神话

由于深受中国传统文化的影响，越南的竹文化非常突出。越南有一个极为典型的生物文化传说，同时提及了竹、水稻、红薯、玉米等重要植物。传说在很早以前，东海岸边生活着一群勤劳的人们，但是这片土地有天来了一群魔鬼。这群魔鬼霸占了肥沃的土地，只让人们租种。而且，人们种的水稻，它们"要上留下"，取了稻谷，留下稻草；种的红薯，它们"要下留上"，取走了红薯，留下了薯叶薯藤。于是，饥荒发生了。西天佛祖看到了，就给了当地人们玉米的种子。当地人们种了玉米之后，可以把中间的玉米留下，只剩地上的玉米秆和地下根给魔鬼。魔鬼们气坏了，想出了坏主意，禁止人们耕作土地。佛祖又帮助勤劳善良的人们和魔鬼谈判，出高价购买了一小块土地，用来栽种一种挂袈裟的竹子，并承诺，竹子和袈裟影子覆盖的地方是人们的土地，之外的仍然全部是魔鬼的土地。当人们种下竹子之后，竹子越长越高，四处蔓延，袈裟也随着越来越大，高高的竹子和袈裟遮天蔽日，占领了整片土地。由于有约在先，魔鬼们不得不舍命退让，逃入了东海（梁远，2010）。

C. 梨竹

缅甸和印度东北部等地分布有一种非常特别的小梨竹（*Melocanna baccifera*），果实特大，形如梨，可烤食，是禾本科中最大的果实（Govindan et al., 2016）。梨竹的果实在树上就会发芽，并生出根来，脱落下来后直接落地，而后长成小苗，属于植物界极少见的"胎生"现象。梨竹的竹竿是造纸上等原料，劈篾可供编织；竹叶可酿酒，地下茎可做藤编造，果可食且有一定的药用价值，每斤[①]价值 100 元人民币。梨竹开花周期为 45～50 年（Kiruba et al., 2009），当开花期来临的时候，梨竹就会被称为"死亡之竹"。这是因为梨竹美味的果实吸引了大量的野鼠聚集和繁殖，这些野鼠会破坏周围的庄稼，而且它们死亡会带来瘟疫，导致原住

---

① 1 斤=0.5 kg

民因为食物短缺和瘟疫蔓延而备受摧残或流离失所。梨竹开花规律、招引野鼠、引发瘟疫和原住民生存问题等生态学级联效应，成为非常棘手的生态与社会综合性的问题（Kiruba et al.，2009）。

　　D. 竹竿舞

竹竿挺直、材质坚韧、中空有节，可以发出自然的乐声。东南亚区域竹类植物资源丰富，竹竿舞成为环南海区域原住民流行甚广的一项娱乐活动。通常的竹竿舞是由 4 根大竹竿进行，其中两根平行排放在地面，相距 3~5 m。两人相对站在地面竹竿之外，分别拿着另外两根竹竿的两头，架在地面竹竿上进行敲击，发出乐声，并通过手控制竹竿的分合。其他人配合竹竿的分合，一脚跳入竹竿内外，通常是 2 声敲击为一个音节、进行一次竹竿分合和脚步进出。这项竹竿舞简单易行，又充满天然乐趣，成为东南亚非常流行的原住民文化（李冠廷等，2018）。

在菲律宾，这样的竹竿舞被称为"tinikling"或"singkil"，都是两个人在地面上方的竹竿之间跳动。据说这种竹竿舞是受在草丛间轻快跳跃的鸟的启发而创造出来的（李冠廷等，2018），但其与中国海南黎族竹竿舞极为相似，可能有着共同的来源。

实际上，中国海南岛黎族人民的竹竿舞早期是使用木柴进行击打，又称"打柴舞"。清代《崖州志》记载了这一"跳击杵"习俗，其实是黎族古代人在丧葬时用于护尸、赶走野兽、压惊及祭祖的一种丧葬舞。后来，人们逐渐开始使用声音更响、更易获取的竹竿替代木柴或木棍。2006 年，黎族竹竿舞（打柴舞）被列入第一批国家级非物质文化遗产名录（http://www.ihchina.cn/project_details/12976/）。

7. 花梨与沉香文化

花梨，通常指黄花梨，是豆科黄檀属的降香黄檀（*Dalbergia odorifera*）、红豆属花梨木（*Ormosia henryi*）等木质坚硬而色红的红木的统称。黄花梨木与紫檀木、鸡翅木、铁力木并称中国古代四大名木，有"一寸花梨一寸金"的说法。大果紫檀（*Pterocarpus macrocarpus*）是缅甸的国花或称国树，也属红木，是品质最好的花梨木，被赋予红木界"大众情人"的雅称。有传说认为，大果紫檀是花母娘娘下凡化身为树，拯救苍生，因而树木质细、红润，用来做屋梁可以防止风魔雨怪掀翻人间的房屋。如今的法官所用的法槌也多用花梨木制作，意喻除邪，伸张正义。

沉香是瑞香科植物白木香（*Aquilaria sinensis*）、沉香（*Aquilaria agallocha*）等含有树脂的木材（戴好富和梅文莉，2017）。这类植物树心部位受到外伤或真菌感染刺激后，会大量分泌树脂帮助愈合。这类树脂香气浓郁、密度很大，能沉入水下，故称为"沉香"。沉香具有行气止痛、温中止呕、纳气平喘之功效（戴好富和梅文莉，2017）。环南海区域热带雨林及海岛性热带雨林是沉香生长的最佳环境。在很早的时候，当地人就焚烧沉香有表达诚敬之意，又有解秽流芳、驱虫避邪、正念清神之效（戴好富和梅文莉，2017）。沉香有两大香系，主要产自中南半岛及菲律宾一带的"惠安系"沉香纹理直，质地松软，不易沉水，香味清新，让人有宁静、清凉的感觉，有果香或花香，穿透力强，适用于寺庙中打坐静气凝神。"星洲系"沉香主要产自赤道一带的新加坡、印度尼西亚、加里曼丹岛等地，其香味浓郁，密度大，易沉水，适用于焚香（戴好富和梅文莉，2017）。

8. 国花与国树文化

国花、国树是体现一个国家或地区生物文化多样性的一个窗口。作为一种文化符号，国花或国树代表一个国家的气质、人民的品格，可增强民族凝聚力，通常与这个国家的主流文化和历史相联系。

马来西亚的国花是花大而鲜红的朱槿（*Hibiscus rosa-sinensis*），是马来西亚人热情奔放的一个象征。朱槿出现在马来西亚国徽、纸币上，在马来西亚人心中，朱槿还是安居乐业、兴旺发达的标志。无论是公共建筑、街道两旁，还是家居庭院，带有朱槿元素的装饰随处可见。朱槿花颜色十分鲜艳，但花的中央有着一条雄蕊与雌蕊联合生长的柱状结构（在植物学术语中称为"单体雄蕊"），雌蕊五裂的柱头下方簇拥着细细的花丝和花药，仿佛在比喻热情的外表下也有颗细腻的心。所以朱槿的花语是纤细美、体贴美、奇妙美。据说佩戴朱槿花还有一种特别的含义：女孩子如果把朱槿花插在左耳上方，意思是"我渴望遇见爱情"，如果把花插在右耳上方，则表示"我已心有所属"。然而，朱槿其实是原产中国的一种锦葵科灌木，是随着华人下南洋而带入马来西亚的。这体现了中华文化对东南亚文明产生的深远影响。

新加坡的国花是"胡姬花"，即兰科的万代兰属（*Vanda*）植物。胡姬花色彩缤纷，还是新加坡"无声的外交大使"（谈天，1998）。这是因为，新加坡植物园有一个传统，将新培植的胡姬花品种以来访的重要人物名字进行命名，这是"对来宾的最高礼遇"。每逢外国贵宾来访，胡姬花园就会向他们推荐两三种新培植的胡姬花，让他们挑选及命名。胡姬花品种的培育过程非常漫长，从授粉到开花一般需要 2～6 年时间，才能培植第一代新混合花种，之后筛选出品相和长势最好的植株再进行第二代培植，可能还需 2～6 年。新加坡的国家胡姬花园从 1893 年到现今的 100 多年中，仅在新加坡注册和培植的胡姬花品种就有 2000 种，新加坡"兰花之都"的称号名不虚传。在国家胡姬花园内，由世界名人命名的胡姬花目前已超过 90 种，如"曼德拉蝴蝶兰""撒切尔夫人石斛兰"，以及东盟成员的第一夫人们命名的"美人石斛兰"等。成龙是第一个享有胡姬花命名荣誉的华人明星，以他名字命名的胡姬花正面看起来像一条龙，花瓣恰似"龙"鼻，以成龙命名非常贴切。也正是由于这些大量承载着文化新气息的胡姬花品种，新加坡植物园于 2015 年成为世界文化遗产。

泰国的国花"金链花"于 2001 年才正式确定，与大象、凉亭一起被定位为代表泰国国家形象的三大象征物。金链花其实是豆科决明属的腊肠树（*Cassia fistula*）。在泰国，金链花一直是吉祥如意的象征，有着大量关于金链花的习俗，如军队外出打仗的时候会将金链花插在军旗上面，寓意凯旋。金链花树不仅外观俊美，黄色花序一串串悬吊在树枝上，而且浑身是宝。它的树皮含单宁，可以作红色染料。而木材坚硬又光滑，纹理十分美，又耐腐蚀，是做支柱、农具、桥梁、车辆等用材的上选，更是优质的薪炭燃料。金链花的嫩枝叶可作饲料用，甜味可口的果肉是最有效的泻药，甚至对孕妇也是安全的。金链花树根制成的膏剂还可以治疗皮肤病和麻风病，树叶则以治疗溃疡而出名。现在，泰国很多城市街头大量种植金链花，盛花期时整树金黄闪亮，与金碧辉煌的寺庙相映成趣，成为名副其实的国家形象。

茉莉花（*Jasminum sambac*）是菲律宾和印度尼西亚的国花，也是印在纸币上的两种植物之一（另一种是豆科的凤凰木）。茉莉花在菲律宾语中被称为"山吉巴达"。茉莉花香味浓郁，洁白优美，是一年四季花常开的木樨科灌木植物。"山吉巴达"是青年男女之间表达爱情的话语，原意是"我们誓约"，所以又称它为"誓爱花"。这洁白如玉的"山吉巴达"正是忠于祖国、忠于爱情的象征，所以菲律宾青年常常将它作为献给爱人的礼物，用它作为向对方表达"坚贞于爱情"的心声。同时，她还被作为纯洁的情操和友谊的象征。每到鲜花盛开的时候，特别是每年5月，姑娘们都习惯地戴上茉莉花环，唱起赞歌，互致祝愿，人们更喜欢把一朵朵鲜花串成花束供于室内。菲律宾每年都要举行一次"山吉巴达"花节庆祝活动，花节的重要项目是选花皇后，花节从晚上七点开始，持续到深夜才结束。在国际交往中，菲律宾主人还常常把茉莉花结成芬芳的项链和花环，亲手挂到贵宾的脖子上，表达纯洁的友谊。用"山吉巴达"制作花环，如今在菲律宾已成为一项专门工艺。

菲律宾的国树是纳拉树，即紫檀（*Pterocarpus indicus*），一种豆科紫檀属高大乔木。在菲律宾莽莽的森林中，纳拉树巍巍高耸云际，迎着太阳开放出金光灿烂的花朵，十分引人注目。纳拉树是世界著名的硬木之一，这种树高大、挺拔，木质坚硬，是制作高级家具和乐器的良好材料。这种植物木材生长缓慢，木质坚硬、致密，适于雕刻各种精美的花纹，纹理纤细浮动，变化无穷，尤其是它的色调深沉，显得稳重大方而美观，故被视为木中极品，在中国有"一寸紫檀一寸金"的说法。纳拉树树皮在受伤时，会渗出猩红色树汁，菲律宾人将之视为象征自己民族血管里流动着并随时准备捍卫独立而洒在祖国大地上的鲜血。因此，纳拉树作为国树也代表着菲律宾人坚定不移、争取自由独立的性格。

柬埔寨的国花是番荔枝科银帽花属的"隆都花"（*Mitrella mesnyi*），是株高8～15 m的高大乔木植物。隆都花的花厚而圆润，有3枚展开的花瓣和3道向内的曲线，让人赏心悦目。隆都花的香气在傍晚和夜间会加强，这使得它与众不同。因此，丰满凸隆的花朵经常被比作开朗的柬埔寨女孩。2005年3月被确定为柬埔寨国花。

缅甸的国花是典型热带植物类群茜草科的龙船花（*Ixora chinensis*）。龙船花分枝繁茂、花朵锦簇，花期也很长，惹人喜爱。缅甸茵莱湖区的茵达族婚俗与龙船花密不可分：凡有女儿的因达人家都会在邻近自己房屋的水面上用竹木筑一个浮动的小花园，里面种满龙船花，用绳索将它系住。花开了一季又一季，女人也越长越大。当女儿出嫁那天，就让她坐在这个浮动的小花园里，砍断绳索，任其顺水漂流，直到早已等在下游的新郎将这个花园捞到岸边，迎接新娘。其实，龙船花这个名字的由来也有着厚重的历史文化底蕴，据说这是因为在中国每年端午节划龙舟期间，龙舟上除菖蒲、艾草之外，还要悬挂龙船花。

老挝的国花是具有佛教文化底蕴的鸡蛋花（*Plumeria rubra*）。鸡蛋花是夹竹桃科植物，花瓣远端乳白色、近端亮黄色，神似鸡蛋的蛋白裹着蛋黄，故名"鸡蛋花"。在其他花内通常高高挑出的张扬的雌蕊和雄蕊，在鸡蛋花中却深藏于花冠筒的底部，并且有绒毛遮挡，体现了鸡蛋花的含蓄与低调。鸡蛋花虽然没有什么神秘的传说，也没有艳丽的色彩和高贵的花姿，但却有着一个朴素而又深奥的外表——5 片花瓣螺旋状排列，组成了一个清新的轮回状。鸡蛋花的花语也因此成为"孕育希望的简单人生"，惹人亲近。更神奇的是，鸡蛋花螺旋状排列的花瓣总是呈左旋，即右边的花瓣基部覆盖左侧花瓣基部，神似印度佛教和印度教的标志"卐"。这可能是该植物成为佛教"五树六花"的一个原因。在东南亚和夏威夷岛等地，人们还喜欢将鸡蛋花串成花环献给贵宾，表示欢迎和彰显尊贵。

越南的国花是莲（*Nelumbo nucifera*），国树是木棉（*Bombax ceiba*）。莲花（荷花）的文化符号广为人知，通常代表着高洁、富贵、神圣。木棉又名红棉、英雄树、攀枝花，属木棉科落叶大乔木，原产印度和东南亚干热沟谷及林缘路旁。木棉高可达 10 m 以上，树干密生瘤刺、树形挺拔、分枝平展，极具阳刚之美。木棉冬末春初开花，先开花后长叶，盛花时满树深红或橙红，具有极高的观赏价值。木棉的种子毛发达，毛绒质轻、细小又不易吸水，可供棉絮纺织；木棉花的雄蕊晾干后也可食用。在越南和中国南方，木棉被称为"英雄树"，因为它高高绽放在枝头的鲜红花朵，在阳光照射下像极了英雄的鲜血。最早称木棉为"英雄树"的是清朝人陈恭尹在《木棉花歌》中写道"浓须大面好英雄，壮气高冠何落落"。由于木棉花在春天到来之前的 2~3 月盛开，成为春天的使者，木棉花的花语便是"珍惜眼前人，把握身边的幸福"。

9. 独木舟文化

独木舟可以说是人类最早的渡河工具，由单根树干挖成的小舟，需要借助桨驱动。独木舟的优点在于由一根树干制成，制作简单，不易有漏水、散架的风险。独木舟在世界各地不同类型的江河湖海地区都有普遍使用，也是今天皮划艇的前身，有着令人肃然起敬的悠久历史与灿烂文化。目前，全世界最大的独木舟是位于泰国的"金天鹅"号龙舟。这艘龙舟长 50 m、重 15 t，船身由一整块柚木精雕而成。船头雕饰的是神话中勇猛的金天鹅（Hong 或 Hamsa）。大船需要 54 名桨手、2 名舵手、1 名旗手、2 名指挥官，以及 1 名拍打节奏以便统一速度的节奏手，才能起航。"金天鹅"号龙舟最近一次参加庆典活动是在 2012 年庆祝泰国国王 85 岁寿辰，平时它就被放在位于泰国吞武里（现曼谷）的龙舟博物馆里展出。

在印度尼西亚的加里曼丹岛，达雅族原住民制作独木舟有着一套极为传统的仪式和独特文化，可以说是认识当地原住民文化的一个窗口。例如，印度尼西亚加里曼丹岛卡普阿斯河流上游居住着约 1000 人的达雅人民。他们世代居住在河流旁，独木舟是交通和捕食的必备工具。会制作独木舟是每一个达雅男人必须具备的技能（King，1984；陈洪波和王然，2014）。

达雅人的独木舟有 4 种类型（图 9.8）：①小独木舟，通常长约 3 m，两头圆钝，2 人乘坐；②大独木舟，长达 6 m，可坐 4 人；③尖头独木舟，两头锐尖，有利于劈开茂密的枝叶，主要用于丛林密布的河流湍急上游；④有舱独木舟，在独木舟上加装木板，有可以存放东西的船舱，常安装有机械化的驱动方式如马达，主要用于长途运输（陈洪波和王然，2014）。

图 9.8　菲律宾的两种独木舟（谭珂摄）

Fig. 9.8　Two types of canoe in Philippines (Photos by TAN Ke)

独木舟的制作通常是断断续续进行的，因为达雅男子还需要打猎、捕鱼和劈柴，偶尔还要帮助女人干农活。在独木舟漫长的制作期间有很多禁忌，形成了独特的独木舟文化，如独木舟制造者必须是男性，而且在制作独木舟期间不能吃肉和糯米饭，也不能割胶。这是因为有传说认为，这些黏性的东西可能会把黏稠品性传递给木头，导致独木舟难以加工。

独木舟文化的另一种体现是，有一系列神乎其神的传说伴随着独木舟制作全过程，如达雅原住民在砍树的路上，如果右边有啄木鸟的叫声，意味着好运。但如果有啄木鸟在左边叫，则大凶，砍来的木头不能做独木舟。因此，最好是赶紧回家，等两天后再来砍树。如果砍树的时候，也听到了啄木鸟叫声，是非常不吉利的，可能预示着这块木头制作成的独木舟会破损沉没。一般要丢下这棵树，去寻找另外的树制作独木舟（陈洪波和王然，2014）。这些传说可能具有一定的生物学与生态学依据，如啄木鸟的声音可能预示着这棵树及周边树木有蛀虫，被虫蛀的树木很可能材质已被破坏，显然不适合制作独木舟。

独木舟的制作工具也颇有讲究，通常有 5 种不同的工具，分别是斧（kapak）、大锄头（lalayang）、小锄头（bikung ruang）、锛（wase）、砍刀（basi andong）。制造独木舟的基本过程是，首先用砍刀和锛去掉树皮，再用斧劈出独木舟的轮廓，然后用大锄头刨刮，使独木舟外围光滑；小锄头也用来打磨船体，变得平滑，并塑造独木舟的外形。独木舟内部通常使用小锄头，但各类工具往往混杂使用，也有制造者个人的使用习惯。

用火烘烤是独木舟制作过程最关键、最重要的环节，也代表着独木舟制作工艺与文化的巅峰。烘烤让船体变得更硬，同时还能增加船木抗腐蚀性，也能使得独木舟变得柔韧，可加工成不同形状。据说，在独木舟烘烤用火时，不能由女性点火，在独木舟牵拉成型之前，严禁女性坐卧和踩踏。在烘烤船体前，船体内外用泥巴抹匀，以防受热不均或温度太高损坏船体。烧火通常使用独木舟制造过程中劈下来的木料和木屑，也用橡胶树的树枝；用竹管吹风保持明火，也用椰子叶子扇风。烘烤船体首先从内部开始，大概持续 2 h（King，1984）。

之后是关键的烘烤船底，大约 1.5 h。烘烤船底时，独木舟放在一排圆木之上，两头上下各用两根木棍压紧固定。用两根固定在地面的竹竿来控制船体两侧的平行，并用多个竹叉从船头到船尾控制船舷，竹叉用绳索拴在两侧的竹竿上。这对控制船体平直起着关键的作用（图 9.9）。当船体受热变得柔韧时，要调整竹叉的松紧度，使船舷向外扩展（King，1984；陈洪波和王然，2014）。最后，独木舟下水前，还要用槟榔、烟草、米饭、米酒等祭祀水神，保佑不沉船。一艘独木舟的使用寿命为 4～5 年（King，1984）（图 9.9）。

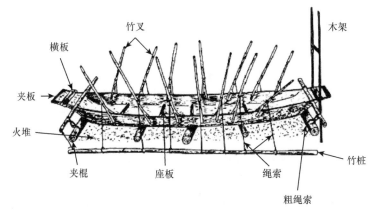

图 9.9　独木舟制作中的船底烘烤过程（改自陈洪波和王然，2014）

Fig. 9.9　Hull bottom bake during canoe making (Revised from Chen & Wang, 2014)

在巴布亚新几内亚的新爱尔兰岛曾出土过与常用独木舟大小几乎一致的珍贵殉葬品。作为殉葬珍品，它的体积给人留下深刻的印象。独木舟上的人物形象与真人等高，但貌似狰狞的魔鬼，而且人体的重要器官，如眼睛、牙齿和生殖器被极度夸张。这种独木舟殉葬品被称为"灵魂之舟"。雕刻此种缀满着图案的独木舟木雕品是其他地区所罕见的，成为人们了解古代东南亚及邻近地区如大洋洲原始民族的生活方式的重要文化符号。

10. 金三角"毒品文化"

罂粟及其制成的毒品在东南亚特别是中南半岛北部形成了著名的"金三角"。金三角是位于缅甸、泰国和老挝边界处的一个罂粟种植与毒品生产集中区。这里是臭名昭著的毒品主产区，但从东南亚生物文化多样性的角度来看，这里也是不可回避的一个重要地点。"金三角"区域群山起伏，丛林密布，道路崎岖，人烟稀少，杂居着苗族、瑶族、傈僳族、拉祜族和克钦族等 10 多个少数民族，总人口不足 100 万，总面积为 19.4 万 km^2。这里土地肥沃，物产丰富，除有金、银、铀和宝石等矿产之外，以种植罂粟闻名于世。由于山高路远，处于封闭或半封闭状态，加之土壤肥沃，气候适宜，种植罂粟是原住民经济收入的主要来源和致富的一条捷径。

罂粟（*Papaver somniferum*）是罂粟科的一种植物，常为一年生草本。茎高30～80 cm，分枝。叶互生，羽状深裂，裂片披针形或条状披针形，两面有糙毛。花蕾卵球形，有长梗，未开放时下垂；萼片绿色，花开后即脱落；花瓣 4 片，多为紫红色，基部常具深紫或黑色色斑，宽倒卵形或近圆形。花药黄色；雌蕊倒卵球形，柱头辐射状。花果期 3～11 月。罂粟籽是重要的食物产品，其中含有对健康有益的油脂，广泛应用于世界各地的沙拉。罂粟花绚烂华美，观赏价值较高。但是，罂粟最让人们印象深刻的是其作为镇静剂入药的果壳乳汁，也可以提炼成毒品如鸦片、吗啡、海洛因等。

罂粟原产西亚，在埃及和希腊等地很早就被称为"神花"，在欧洲被誉为"缅怀之花"。古希腊人为了表示对罂粟的赞美，让执掌农业的司谷女神手拿一枝罂粟花。古希腊神话中也流传着罂粟的故事：有一个统管死亡的魔鬼之神称为许普诺斯，其儿子玛菲斯手里拿着罂粟果，守护着酣睡的父亲，以免他被惊醒。因此，罂粟在很早之前就承载着文化底蕴。但在 1824～1826 年第一次英缅战争期间，英国人将罂粟带进了缅甸之后，罂粟种植逐渐转变为以获取毒品为主要甚至唯一目的。随后，法国、美国先后在老挝、泰国北部等地也大量推广种植罂粟以获取麻醉药品及毒品。金三角当地原住民文化程度不高，种植罂粟、制作毒品赚取高额利润成为他们在过去近 200 年间的首选，逐渐形成了规模庞大的种植、提炼、生产、销售产业链，产生了令人惋惜而痛恨的毒品文化。近年来，随着国际社会加大对毒品的打击力度，以及在金三角地区大力推广谷物和咖啡种植，罂粟种植和毒品生产在当地逐渐得到了控制。

9.3　结语与建议

从全球格局来看，生物文化多样性集中体现在农业生产和生物资源获取方式上，耕作传统、宗教信仰、传统节日、饮食与药膳、服饰与建筑、神山圣境与宗教植物等都是原住民生物文化多样性的集中体现（郑希龙等，2012），是当地生物多样性得以长期续存和地域文化得以保持的关键因素。东南亚地区由于地处热带、水热条件丰富、岛屿众多等，具有极高的生物多样性，再加上在历史上经历了中华文明、印度文明及殖民地文化等交融发展，促进了生物分化和长距离人为传播，是当地丰富生物文化多样性的关键因素。

东南亚经济发展水平较低的地区如印度尼西亚、巴布亚新几内亚等地，在生物文化方面更多地通过宗教信仰与神话、周期性迁徙等保护了局域生物多样性；而经济与社会发展水平较高的地区如泰国、马来西亚、越南、缅甸以及菲律宾，主要依靠轮歇生产、传统节日、神木与神山圣境以及生态旅游等蕴含着朴素生态学知识的实践，实现了就地保护。加强对东南亚生物文化多样性的研究，将有利于深入认识和保护当地自然生物多样性，也必对当地文化的传承与弘扬起到重要作用。

参 考 文 献

包浪, 王楠楠, 倪志耀, 等. 2018. 青藏高原隆升对我国西南地区气候的影响: 从季风角度研究. 地球环境学报, 9(5): 444-454.

曹建华, 袁道先, 潘根兴. 2003. 岩溶生态系统中的土壤. 地球科学进展, 18(1): 37-44.

曹永恒. 1993. 云南潞江坝怒江干热河谷植物区系研究. 云南植物研究, 15(4): 339-345.

陈进燎, 周育真, 吴沙沙, 等. 2019. 台湾独蒜兰传粉机制和繁育系统研究. 森林与环境学报, 39(5): 460-466.

程广有, 韩雅莉, 李瑛, 等. 2004. 木棉的组织培养和快速繁殖. 植物生理学通讯, (3): 337.

寸宇智. 2005. 缘毛鸟足兰的生殖生态学研究. 中国科学院大学硕士学位论文.

戴璐, Foong S Y. 2017. 末次冰期时暴露的巽他大陆架可能被热带稀树草原覆盖吗? 地球科学进展, 32(11): 1147-1156.

丁浩. 2016. 白肋翻唇兰生殖生物学研究. 南昌大学硕士学位论文.

方瑞征, 白佩瑜, 黄广宾, 等. 1995. 滇黔桂热带亚热带(滇黔桂地区和北部湾地区)种子植物区系研究. 云南植物研究, 17(S7): 111-150.

符龙飞, Monro A K, 韦毅刚. 2022. 中国喀斯特洞穴维管植物多样性. 生物多样性, 30(7): 21537.

盖雪鸽, 邢晓科, 郭顺星. 2014. 兰科菌根的生态学研究进展. 菌物学报, 33(4): 753-767.

高雅, 王会军. 2012. 泛亚洲季风区: 定义、降水主模态及其变异特征. 中国科学(地球科学), 42(4): 555-563.

顾垒, 张奠湘. 2009. 中国植物区系的鸟类传粉现象. 热带亚热带植物学报, 17(2): 194-204.

韩孟奇. 2018. 中国石蝴蝶属(苦苣苔科)的分类学研究. 广西师范大学硕士学位论文.

何祖霞, 严岳鸿, 马其侠, 等. 2012. 湖南丹霞地貌区的苔藓植物多样性. 生物多样性, 20(4): 522-526.

黄石连, 王鸥文, 温放. 2016. 两种报春苣苔属(苦苣苔科)植物传粉生物学研究. 北方园艺, 6: 64-69.

姜超, 谭珂, 任明迅. 2017. 季风对亚洲热带植物分布格局的影响. 植物生态学报, 41(10): 1103-1112.

金璇, 凌少军, 温放, 等. 2021. 广义马铃苣苔属的生物地理格局与花部演化. 植物科学学报, 39(4): 379-388.

李萃玲. 2013. 海南岛风水林初步研究. 海南大学硕士学位论文.

李歌, 凌少军, 陈伟芳, 等. 2019. 昌化江河谷隔离对海南岛特有植物盾叶苣苔遗传多样性的影响. 广西植物, 40(10): 1505-1513.

李宏哲. 2006. 中国秋海棠属单裂组的保护生物学研究. 中国科学院研究生院博士学位论文.

李鹏, 罗毅波. 2009. 中国特有兰科植物褐花杓兰的繁殖生物学特征及其与西藏杓兰的生殖隔离研究. 生物多样性, 17(4): 406-413.

李奇生, 李万德, 罗旭, 等. 2016. 云南怒江河谷木棉访花鸟类组成. 西南林业大学学报, 36(3): 174-180.

李嵘, 孙航. 2017. 植物系统发育区系地理学研究: 以云南植物区系为例. 生物多样性, 25(2): 195-203.

李锡文, 李捷, Ashton P. 2002. 中国龙脑香科植物纪要. 云南植物研究, 24(4): 409-420.

李肖雅, 吴立广, 宗慧君. 2014. 季风涡旋影响西北太平洋台风生成初步分析. 大气科学学报, 37(5): 653-664.

李阳兵, 王世杰, 李瑞玲. 2004. 岩溶生态系统的土壤. 生态环境, 13(3): 434-438.

李振宇, 王印政. 2004. 中国苦苣苔科植物. 郑州: 河南科学技术出版社.

李振宇. 1996. 苦苣苔亚科的地理分布. 植物分类学报, 34(4): 341-360.

廖谌婳, 封志明, 李鹏, 等. 2014. 缅老泰交界地区刀耕火种农业的时空变化格局. 地理研究, 33(8): 1529-1541.

林玉, 谭敦炎. 2007. 被子植物镜像花柱及其进化意义. 植物分类学报, 45(6): 901-916.

凌少军, 孟千万, 唐亮, 等. 2017. 海南岛苦苣苔科植物的地理分布格局与系统发育关系. 生物多样性, 25(8): 807-815.

凌少军. 2017. 海南岛苦苣苔科的"区域生命之树"及特有种烟叶唇柱苣苔在昌化江两侧的分化. 海南大学硕士学位论文.

刘杰, 罗亚皇, 李德铢, 等. 2017. 青藏高原及毗邻区植物多样性演化与维持机制: 进展及展望. 生物多样性, 25(2): 163-174.

刘仲健, 刘可为, 陈利君, 等. 2006. 濒危物种杏黄兜兰的保育生态学. 生态学报, 26(9): 2791-2800.

卢清彪, 刘长秋, 唐文秀, 等. 2019. 狭叶坡垒传粉生物学初探. 广西植物, 40(11): 1628-1637.

卢涛, 凌少军, 任明迅. 2019. 苦苣苔科镜像花的多样性及演化. 广西植物, 39(8): 1007-1015.

罗金环, 陈斌, 陈广武, 等. 2020. 木棉的高抗旱性和其速生性适合修复海南已退化的森林. 海南大学学报(自然科学版), 148(3): 247-253.

罗琴. 2020. 越南的自然崇拜. 炎黄地理, 37(12): 81-83.

牛泽清. 2004. 中国隧蜂属(膜翅目: 蜜蜂总科: 隧蜂科: 隧蜂亚科)的分类研究. 中国科学院动物研究所博士学位论文.

欧先交, 曾兰华, 林培松, 等. 2013. 琼西热带稀树草原成因初探. 干旱区资源与环境, 27(6): 48-53.

潘保田, 李吉均. 1996. 青藏高原: 全球气候变化的驱动机与放大器——III. 青藏高原隆起对气候变化的影响. 兰州大学学报(自然科学版), (1): 108-115.

蒲高忠, 潘玉梅, 唐赛春, 等. 2009. 桂林唇柱苣苔传粉生物学及生殖配置研究. 植物研究, 29(2):

169-175.

齐德利, 于蓉, 张忍顺, 等. 2005. 中国丹霞地貌空间格局. 地理学报, 60(1): 41-52.

钱贞娜, 孟千万, 任明迅. 2016. 风筝果镜像花的雌雄异位变化及传粉生态型的形成. 生物多样性, 24(12): 1364-1372.

钱贞娜, 任明迅. 2016. "金虎尾路线"植物的花进化与传粉转变. 生物多样性, 24(1): 95-101.

秦新生, 张荣京, 邢福武. 2014. 海南石灰岩地区的种子植物区系. 华南农业大学学报, 35(3): 90-99.

任明迅, 曾艳飞, 张大勇. 2004. 防御//张大勇. 植物生活史进化与繁殖生态学. 北京: 科学出版社: 235-268.

任明迅, 张大勇. 2004. 雌雄异位//张大勇. 植物生活史进化与繁殖生态学. 北京: 科学出版社.

任明迅. 2009. 花内雄蕊分化及其适应意义. 植物生态学报, 33(1): 222-236.

石雨. 2018. "清香为百药之先"的龙脑香. 中医文献杂志, 36(1): 24-28.

史军, 程瑾, 罗敦, 等. 2006. 利用传粉综合征预测: 长瓣兜兰模拟繁殖地欺骗雌性食蚜蝇传粉. 植物分类学报, 45(4): 551-560.

税玉民, 陈文红. 2017. 中国秋海棠. 昆明: 云南科技出版社.

孙湘君, 汪品先. 2005. 从中国古植被记录看东亚季风年龄. 同济大学学报(自然科学), 33: 1137-1143.

覃海宁, 刘演. 2010. 广西植物名录. 北京: 科学出版社.

谭珂, Malabrigo P L, 任明迅. 2020. 东南亚生物多样性热点地区的形成与演化. 生态学报, 40(11): 3866-3877.

谭珂, 董书鹏, 卢涛, 等. 2018. 被子植物翅果的多样性及演化. 植物生态学报, 42(8): 806-817.

田代科, 李春, 肖艳, 等. 2017. 中国秋海棠属植物的自然杂交发生及其特点. 生物多样性, 25(6): 654-674.

田怀珍. 2008. 国产斑叶兰属(兰科)的分类研究. 中国科学院华南植物园博士学位论文.

王淳秋, 罗毅波, 台永东, 等. 2008. 蚂蚁在高山鸟巢兰中的传粉作用. 植物分类学报, 46(6): 836-846.

王文采. 1984. 中国苦苣苔科的研究(六). 云南植物研究, 6(1): 11-26.

王武. 2013. 泽泻虾脊兰的传粉生物学研究. 南昌大学硕士学位论文.

王献溥. 1984. 雨林和季雨林的主要区别. 植物杂志, (3): 18-19.

韦毅刚, Do Van Truong, 温放. 2022. 越南北部地区植物名录. 北京: 中国林业出版社.

韦毅刚, 钟树华, 文和群. 2004. 广西苦苣苔科植物区系和生态特点研究. 云南植物研究, 26(2): 173-182.

韦毅刚. 2010. 华南苦苣苔科植物. 南宁: 广西科学技术出版社.

韦毅刚. 2018. 广西本土植物及其濒危状况. 北京: 中国林业出版社.

温放, 符龙飞, 韦毅刚. 2012. 两种广西特有报春苣苔属(苦苣苔科)植物传粉生物学研究. 广西植物, 32(5): 571-578.

温放, 黎舒, 辛子兵, 等. 2019. 在新中文命名规则背景下梳理的最新中国苦苣苔科植物名录. 广西科学, 26(1): 37-63.

温放, 李湛东. 2006. 苦苣苔科(Gesneriaceae)植物研究进展. 中国野生植物资源, 25(1): 1-6.

翁成郁. 2018. 巽他区域地质气候环境演变与陆地生物多样性形成与变化. 地球科学进展, 11: 1163-1173.

吴春林. 1991. 广西热带石灰岩季节雨林分类与排序. 植物生态学与地植物学学报, 15(1): 17-26.

吴国雄, 段安民, 刘屹岷, 等. 2013. 关于亚洲夏季风爆发的动力学研究的若干近期进展. 大气科学, 37: 211-228.

吴望辉. 2011. 广西弄岗国家级自然保护区植物区系地理学研究. 广西师范大学硕士学位论文.

吴燕如. 1965. 中国经济昆虫志(第九册)(膜翅目 蜜蜂总科). 北京: 科学出版社: 23-45.

吴征镒. 1979. 论中国植物区系的分区问题. 云南植物研究, 1(1): 3-22.

吴征镒. 1991. 中国种子植物属的分布区类型. 云南植物研究, 增刊IV: 1-139.

向文倩, 任明迅. 2019. 木棉黄花个体的适应意义. 生物多样性, 27(4): 373-379.

向文倩, 王文娟, 任明迅. 2023. 木棉文化的生物多样性传统知识及其传承与利用. 生物多样性, 31(3): 190-201.

邢福武, 吴德邻, 李泽贤, 等. 1995. 海南岛特有植物的研究. 热带亚热带植物学报, 3(1): 1-12.

许为斌, 郭婧, 盘波, 等. 2017. 中国苦苣苔科植物的多样性与地理分布. 广西植物, 37(10): 1219-1226.

严彩霞, 马凯, 徐步青, 等. 2013. 我国苦苣苔科植物研究进展. 中国园艺文摘, 29(6): 64-66: 117.

杨济达, 张志明, 沈泽昊, 等. 2016. 云南干热河谷植被与环境研究进展. 生物多样性, 24(4): 462-474.

杨小琴. 2007. 广布小蝶兰及两种根茎兰属植物的传粉生物学研究. 中国科学院植物研究所硕士学位论文.

姚伯初. 1999. 东南亚地质构造特征和南海地区新生代构造发展史. 南海地质研究, 11: 1-13.

俞筱押, 李家美, 任明迅. 2019. 中国南方苦苣苔科植物在喀斯特地貌和丹霞地貌上的分化. 广西科学, 26(1): 132-140.

俞筱押, 李玉辉. 2010. 滇石林喀斯特植物群落不同颜体阶段的溶痕生境中木本植物的更新特征. 植物生态学报, 34(8): 889-897.

查兆兵, 唐静, 梁跃龙, 等. 2016. 多叶斑叶兰繁育系统与传粉生物学研究. 热带亚热带植物学报, 24(3): 333-341.

张大勇. 2004. 生活史进化//张大勇. 植物生活史进化与繁殖生态学. 北京: 科学出版社: 1-100.

张洪芳, 李利强, 刘仲健, 等. 2010. 菜粉蝶对两种迁地保护的兰科植物传粉和繁殖成功的作用. 生物多样性, 18(1): 11-18.

张金泉, 王兰州. 1985. 龙脑香科植物的地理分布. 植物学通报, 3(5): 1-8.

张林瀛. 2015. 大序隔距兰(Cleisostoma paniculatum)传粉生物学及种子萌发特性研究. 福建农林

大学硕士学位论文.

张哲. 2013. 东亚特有种五唇兰繁殖生态学研究. 海南大学硕士学位论文.

张哲. 2019. 海南三种蝴蝶兰属植物的保育生物学研究. 海南大学博士学位论文.

张自斌, 程瑾, 杨媚, 等. 2015. 琴唇万代兰食源性欺骗传粉研究. 北京林业大学学报, 37(6): 100-106.

郑影华, 李森, 王兮之, 等. 2009. RS 与 GIS 支持下近 50 a 海南岛西部土地沙漠化时空演变过程研究. 中国沙漠, 29(1): 56-62.

中国科学院中国植物志编辑委员会. 1999. 中国植物志. 北京: 科学出版社.

周晓霞, 丁一汇, 王盘兴. 2008. 夏季亚洲季风区的水汽输送及其对中国降水的影响. 气象学报, 66(1): 59-70.

周晓旭. 2017. 斑叶兰组 Sect. *Goodyera*(兰科)分类学与谱系地理学研究. 华东师范大学硕士学位论文.

周浙昆, 杨雪飞, 杨青松. 2006. 陆桥说和长距离扩散: 老观点, 新证据. 科学通报, 51(8): 879-886.

朱华, 王洪, 李保贵, 等. 1996. 西双版纳石灰岩森林的植物区系地理研究. 广西植物, 16(4): 317-330.

朱华. 2007. 中国南方石灰岩(喀斯特)生态系统及生物多样性特征. 热带林业, 35(S1): 44-47.

朱华. 2011. 云南热带季雨林及其与热带雨林植被的比较. 植物生态学报, 35(4): 463-470.

邹新慧, 葛颂. 2008. 基因树冲突与系统发育基因组学研究. 植物分类学报, 46(6): 795-807.

Agren L, Schemske D W. 1991. Pollination by deceit in a neotropical monoecious herb, *Begonia involucrata*. Biotropica, 23(3): 235-241.

Agren L, Schemske D W. 1995. Sex allocation in the monoecious herb *Begonia semiovata*. Evolution, 49(1): 121-130.

Aitchison J C, Ali J R, Davis A M, et al. 2007. When and where did India and Asia collide? Journal of Geophysical Research, 112(B5): B05423.

Ali J R, Aitchison J C. 2008. Gondwana to Asia: plate tectonics, paleogeography and the biological connectivity of the Indian sub-continent from the Middle Jurassic through latest Eocene (166–35 Ma). Earth-Science Reviews, 88(3-4): 145-166.

Ali J R, Aitchison J C. 2012. Comment on "Restoration of Cenozoic deformation in Asia and the size of Greater India" by D. J. J. van Hinsbergen et al. Tectonics, 31(4): TC4006.

Aluri J S R, Srungavarapu P R, Kone R. 2005. Pollination by bats and birds in the obligate outcrosser *Bombax ceiba* L. (Bombacaceae), a tropical dry season flowering tree species in the Eastern Ghats forests of India. Ornithological Science, 4(1): 81-87.

Alverson W S, Karol K G, Baum D A, et al. 1999. Circumscription of the Malvales and relationships to other Rosidae: evidence from *rbc*L sequence data. American Journal of Botany, 85(6): 876-887.

Amano K, Taira A. 1992. Two-phase uplift of Higher Himalayas since 17 Ma. Geology, 20(5):

391-394.

An Z S, Kutzbach J E, Prell W L, et al. 2001. Evolution of Asian monsoons and phased uplift of the Himalaya Tibetan Plateau since Late Miocene times. Nature, 411: 62-66.

Andel T V. 2001. Floristic composition and diversity of mixed primary and secondary forests in northwest Guyana. Biodiversity and Conservation, 10(10): 1645-1682.

Anderson B M, Middleton D J. 2013. A revision of *Rhynchotechum* Blume (Gesneriaceae). Edinburgh Journal of Botany, 70(1): 121-176.

Anderson B, Johnson S D, Carbutt C. 2005. Exploitation of a specialized mutualism by a deceptive orchid. American Journal of Botany, 92(8): 1342-1349.

Anderson C. 2011. Revision of *Ryssopterys* and transfer to *Stigmaphyllon* (Malpighiaceae). Blumea-Biodiversity, Evolution and Biogeography of Plants, 56(1): 73-104.

Anderson W R, Anderson C, Davis C C. 2006. Malpighiaceae. http://herbarium.lsa.umich. edu/malpigh/index.html [2018-3-1].

Anderson W R. 1979. Floral conservatism in neotropical Malpighiaceae. Biotropica, 11(3): 219-223.

Anderson W R. 1980. Cryptic self-fertilization in the Malpighiaceae. Science, 207(4433): 892-893.

Anderson W R. 1990. The origin of the Malpighiaceae—The evidence from morphology. Memoirs of the New York Botanical Garden, 64: 210-224.

Anderson W R. 2004. Malpighiaceae (Malpighia family). *In*: Smith N, Mori S A, Henderson A, et al. Flowering Plants of the Neotropics. Princeton: Princeton University Press: 229-232.

APG (The Angiosperm Phylogeny Group) III. 2009. An update of The Angiosperm Phylogeny Group classification for the orders and families of flowering plants: APG III. Botanical Journal of the Linnean Society, 161(2): 105-121.

APG IV. 2016. An update of The Angiosperm Phylogeny Group classification for the orders and families of flowering plants: APG IV. Botanical Journal of the Linnean Society, 181(1): 1-20.

Appanah S, Chan H T. 1981. Thrips: the pollinators of some dipterocarps. Malaysian Forester, 44: 234-252.

Appanah S, Turnbull J M. 1998. A Review of Dipterocarps: Taxonomy, Ecology, and Silviculture. Indonesia: CIFOR.

Appanah S. 1985. General flowering in the climax rain forests of Southeast Asia. Journal of Tropical Ecology, 1: 225-240.

Appanah S. 1987. Insect pollinators and the diversity of Dipterocarps. *In*: Kostermans A J G H. Proceedings of the Third Round Table Conference on Dipterocarps. Jakarta: UNESCO: 277-291.

Arakaki N, Yasuda K, Kanayama S, et al. 2016. Attraction of males of the cupreous polished chafer *Protaetia pryeri pryeri* (Coleoptera: Scarabaeidae) for pollination by an epiphytic orchid *Luisia teres* (Asparagales: Orchidaceae). Applied Entomology and Zoology, 51: 241-246.

Armbruster W S. 2012. Evolution and ecological implications of "specialized" pollinator rewards. *In*:

Patiny S. Evolution of Plant-pollinator Relationships. Cambridge: Cambridge University Press: 44-67.

Armbruster W S. 2017. The specialization continuum in pollination systems: diversity of concepts and implications for ecology, evolution and conservation. Functional Ecology, 31(1): 88-100.

Ashton P S, Givnish T J, Appanah S. 1988. Staggered flowering in the Dipterocarpaceae: new insights into floral induction and the evolution of mast fruiting in the aseasonal tropics. American Naturalist, 132(1): 44-66.

Ashton P S, Gunatilleke C V S. 1987. New light on the plant geography of Ceylon. I. Historical plant geography. Journal of Biogeography, 14(3): 249-285.

Ashton P S. 1969. Speciation among tropical forest trees: some deductions in the light of recent evidence. Biological Journal of the Linnean Society, 1(1-2): 155-196.

Ashton P S. 1979. Some geographic trends in morphological variation in the Asian tropics and their possible significance. In: Larsen K, Lauritz B. Tropical Botany. New York: Holm-Nielsen Academic Press.

Ashton P S. 1982. Dipterocarpaceae. In: Van Steenis C G G J. Flora Malesiana, series 1, Spermatophyta, Vol. 9. Nijhoff: The Hague: 237-552.

Ashton P S. 1988. Dipterocarp biology as a window to the understanding of tropical forest structure. Annual Review of Ecology and Systematics, 19: 347-370.

Ashton P S. 2003. Dipterocarpaceae. In: Kubitzki K, Bayer C. The families and genera of vascular plants, Vol. 5. New York: Springer: 182-197.

Ashton P S. 2014. On the Forests of Tropical Asia, Lest the Memory Fade. Richmond: Kew Publishing.

Atkins H J, Bramley G L C, Clark J R. 2013. Current knowledge and future directions in the taxonomy of Cyrtandra (Gesneriaceae), with a new estimate of species number. Selbyana, 31(2): 157-165.

Atkins H J, Bramley G L C, Johnson M A, et al. 2020. A molecular phylogeny of Southeast Asian Cyrtandra (Gesneriaceae) supports an emerging paradigm for Malesian plant biogeography. Frontiers of Biogeography, 12(1): e44814.

Atkins H J, Preston J, Cronk Q C B. 2001. A molecular test of Huxley's line: Cyrtandra (Gesneriaceae) in Borneo and the Philippines. Biological Journal of the Linnean Society, 72(1): 143-159.

Aubréville A. 1976. Essai d'interprétation nouvelle de la distribution des dipterocarpacées. Adansonia, séri 2, 12(2): 205-210.

Augspurger C K. 1986. Morphology and dispersal potential of wind-dispersed diaspores of neotropical trees. American Journal of Botany, 73(3): 353-363.

Augspurger C K. 1988. Mass allocation, moisture content, and dispersal capacity of wind-dispersed tropical diaspores. New Phytologist, 108: 357-368.

Averyanov L V, Nguyen H Q. 2012. Eleven new species of *Begonia* L. (Begoniaceae) from Laos and Vietnam. Turczaninowia, 15(2): 5-32.

Ávila-Lovera E, Ezcurra E. 2016. Stem-succulent trees from the Old and New World tropics. *In*: Goldstein G, Santiago LS. Tropical Tree Physiology. Cham: Springer.

Bailey I W. 1949. Origin of the angiosperms: need for a broadened outlook. Journal of the Arnold Arboretum, 30: 64-70.

Baker H G, Baker I. 1990. The predictive value of nectar chemistry to the recognition of pollinator types. Israel Journal of Botany, 39(1-2): 157-166.

Balen B, Tkalec M, Štefanić P, et al. 2012. *In vitro* conditions affect photosynthetic performance and crassulacean acid metabolism in *Mammillaria gracilis* Pfeiff. tissues. Acta Physiologiae Plantarum, 34(5): 1883-1893.

Bancroft H. 1935. Material of *Marquesia acuminata* from Northen Rhodesia. Kew Bulletin, 10: 559-568.

Banin L F, Phillips O L, Lewis S L. 2015. Tropical forests. *In*: Peh K S H, Corlett R T, Bergeron Y. Routledge Handbook of Forest Ecology. Abingdon (UK): Routledge: 56-75.

Banka R A, Kiew R. 2009. *Henckelia* section *Loxocarpus* (Gesneriaceae) in Peninsular Malaysia. Edinburgh Journal of Botany, 66(2): 239-261.

Bänziger H, Sun H Q, Luo Y B. 2005. The pollination of a slippery lady slipper orchid in SW China: *Cypripedium guttatum* Swarzt (Orchidaceae). Botanical Journal of the Linnean Society, 148(3): 251-264.

Bänziger H, Sun H Q, Luo Y B. 2008. Pollination of wild lady slipper orchids *Cypripedium yunnanense* and *C. flavum* (Orchidaceae) in southwest China: why are there no hybrids? Botanical Journal of the Linnean Society, 156(1): 51-64.

Bänziger H. 1994. Studies on the natural pollination of three species of wild lady-slipper orchids (*Paphiopedilum*) in Southeast Asia. *In*: Pridgeon A. Proceedings of the 14th World Orchid Conference. Edinburgh: HMSO: 201-202.

Bänziger H. 1996. The mesmerizing wart: the pollination strategy of epiphytic lady slipper orchid *Paphiopedilum villosum* (Lindl.) Stein (Orchidaceae). Botanical Journal of the Linnean Society, 121(1): 59-90.

Bänziger H. 2002. Smart alecks and dumb flies: natural pollination of some wild lady slipper orchids (*Paphiopedilum* spp., Orchidaceae). *In*: Clark J, Elliott W M, Tingley G, et al. Proceedings of the 16th World Orchid Conference. Vancouver: Vancouver Orchid Society: 165-169, plates 45-57.

Barber A J, Crow M J, De Smet M E M. 2005. Chapter 14: Tectonic evolution. *In*: Barber A J, Crow M J, Milsom J S. Sumatra: Geology, Resources and Tectonic Evolution. London: Geological Society: 234-259.

Barrett S C H, Jesson L K, Baker A M, et al. 2000. The evolution and function of stylar polymorphisms in flowering plants. Annals of Botany, 85(Suppl.): 253-265.

Barrett S C H, Jesson L K, Baker A M. 2000. The evolution and function of stylar polymorphisms in flowering plants. Annals of Botany, 85(S1): 253-265.

Bateman R M, Hollingsworth P M, Preston J, et al. 2003. Molecular phylogenetics and evolution of Orchidinae and selected Habenariinae (Orchidaceae). Botanical Journal of the Linnean Society, 142(1): 1-40.

Batista J A N, Borges K S, de Faria M W F, et al. 2013. Molecular phylogenetics of the species-rich genus *Habenaria* (Orchidaceae) in the New World based on nuclear and plastid DNA sequences. Molecular Phylogenetics and Evolution, 67(1): 95-109.

Baum D A, DeWitt Smith S, Yen A, et al. 2004. Phylogenetic relationships of *Malvatheca* (Bombacoideae and Malvoideae; Malvaceae *sensu lato*) as inferred from plastid DNA sequences. American Journal of Botany, 91(11): 1863-1871.

Baum D A, Small R L, Wendel J F. 1998. Biogeography and floral evolution of naobabs *Adansonia*, Bombacaceae as inferred from multiple data sets. Systematic Biology, 47(2): 181-207.

Baum D A. 1995. A systematic revision of *Adansonia* (Bombacaceae). Annals of the Missouri Botanical Garden, 82: 440-471.

Bayona G, Montes C, Cardona A, et al. 2011. Intraplate subsidence and basin filling adjacent to an oceanic arc-continent collision: a case from the southern Caribbean-South America plate margin. Basin Research, 23: 403-422.

Becker P, Meinzer F C, Wullschleger S D. 2000. Hydraulic limitation of tree height: a critique. Functional Ecology, 14(1): 4-11.

Beentje H J. 1989. Flora of Tropical East Africa: Bombacaceae. The Nederlands: Balkema.

Bennett A C, Mcdowell N G, Allen C D, et al. 2015. Larger trees suffer most during drought in forests worldwide. Nature Plants, 1(10): 15139.

Benzing D H. 1987. Vascular epiphytism-taxonomic participation and adaptive diversity. Annals of the Missouri Botanical Garden, 74(2): 183-204.

Bergamo P J, Rech A R, Brito V L G, et al. 2016. Flower colour and visitation rates of *Costus arabicus* support the 'bee avoidance' hypothesis for red-reflecting humming-bird-pollinated flowers. Functional Ecology, 30(5): 710-720.

Bernhardt P, Burns-Balogh P. 1986. Floral mimesis in *Thelymitra nuda* (Orchidaceae). Plant Systematics and Evolution, 151(3): 187-202.

Berry P E, Hahn W J, Sytsma K J, et al. 2004. Phylogenetic relationships and biogeography of *Fuchsia* (Onagraceae) based on noncoding nuclear and chloroplast DNA data. American Journal of Botany, 91(4): 601-614.

Bews J W. 1927. Studies in the ecological evolution of the angiosperms. New Phytologist, 26(1): 129-148.

Bird M I, Taylor D, Hunt C. 2005. Palaeoenvironments of insular Southeast Asia during the Last Glacial Period: A savanna corridor in Sundaland? Quaternary Science Reviews, 24(20-21): 2228-2242.

Blanco M A, Gabriel B. 2005. Pseudocopulatory pollination in *Lepanthes* (Orchidaceae: Pleurothallidinae) by fungus gnats. Annals of Botany, 95(5): 763-772.

Blume K L. 1825. Dipterocarpaceae in Bijdragen tot de Flora van Nederlandisch Indie. Batavia, 1: 1-42.

Bonnardeaux Y, Brundrett M, Batty A, et al. 2007. Diversity of mycorrhizal fungi of terrestrial orchids: compatibility webs, brief encounters, lasting relationships, and alien invasions. Mycological Research, 111(1): 51-61.

Bouman F, de Lange A. 1983. Structure, micromorphology of *Begonia* seeds. Begonian, 50: 70-78, 91.

Bramwell D. 2002. How many plant species are there? Plant Talk, 28: 32-33.

Bransgrove K, Middleton D J. 2015. A revision of *Epithema* (Gesneriaceae). Gardens' Bulletin Singapore, 67(1): 159-229.

Brearley F Q, Banin L F, Saner P. 2016. The ecology of the Asian dipterocarps. Plant Ecology & Diversity, 9(5-6): 429-436.

Brodie H J. 1955. Springboard plant dispersal mechanisms operated by rain. Canadian Journal of Botany, 33(2): 156-167.

Brodmann J, Twele R, Francke W, et al. 2009. Orchid mimics honey bee alarm pheromone in order to attract hornets for pollination. Current Biology, 19(16): 1368-1372.

Brooks T M, Mittermeier R A, da Fonseca G A B, et al. 2006. Global biodiversity conservation priorities. Science, 313: 58-61.

Buerki S, Forest F, Alvarez N. 2014. Proto-South-East Asia as a trigger of early angiosperm diversification. Botanical Journal of the Linnean Society, 174(3): 326-333.

Buerki S, Forest F, Stadler T, et al. 2013. The abrupt climate change at the Eocene-Oligocene boundary and the emergence of South-East Asia triggered the spread of sapindaceous lineages. Annals of Botany, 112(1): 151-160.

Bunch W D, Cowden C C, Wurzburger N, et al. 2013. Geography and soil chemistry drive the distribution of fungal associations in lady's slipper orchid, *Cypripedium acaule*. Botany-Botanique, 91(12): 850-856.

Burtt B L, Wiehler H. 1995. Classification of the family Gesneriaceae. Gesneriana, 1: 1-4.

Burtt B L, Woods P J B. 1975. Studies in the Gesneriaceae of the Old World XXXIX: Towards a revision of *Aeschynanthus*. Notes from the Royal Botanic Garden Edinburgh, 33: 417-489.

Burtt B L. 1962. Studies in the Gesneriaceae of the Old World XXIII. *Rhynchoglossum* and *Klugia*. Notes from the Royal Botanic Garden Edinburgh, 24: 167-171.

Burtt B L. 1963. Studies in the Gesneriaceae of the Old World, XXIV: Tentative keys to the tribes and genera. Notes from the Royal Botanic Garden Edinburgh, 24: 205-220.

Burtt B L. 1970. Studies in the Gesneriaceae of the Old World XXXI: Some aspects of functional evolution. Notes from the Royal Botanic Garden Edinburgh, 30: 1-10.

Burtt B L. 1978. Studies in the Gesneriaceae of the Old World XLV: A preliminary revision of Monophylleae. Notes from the Royal Botanic Garden Edinburgh, 37: 1-59.

Burtt B L. 1998. Climatic accommodation and phytogeography of the Gesneriaceae of the old world. *In*: Mathew P, Sivadasan M. Diversity and Taxonomy of Tropical Flowering Plants. Kerala: Mentor Books: 1-27.

Burtt B L. 2001. *Kaisupeea*: A new genus of Gesneriaceae centred in Thailand. Nordic Journal of Botany, 21(2): 115-120.

Calvente A, Zappi D C, Forest F, et al. 2011. Molecular phylogeny, evolution, and biogeography of south American epiphytic cacti. International Journal of Plant Sciences, 172(7): 902-914.

Cannon C H, Morley R J, Bush A B G. 2009. The current refugial rainforests of Sundaland are unrepresentative of their biogeographic past and highly vulnerable to disturbance. Proceedings of the National Academy of Sciences of the United States of America, 106(27): 11188-11193.

Cao C P, Gailing O, Siregar I, et al. 2006. Genetic variation at AFLPs for the Dipterocarpaceae and its relation to molecular phylogenies and taxonomic subdivisions. Journal of Plant Research, 119(5): 553-558.

Cardoso H C. 2010. The African slave population of Portuguese India: Demographics and impact on Indo-Portuguese. Pidgins and Creoles in Asia, 25(1): 95-119.

Carlquist S. 1985. Wood anatomy of Begoniaceae, with comments on raylessness, paedomorphosis, relationships, vessel diameter, and ecology. Bulletin of the Torrey Botanical Club, 112(1): 59-69.

Carney J, Rosomoff R N. 2011. In the Shadow of Slavery: Africa's Botanical Legacy in the Atlantic World. Berkeley: University of California Press.

Carpenter R, Coen E S. 1994. Floral homeotic mutations produced by tranposon mutagensis in *Antirrhinum majus*. Genes and Development, 4(9): 1483-1493.

Carvalho-Sobrinho J G, Alverson W S, Alcantara S, et al. 2016. Revisiting the phylogeny of Bombacoideae (Malvaceae): Novel relationships, morphologically cohesive clades, and a new tribal classification based on multilocus phylogenetic analyses. Molecular Phylogenetics and Evolution, 101: 56-74.

Castellanos M C, Wilson P, Keller S J, et al. 2006. Anther evolution: pollen presentation strategies when pollinators differ. The American Naturalist, 167(2): 288-296.

Catling P M. 1990. Auto-pollination in the Orchidaceae. *In*: Arditti J. Orchid Biology, Reviews and Perspectives, vol. V. Portland: Timber Press: 121-158.

Chanderbali A S, Van der Werff H, Renner S S. 2001. Phylogeny and historical biogeography of Lauraceae: evidence from the chloroplast and nuclear genomes. Annals of the Missouri Botanical

Garden, 88(1): 104-134.

Chang S M, Rausher M D. 1999. The role of inbreeding depression in maintaining the mixed mating system of the common morning glory, *Ipomoea purpurea*. Evolution, 53(5): 1366-1376.

Chapotin A M, Razanameharizaka J H, Holbrook N M. 2006. Baobab trees (*Adansonia*) in Madagascar use stored water to flush new leaves but not to support stomatal opening before the rainy season. New Phytologist, 169(3): 549-559.

Chase M W, Cameron K M, Freudenstein J V, et al. 2015. An updated classification of Orchidaceae. Botanical Journal of the Linnean Society, 177(2): 151-174.

Chase M W, Soltis D E, Olmstead R G, et al. 1993. Phylogenetics of seed plants: An analysis of nucleotide sequences from the plastid gene *rbcL*. Annals of the Missouri Botanical Garden, 80(3): 528-580.

Chaudhary V B, Cuenca G, Johnson N C. 2018. Tropical-temperate comparison of landscape-scale arbuscular mycorrhizal fungal species distributions. Diversity and Distributions, 24(1): 116-128.

Chen S K, Funton A M. 2008. Malpighiaceae. *In*: Wu Z Y, Raven P H, Hong D Y. Flora of China, Volume 11. Beijing: Science Press: 135-138.

Chen W H, Shui Y M, Möller M. 2014. Two new combinations in *Oreocharis* Benth. (Gesneriaceae) from China. Candollea, 69(2): 179-182.

Chen W H, Zhang Y M, Guo S W, et al. 2020. Reassessment of *Bournea* Oliver (Gesneriaceae) based on molecular and palynological evidence. PhytoKeys, 157(3): 27-41.

Chen X Q, Liu Z J, Zhu G H, et al. 2009. Flora of China. Vol. 25. Beijing: Science Press.

Cheng J, Shi J, Shangguan F Z, et al. 2009. The pollination of a self-incompatible, food-mimic orchid, *Coelogyne fimbriata* (Orchidaceae), by female *Vespula* wasps. Annals of Botany, 104(3): 565-571.

Chittka L, Raine N E. 2006. Recognition of flowers by pollinators. Current Opinion in Plant Biology, 9(4): 428-435.

Chittka L, Waser N M. 1997. Why red flowers are not invisible to bees. Israel Journal of Plant Sciences, 45(2-3): 169-183.

Christensen D E. 1994. Fly pollination in the Orchidaceae. *In*: Arditti J. Orchid Biology: Review and Perspectives. VI. New York: John Wiley and Sons Ltd: 413-454.

Chung K F, Huang H, Peng C, et al. 2013. *Primulina mabaensis* (Gesneriaceae), a new species from a limestone cave of northern Guangdong, China. Phytotaxa, 92(2): 40-48.

Chung K F, Leong W C, Rubite R R, et al. 2014. Phylogenetic analyses of *Begonia* sect. *Coelocentrum* and allied limestone species of China shed light on the evolution of Sino-Vietnamese karst flora. Botanical Studies, 55: 1.

Chung L L, Ruth K. 2015. *Codonoboea* (Gesneriaceae) sections in Peninsular Malasia. Reinwardtia, 14(1): 13-17.

Clark J L, Funke M M, Duffy A M, et al. 2012. Phylogeny of a neotropical clade in the Gesneriaceae:

More tales of convergent evolution. International Journal of Plant Sciences, 173(8): 894-916.

Clark J R, Wagner W L, Roalson E H. 2009. Patterns of diversification and ancestral range reconstruction in the southeast Asian-Pacific angiosperm lineage *Cyrtandra* (Gesneriaceae). Molecular Phylogenetics and Evolution, 53(3): 982-994.

Clarke C B. 1879. Begoniaceae. *In*: Hooker J D. Flora of British India. London: L. Reeve & Co.: 635-656.

Clarke C B. 1883. *Cyrtandreae. In*: De Candolle A, De Candolle C. Monographiae Phanerogamarum 5. Paris: Masson: 18-57.

Clement W L, Tebbitt M C, Forrest L L, et al. 2004. Phylogenetic position and biogeography of *Hillebrandia sandwicensis* (Begoniaceae): A rare Hawaiian relict. American Journal of Botany, 91(6): 905-917.

Clements M, Mackenzie A, Copson G, et al. 2007. Biology and molecular phylogenetics of *Nematoceras sulcatum*, a second endemic orchid species from subantarctic Macquarie Island. Polar Biology, 30(7): 859-869.

Clements R, Sodhi N S, Schilthuizen M, et al. 2006. Limestone karsts of Southeast Asia: Imperiled arks of biodiversity. Bioscience, 56(9): 733-742.

Conti E, Eriksson T, Schönenberger J, et al. 2002. Early Tertiary out-of-India dispersal of Crypteroniaceae: evidence from phylogeny and molecular dating. Evolution, 56(10): 1931-1942.

Corlett R T. 2004. Flower visitors and pollination in the Oriental (Indomalayan) Region. Biological Reviews, 79(3): 497-532.

Corlett R T. 2014. The Ecology of Tropical East Asia. 2nd ed. Oxford: Oxford University Press.

Cox C B, Moore P D, Ladle R. 2016. Biogeography: An Ecological and Evolutionary Approach. New Jersey: John Wiley & Sons.

Cozzolino S, Aceto S, Caputo P, et al. 2001. Speciation processes in Eastern Mediterranean *Orchis s.l.* species: molecular evidence and the role of pollination biology. Israel Journal of Plant Sciences, 49(2): 91-103.

Cozzolino S, Widmer A. 2005. Orchid diversity: an evolutionary consequence of deception? Trends in Ecology and Evolution, 20(9): 487-494.

Crane P R, Friis E M, Pedersen K R. 1995. The origin and early diversification of angiosperms. Nature, 374(6517): 27-33.

Cribb P J, Kell S P, Dixon K W, et al. 2003. Orchid conservation: a global perspective. *In*: Dixon K W, Kell S P, Barrett R L, et al. Orchid Conservation. Kota Kinabalu: Natural History Publications: 1-24.

Crisp M D, Isagi Y, Kato Y, et al. 2010. Livistona palms in Australia: Ancient relics or opportunistic immigrants? Molecular Phylogenetics and Evolution, 54(2): 512-523.

Croizat L. 1952. Manual of Phytogeography. The Hague: published by the author.

Croizat L. 1964. Thoughts on high systematics, phylogeny and floral morphogeny, with a note on the origin of the Angiospermae. Candollea, 19: 17-96.

Cronk Q C B, Kiehn M, Wagner W L, et al. 2005. Evolution of *Cyrtandra* (Gesneriaceae) in the Pacific Ocean: the origin of a supertramp clade. American Journal of Botany, 92(6): 1017-1024.

Cronk Q C B, Möller M. 1997. Genetics of floral symmetry revealed. Trends in Ecology & Evolution, 12(3): 85-86.

Cronquist A. 1981. An Integrated System of Classification of Flowering Plants. New York: Columbia University Press.

Curran L M, Caniago I, Paoli G D, et al. 1999. Impact of El Nino and logging on canopy tree recruitment in Borneo. Science, 286(5447): 2184-2188.

Curran L M, Leighton M. 2000. Vertebrate responses to spatiotemporal variation in seed production of mast-fruiting dipterocarpaceae. Ecological Monographs, 70(1): 101-128.

Dadhwal K S, Singh B. 1993. Trees for the reclamation of limestone minespoil. Journal of the Indian Society of Soil Science, 41(4): 738-744.

Dafni A, Calder D M. 1987. Pollination by deceit and floral mimesis in *Thelymitra antennifera* (Orchidaceae). Plant Systematics and Evolution, 158(1): 11-22.

Dafni A. 1984. Mimicry and deception in pollination. Annual Review of Ecology and Systematics, 15: 259-278.

Dahlgren R. 1975. A system of classification of the angiosperms to be used to demonstrate the distribution of characters. Botaniska Notiser, 128: 119-146.

Dalziel J M. 1937. The Useful Plants of West Tropical Africa. London: Crown Agents.

Darwin C. 1962. On the Origin of Species. New York: Random House: 1-512.

Das G, Shin H S, Ningthoujam S S, et al. 2021. Systematics, phytochemistry, biological activities and health promoting effects of the plants from the subfamily Bombacoideae (family Malvaceae). Plants, 10(4): 651.

Davies K L, Stpiczynska M. 2012. Comparative labellar anatomy of resin-secreting and putative resin-mimic species of *Maxillaria s.l.* (Orchidaceae: Maxillariinae). Botanical Journal of the Linnean Society, 170(3): 405-435.

Davis C C, Anderson W R, Donoghue M J. 2001. Phylogeny of Malpighiaceae: Evidence from chloroplast *ndh*F and *trn*L-F nucleotide sequences. American Journal of Botany, 88(10): 1830-1846.

Davis C C, Anderson W R. 2010. A complete generic phylogeny of Malpighiaceae inferred from nucleotide sequence data and morphology. American Journal of Botany, 97(12): 2031-2048.

Davis C C, Bell C D, Mathews S, et al. 2002. Laurasian migration explains Gondwanan disjunctions: Evidence from Malpighiaceae. Proceedings of the National Academy of Sciences of the United States of America, 99(10): 6833-6837.

Davis C C, Schaefer H, Xi Z X, et al. 2014. Long-term morphological stasis maintained by a plant-pollinator mutualism. Proceedings of the National Academy of Sciences of the United States of America, 111(16): 5914-5919.

Dayanandan S, Ashton P S, Williams S M, et al. 1999. Phylogeny of the tropical tree family Dipterocarpaceae based on nucleotide sequences of the chloroplast *rbcL* gene. American Journal of Botany, 86(8): 1182-1190.

Dayanandan S, Attygolla D N C, Abeygunasekera A W W L, et al. 1990. Phenology and floral morphology in relation to pollination of some SriLankan Dipterocarps. *In*: Bawa K S, Hadley M. Reproductive Ecology of Tropical Forest Plants. Paris: UNESCO: 103-133.

de Boer A J, Duffels J P. 1996. Historical biogeography of the cicadas of Wallacea, New Guinea and the West Pacific: a geotectonic explanation. Palaeogeography, Palaeoclimatology, Palaeoecology, 124(1-2): 153-177.

de Bruyn M, Stelbrink B, Morley R J, et al. 2014. Borneo and Indochina are major evolutionary hotspots for Southeast Asian biodiversity. Systematic Biology, 63(6): 879-901.

de Lange A, Bouman F. 1992. Studies in Begoniaceae III. Seed micromorphology of the genus *Begonia* in Africa: Taxonomic and ecological implications. Wageningen Agricultural University: 1-82.

de Lange A, Bouman F. 1999. Seed Micromorphology of Neotropical Begonias. Washington, D.C.: Smithsomian Institution Press.

de Villiers M J, Pirie M D, Hughes M, et al. 2013. An approach to identify putative hybrids in the 'coalescent stochasticity zone', as exemplified in the African plant genus *Streptocarpus* (Gesneriaceae). New Phytologist, 198(1): 284-300.

de Wilde J J F F, Plana V. 2003. A new section of *Begonia* (Begoniaceae) from West Central Africa. Edinburgh Journal of Botany, 60(2): 121-130.

Dearnaley J D W, Martos F, Selosse M A. 2012. Orchid mycorrhizas: Molecular ecology, physiology, evolution and conservation aspects. *In*: Esser K, Hock B. The Mycota. Vol IX. Berlin-Heidelberg: Springer-Verlag: 207-230.

Denduangboripant J, Mendum M, Cronk Q C B. 2001. Evolution in *Aeschynanthus* (Gesneriaceae) inferred from ITS sequences. Plant Systematics and Evolution, 228(3): 181-197.

Dhillion S, Gustad G. 2004. Local management practices influence the viability of the baobab (*Adansonia digitata* Linn.) in different land use types, Cinzana, Mali. Agriculture, Ecosystems & Environment, 101(1): 85-103.

Dick C W, Abdul-Salim K, Bermingham E. 2003. Molecular systematic analysis reveals cryptic tertiary diversifacation of a widespread tropical rain forest tree. American Naturalist, 162(6): 691-703.

Dickerson R E. 1928. Distribution of life in the Philippines. Monographs of the Bureau of Science,

Manila, 2: 1-322.

Donoghue M J, Ree R H, Baum D A. 1998. Phylogeny and the evolution of flower symmetry in the Asteridae. Trends in Plant Science, 3(8): 311-317.

Doorenbos J, Sosef M S M, de Wilde J J F E. 1998. The Sections of *Begonia*: Including Descriptions, Keys and Species Lists. Wageningen Agricultural University.

Dressler R L. 1968a. Pollination by euglossine bees. Evolution, 22(1): 202-210.

Dressler R L. 1968b. Observations on orchids and euglossine bees in Panama and Cost Rica. Revista de Biologia, 15(1): 143-183.

Dressler R L. 1977. Why do euglossine bees visit orchid flowers? Atas Zoologia, 5: 171-180.

Dressler R L. 1981. The Orchids-natural History and Classification. Cambridge: Harvard University Press.

Dressler R L. 1982. Biology of the orchid bees (Euglossini). Annual Review of Ecology and Systematics, 13: 373-394.

Dressler R L. 1993. Phylogeny and Classification of the Orchid Family. Portland: Timber Press.

Ducusin R J C, Espaldon M V O, Rebancos C M, et al. 2019. Vulnerability assessment of climate change impacts on a Globally Important Agricultural Heritage System (GIAHS) in the Philippines: the case of Batad Rice Terraces, Banaue, Ifugao, Philippines. Climatic Change, 153: 395-421.

Dulberger R. 1981. The floral biology of *Cassia didymobotrya* and *C. auriculata* (Caesalpiniaceae). American Journal of Botany, 68(10): 1350-1360.

Dutta S, Tripathi S M, Mallick M, et al. 2011. Eocene out-of-India dispersal of Asian dipterocarps. Review of Palaeobotany and Palynology, 166(1-2): 63-68.

Efimov P G. 2011. An intriguing morphological variability of *Platanthera s.l.* European Journal of Environmental Sciences, 1(2): 125-136.

Eltz T, Whitten W M, Roubik D W, et al. 1999. Fragrance collection, storage, and accumulation by individual male orchid bees. Journal of Chemical Ecology, 25(1): 157-176.

Emig W, Hauck I, Leins P. 1999. Experimentelle Untersuchungen zur Samenausbreitung von *Eranthus hyemalis* (L.) Salisb. (Ranumculaceae). Bulletin of the Geobotanical Institude ETH, 64(6): 29-41.

Endress P K. 1994. Diversity and Evolutionary Biology of Tropical Flowers. Cambridge: Cambridge University Press.

Ercole E, Adamo M, Rodda M, et al. 2015. Temporal variation in mycorrhizal diversity and carbon and nitrogen stable isotope abundance in the wintergreen meadow orchid *Anacamptis morio*. New Phytologist, 205(3): 1308-1319.

Erwin T L. 1991. An evolutionary basis for conservation strategies. Science, 253(5021): 750-752.

Esselstyn J A, Oliveros C H, Moyle R G, et al. 2010. Integrating phylogenetic and taxonomic evidence illuminates complex biogeographic patterns along Huxley's modification of Wallace's line.

Journal of Biogeography, 37(11): 2054-2066.

Evans B J, Brown R M, McGuire J A, et al. 2003. Phylogenetics of fanged frogs: Testing biogeographical hypotheses at the interface of the Asian and Australian faunal zones. Systematic Biology, 52(6): 794-819.

Faegri K, van der Pijl L. 1979. The Principles of Pollination Ecology. 3rd ed. Oxford: Pergamon Press.

Fan X L, Barrett S C H, Lin H, et al. 2012. Rain pollination provides reproductive assurance in a deceptive orchid. Annals of Botany, 110(5): 953-958.

Feinsinger P. 1987. Approaches to nectarivore-plant interactions in the New World. Revista Chilena de Historia Natural, 60: 285-319.

Fenster C B, Armbruster W S, Wilson P, et al. 2004. Pollination syndromes and floral specialization. Annual Review of Ecology, Evolution, and Systematics, 35: 375-403.

Fenster C B, Armbruster W S, Wilson P, et al. 2004. Pollination syndromes and floral specialization. Annual Review of Ecology, Evolution, and Systematics, 35(1): 375-403.

Fenster C B. 1991. Selection on floral morphology by hummingbirds. Biotropica, 23(1): 98-101.

Ferreira L V, Prance G T. 1998. Species richness and floristic composition in four hectares in the Jaú National Park in upland forests in Central Amazonia. Biodiversity & Conservation, 7(10): 1349-1364.

Forrest L L, Hollingsworth P M. 2003. A recircumscription of *Begonia* based on nuclear ribosomal sequences. Plant Systematics and Evolution, 241: 193-211.

Forrest L L, Hughes M, Hollingsworth P M. 2005. A phylogeny of *Begonia* using nuclear ribosomal sequence data and morphological characters. Systematic Botany, 30(3): 671-682.

Friis E M, Crane P R, Pedersen K R. 2011. Early Flowers and Angiosperm Evolution. Cambridge: Cambridge University Press.

Fritsch P W. 2001. Phylogeny and biogeography of the flowering plant genus *Styrax* (Styracaceae) based on chloroplast DNA restriction sites and DNA sequences of the internal transcribed spacer region. Molecular Phylogenetics and Evolution, 19(3): 387-408.

Frodin D G. 2004. History and concepts of big plant genera. Taxon, 53(3): 753-776.

Gale S W, Fischer G A, Cribb P J, et al. 2018. Orchid conservation: Bridging the gap between science and practice. Botanical Journal of the Linnean Society, 186(4): 425-434.

Gale S W. 2007. Autogamous seed set in a critically endangered orchid in Japan: pollination studies for the conservation of *Nervilia nipponica*. Plant Systematics and Evolution, 268(1/4): 59-73.

Gallaher T, Callmander M W, Buerki S, et al. 2015. A long distance dispersal hypothesis for the Pandanaceae and the origins of the *Pandanus tectorius* complex. Molecular Phylogenetics and Evolution, 83: 20-32.

Gamage D T, de Silva M P, Inomata N, et al. 2006. Comprehensive molecular phylogeny of the sub-family Dipterocarpoideae (Dipterocarpaceae) based on chloroplast DNA sequences. Genes & Genetic Systems, 81: 1-12.

Gamage D T, de Silva M P, Yoshida A, et al. 2003. Molecular phylogeny of Sri Lankan Dipterocarpaceae in relation to other Asian Dipterocarpaceae based on chloroplast DNA sequences. Tropics, 13(2): 79-87.

Gamisch A, Fischer G A, Comes H P. 2014. Recurrent polymorphic mating type variation in Madagascan *Bulbophyllum* species (Orchidaceae) exemplifies a high incidence of auto-pollination in tropical orchids. Botanical Journal of the Linnean Society, 175(2): 242-258.

Gao J Y, Ren P Y, Yang Z H, et al. 2006. The pollination ecology of *Paraboea rufescens* (Gesneriaceae): a buzz-pollinated tropical herb with mirror-image flowers. Annals of Botany, 97(3): 371-376.

Gao Q, Tao J H, Yan D, et al. 2008. Expression differentiation of *CYC*-like floral symmetry genes correlated with their protein sequence divergence in *Chirita heterotricha* (Gesneriaceae). Development Genes and Evolution, 218: 341-351.

Gaskett A G. 2011. Orchid pollination by sexual deception: pollinator perspectives. Biological Reviews, 86(1): 33-75.

Gaudio L, Aceto S. 2011. The MADS and the beauty: genes involved in the development of orchid flowers. Current Genomics, 12(5): 342-356.

Gentry A H, Dodson C H. 1987. Diversity and biogeography of neotropical vascular epiphytes. Annals of the Missouri Botanical Garden, 74(2): 205-233.

George W. 1981. Wallace and his line. *In*: Whitmore T C. Wallace's Line and Plate Tectonics. Oxford: Clarendon Press: 3-8.

Ghazoul J, Liston K A, Boyle T J B. 1998. Disturbance-induced density-dependent seed set in *Shorea siamensis* (Dipterocarpaceae), a tropical forest tree. Journal of Ecology, 86(3): 462-473.

Ghazoul J. 1997. The pollination and breeding system of *Dipterocarpus obtusifolius* (Dipterocarpaceae) in dry deciduous forests of Thailand. Journal of Natural History, 31(6): 901-916.

Gibbs P, Semir J. 2003. A taxonomic revision of the genus *Ceiba* Mill. (Bombacaceae). Anales del Jardín Botánico de Madrid, 60(2): 259-300.

Gigord L D B, Macnair M R, Smithson A. 2001. Negative frequency-dependent selection maintains a dramatic flower color polymorphism in the rewardless orchid *Dactylorhiza sambucina* (L.) Soo. Proceedings of the National Academy of Sciences of the United States of America, 98(11): 6253-6255.

Gilg E. 1925. Dipterocarpaceae. *In*: Engler A, Prantl K. Die natürlichen Pflanzenfamilien. 2nd ed. Leipzig: Wilhelm Engelmann: 237-269.

Gillieson D. 2005. Karst in Southeast Asia. *In*: Gupta A. The Physical Geography of Southeast Asia. Oxford: Oxford University Press: 157-176.

Girmansyah D, Wiriadinata H, Thomas D C, et al. 2009. Two new species and one subspecies of *Begonia* (Begoniaceae) from Southeast Sulawesi, Sulawesi, Indonesia. Reinwardtia, 66(1): 69-74.

Girmansyah D. 2009. A taxonomic study of Bali and Lombok *Begonia* (Begoniaceae). Reinwardtia, 12(5): 419-434.

Givnish T J, Barfuss M J H, Van Ee B, et al. 2014. Adaptive radiation, correlated and contingent evolution, and net species diversification in Bromeliaceae. Molecular Phylogenetics and Evolution, 71: 55-78.

Givnish T J, Spalink D, Ames M, et al. 2015. Orchid phylogenomics and multiple drivers of their extraordinary diversification. Proceedings of the Royal Society of London, Serial B: Biological Sciences, 282: 20151553.

Givnish T J, Spalink D, Ames M, et al. 2016. Orchid historical biogeography, diversification, Antarctica and the paradox of orchid dispersal. Journal of Biogeography, 43(10): 1905-1916.

Givnish T J. 1980. Ecological constraints on the evolution of breeding systems in seed plants: dioecy and dispersal in gymnosperms. Evolution, 34(5): 959-972.

Givnish T J. 1998. Adaptive plant evolution on islands: classical patterns, molecular data, and new insights. *In*: Grant P. Evolution on Islands. Oxford: Oxford University Press: 281-304.

Givnish T J. 2010. Ecology of plant speciation. Taxon, 59(5): 1326-1366.

Gong Y B, Huang S Q. 2009. Floral symmetry: pollinator-mediated stabilizing selection on flower size in bilateral species. Proceedings of the Royal Society of London, Serial B: Biological Sciences, 276(1675): 4013-4020.

González-Díaz N, Ackerman J D. 1988. Pollination, fruit set, and seed production in the orchid, *Oeceoclades maculata*. Lindleyana, 3(3): 150-155.

Goodall-Copestake W P, Harris D J, Hollingsworth P M. 2009. The origin of a mega-diverse genus: Dating *Begonia* (Begoniaceae) using alternative datasets, calibrations and relaxed clock methods. Botanical Journal of the Linnean Society, 159(3): 91-109.

Goodall-Copestake W P, Perez-Espona S, Harris D J, et al. 2010. The early evolution of the mega-diverse genus *Begonia* (Begoniaceae) inferred from organelle DNA phylogenies. Biological Journal of the Linnean Society, 101(2): 243-250.

Goodall-Copestake W P. 2005. Framework phylogenies for the Begoniaceae. PhD thesis, University History, Washington, D.C.

Gorog A J, Sinaga M H, Engstrom M D. 2004. Vicariance or dispersal? Historical biogeography of three Sunda shelf murine rodents (*Maxomys surifer*, *Leopoldamys sabanus* and *Maxomys whiteheadi*). Biological Journal of the Linnean Society, 81(1): 91-109.

Grant V. 1950. The flower constancy of bees. Botanical Review, 16(7): 379-398.

Grantham M A, Ford B A, Worley A C. 2019. Pollination and fruit set in two rewardless slipper orchids and their hybrids (*Cypripedium*, Orchidaceae): large yellow flowers outperform small white flowers in the northern tall grass prairie. Plant Biology, 21(6): 997-1007.

Grau O, Geml J, Perez-Haase A, et al. 2017. Abrupt changes in the composition and function of fungal communities along an environmental gradient in the high Arctic. Molecular Ecology, 26(18): 4798-4810.

Gravendeel B, Smithson A, Slik F J W, et al. 2004. Epiphytism and pollinator specialization: Drivers for orchid diversity? Philosophical Transactions of the Royal Society of London Series B Biological Sciences, 359(1450): 1523-1535.

Gremer J R, Sala A, Crone E E. 2010. Disappearing plants: why they hide and how they return. Ecology, 91(11): 3407-3413.

Gribel R, Gibbs P E, Queiróz A L. 1999. Flowering phenology and pollination biology of *Ceiba pentandra* (Bombacaceae) in Central Amazonia. Journal of Tropical Ecology, 15(3): 247-263.

Gribel R, Gibbs P E. 2002. High outbreeding as a consequence of selfed ovule mortality and single vector bat pollination in the Amazonian tree *Pseudobombax munguba* (Bombacaceae). International Journal of Plant Sciences, 163(6): 1035-1043.

Gribel R. 1988. Visits of *Caluromys lanatus* (Didelphidae) to flowers of *Pseudobombax tomentosum* (Bombacaceae): a probable case of pollination by marsupials in Central Brazil. Biotropica, 20(4): 344-347.

Grudinski M, Wanntorp L, Pannell C M, et al. 2014. West to east dispersal in a widespread animal-dispersed woody angiosperm genus (*Aglaia*, Meliaceae) across the Indo-Australian Archipelago. Journal of Biogeography, 41(6): 1149-1159.

Gu C Z, Peng C I, Turland N J. 2007. Begoniaceae. *In*: Wu Z Y, Raven P H, Hong D Y. Flora of China. Beijing: Science Press: 153-207.

Gu C Z. 2007. Infrageneric classification of Begonia. *In*: Wu Z Y, Racen P H, Hong D Y. Flora pf China. vol 13. Beijing and St. Louis: Science Press and Missouri Botanical Garden Press: 205-207.

Gumbert A, Kunze J. 2001. Colour similarity to rewarding model plants affects pollination in a food deceptive orchid, *Orchis boryi*. Biological Journal of the Linnean Society, 72(3): 419-433.

Gunasekara N. 2004. Phylogenetic and molecular dating analyses of the tropical tree family Dipterocarpaceae based on chloroplast matK nucleotide sequence data. PhD thesis, Concordia University.

Guo Y F, Wang Y Q, Weber A. 2013. Floral ecology of *Oreocharis acaulis* (Gesneriaceae): an exceptional case of "preanthetic" protogyny combined with approach herkogamy. Flora, 208(1): 58-67.

Guo Y F, Wang Y Q. 2014. Floral ecology of *Oreocharis pumila* (Gesneriaceae): a novel case of sigmoid corolla. Nordic Journal of Botany, 32(2): 215-221.

Guo Y Y, Luo Y B, Liu Z J, et al. 2012. Evolution and biogeography of the slipper orchids: Eocene vicariance of the conduplicate genera in the Old and New World Tropics. PLoS One, 7(6): e38788.

Guo Y Y, Luo Y B, Liu Z J, et al. 2015. Reticulate evolution and sea-level fluctuations together drove species diversification of slipper orchids (*Paphiopedilum*) in South-East Asia. Molecular Ecology, 24(11): 2838-2855.

Gupta A. 2005. The Physical Geography of Southeast Asia (Vol. 4). Oxford: Oxford University Press.

Guralnick L J, Ting I P, Lord E M. 1986. Crassulacean acid metabolism in the Gesneriaceae. American Journal of Botany, 73(3): 336-345.

Guzmán B, Vargas P. 2009. Historical biogeography and character evolution of Cistaceae (Malvales) based on analysis of plastid rbcL and trnL-trnF sequences. Organisms Diversity & Evolution, 9(2): 83-99.

Haffer J. 1969. Specification in Amazonian forest birds. Science, 165(3889): 131-137.

Haffer J. 1997. Alternative models of vertebrate speciation in Amazonia: An overview. Biodiversity and Conservation, 6: 451-476.

Hagerup O. 1952. The morphology and biology of some primitive orchid flowers. Phytomorphology, 2: 134-138.

Hall R, Spakman W. 2015. Mantle structure and tectonic history of SE Asia. Tectonophysics, 658: 14-45.

Hall R. 1996. Reconstructing Cenozoic SE Asia. *In*: Hall R, Blundell D J. Tectonic Evolution of SE Asia: Introduction. London: Geological Society: 153-184.

Hall R. 2001. Cenozoic reconstructions of SE Asia and the SW Pacific: changing patterns of land and sea. *In*: Metcalfe I, Smith J M B, Morwood M, et al. Faunal and Floral Migrations and Evolution in SE Asia-Australasia. Lisse: AA Balkema Publishers: 35-56.

Hall R. 2002. Cenozoic geological and plate tectonic evolution of SE Asia and the SW Pacific: computer-based reconstructions, model and animations. Journal of Asian Earth Sciences, 20(4): 353-431.

Hall R. 2009. Southeast Asia's changing palaeogeography. Blumea-Biodiversity, Evolution and Biogeography of Plants, 54(1): 148-161.

Hall R. 2012. Late Jurassic-Cenozoic reconstructions of the Indonesian region and the Indian Ocean. Tectonophysics, 570-571(11): 1-41.

Hall R. 2013. The palaeogeography of Sundaland and Wallacea since the Late Jurassic. Journal of Limnology, 72(S2): 1-17.

Hanebuth T J J, Voris H K, Yokoyama Y, et al. 2011. Formation and fate of sedimentary depocentres on Southeast Asia's Sunda Shelf over the past sea-level cycle and biogeographic implications. Earth-Science Reviews, 104(1-3): 92-110.

Hantoro W S, Faure H, Djuwansah R, et al. 1995. The Sunda and Sahul continental platform: lost land of the last glacial continent in SE Asia. Quaternary International, 29: 129-134.

Hapeman J R, Inoue K. 1997. Plant-pollinator interaction and floral radiation in *Platanthera*

(Orchidaceae). *In*: Givnish T J, Sytsma K J. Molecular Evolution and Adaptive Radiation. Cambridge: Cambridge University Press: 433-454.

Harder L D, Johnson S D. 2008. Function and evolution of aggregated pollen in angiosperms. International Journal of Plant Sciences, 69(1): 59-78.

Harris D J, Poulsen A D, Frimodt-Moller C, et al. 2000. Rapid radiation in *Aframomum* (Zingiberaceae): Evidence from nuclear ribosomal DNA internal transcribed spacer(ITS)sequences. Edinburgh Journal of Botany, 57(3): 377-395.

Harrison C J, Möller M, Cronk Q C B. 1999. Evolution and development of floral diversity in *Streptocarpus* and *Saintpaulia*. Annals of Botany, 84(1): 49-60.

Harrison R D, Nagamitsu T, Momose K, et al. 2005. Flowering phenology and pollination of *Dipterocarpus* (Dipterocarpaceae) in Borneo. Malayan Nature Journal, 57(1): 67-80.

Hastenrath S. 2012. Climate Dynamics of the Tropics. updated edition. Berlin: Springer Science & Business Media.

Heckenhauer J, Samuel R, Ashton P S, et al. 2017. Phylogenetic analyses of plastid DNA suggest a different interpretation of morphological evolution than those used as the basis for previous classifications of Dipterocarpaceae (Malvales). Botanical Journal of the Linnean Society, 185(1): 1-26.

Heckenhauer J, Samuel R, Ashton P S, et al. 2018. Phylogenomics resolves evolutionary relationships and provides insights into floral evolution in the tribe Shoreeae (Dipterocarpaceae). Molecular Phylogenetics and Evolution, 127: 1-13.

Heim M F. 1892. Sur un nouveau genre de Diptérocarpacées: *Vateriopsis seychellarum* Heim; *Vateria seychellarum* Dyer. in Baker. Bulletin de la Société Botanique de France, 39(3): 149-154.

Henderson M R. 1939. The flora of limestone hills of the Malay Peninsula. Journal of the Malayan Branch of the Royal Asiatic Society, 17: 13-87.

Hernández-Hernández T, Eguiarte L E, Magallon S, et al. 2014. Beyond aridification: Multiple explanations for the elevated diversification of cacti in the New World Succulent Biome. The New Phytologist, 202(4): 1382-1397.

Hetheringtonrauth M C, Ramírez S R. 2016. Evolution and diversity of floral scent chemistry in the euglossine bee-pollinated orchid genus *Gongora*. Annals of Botany, 118(1): 135-148.

Heywood V H. 2007. Flowering Plant Families of the World. Buffalo: Firefly Books.

Hill K C, Hall R. 2003. Mesozoic-Cenozoic evolution of Australia's New Guinea margin in a west Pacific context. Special Paper of the Geological Society of America, 372: 265-290.

Hilliard O M, Burtt B L. 2002. The genus *Agalmyla* (Gesneriaceae-Cyrtandroideae). Edinburgh Journal of Botany, 59(1): 1-210.

Hodgkison R, Balding S T, Zubaid A, et al. 2003. Fruit bats (Chiroptera: Pteropodidae) as seed dispersers and pollinators in a lowland malaysian rain Forest. Biotropica, 35(4): 491-502.

Hong X, Zhou S B, Wen F. 2012. *Primulina chizhouensis* sp. nov. (Gesneriaceae), a new species from a limestone cave in Anhui, China. Phytotaxa, 50(1): 13-18.

Hou M F, López-Pujol J, Qin H N, et al. 2010. Distribution pattern and conservation priorities for vascular plants in Southern China: Guangxi Province as a case study. Botanical Studies, 51(3): 377-386.

Houze R A, Geotis S G, Marks F, et al. 1981. Winter monsoon convection in the vicinity of North Borneo. Part I: Structure and time variation of the clouds and precipitation. Monthly Weather Review, 109: 1595-1614.

Howe H F, Smallwood J. 1982. Ecology of seed dispersal. Annual Review of Ecology and Systematics, 13: 201-228.

Hsu T C, Chung S W, Kuo C M. 2012. Supplements to the orchid flora of Taiwan(VI). Taiwania, 57(3): 271-277.

Hsu T C, Kuo C M. 2010. Supplements to the orchid flora of Taiwan (IV): four additions to the genus *Gastrodia*. Taiwania, 55(3): 243-248.

Hsu T C, Kuo C M. 2011. *Gastrodia albida* (Orchidaceae), a new species from Taiwan. Annales Botanici Fennici, 48(3): 272-275.

Hu A Q, Hsu T C, Liu Y. 2014. *Gastrodia damingshanensis* (Orchidaceae: Epidendroideae): a new myco-heterotrophic orchid from China. Phytotaxa, 175(5): 256-262.

Hughes M, Bubite R R, Blanc P, et al. 2015b. The Miocene to Pleistocene colonization of the Philippine Archipelago by *Begonia* sect. *Baryandra* (Begoniaceae). American Journal of Botany, 102(5): 695-706.

Hughes M, Coyle C, Rubite R R. 2010. A revision of *Begonia* section *Diploclinium* (Begoniaceae) on the Philippine Island of Palawan, including five new species. Edinburgh Journal of Botany, 67(1): 123-140.

Hughes M, Coyle C. 2009. *Begonia* section *Petermannia* on Palawan (Philippines), including two new species. Edinburgh Journal of Botany, 66(2): 205-211.

Hughes M, Girmansyah D, Ardi W H, et al. 2009. Seven new species of *Begonia* from Sumatra. Garden' Bulletin (Singapore), 61(1): 29-44.

Hughes M, Girmansyah D, Ardi W H. 2015a. Further discoveries in the ever-expanding genus *Begonia* (Begoniaceae): Fifteen new species from Sumatra. European Journal of Taxonomy, 167: 1-40.

Hughes M, Hollingsworth P M, Miller A G. 2003. Population genetic structure in the endemic *Begonia* of the Socotra Archipelago. Biological Conservation, 113(2): 277-284.

Hughes M, Hollingsworth P M. 2008. Population genetic divergence corresponds with species-level biodiversity patterns in the large genus *Begonia*. Molecular Ecology, 17(11): 2643-2651.

Hughes M, Pullan M. 2007. Southeast Asian *Begonia* Database. Online database [2010-7-6].

Hughes M, Takeuchi W. 2015. A new section (*Begonia* sect. *Oligandrae* sect. nov.) and a new species (*Begonia pentandra* sp. nov.) in Begoniaceae from New Guinea. Phytotaxa, 201(1): 37-44.

Hughes M. 2006. Four new species of *Begonia* (Begoniaceae) from Sulawesi. Edinburgh Journal of Botany, 63(2&3): 191-199.

Hughes M. 2008. An Annotated Checklist of Southeast Asian *Begonia*. Edinburgh: Royal Botanic Garden Edinburgh.

Hutchinson J. 1917. Revision of *Aspidopterys*. Bulletin of Miscellaneous Information (Royal Botanic Gardens, Kew), 3: 91-103.

Hutchison C S. 1989. Geological Evolution of South-East Asia. Oxford: Clarendon Press.

Ikeuchi Y, Suetsugu K, Sumikawa H. 2015. Diurnal skipper *Pelopidas mathias* (Lepidoptera: Hesperiidae) pollinates *Habenaria radiate* (Orchidaceae). Entomological News, 125(1): 7-11.

Inda L A, Pimentel M, Chase M W. 2012. Phylogenetics of tribe Orchideae (Orchidaceae: Orchidoideae) based on combined DNA matrices: inferences regarding timing of diversification and evolution of pollination syndromes. Annals of Botany, 110(1): 71-90.

Indrioko S, Gailing O, Finkeldey R. 2006. Molecular phylogeny of Dipterocarpaceae in Indonesia based on chloroplast DNA. Plant Systematics and Evolution, 261: 99-115.

Inoue K, Kato M, Inoue T. 1995. Pollination ecology of *Dendrobium setifolium*, *Neuwiedia borneensis*, and *Lecanorchis multiflora* (Orchidaceae) in Sarawak. Tropics, 5(1/2): 95-100.

Irmscher E. 1925. Begoniaceae. *In*: Engler A, Prantl K. Naturlichen Pflanzenfamilien. Leipzig: Wilhelm Engelmann: 548-588.

Jackson T, Shenkin A, Wellpott A, et al. 2019. Finite element analysis of trees in the wind based on terrestrial laser scanning data. Agricultural and Forest Meteorology. 265: 137-144.

Jakubska-Busse A, Jasicka-Misiak I, Poliwoda A, et al. 2014. The chemical composition of the floral extract of *Epipogium aphyllum* Sw. (Orchidaceae): a clue for their pollination biology. Archives of Biological Sciences, 66(3): 989-998.

Janssens S B, Knox E B, Huysmans S, et al. 2009. Rapid radiation of *Impatiens* (Balsanminaceae) during Pliocence and Pleistocene: Result of a global climate change. Molecular Phylogenetics and Evolution, 52(3): 806-824.

Janssens S B, Vandelook F, de Langhe E, et al. 2016. Evolutionary dynamics and biogeography of Musaceae reveal a correlation between the diversification of the banana family and the geological and climatic history of Southeast Asia. New Phytologist, 210(4): 1453-1465.

Janzen D H. 1974. Tropical blackwater rivers, animals, and mast fruiting by the Dipterocarpaceae. Biotropica, 6(2): 69-103.

Jaouen G, Alméras T, Coutand C, et al. 2007. How to determine sapling buckling risk with only a few measurements. American Journal of Botany, 94(10): 1583-1593.

Jaramillo C A, Rueda M, Torres V. 2011. A palynological zonation for the Cenozoic of the Llanos and

Llanos Foothills of Colombia. Palynology, 35(1): 46-84.

Javelosa R S. 1994. Active Quaternary Environments in the Philippine Mobile Belt. Enschede: ITC.

Jensen K H, Zwieniecki M A. 2013. Physical limits to leaf size in tall trees. Physical Review Letters, 110(1): 018104.

Jersáková J, Johnson S D, Jürgens A. 2009. Deceptive behaviour in pants. II. Food deception by plants: from generalized systems to specialized floral mimicry. *In*: Baluška F. Plant-environment Interactions, Signaling and Communication in Plants, from Sensory Plant Biology to Active Plant Behavior. Berlin Heidelberg: Springer-Verlag: 223-246.

Jersáková J, Johnson S D, Kindlmann P. 2006. Mechanisms and evolution of deceptive pollination in orchids. Biological Reviews of the Cambridge Philosophical Society, 81(2): 219-235.

Jersáková J, Malinová T. 2007. Spatial aspects of seed dispersal and seedling recruitment in orchids. New Phytologist, 176(2): 237-241.

Jesson L K, Barrett S C H. 2002. Enantiostyly: solving the puzzle of mirror-image flowers. Nature, 417(6890): 707.

Jesson L K, Barrett S C H. 2003. The comparative biology of mirror-image flowers. International Journal of Plant Sciences, 164(S5): S237-S249.

Jin W T, Jin X H, Schuiteman A. 2014a. Molecular systematics of subtribe Orchidinae and Asian taxa of *Habenariinae* (Orchideae, Orchidaceae) based on plastid matK, rbcL and nuclear ITS. Molecular Phylogenetics and Evolution, 77: 41-53.

Jin X H, Li D Z, Ren Z X, et al. 2012. A generalized deceptive pollination system of *Doritis pulcherrima* (Aeridinae: Orchidaceae) with non-reconfigured pollinaria. BMC Plant Biology, 12(1): 67.

Jin X H, Ren Z X, Xu S Z, et al. 2014b. The evolution of floral deception in *Epipactis veratrifolia* (Orchidaceae): from indirect defense to pollination. BMC Plant Biology, 14(1): 63.

Jin X, Chen S, Qin H. 2005. Pollination system of *Holcoglossum rupestre* (Orchidaceae): A special and unstable system. Plant Systematics and Evolution, 254(1/2): 31-38.

Jin X, Ling S J, Wen F, et al. 2021. Biogeographical patterns and floral evolution of *Oreocharis* (Gesneriaceae). Plant Science Journal, 39(4): 379-388.

Johansen B, Frederiksen S. 2002. Orchid flowers: evolution and molecular development. *In*: Cronk Q C B, Bateman R M, Hawkins J A. Developmental Genetics and Plant Evolution. London: Taylor and Francis: 206-219.

Johnson M A, Clark J R, Wagner W L, et al. 2017. A molecular phylogeny of the Pacific clade of *Cyrtandra* (Gesneriaceae) reveals a Fijian origin, recent diversification, and the importance of founder events. Molecular Phylogenetics and Evolution, 116: 30-48.

Johnson S D, Alexandersson R, Linder H P. 2003a. Experimental and phylogenetic evidence for floral mimicry in a guild of fly-pollinated plants. Botanical Journal of the Linnean Society, 80(2):

289-304.

Johnson S D, Edwards T J. 2000. The structure and function of orchid pollinaria. Plant Systematics and Evolution, 222(1/4): 243-269.

Johnson S D, Linder H P, Steiner K E. 1998. Phylogeny and radiation of pollination systems in *Disa* (Orchidaceae). American Journal of Botany, 85(3): 402-411.

Johnson S D, Peter C I, Nilsson L A, et al. 2003b. Pollination success in a deceptive orchid is enhanced by co-occurring rewarding magnet plants. Ecology, 84(11): 2919-2927.

Johnson S D. 1994a. Preliminary observations on the pollination of *Disperis capensis* (Orchidaceae). South African Orchid Journal, 25: 22-23.

Johnson S D. 1994b. Evidence for Batesian mimicry in a butterfly pollinated orchid. Biological Journal of the Linnean Society, 53(1): 91-104.

Johnson S D. 1996. Bird pollination in South African species of *Satyrium* (Orchidaceae). Plant Systematics and Evolution, 203(1): 91-98.

Johnson S D. 2000. Batesian mimicry in the non-rewarding orchid *Disa pulchra*, and its consequences for pollinator behaviour. Biological Journal of the Linnean Society, 71(1): 119-132.

Jones C, Rich P. 1972. Ornithophily and extrafloral color patterns in *Columnea florida* Morton (Gesneriaceae). Bulletin of the Southern California Academy of Sciences, 71(3): 113-116.

Jones L. 1985. The pollination of *Gastrodia sesamoides* R. Br. in Southern Victoria. The Victorian Naturalist, 102: 52-54.

Jong K, Kaur A. 1979. A cytotaxonomic view of Dipterocarpaceae with some comments on polyploidy and apomixis. *In*: Maury-Lechon G. Dipterocarpaceae: Taxonomie-phylogénie-ecologie. Memoires du Museum National d'Histoire Naturelle, serie B, Botanique 26. Paris: Editions du Museum: 41-49.

Joppa L N, Roberts D L, Pimm S L. 2011. How many species of flowering plants are there? Proceedings of the Royal Society of London, Series B: Biological Sciences, 278(1705): 554-559.

Judd W S, Stevens P F, Campbell C S, et al. 2008. Plant Systematics: A Phylogenetic Approach. 3rd ed. Sunderland: Sinauer Associates.

Julia S, Kiew R. 2014. Diversity of *Begonia* (Begoniaceae) in Borneo-How many species are there? Reinwardtia, 14(1): 233-236.

Julou T, Burghardt B, Gebauer G, et al. 2005. Mixotrophy in orchids: insights from a comparative study of green individuals and non-photosynthetic individuals of *Cephalanthera damasonium*. New Phytologist, 166(2): 639-653.

Kajita T, Kamiya K, Nakamura K, et al. 1998. Molecular phylogeny of Dipetrocarpaceae in Southeast Asia based on nucleotide sequences of *matK*, *trnL* intron, and *trnL-trnF* intergenic spacer region in chloroplast DNA. Molecular Phylogenetics and Evolution, 10(2): 202-209.

Kamiya K, Gan Y Y, Lum S K Y, et al. 2011. Morphological and molecular evidence of natural hybridization in *Shorea* (Dipterocarpaceae). Tree Genetics & Genomes, 7: 297-306.

Kamiya K, Harada K, Ogino K, et al. 1998. Molecular phylogeny of dipterocarp species using nucleotide sequences of two non-coding regions in chloroplast DNA. Tropics, 7: 195-207.

Kamiya K, Harada K, Tachida H, et al. 2005. Phylogeny of *PgiC* gene in *Shorea* and its closely related genera (Dipterocarpaceae), the dominant trees in Southeast Asian tropical rain forests. American Journal of Botany, 92(3): 775-788.

Kang M, Tao J, Wang J, et al. 2014. Adaptive and nonadaptive genome size evolution in karst endemic flora of China. The New Phytologist, 202(4): 1371-1381.

Kang M, Wang J, Huang H. 2015. Nitrogen limitation as a driver of genome size evolution in a group of karst plants. Scientific Reports, 5: 11636.

Karremans A P, Pupulin F, Grimaldi D, et al. 2015. Pollination of *Specklinia* by nectar-feeding *Drosophila*: the first reported case of a deceptive syndrome employing aggregation pheromones in Orchidaceae. Annals of Botany, 116(3): 437-455.

Kartonegoro A. 2011. A Revision of *Rhynchoglossum* (Gesneriaceae) in Malesia. Bogor Agricultural University, 13(5): 421-432.

Kato M, Tsuji K, Kawakita A. 2006. Pollinator and stem- and corm-boring insects associated with mycoheterotrophic orchid *Gastrodia elata*. Annals of the Entomological Society of America, 99(5): 851-858.

Kaur A, Jong K, Sands V E, et al. 1986. Cytoembryology of some Malaysian dipterocarps, with some evidence of apomixis. Botanical Journal of the Linnean Society, 92(2): 75-88.

Kelly D, Sork V L. 2002. Mast seeding in perennial plants: Why, how, where? Annual Review of Ecology and Systematics, 33: 427-447.

Kelly D. 1994. The evolutionary ecology of mast seeding. Trends in Ecology & Evolution, 9(12): 465-470.

Kelly M M, Toft R J, Gaskett A C. 2013. Pollination and insect visitors to the putatively brood-site deceptive endemic spurred helmet orchid, *Corybas cheesemanii*. New Zealand Journal of Botany, 51(3): 155-167.

Kenzo T, Ichie T, Norichika Y, et al. 2016. Growth and survival of hybrid dipterocarp seedlings in a tropical rain forest fragment in Singapore. Plant Ecology & Diversity, 9(5-6): 447-457.

Khatua A K, Chakraborty S, Mallick N. 1998. Abundance, activity and diversity of insects associated with flower of sal (*Shorea robusta*) in Midnapore, (Arabari) West Bengal, India. Indian Forester 124(1): 62-74.

Kiew R, Lim R. 2011. Names and new combinations for Peninsular Malaysian species of *Codonoboea* (Gesneriaceae). Garden's Bulletin Singapore, 62: 253-275.

Kiew R, Sang J. 2009. Seven new species of *Begonia* (Begoniaceae) from the Ulu Merirai and Bukit Sarang limestone areas in Sarawak, Borneo. Gardens' Bulletin Singapore, 60(2): 351-372.

Kiew R. 1998. Niche partitioning in limestone Begonias in Sabah, Borneo, including two new species. Garden's Bulletin (Singapore), 50: 161-169.

Kiew R. 2001a. The limestone Begonias of Sabah, Borneo: Flagship species for conservation. Garden's Bulletin Singapore, 53: 241-286.

Kiew R. 2001b. Towards a limestone flora of Sabah. Malayan Nature Journal, 55: 77-93.

Kiew R. 2004. *Begonia sabahensis* Kew & J.H.Tan (Begoniaceae), a new yellow-flowered *Begonia* from Borneo. Garden's Bull Singapore, 56: 73-77.

Kiew R. 2005. Begonias of Peninsular Malaysia. Kota Kinabalu: Natural History Publications (Borneo).

Kiew R. 2009. The natural history of Malaysian Gesneriaceae. Malayan Nature Journal, 61(3): 257-265.

Kilian N, Hein P, Hubaishan M A. 2004. Further notes on the flora of the southern coastal mountains of Yemen. Willdenowia, 34(1): 159-182.

Knapp M, Stockler K, Havell D, et al. 2005. Relaxed molecular clock provides evidence for long-distance dispersal of *Nothofagus* (southern beech). PLoS Biology, 3(1): 38-43.

Knowles L L. 2001. Genealogical portraits of speciation in montane grasshoppers (genus *Melanoplus*) from the sky island of the Rocky Mountains. Proceedings of the Royal Society B: Biological Sciences, 268(1464): 319-324.

Koch G W, Sillett S C, Jennings G M, et al. 2004. The limits to tree height. Nature, 428: 851-854.

Kocyan A, Endress P K. 2001. Floral structure and development of *Apostasia* and *Neuwiedia* (Apostastioideae) and their relationships with other Orchidaceae. International Journal of Plant Science, 162(4): 847-867.

Kocyan A, Qiu Y L, Endress P K, et al. 2004. A phylogenetic analysis of Apostasioideae (Orchidaceae) based on ITS, trnL-F and matK sequences. Plant Systematics and Evolution, 247(3/4): 203-213.

Kocyan A, Vogel E F, Conti E, et al. 2008. Molecular phylogeny of *Aerides* (Orchidaceae) based on one nuclear and two plastid markers: a step forward in understanding the evolution of the Aeridinae. Molecular Phylogenetics and Evolution, 48(2): 422-443.

Kondo T, Nishimura S, Tani N, et al. 2016. Complex pollination of a tropical Asian rainforest canopy tree by flower-feeding thrips and thrips-feeding predators. American Journal of Botany, 103(11): 1912-1920.

Kong H H, Condamine F L, Harris A J, et al. 2017. Both temperature fluctuations and East Asian monsoons have driven plant diversification in the karst ecosystems from southern China. Molecular Ecology, 26(22): 6414-6429.

Koopowitz H, Lavarack P S, Dixon K W. 2003. The nature of threats to orchid conservation. *In*: Dixon K W, Kell S P, Barrett R L, et al. Orchid Conservation. Kota Kinabalu: Natural History Publications: 25-42.

Kooyman R M, Morley R J, Crayn D M. 2019. Origins and assembly of Malesian rainforests. Annual Review of Ecology, Evolution, and Systematics, 50(1): 119-143.

Koski M H, Ashman T L. 2016. Macroevolutionary patterns of ultraviolet floral pigmentation explained by geography and associated bioclimatic factors. New Phytologist, 211: 708-718.

Kostermans A J G H. 1985. Family status for the Monotoideae Gilg and the Pakaraimoideae Ashton, Maguire, and de Zeeuw (Dipterocarpaceae). Taxon, 34(3): 426-435.

Kremer P, van Andel J. 1995. Evolutionary aspects of life forms in angiosperm families. Acta Botanica Neerlandica, 44(4): 469-479.

Krutzsch W. 1989. Paleogeography and historical phytogeography (paleochorology) in the Neophyticum. Plant Systematics and Evolution, 162(1): 5-61.

Ku C Z, Peng C I, Turland N J. 2007. Begoniaceae. *In*: Wu Z Y, Raven P H, Hong D Y. Flora of China. Beijing: Science Press: 153-207.

Ku S M, Kono Y, Liu Y. 2008. *Begonia pengii* (sect. *Coelocentrum*, Begoniaceae), a new species from limestone areas in Guangxi, China. Botanical Studies, 49: 167-175.

Ku S M. 2006. Systematics of *Begonia* sect. *Coelocentrum* (Begoniaceae) of China. MSc thesis, Taiwan Cheng-Kung University.

Ku T C. 1999. Begoniaceae. *In*: Ku T C. Flora Reipublicae Popularis Sinicae. Beijing: Science Press: 126-269, 401-402.

Kürschner H, Kilian N, Hein P, et al. 2006. The Adenio obesi-Sterculietum africanae, a relic Arabian mainland community vicarious to the Socotran Adenium-Sterculia woodland. Englera, 28: 79-96.

Kürschner H. 1986. Omanisch-makranische Disjunktionen: Ein Beitrag zur pflanzengeographischen Stellung und zu den florengenetischen Beziehungen Omans. Botanische Jahrbücher für Systematik, Pflanzengeschiche und Pflanzengeographie, 106: 541-562.

Kürschner W M, Kvacek Z, Dilcher D L, et al. 2008. The impact of Miocene atmospheric carbon dioxide fluctuations on climate and the evolution of terrestrial ecosystems. Proceedings of the National Academy of Science of the United States of American, 105(2): 449-453.

Kurzweil H, Weston P H, Perkins A J. 2005. Morphological and ontogenetic studies on the gynostemium of some Australian members of Diurideae and Cranichideae (Orchidaceae). Telopea, 11(1): 11-33.

Ladiges P Y, Udovicic F, Nelson G. 2003. Australian biogeographical connections and the phylogeny of large genera in the plant family Myrtaceae. Journal of Biogeography, 30(7): 989-998.

Lakhanpal R N. 1970. Tertiary floras of India and their bearing on the historical geology of the region. Taxon, 19(5): 675-694.

Lamond M, Vieth J. 1972. L'androcee synanthere du *Rechsteineria cardinalis* (Gesneriacees), une contribution au probleme des fusions. Canadian Journal of Botany, 50(7): 1633-1637.

Lawver L A, Gahagan L M. 2003. Evolution of Cenozoic seaways in the circum—Antarctic region.

Palaeogeography, Palaeoclimatology, Palaeoecology, 198(1-2): 11-37.

Lazaro A, Hegland S J, Totland O. 2008. The relationships between floral traits and specificity of pollination systems in three Scandinavian plant communities. Oecologia, 157(2): 249-257.

Leake J R. 1994. The biology of myco-heterotrophic ('saprophytic') plants. New Phytologist, 127: 171-216.

Leake J R. 2004. Myco-heterotroph/epiparasitic plant interactions with ectomycorrhizal and arbuscular mycorrhizal fungi. Current Opinion in Plant Biology, 7(4): 422-428.

Legro R A H, Doorenbos J. 1969. Chromosome numbers in *Begonia*. Netherlands Journal of Agricultural Science, 17: 189-202.

Legro R A H, Doorenbos J. 1971. Chromosome numbers in *Begonia* 2. Netherlands Journal of Agricultural Science, 19: 176-183.

Legro R A H, Doorenbos J. 1973. Chromosome numbers in *Begonia* 3. Netherlands Journal of Agricultural Science, 21: 167-170.

Lehmann C E R, Archibald S A, Hoffmann W A, et al. 2011. Deciphering the distribution of the savanna biome. New Phytologist, 191(1): 197-209.

Leighton M, Wirawan N. 1986. Catastrophic drought and fire in Borneo tropical rain forest associated with the 1982-1983 El Nino Southern Oscillation event. *In*: Prance G T. Tropical Rain Forests and the World Atmosphere. Boulder Co.: Westview Press: 75-102.

Li J M, Sun W J, Chang Y, et al. 2016. Systematic position of *Gyrocheilos* and some odd species of *Didymocarpus* (Gesneriaceae) inferred from molecular data, with reference to pollen and other morphological characters. Journal of Systematics and Evolution, 54(2): 113-122.

Li J T, Li Y, Klaus S, et al. 2013. Diversification of rhacophorid frogs provides evidence for accelerated faunal exchange between India and Eurasia during the Oligocene. Proceedings of the National Academy of Sciences, 110(9): 3441-3446.

Li P, Huang B Q, Pemberton R W, et al. 2011. Floral display influences male and female reproductive success of the deceptive orchid *Phaius delavayi*. Plant Systematics and Evolution, 296(1-2): 21-27.

Li P, Luo Y B, Bernhardt P, et al. 2006. Deceptive pollination of the Lady's Slipper *Cypripedium tibeticum* (Orchidaceae). Plant Systematics and Evolution, 262(1-2): 53-63.

Li P, Luo Y B, Bernhardt P, et al. 2008a. Pollination of *Cypripedium plectrochilum* (Orchidaceae) by *Lasioglossum* spp. (Halictidae): the roles of generalist attractants versus restrictive floral architecture. Plant Biology, 10(2): 220-230.

Li P, Luo Y B, Deng Y X, Kou Y. 2008b. Pollination of the lady's slipper *Cypripedium henryi* Rolfe (Orchidaceae). Botanical Journal of the Linnean Society, 156(4): 491-499.

Li T, Wang B. 2005. A review on the western North Pacific monsoon: Synoptic-to-interannual variabilities. Terrestrial Atmospheric & Oceanic Sciences, 16: 285-314.

Li X W, Li J, Ashton P S. 2007. Dipterocarpaceae. *In*: Wu Z Y, Raven P H, Hong D Y. Flora of China,

Volume 13. Beijing: Science Press: 48-54.

Ling S J, Guan S P, Wen F, et al. 2020a. *Oreocharis jasminina* (Gesneriaceae), a new species from mountain tops of Hainan Island, South China. PhytoKeys, 157(1): 121-135.

Ling S J, Meng Q W, Tang L, et al. 2017. Pollination syndromes of Chinese Gesneriaceae: a comparative study between Hainan Island and neighboring regions. The Botanical Review, 83(1): 59-73.

Ling S J, Qin X T, Song X Q, et al. 2020b. Genetic delimitation of *Oreocharis* species from Hainan Island. PhytoKeys, 157: 59-81.

Liu K W, Liu Z J, Huang L, et al. 2006. Pollination: Self-fertilization strategy in an orchid. Nature, 441(7096): 945-946.

Liu Y, Ku S M, Peng C I. 2007. *Begonia bamaensis* (sect. *Coelocentrum*, Begoniaceae), a new species from limestone areas in Guangxi, China. Botanical Studies, 48: 465-473.

Lohman D J, de Bruyn M, Page T J, et al. 2011. Biogeography of the Indo-Australian Archipelago. Annual Review of Ecology, Evolution, and Systematics, 42: 205-226.

López-Pujol J, Zhang F M, Sun H Q, et al. 2011. Centres of plant endemism in China: places for survival or for speciation? Journal of Biogeography, 38(7): 1267-1280.

Lubinsky P, Van Dam M, van Dam A. 2006. Pollination of *Vanilla* and evolution in Orchidaceae. Lindleyana, 75(12): 926-929.

Luo Y, Chen S. 2010. Observations of putative pollinators of *Hemipilia flabellata* Bur. et Franch. (Orchidaceae) in north-west Yunnan Province, China. Botanical Journal of the Linnean Society, 131(1): 45-64.

Lüttge U. 2004. Ecophysiology of crassulacean acid metabolism (CAM). Annals of Botany, 93(6): 629-652.

Ma X, Shi J, Bänziger H, et al. 2016. The functional significance of complex floral colour pattern in a food-deceptive orchid. Functional Ecology, 30(5): 721-732.

Machaka-Houri N, Al-Zein M S, Westbury D B, et al. 2012. Reproductive success of the rare endemic *Orchis galilaea* (Orchidaceae) in Lebanon. Turkish Journal of Botany, 36: 677-682.

Maghnia F Z, Abbas Y, Mahe F, et al. 2017. Habitat- and soil-related drivers of the root-associated fungal community of *Quercus suber* in the northern Moroccan forest. PLoS One, 12(11): e0187758.

Maguire B P C, Ashton P S, Zeeuw C D. 1977. Pakaraimoideae, Dipterocarpaceae of the Western Hemisphere II. Systematic, geographic and phyletic considerations. Taxon, 26(4): 341-385.

Majetic C J, Raguso R A, Ashman T. 2009. The sweet smell of success: Floral scent affects pollinator attraction and seed fitness in *Hesperis matronalis*. Functional Ecology, 23: 480-487.

Maley J, Livingstone D A. 1983. Extension d'un élément montagnard dans le Sud du Ghana (Afrique de l'Ouest) au Pléistocène supérieur et à l'Holocène inférieur: premières données polliniques.

Comptes Rendus de l'Académie des Sciences, 296(16): 1287-1292.

Manchester S R, O'Leary E L. 2010. Phylogenetic distribution and identification of fin-winged fruits. The Botanical Review, 76(1): 1-82.

Mant J G, Schiestl F P, Peakall R, et al. 2002. A phylogenetic study of pollinator conservatism among sexually deceptive orchids. Evolution, 56(5): 888-898.

Martén-Rodríguez S, Almarales-Castro A, Fenster C B. 2009. Evaluation of pollination syndromes in Antillean Gesneriaceae: Evidence for bat, hummingbird and generalized flowers. Journal of Ecology, 97(2): 348-359.

Martin H A. 2002. History of the family Malpighiaceae in Australia and its biogeographic implications: evidence from pollen. Australian Journal of Botany, 50(2): 171-182.

Martins D J. 2008. Pollination observations of the African violet in the Taita Hills, Kenya. Journal of East African Natural History, 97(1): 33-42.

Martos F, Cariou M L, Pailler T, et al. 2015. Chemical and morphological filters in a specialized floral mimicry system. New Phytologist, 207(1): 225-234.

Martyn D. 1992. Climates of the World. Amsterdam: Elsevier.

Matolweni L O, Balkwill K, McLellan T. 2000. Genetic diversity and gene flow in the morphological variable, rare endemics *Begonia dregei* and *Begonia homonyma* (Begoniaceae). American Journal of Botany, 87(3): 431-439.

Matsui K, Ushimaru T, Fujita N. 2001. Pollinator limitation in a deceptive orchid, *Pogonia japonica*, on a floating peat mat. Plant Species Biology, 16(3): 231-235.

Maury G. 1978. Diptérocarpacées: du fruit à la plantule. [3 vols: IA, IB, II]. PhD thesis, University Toulouse.

Maury-Lechon G, Curtet L. 1998. Biogeography and evolutionary systematics of dipterocarpaceae. *In*: Appanah S, Turnbull J M. A Review of Dipterocarps, Taxonomy, Ecology and Silviculture. Malesia: Center for Forest Research Institute: 5-44.

Mayer V, Möller M, Perret M, et al. 2003. Phylogenetic position and generic differentiation of Epithemateae (Gesneriaceae) inferred from plastid DNA sequence data. American Journal of Botany, 90(2): 321-329.

McCormick M K, Jacquemyn H. 2014. What constrains the distribution of orchid populations? New Phytologist, 202(2): 392-400.

McCormick M K, Taylor D L, Juhaszova K, et al. 2012. Limitations on orchid recruitment: not a simple picture. Molecular Ecology, 21(6): 1511-1523.

McCormick M K, Whigham D F, Canchani-Viruet A. 2018. Mycorrhizal fungi affect orchid distribution and population dynamics. New Phytologist, 219: 1207-1215.

McCormick M K, Whigham D F, O'Neill J P, et al. 2009. Abundance and distribution of *Corallorhiza odontorhiza* reflects variations in climate and ectomycorrhizac. Ecological Monographs, 79(4):

619-635.

Meher-Homji V M. 1979. Distribution of the Dipterocarpaceae: some phytogeographic considerations on India. Phytocoenologia, 6(1-4): 85-93.

Meijer W. 1979. Taxomonic studies in the genus *Dipterocarpus*. *In*: Maury-Lechon G. Diptérocarpacées: Taxonomiephylogénie-ecologie. Paris: Mémoires du Muséum National d'Histoire Naturelle: First International Round Table on Dipterocarpaceae, Série B, Botanique 26, Editions du Muséum, 50-56.

Meine V N, Elok M, Niken S, et al. 2008. Swiddens in Transition: Shifted Perceptions on Shifting Cultivators in Indonesia. Bogor: World Agroforestry Centre: 64.

Mendum M, Lassnig P, Weber A, et al. 2001. Testa and seed appendage morphology in *Aeschynanthus* (Gesneriaceae): Phytogeographical patterns and taxonomic implications. Botanical Journal of the Linnean Society, 135(3): 195-213.

Merckx V, Hendriks K, Beentjes K, et al. 2015. Evolution of endemism on a young tropical mountain. Nature, 524(7565): 347-350.

Metcalfe I. 2011. Tectonic framework and phanerozoic evolution of Sundaland. Gondwana Research, 19(1): 3-21.

Meudt H M, Simpson B B. 2006. The biogeography of the austral, subalpine genus *Ourisia* (Plantaginaceae) based on molecular phylogenetic evidence: South American origin and dispersal to New Zealand and Tasmania. Biological Journal of the Linnean Society, 87(4): 479-513.

Michaux B. 1991. Distributional patterns and tectonic development in Indonesia: Wallace reinterpreted. Australian Systematic Botany, 4: 25-36.

Michaux B. 2010. Biogeography of Wallacea: geotectonic models, areas of endemism, and natural biogeographical units. Biological Journal of the Linnean Society, 101(1): 193-212.

Micheneau C, Fournel J, Pailler T. 2006. Bird pollination in an angraecoid orchid on Reunion Island (Mascarene Archipelago, Indian Ocean). Annals of Botany, 97(6): 965-974.

Middleton D J, Atkins H, Truong L H, et al. 2014. *Billolivia*, a new genus of Gesneriaceae from Vietnam with five new species. Phytotaxa, 161(4): 241-269.

Middleton D J, Khew G S, Poopath M, et al. 2018. *Rachunia cymbiformis*, a new genus and species of Gesneriaceae from Thailand. Nordic Journal of Botany, 36(11): e01992.

Middleton D J, Möller M. 2012. *Tribounia*, a new genus of Gesneriaceae from Thailand. Taxon, 61(6): 1286-1295.

Middleton D J, Nishii K, Puglisi C, et al. 2015. *Chayamaritia* (Gesneriaceae: Didymocarpoideae), a new genus from Southeast Asia. Plant Systematics and Evolution, 301(7): 1947-1966.

Middleton D J, Triboun P. 2012. *Somrania*, a new genus of Gesneriaceae from Thailand. Thai Forest Bulletin (Botany), 40: 9-13.

Middleton D J, Triboun P. 2013. New species of *Microchirita* (Gesneriaceae) from Thailand. Thailand

Forest Bulletin Botany, 41: 13-22.

Middleton D J, Weber A, Yao T L, et al. 2013. The current status of the species hitherto assigned to *Henckelia* (Gesneriaceae). Edinburgh Journal of Botany, 70(3): 385-404.

Middleton D J. 2007. A revision of *Aeschynanthus* (Gesneriaceae) in Thailand. Edinburgh Journal of Botany, 64(3): 363-430.

Middleton D J. 2018. A new combination in *Microchirita* (Gesneriaceae) from India. Edinburgh Journal of Botany, 75(3): 305-307.

Mies B A. 1996. The phytogeography of Socotra: evidence for disjunctive taxa, especially with Macaronesia. *In*: Dumont H J. Proceedings of the First International Symposium on Socotra Island: Present and Future. New York: United Nations Publications: 83-105.

Milet-Pinheiro P, Silva J B F, Navarro D M A F, et al. 2018. Notes on pollination ecology and floral scent chemistry of the rare neotropical orchid *Catasetum galeritum* Rchb.f. Plant Species Biology, 33: 158-163.

Miller A G, Morris M. 2004. Ethnoflora of the Soqotra Archipelago. Edinburgh: The Royal Botanic Garden Edinburgh.

Miller K G, Kominz M A, Browning J V, et al. 2005. The Phanerozoic record of global sea-level change. Science, 310(5752): 1293-1298.

Mittermeier R A, Robles Gil P, Hoffmann M, et al. 2004. Hotspots Revisited: Earth's Biologically Richest and Most Endangered Ecoregions. Mexico: CEMEX.

Möller M, Chen W H, Shui Y M, et al. 2014. A new genus of Gesneriaceae in China and the transfer of *Briggsia* species to other genera. Gardens' Bulletin Singapore, 66(2): 195-205.

Möller M, Clark J L. 2013. The state of molecular studies in the family Gesneriaceae: A review. Selbyana, 31: 95-125.

Möller M, Cronk Q C B. 1997. Origin and relationships of *Saintpaulia* (Gesneriaceae) based on ribosomal DNA internal transcribed spacer (ITS) sequences. American Journal of Botany, 84(7): 956-965.

Möller M, Cronk Q C B. 2001. Evolution of morphological novelty: A phylogenetic analysis of growth patterns in *Streptocarpus* (Gesneriaceae). Evolution, 55(5): 918-929.

Möller M, Forrest A, Wei Y G, et al. 2011a. A molecular phylogenetic assessment of the advanced Asiatic and Malesian didymocarpoid Gesneriaceae with focus on non-monophyletic and monotypic genera. Plant Systematics and Evolution, 292(2): 223-248.

Möller M, Middleton D J, Nishii K, et al. 2011b. A new delineation for *Oreocharis* incorporating an additional ten genera of Chinese Gesneriaceae. Phytotaxa, 23: 1-36.

Möller M, Nampy S, Janeesha A P, et al. 2017. The Gesneriaceae of India: consequences of updated generic concepts and new family classification. Rheedea, 27(1): 23-41.

Möller M, Nishii K, Atkins H J, et al. 2016a. An expansion of the genus *Deinostigma* (Gesneriaceae).

Gardens' Bulletin Singapore, 68(1): 145-172.

Möller M, Pfosser M, Jang C G, et al. 2009. A preliminary phylogeny of the 'Didymocarpoid Gesneriaceae' based on three molecular data sets: Incongruence with available tribal classifications. American Journal Botany, 96(5): 989-1010.

Möller M, Wei Y G, Wen F, et al. 2016b. You win some you lose some: updated generic delineations and classification of Gesneriaceae—Implications for the family in China. Guihaia, 36(1): 44-60.

Möller M. 2019. 物种的及时发现: 以中国苦苣苔科植物为例. 广西科学, 26(1): 1-16.

Momose K, Nagamitsu T, Inoue T. 1996. The reproductive ecology of an emergent dipterocarp in a lowland rain forest in Sarawak. Plant Species Biology, 11(2-3): 189-198.

Momose K, Yumoto T, Nagamitsu T, et al. 1998. Pollination biology in a lowland dipterocarp forest in Sarawak, Malaysia. I. Characteristics of the plant-pollinator community in a lowland dipterocarp forest. American Journal of Botany, 85(10): 1477-1501.

Mondragon-Palomino M, Theissen G. 2009. Why are orchid flowers so diverse? Reduction of evolutionary constraints by paralogues of class B floral homeotic genes. Annals of Botany, 104(3): 583-594.

Moonlight P W, Ardi W H, Padilla L A, et al. 2018. Dividing and conquering the fast-growing genus: Towards a natural sectional classification of the mega-diverse genus *Begonia* (Begoniaceae). Taxon, 67(2): 267-323.

Morley R J. 1998. Palynological evidence for Tertiary plant dispersals in the SE Asian region in relation to plate tectonics and climate. *In*: Hall R, Holloway J D. Biogeography and Geological Evolution of SE Asia. Leiden: Backbuys Publishers: 211-234.

Morley R J. 2000. Origin and Evolution of Tropical Rain Forests. New York: John Wiley & Sons.

Morley R J. 2003. Interplate dispersal paths for megathermal angiosperms. Perspectives in Plant Ecology, Evolution and Systematics, 6(1-2): 5-20.

Morley R J. 2007. Cretaceous and Tertiary climate change and the past distribution of megathermal rainforests. *In*: Flenley J R, Bush M B. Tropical Rainforest Responses to Climate Changes. Berlin: Springer: 1-31.

Moss S J, Wilson M E J. 1998. Biogeographic implications of the Tertiary palaeogeographic evolution of Sulawesi and Borneo. *In*: Hall R, Holloway J D. Biogeography and Geological Evolution of SE Asia. Leiden: Backhuys Publishers: 133-163.

Moyersoen B. 2006. *Pakaraimaea dipterocarpacea* is ectomycorrhizal, indicating an ancient Gondwanaland origin for the ectomycorrhizal habit in Dipterocarpaceae. New Phytologist, 172(4): 753-762.

Muellner A N, Pannell C M, Coleman A, et al. 2008. The origin and evolution of Indomalesian, Australasian and Pacific island biotas: insights from Aglaieae (Meliaceae, Sapindales). Journal of Biogeography, 35(10): 1769-1789.

Mujica M I, Saez N, Cisternas M, et al. 2016. Relationship between soil nutrients and mycorrhizal associations of two *Bipinnula* species (Orchidaceae) from central Chile. Annals of Botany, 118(1): 149-158.

Muller J. 1970. Palynological evidence on early differentiation of angiosperms. Biological Reviews, 45(3): 417-450.

Muller J. 1972. Palynological evidence for change in geomorphology, climate and vegetation in the Mio-Pliocene of Malaysia. *In*: Ashton P S, Ashton M. The Quaternary Era in Malaysia. University of Hull: Geographical Department: 6-34.

Myers N, Mittermeier R A, Mittermeier C G, et al. 2000. Biodiversity hotspots for conservation priorities. Nature, 403: 853-858.

Nagamitsu T, Harrison R D, Inoue T. 1999. Beetle pollination of *Vatica parvifolia* (Dipterocarpaceae) in Sarawak, Malaysia. Gardens' Bulletin Singapore, 51(4): 43-54.

Nakagawa M, Tanaka K, Nakashizuka T, et al. 2000. Impact of severe drought associated with the 1997-1998 El Niño in a tropical forest in Sarawak. Journal of Tropical Ecology, 16(3): 355-367.

Nauheimer L, Boyce P C, Renner S S. 2012. Giant taro and its relatives: a phylogeny of the large genus *Alocasia* (Araceae) sheds light on Miocene floristic exchange in the Malesian region. Molecular Phylogenetics and Evolution, 63(1): 43-51.

Nazarov V V, Gerlach G. 1997. The potential seed productivity of orchid flowers and peculiarities of their pollination systems. Lindleyana, 12(4): 188-204.

Nekola J C. 1999. Paleorefugia and neorefugia: the influence of colonization history on community pattern and process. Ecology, 80(8): 2459-2473.

Newman E, Anderson B, Johnson S D. 2012. Flower colour adaptation in a mimetic orchid. Proceedings of the Royal Society B: Biological Sciences, 279(1737): 2309-2313.

Ng C H, Lee S L, Tnah L H, et al. 2016. Genome size variation and evolution in Dipterocarpaceae. Plant Ecology & Diversity, 9(5-6): 437-446.

Niklas K J. 2007. Maximum plant height and the biophysical factors that limit it. Tree Physiology, 27(3): 433-440.

Nilsson S, Robyns A. 1986. Bombacaceae. *In*: Kunth. World Pollen and Spore Flora. Stockholm: Almqvist & Wiksell, 14: 1-59.

Nutt K S, Burslem D F R P, Maycock C R, et al. 2016. Genetic diversity affects seedling survival but not growth or seed germination in the Bornean endemic dipterocarp *Parashorea tomentella*. Plant Ecology & Diversity, 9(5-6): 471-481.

Nyffeler R, Baum D A. 2000. Phylogenetic relationships of the durians (Bombacaceae-Durioneae or/Malvaceae/Helicteroideae/Durioneae) based on chloroplast and nuclear ribosomal DNA sequences. Plant Systematics and Evolution, 224: 55-82.

Nyffeler R, Bayer C, Alverson W S, et al. 2005. Phylogenetic analysis of the Malvadendrina clade

(Malvaceae *s.l.*) based on plastid DNA sequences. Organisms Diversity & Evolution, 5(2): 109-123.

Oginuma K, Peng C I. 2002. Karyomorphology of Taiwanese *Begonia* (Begoniaceae): Taxomomic implications. Journal of Plant Research, 115: 225-235.

Okada H, Kubo S, Mori Y. 1996. Pollination system of *Neuwiedia veratrifolia* Blume (Orchidaceae, Apostasioideae) in the Malesian wet tropics. Acta Phytotaxonomica et Geobotanica, 47(2): 173-181.

Ollerton J, Killick A, Lamborn E, et al. 2007. Multiple meanings and modes: on the many ways to be a generalist flower. Taxon, 56(3): 717-728.

Ornduff R. 1969. Reproductive biology in relation to systematics. Taxon, 18(2): 121-133.

Ortega-Olivencia A, Ramos S, Rodríguez T, et al. 1998. Floral biometry, floral rewards and pollen-ovule ratios in some Vicia from Extremadura, Spain. Edinburgh Journal of Botany, 54(1): 39-53.

Palee P, Denduangboripant J, Anusarnsunthorn V, et al. 2006. Molecular phylogeny and character evolution of *Didymocarpus* (Gesneriaceae) in Thailand. Edinburgh Journal of Botany, 62(2-3): 231-251.

Pan B, Wu W H, Nong D X, et al. 2010. *Chiritopsis longzhouensis*, a new species of Gesneriaceae from limestone areas in Guangxi, China. Taiwania, 55(4): 370-372.

Pansarin E R, Aguiar J M R V B, Pansarin L M. 2014. Floral biology and histochemical analysis of *Vanilla edwallii* Hoehne (Orchidaceae: Vanilloideae): an orchid pollinated by *Epicharis* (Apidae: Centridini). Plant Species Biology, 29(3): 242-252.

Pansarin E R, Pansarin L M. 2014. Floral biology of two Vanilloideae (Orchidaceae) primarily adapted to pollination by euglossine bees. Plant Biology (Stuttgart), 16(6): 1104-1113.

Pansarin L M, Pansarin E R, Sazima M. 2008. Reproductive biology of *Cyrtopodium polyphyllum* (Orchidaceae): a Cyrtopodiinae pollinated by deceit. Plant Biology, 10(5): 650-659.

Patt J M, Merchant M W, Williams D R E. 1989. Pollination biology of *Platanthera stricta* (Orchidaceae) in Olympic National Park, Washington. American Journal of Botany, 76: 1097-1106.

Peakall R, Beattie A J. 1989. Pollination of the orchid *Microtis parviflora* R. Br. by flightless worker ants. Functional Ecology, 3(5): 515-522.

Pedersen H A. 1995. Anthecological observations on *Dendrochilum longibracteatum*, a species pollinated by facultatively anthophilous insects. Lindleyana, 10: 19-28.

Pedersen H Æ, Watthana S, Srimuang K O. 2013. Orchids in the torrent: on the circumscription, conservation and rheophytic habit of *Epipactis flava*. Botanical Journal of the Linnean Society, 172(3): 358-370.

Pedron M, Buzatto C R, Singer R B, et al. 2012. Pollination biology of four sympatric species of *Habenaria* (Orchidaceae: Orchidinae) from southern Brazil. Botanical Journal of the Linnean Society, 170(2): 141-156.

Peng C I, Hsieh T Y, Ngyuen Q H. 2007. *Begonia kui* (sect. *Coelocentrum*, Begoniaceae), a new species from Vietnam. Botanical Studies, 48: 127-132.

Peng C I, Ku S M, Kono Y, et al. 2008a. Two new species of *Begonia* (sect. *Coelocentrum*, Begoniaceae) from limestone areas in Guangxi, China: *B. arachnoidea* and *B. subcoriacea*. Botanical Studies, 49: 405-418.

Peng C I, Ku S M, Kono Y, et al. 2012. *Begonia chongzuoensis* (sect. *Coelocentrum*, Begoniaceae), a new calciphile from Guangxi, China. Botanical Studies, 53: 285-292.

Peng C I, Ku S M. 2009. *Begonia × chungii* (Begoniaceae), a new natural hybrid in Taiwan. Botanical Studies, 50(2): 241-250.

Peng C I, Liu Y, Ku S M, et al. 2010. *Begonia×breviscapa* (Begoniaceae), a new intersectional natural hybrid from limestone areas in Guangxi, China. Botanical Studies, 51: 107-117.

Peng C I, Liu Y, Ku S M. 2008b. *Begonia aurantiflora* (sect. *Coelocentrum*, Begoniaceae), a new species from limestone areas in Guangxi, China. Botanical Studies, 49: 83-92.

Peng C I, Sue C Y. 2000. *Begonia×taipeiensis* (Begoniaceae), a new natural hybrid in Taiwan. Botanical Bulletin of the Academy Sinica, 41(2): 151-158.

Peng C I, Yang H A, Kono Y, et al. 2013. Novelties in *Begonia* sect. *Coelocentrum*: *B. longgangensis* and *B. ferox* from limestone areas in Guangxi, China. Botanical Studies, 54: 44.

Pennington R T, Dick C W. 2004. The role of immigrants in the assembly of the South American rainforest tree flora. Philosophical Transactions of the Royal Society Series B, Biological Sciences, 359(1450): 1611-1622.

Perret M, Chautems A, de Araujo A O, et al. 2013. Temporal and spatial origin of Gesneriaceae in the New World inferred from plastid DNA sequences. Botanical Journal of the Linnean Society, 171(1): 61-79.

Perret M, Chautems A, Spichiger R, et al. 2007. The geographical pattern of speciation and floral diversification in the neotropics: The tribe Sinningieae (Gesneriaceae) as a case study. Evolution, 61(7): 1641-1660.

Peter C I, Johnson S D. 2008. Mimics and magnets: the importance of color and ecological facilitation in floral deception. Ecology, 89(6): 1583-1595.

Peter C I, Johnson S D. 2009. Autonomous self-pollination and pseudo-fruit set in South African species of *Eulophia* (Orchidaceae). South African Journal of Botany, 75(4): 791-797.

Pettersson B. 1989. Pollination in the African species of *Nervilia* (Orchidaceae). Lindleyana, 4: 33-41.

Pettigrew J D, Bell K L, Bhagwandin A, et al. 2012. Morphology, ploidy and molecular phylogenetics reveal a new diploid species from Africa in the baobab genus *Adansonia* (Malvaceae: Bombacoideae). Taxon, 61(6): 1240-1250.

Phutthai T, Hughes M. 2017. A new species of *Begonia* section *Parvibegonia* (Begoniaceae) from

Thailand and Myanmar. Blumea, 62: 26-28.

Phutthai T, Sands M, Sridith K. 2009. Field surveys of natural populations of *Begonia* L. in Thailand. Thai Forest Bulletin (Botany), Special Issue: 186-196.

Phutthai T, Sridith K. 2010. *Begonia pteridiformis* (Begoniaceae) a new species from Thailand. Thai Forest Bulletin Botany, 38: 37-41.

Pinheiro F, De Barros F, Palma-Silva C, et al. 2010. Hybridization and introgression across different ploidy levels in the Neotropical orchids *Epidendrum fulgens* and *E. puniceoluteum* (Orchidaceae). Molecular Ecology, 19(18): 3894-3981.

Plana V, Gascoigne A, Forrest L L, et al. 2004. Pleistocene and pre-pleistocene *Begonia* speciation in Africa. Molecular and Phylogenetic Evolution, 31(2): 449-461.

Plana V. 2003. Phylogenetic relationships of the Afro-Malagasy members of the large genus *Begonia* inferred from *trnL* intron sequences. Systematic Botany, 28(4): 693-704.

Poole I. 1993. A dipterocarpaceous twig from the Eocene London clay formation of Southeast England. Special Papers in Palaeontology, 49: 155-163.

POWO. 2019. Plants of the World Online. Facilitated by the Royal Botanic Gardens, Kew. Retrieved from: http://www.plantsoftheworldonline.org/[2019-12-7].

POWO. 2021. Plants of the World Online. Facilitated by the Royal Botanic Gardens, Kew. published on the internet: http://www.plantsoftheworldonline.org/[2019-12-7].

Pradhan G M. 1983. *Vanda cristata*. America Orchid Society Bulletin, 52(5): 464-468.

Prakash U. 1972. Palaeoenvironmental analysis of Indian tertiary floras. Geophytology, 2: 178-205.

Pridgeon A M, Bateman R M, Cox A V, et al. 1997. Phylogenetics of subtribe Orchidinae (Orchidoideae, Orchidaceae) based on nuclear ITS sequences. 1. Intergeneric relationships and polyphyly of *Orchis sensu lato*. Lindleyana, 2(2): 89-109.

Pridgeon A M, Cribb P J, Chase M W, et al. 1999. Genera *Orchidacearum* Vol. 1, General Introduction, Apostasioideae & Cypripedioideae. Oxford: Oxford University Press.

Pridgeon A M, Cribb P J, Chase M W, et al. 2001. Genera *Orchidacearum* Vol. 2, Orchidoideae, Part 1. Oxford: Oxford University Press.

Pridgeon A M, Cribb P J, Chase M W, et al. 2003. Genera *Orchidacearum* Vol. 3, Orchidoideae, Part 2. Oxford: Oxford University Press.

Pridgeon A M, Cribb P J, Chase M W, et al. 2005. Genera *Orchidacearum* Vol. 4, Epidendroideae (Part 1). Oxford: Oxford University Press.

Pridgeon A M, Cribb P J, Chase M W, et al. 2009. Genera *Orchidacearum* Vol. 5, Epidendroideae (Part 2). Oxford: Oxford University Press.

Pridgeon A M, Cribb P J, Chase M W, et al. 2014. Genera *Orchidacearum* Vol. 6, Epidendroideae (Part 3). Oxford: Oxford University Press.

Puglisi C, Middleton D J, Suddee S. 2016a. Four new species of *Microchirita* (Gesneriaceae) from

Thailand. Kew Bulletin, 71: 2.

Puglisi C, Middleton D J, Triboun P, et al. 2011. New insights into the relationships between *Paraboea*, *Trisepalum*, and *Phylloboea* (Gesneriaceae) and their taxonomic consequences. Taxon, 60(6): 1693-1702.

Puglisi C, Middleton D J. 2017. A revision of *Middletonia* (Gesneriaceae) in Thailand. Thai Forest Bulletin (Botany), 45(1): 35-41.

Puglisi C, Middleton D J. 2018. A revision of *Boea* (Gesneriaceae). Edinburgh Journal of Botany, 75(1): 19-49.

Puglisi C, Yao T L, Milne R, et al. 2016b. Generic recircumscription in the *Loxocarpinae* (Gesneriaceae), as inferred by phylogenetic and morphological data. Taxon, 65(2): 277-292.

Qian Z N, Meng Q W, Ren M X. 2016. Pollination ecotypes and herkogamy variation of *Hiptage benghalensis* (Malpighiaceae) with mirror-image flowers. Biodiversity Science, 24(12): 1364.

Qian Z N, Ren M X. 2016. Floral evolution and pollination shifts of the "Malpighiaceae route" taxa, a classical model for biogeographical study. Biodiversity Science, 24: 95-101.

Qin H N, Liu Y. 2010. A Checklist of Vascular Plants of Guangxi. Beijing: Science Press.

Qiu Z J, Lu Y X, Li C Q, et al. 2015. Origin and evolution of *Petrocosmea* (Gesneriaceae) inferred from both DNA sequence and novel findings in morphology with a test of morphology-based hypotheses. BMC Plant Biology, 15: 167.

Quang B H, Hai D V, Khang N S, et al. 2019. *Boeica konchurangensis* sp. nov. (Gesneriaceae) from Gia Laiplateau, Vietnam. Nordic Journal of Botany, 37(5): e02333.

Quek S P, Davies S J, Ashton P S, et al. 2007. The geography of diversification in mutualistic ants: A gene's eye view into the Neogene history of Sundaland rain forest. Molecular Ecology, 16(10): 2045-2062.

Raes N, van Welzen P C. 2009. The demarcation and internal division of flora Malesiana: 1857—Present. Blumea, 54(1-3): 6-8.

Raine N E, Chittka L. 2007. The adaptive significance of sensory bias in a foraging context: Floral colour preferences in the bumblebee *Bombus terrestris*. PLoS One, 2(6): e556.

Rajbhandary S, Hughes M, Phutthai T, et al. 2011. Asian *Begonia*: out of Africa via the Himalayas? Garden Bulletin of Singapore, 63: 277-286.

Ramírez S R, Eltz T, Fujiwara M K, et al. 2011. Asynchronous diversification in a specialized plant-pollinator mutualism. Science, 333(6050): 1742-1746.

Raskoti B B, Jin W T, Xiang X G, et al. 2016. A phylogenetic analysis of molecular and morphological characters of *Herminium* (Orchidaceae, Orchideae): evolutionary relationships, taxonomy, and patterns of character evolution. Cladistics, 32(2): 198-210.

Rasmussen H N. 2002. Recent developments in the study of orchid mycorrhiza. Plant and Soil, 244(1-2): 149-163.

Raven P H, Axelrod D I. 1974. Angiosperm biogeography and past continental movements. Annals of the Missouri Botanical Garden, 61(3): 539-673.

Raxworthy C J, Forstner M R J, Nussbaum R A. 2002. Chameleon radiation by oceanic dispersal. Nature, 415(6873): 784-787.

Reitsma J M. 1983. Placentation in Begonias from the African continent; Studies in Begoniaceae I. Meded. Mededelingen van de Landbouwhogeschool Wageningen, 83(9): 21-53.

Ren M X, Tang J Y. 2010. Anther fusion enhances pollen removal in *Campsis grandiflora*, a hermaphroditic flower with didynamous stamens. International Journal of Plant Science, 171(3): 275-282.

Ren M X, Zhong Y F, Song X Q. 2013. Mirror-image flowers without buzz pollination in the Asian endemic *Hiptage benghalensis* (Malpighiaceae). Botanical Journal of the Linnean Society, 173(4): 764-774.

Ren M X. 2015. The upper reaches of the largest river in Southern China as an "evolutionary front" of tropical plants: Evidences from Asia-endemic genus *Hiptage* (Malpighiaceae). Collectanea Botanica, 34: e003.

Ren Z X, Li D Z, Bernhardt P, et al. 2011. Flowers of *Cypripedium fargesii* (Orchidaceae) fool flat-footed flies (Platypezidae) by faking fungus-infected foliage. Proceedings of the National Academy of Sciences of the United States of America, 108(18): 7478-7480.

Ren Z X, Wang H, Bernhardt P, et al. 2014. Which food-mimic floral traits and environmental factors influence fecundity in a rare orchid, *Calanthe yaoshanensis*? Botanical Journal of the Linnean Society, 176(3): 421-433.

Renner S S, Clausing G, Meyer K. 2001. Historical biogeography of Melastomataceae: the roles of Tertiary migration and long-distance dispersal. American Journal of Botany, 88(7): 1290-1300.

Renner S S, Schaefer H. 2010. The evolution and loss of oil-offering flowers: new insights from dated phylogenies for angiosperms and bees. Philosophical Transactions of the Royal Society of London B: Biological Sciences, 365(1539): 423-435.

Richardson J E, Pennington R T, Pennington T D, et al. 2001. Rapid diversification of a species-rich genus of neotropical rain forest trees. Science, 293(5538): 2242-2245.

Ricklefs R E, Renner S S. 1994. Species richness within families of flowering plants. Evolution, 48(5): 1619-1636.

Ridder-Numan J W A. 1996. Historical biogeography of the Southeast Asian genus *Spatholobus* (Legum.-Papilionoideae) and its allies. Blumea, 10(1): 1-144.

Ridley H N. 1930. The dispersal of plants through the world. Ashford: L. Reeve and Co., Ltd.

Roalson E H, Roberts W R. 2016. Distinct processes drive diversification in different clades of Gesneriaceae. Systematic Biology, 65(4): 662-684.

Roalson E H, Skog L E, Zimmer E A. 2003. Phylogenetic relationships and the diversification of floral form *Achimenes* (Gesneriaceae). Systematic Botany, 28(3): 593-608.

Robin V V, Vishnudas C K, Gupta P, et al. 2015. Deep and wide valleys drive nested phylogeographic patterns across a montane bird community. Proceedings of the Royal Society B: Biological Sciences, 282: 20150861.

Robyns A. 1963. Essai de Monographie du genre *Bombax s.l.* (Bombacaceae). Bulletin du Jardin botanique de l'État a Bruxelles, 33(1): 1-144.

Robyns A. 1966. *Bernoullia* Oliv., a genus of Bombacaceae new to Panama. Annals of the Missouri Botanical Garden, 53(1): 112-113.

Rockwood L L. 1985. Seed size and plant habit in seven families from Panama and Costa Rica. *In*: D'Arcy W, Correa M. The Botany and Natural History of Panama. St. Louis: Missouri Botanical Garden: 197-205.

Rodriguez-Girones M A, Santamaria L. 2004. Why are so many bird flowers red? PLoS Biology, 2(10): e350.

Roos M C. 1993. State of affairs regarding flora Malesiana: progress in revision work and publication schedule. Flora Malesiana Bulletin, 11(2): 133-142.

Royden L H, Burchfiel B C, van Der Hilst R, et al. 2008. The Geological Evolution of the Tibetan Plateau. Science, 321(5892): 1054-1058.

Rubite R R, Hughes M, Alejandro G J D, et al. 2013. Recircumscription of *Begonia* sect. *Baryandra* (Begoniaceae): Evidence from molecular data. Botanical Studies, 54(38): 1-5.

Rubite R R. 2010. Systematic studies on Philippine *Begonia* L. section *Diploclinium* (Lindl.) A. D.C. (Begoniaceae). PhD thesis, De La Salle University.

Rudall P J, Bateman R M. 2002. Roles of synorganisation, zygomorphy and heterotopy in floral evolution: the gynostemium and labellum of orchids and other lilioid monocots. Biological Reviews of the Cambridge Philosophical Society, 77(3): 403-441.

Sakai S, Momose K, Yumoto T, et al. 1999. Beetle pollination of *Shorea parvifolia* (section *Mutica*, Dipterocarpaceae) in a general flowering period in Sarawak, Malaysia. American Journal of Botany, 86(1): 62-69.

Salinas F, Arroyo M T K, Armesto J J. 2010. Epiphytic growth habits of Chilean Gesneriaceae and the evolution of epiphytes within the tribe Coronanthereae. Annals of the Missouri Botanical Garden, 97(1): 117-127.

Salinger M J, Shrestha M L, Dong W J, et al. 2014. Climate in Asia and the Pacific: Climate variability and change. *In*: Manton M, Stevenson L A. Climate in Asia and the Pacific: Security, Society and Sustainability. Berlin: Springer: 17-57.

Sands M J S. 2001. Begoniaceae. *In*: Beaman J H, Anderson C, Beaman R S. The Plants of Mount Kinabalu. London: Royal Botanic Gardens Kew: 147-163.

Sanmartín I, Ronquist F. 2004. Southern Hemisphere biogeography inferred by event-based models:

plant versus animal patterns. Systematic Biology, 53(2): 216-243.

Sargent R D. 2004. Floral symmetry affects speciation rates in angiosperms. Proceedings of the Royal Society of London, Series B: Biological Sciences, 271(1539): 603-608.

Savile D B O. 1953. Splash-cup dispersal mechanisms in *Chyrsosplenium* and *Mitella*. Science, 117(3036): 250-251.

Schemske D W, Agren J, Corff J L. 1995. Deceit Pollination in the Monoecious, Neotropical Herb *Begonia oaxacana* (Begoniaceae). *In*: Lloyd D G, Barrett S C H. Floral Biology. Boston: Springer: 292-318.

Scherson R A, Vidal R, Sanderson M J. 2008. Phylogeny, biogeography, and rates of diversification of New World *Astragalus* (Leguminosae) with an emphasis on South American radiations. American Journal of Botany, 95(8): 1030-1039.

Schettino A, Scotese C R. 2005. Apparent polar wander paths for the major continents (200 Ma to the present day): a palaeomagnetic reference frame for global plate tectonic reconstructions. Geophysical Journal International, 163(2): 727-759.

Schiestl F P, Cozzolino S. 2008 .Evolution of sexual mimicry in the orchid subtribe orchidinae: the role of preadaptations in the attraction of male bees as pollinators. BMC Evolutionary Biology, 8(1): 27.

Schiestl F P, Schlüter P M. 2009. Floral isolation, specialized pollination, and pollinator behavior in orchids. Annual Review of Entomology, 54(1): 425-446.

Schiestl F P. 2005. On the success of a swindle: pollination by deception in orchids. Naturwissenschaften, 92(6): 255-264.

Schoonhoven L M, van Loon J J A, Dicke M. 2007. Insect-Plant Biology. Oxford: Oxford University Press.

Scotese C R. 2003. PALAEOMAP Project. Online resource. http://www.scotese.com/[2010-7-6].

Scott S M, Middleton D J. 2014. A revision of *Ornithoboea* (Gesneriaceae). Gardens' Bulletin Singapore, 66: 73-119.

Seitner P G. 1976. The role of insects in *Begonia* pollination. Begonian, 43: 147-153.

Selosse M A, Roy M. 2009. Green plants that feed on fungi: facts and questions about mixotrophy. Trends in Plant Science, 14(2): 64-70.

Shefferson R P, Kull T, Hutchings M I, et al. 2018. Drivers of vegetative dormancy across herbaceous perennial plant species. Ecology Letters, 21(Supplement): 724-733.

Shefferson R P, Proper J, Beissinger S R, et al. 2003. Life history trade-offs in a rare orchid: the costs of flowering, dormancy, and sprouting. Ecology, 84(5): 1199-1206.

Shefferson R P, Warren R J, Pulliam H R. 2014. Life-history costs make perfect sprouting maladaptive in two herbaceous perennials. Journal of Ecology, 102(5): 1318-1328.

Shenkin A F, Chandler C J, Boyd D S, et al. 2019. The world's tallest tropical tree in three dimensions.

Frontiers in Forests and Global Change, 2: 32.

Shenkin A, Bolker B, Peña-Claros M, et al. 2018. Interactive effects of tree size, crown exposure and logging on drought-induced mortality. Philosophical Transactions of the Royal Society B: Biological Sciences, 373(1760): 189.

Shepherd J D, Alverson W S. 1981. A new *Catostemma* (Bombacaceae) from Colombia. Brittonia, 33(4): 587-590.

Shi G L, Li H M. 2010. A fossil fruit wing of *Dipterocarpus* from the middle Micocene of Fujian China and its palaeoclimatic significance. Review of Palaeobotany and Palynology, 162(4): 599-606.

Shi J, Luo Y B, Bernhardt P, et al. 2009. Pollination by deceit in *Paphiopedilum barbigerum* (Orchidaceae): a staminode exploits the innate colour preferences of hoverflies (Syrphidae). Plant Biology, 11(1): 17-28.

Shui Y M, Chen W H. 2017. *Begonia* of China. Kunming: Yunnan Science & Technology Press.

Shui Y M, Peng C I, Wu C Y. 2002. Synopsis of the Chinese species of *Begonia* (Begoniaceae), with a reappraisal of sectional delimitation. Botanical Bulletin of Academia Sinica, 43: 313-327.

Siler C D, Oaks J R, Welton L J, et al. 2012. Did geckos ride the Palawan raft to the Philippines? Journal of Biogeography, 39(7): 1217-1234.

Silvera K, Santiago L S, Cushman J C, et al. 2009. Crassulacean acid metabolism and epiphytism linked to adaptive radiations in the Orchidaceae. Plant Physiology, 149(4): 1838-1847.

Silvertown J, Charlesworth D. 2001. Introduction to plant population biology. 4th ed. Oxford: Blackwell Science.

Singer R B. 2001. Polliantion biology of *Hebenaria parviflora* (Orchidaceae: Habenariinae) in southeastern Brazil. Darwiniana, 39(3-4): 201-207.

Singer R B. 2002. The pollination mechanism in *Trigonidium obtusum* Lindl (Orchidaceae: Maxillariinae): sexual mimicry and trap-flowers. Annals of Botany, 89(2): 157-163.

Sirirugsa P. 1991. Malpighiaceae. *In*: Smitinand T, Larsen K. Flora of Thailand (Vol.5, Part 3). Bangkok: The Forest Herbarium, Royal Forest Department: 272-299.

Siti-Munirah M Y. 2012. *Ridleyandra iminii* (Gesneriaceae), a new species from Peninsular Malaysia. PhytoKeys, 19: 67-70.

Slik J W F, Aiba S I, Bastian M, et al. 2011. Soils on exposed Sunda Shelf shaped biogeographic patterns in the equatorial forests of Southeast Asia. Proceedings of the National Academy of Sciences of the United States of America, 108(30): 12343-12347.

Smith C H, Beccaloni G. 2010. Natural Selection and Beyond: The Intellectual Legacy of Alfred Russel Wallace. New York: Oxford University Press.

Smith J F, Draper S B, Hileman L C, et al. 2004a. A phylogenetic analysis within tribes Gloxinieae and Gesnerieae (Gesnerioideae: Gesneriaceae). Systematic Botany, 29(4): 947-958.

Smith J F, Hileman L C, Powell M P, et al. 2004b. Evolution of *GCYC*, a Gesneriaceae homolog of *CYCLOIDEA*, within Gesnerioideae (Gesneriaceae). Molecular Phylogenetics and Evolution, 31(2): 765-779.

Smith J F, Wolfram J C, Brown K D, et al. 1997. Tribal relationships in the Gesneriaceae: evidence from DNA sequences of the chloroplast gene *ndh*F. Annals of the Missouri Botanical Garden, 84(1): 50-66.

Smith J F. 2000. Phylogenetic signal common to three data sets: combining data which initially appear heterogeneous. Plant Systematics and Evolution, 221(3-4): 179-198.

Smith S E, Read D J. 2008. Mycorrhizal Symbiosis. Cambridge: Academic Press.

Sodhi N S, Koh L P, Brook B W, et al. 2004. Southeast Asian biodiversity: an impending disaster. Trends in Ecology & Evolution, 19(12): 654-660.

Song C F, Lin Q B, Liang R H, et al. 2009. Expressions of ECE-CYC2 clade genes relating to abortion of both dorsal and ventral stamens in *Opithandra* (Gesneriaceae). BMC Evolutionary Biology, 9: 244.

Sosa V, Cameron K M, Angulo D F, et al. 2016. Life form evolution in epidendroid orchids: Ecological consequences of the shift from epiphytism to terrestrial habit in *Hexalectris*. Taxon, 65(2): 235-248.

Sosef M S M. 1994. Refuge Begonias: Taxonomy, Phylogeny and historical biogeography of *Begonia* sect. *Loasibegonia* and sect. *Scutobegonia* in relation to glacial rain forest refuges in Africa. Studies in Begoniaceae V. Wageningen Agricultural University Papers, 94: 1-306.

Spaethe J, Streinzer M, Paulus H F. 2010. Why sexually deceptive orchids have colored flowers? Landes Bioscience, 3(2): 139-141.

Srimuang K, Watthana S, Pedersen H Æ, et al. 2010. Aspects of biosubsistence in *Sirindhornia* (Orchidaceae): Are the narrow endemics more reproductively restricted than their widespread relative? Annales Botanici Fennici, 47(6): 449-459.

St George I. 2007. The pollination of *Nematoceras iridescens*. Journal of the New Zealand Native Orchid Group, 102: 10.

St John H. 1966. Monograph of *Cyrtandra* (Gesneriaceae) on Oahu, Hawaiian Islands. Honolulu: Bernice Pauahi Bishop Museum.

Stanton M L, Snow A A, Handel S N. 1986. Floral evolution: attractiveness to pollinators increases male fitness. Science, 232(4758): 1625-1627.

Stebbins G L. 1970. Adaptive radiation of reproductive characteristics in angiosperms, I. Pollination mechanisms. Annual Review of Ecology and Systematics, 1: 307-326.

Steiner K E, Whitehead V B, Johnson S D. 1994. Floral and pollinator divergence in two sexually deceptive South-African orchids. American Journal of Botany, 81: 185-194.

Steiner K E. 1989. The pollination of *Disperis* (Orchidaceae) by oil-collecting bees in southern Africa.

Lindleyana, 4: 164-183.

Stökl J, Brodmann J, Dafni A, et al. 2011. Smells like aphids: orchid flowers mimic aphid alarm pheromones to attract hoveryflies for pollination. Proceedings of the Royal Society B: Biological Sciences, 278(1709): 1216-1222.

Stone B C. 1982. New Guinea Pandanaceae: first approach to ecology and biogeography. *In*: Gressitt J L. Biogeography and Ecology of New Guinea. Monographiae Biologicae, Vol 42. Dordrecht: Springer.

Su Y C F, Chaowasku T, Saunders R M K. 2010. An extended phylogeny of *Pseuduvaria* (Annonaceae) with descriptions of three new species and a reassessment of the generic status of *Oreomitra*. Systematic Botany, 35(1): 30-39.

Su Y C F, Saunders R M K. 2009. Evolutionary divergence times in the Annonaceae: evidence of a late Miocene origin of *Pseuduvaria* in Sundaland with subsequent diversification in New Guinea. BMC Evolutionary Biology, 9: 153.

Su Y C F, Smith G J D, Saunders R M K. 2008. Phylogeny of the basal angiosperm genus *Pseuduvaria* (Annonaceae) inferred from five chloroplast DNA regions, with interpretation of morphological character evolution. Molecular Phylogenetics and Evolution, 48(1): 188-206.

Suetsugu K. 2013a. *Gastrodia takeshimensis* (Orchidaceae), a new mycoheterotrophic species from Japan. Annales Botanici Fennici, 50(6): 375-378.

Suetsugu K. 2013b. Autogamous fruit set in a mycoheterotrophic orchid *Cyrtosia septentrionalis*. Plant Systematics and Evolution, 299(3): 481-486.

Suetsugu K. 2014. *Gastrodia flexistyloides* (Orchidaceae), a new mycoheterotrophic plant with complete cleistogamy from Japan. Phytotaxa, 175(5): 270-274.

Suetsugu K. 2015. Autonomous self-pollination and insect visitors in partially and fully mycoheterotrophic species of *Cymbidium* (Orchidaceae). Journal of Plant Research, 128(1): 115-125.

Suetsugu K, Fukushima S. 2014a. Pollination biology of the endangered orchid *Cypripedium japonicum* in a fragmented forest of Japan. Plant Species Biology, 29(3): 294-299.

Suetsugu K, Fukushima S. 2014b. Bee pollination of the endangered orchid *Calanthe discolor* through a generalized food-deceptive system. Plant Systematics and Evolution, 300(3): 453-459.

Suetsugu K, Naito R, Fukushima S. 2015. Pollination system and the effect of inflorescence size on fruit set in the deceptive orchid *Cephalanthera falcata*. Journal of Plant Research, 128(4): 585-594.

Suetsugu K, Tanaka K. 2014. Consumption of *Habenaria sagittifera* pollinia by juveniles of the katydid *Ducetia japonica*. Entomological Science, 17(1): 122-124.

Sugiura N, Fujie T, Inoue K, et al. 2001. Flowering phenology, pollination, and fruit set of *Cypripedium macranthos* var. *rebunense*, a threatened lady's slipper (Orchidaceae). Journal of Plant Research, 114(2): 171-178.

Sugiura N, Goubara M, Kitamura K, et al. 2002. Bumblebee pollination of *Cypripedium macranthos* var. *rebunense* (Orchidaceae): a possible case of floral mimicry of *Pedicularis schistostegia* (Orobanchiaceae). Plant Systematics and Evolution, 235(1-4): 189-195.

Sugiura N, Okajima Y, Maeta Y. 1997. A note on the pollination of *Oreorchis patens* (Orchidaceae). Annals of the Tsukuba Botanical Gardens, 16: 69-74.

Sugiura N. 1995. The pollination ecology of *Bletilla striata* (Orchidaceae). Ecological Research, 10(2): 171-177.

Sugiura N. 2013. Specialized pollination by carpenter bees in *Calanthe striata* (Orchidaceae), with a review of carpenter bee pollination in orchids. Botanical Journal of the Linnean Society, 171(4): 730-743.

Sugiura N. 2016. Mate-seeking and oviposition behavior of *Chyliza vittata* (Diptera: Psilidae) infesting the leafless orchid *Gastrodia elata*. Entomological Science, 19(2): 129-132.

Sukanto M. 1969. Climate of Indonesia. *In*: Arakawa H. World Survey of Climates of Southern and Western Asia, vol. viii. Amsterdam: Elsevier: 215-229.

Sun H Q, Huang B Q, Yu X H, et al. 2011. Reproductive isolation and pollination success of rewarding *Galearis diantha* and non-rewarding *Ponerorchis chusua* (Orchidaceae). Annals of Botany, 107(1): 39-47.

Sun M. 1997. Genetic diversity in three colonizing orchids with contrasting mating systems. American Journal of Botany, 84(2): 224-232.

Swarts N D, Batty A, Hopper S, et al. 2007. Does integrated conservation of terrestrial orchids work? Lankesteriana, 7(1-2): 219-222.

Swarts N D, Dixon K W. 2009. Terrestrial orchid conservation in the age of extinction. Annals of Botany, 104(3): 543-556.

Święczkowska E, Kowalkowska A K. 2015. Floral nectary anatomy and ultrastructure in mycoheterotrophic plant, *Epipogium aphyllum* Sw. (Orchidaceae). The Scientific World Journal, 2015: 1-11.

Takhtajan A. 1969. Flowering Plants Origin and Dispersal. Edinburgh: Oliver and Boyd: 156-163.

Tałałaj I, Ostrowiecka B, Włostowska E, et al. 2017. The ability of spontaneous autogamy in four orchid species: *Cephalanthera rubra*, *Neottia ovata*, *Gymnadenia conopsea*, and *Platanthera bifolia*. Acta Biologica Cracoviensia Series Botanica, 59: 51-61.

Tallis J H. 1991. Plant Community History: Long-Term Changes in Plant Distribution and Diversity. London: Chapman & Hall.

Tan K, Dong S P, Lu T, et al. 2018. Diversity and evolution of samara in angiosperm. Chinese Journal of Plant Ecology, 42(8): 806.

Tan K, Lu T, Ren M X. 2020. Biogeography and evolution of Asian Gesneriaceae based on updated taxonomy. PhytoKeys, 157(10): 7-26.

Tan K, Malabrigo P L, Ren M X. 2020. Origin and evolution of biodiversity hotspots in Southeast Asia. Acta Ecologica Sinica, 40(11): 3866-3877.

Tan K, Zheng H L, Dong S P, et al. 2019. Molecular phylogeny of *Hiptage* (Malpighiaceae) reveals a new species from Southwest China. PhytoKeys, 135(1): 91-104.

Tang L L, Huang S Q. 2007. Evidence for reductions in floral attractants with increased selfing rates in two heterandrous species. The New Phytologist, 175(3): 588-595.

Tao J J, Qi Q W, Kang M, et al. 2015. Adaptive molecular evolution of PHYE in *Primulina*, a karst cave plant. PLoS One, 10(6): e0127821.

Tao S, Chen L. 1987. A review of recent research on the East Asian summer monsoon in China. *In*: Chang C P, Krishnamurti T N. Monsoon Meteorology. Oxford: Oxford University Press: 60-92.

Tebbitt M C, Lowe-Forrest L, Santoriello A, et al. 2006. Phylogenetic relationships of Asian *Begonia*, with an emphasis on the evolution of rain-ballist and animal dispersal mechanisms in sections *Platycentrum*, *Sphenanthera* and *Leprosae*. Systematic Botany, 31(2): 327-336.

Tebbitt M C. 2003. Taxonomy of *Begonia longifolia* Blume (Begoniaceae) and related species. Brittonia, 55: 19-29.

Tebbitt M C. 2005. Begonias: Cultivation, Identification, and Natural History. Portland: Timber Press.

Thomas D C, Ardi W H, Hartutiningsih M S, et al. 2009a. Two new species of *Begonia* (Begoniaceae) from South Sulawesi, Indonesia. Edinburgh Journal of Botany, 66(2): 229-238.

Thomas D C, Ardi W H, Hughes M. 2009b. Two new species of *Begonia* (Begoniaceae) from central Sulawesi, Indonesia. Edinburgh Journal of Botany, 66(1): 103-114.

Thomas D C, Ardi W H, Hughes M. 2011b. Nine new species of *Begonia* (Begoniaceae) from South and West Sulawesi, Indonesia. Edinburgh Journal of Botany, 68(2): 225-255.

Thomas D C, Hughes M, Phutthai T, et al. 2011a. A non-coding plastid DNA phylogeny of Asian *Begonia* (Begoniaceae): Evidence for morphological homoplasy and sectional polyphyly. Molecular Phylogenetics and Evolution, 60(2011): 428-444.

Thomas D C, Hughes M, Phutthai T, et al. 2012. West to east dispersal and subsequent rapid diversification of the mega-diverse genus *Begonia* (Begoniaceae) in the Malesian Archipelago. Journal of Biogeography, 39(1): 98-113.

Thomas D C, Hughes M. 2008. *Begonia varipeltata* (Begoniaceae): a new peltata species from Sulawesi, Indonesia. Edinburgh Journal of Botany, 65(3): 369-374.

Thomas D C. 2010. Phylogenetics and historical biogeography of Southeast Asian *Begonia* L. (Begoniaceae). University of Glasgow, PhD thesis.

Tian D K, Xiao Y, Tong Y, et al. 2018. Diversity and conservation of Chinese wild begonias. Plant Diversity, 40(3): 75-90.

Tiffney B H, Maze S J. 1995. Angiosperm growth habit, dispersal and diversification reconsidered. Evolution Ecology, 9(1): 93-117.

Tiffney B H. 1985. Perspectives on the origin of the floristic similarity between eastern Asia and eastern North America. Journal of the Arnold Arboretum, 66(1): 73-94.

Tixier P. 1960. Données cytologiques sur quelques Guttiferales au Laos. Revue Cytolologique Biologique Végetal, 22: 65-70.

Tremblay R L, Ackerman J D, Zimmerman J K, et al. 2005. Variation in sexual reproduction in orchids and its evolutionary consequences: a spasmodic journey to diversification. Biological Journal of the Linnean Society, 84(1): 1-54.

Tremblay R L. 1992. Trends in the pollination ecology of the Orchidaceae: evolution and systematics. Canadian Journal of Botany, 70(3): 642-650.

Trenel P, Gustafsson M H G, Baker W J, et al. 2007. Mid-Tertiary dispersal, not Gondwanan vicariance explains distribution patterns in the wax palm subfamily (Ceroxyloideae: Arecaceae). Molecular Phylogenetics and Evolution, 45(1): 272-288.

Trung N N, Lee S M, Que B C. 2004. Satellite gravity anomalies and their correlation with the major tectonic features in the South China Sea. Gondwana Research, 7(2): 407-424.

Tsai C C, Chou C H, Wang H V, et al. 2015. Biogeography of the *Phalaenopsis amabilis* species complex inferred from nuclear and plastid DNAs. BMC Plant Biology, 15(1): 1-16.

Tsai C C. 2011. Molecular phylogeny and biogeography of *Phalaenopsis* Species. *In*: Chen W H, Chen H H. Orchid Biotechnology II. Singapore: World Scientific: 1-24.

Tsumura Y, Kawahara T, Wickneswari R, et al. 1996. Molecular phylogeny of Dipterocarpaceae in Southeast Asia using RFLP of PCR-amplified chloroplast genes. Theoretical and Applied Genetics, 93(1-2): 22-29.

Urru I, Stensmyr M C, Hansson B S. 2011. Pollination by brood-site deception. Phytochemistry, 72(13): 1655-1666.

Vaidya P, Mcdurmon A, Mattoon E, et al. 2018. Ecological causes and consequences of flower color polymorphism in a self- pollinating plant (*Boechera stricta*). New Phytologist, 218(1): 380-392.

Valente L M, Savolainen V, Vargas P. 2010. Unparalleled rates of species diversification in Europe. Proceedings of the Royal Society B, 277(1687): 1489-1496.

van Aarssen B G K, Cox H C, Hoogendoorn P, et al. 1990. A cadinene biopolymer in fossil and extant dammar resins as a source for cadinanes and bicadinanes in crude oils from South East Asia. Geochimica et Cosmochimica Acta, 54(11): 3021-3031.

van Dam A R, Householder J E, Lubinsky P. 2010. *Vanilla bicolor* Lindl. (Orchidaceae) from the Peruvian Amazon: auto-fertilization in *Vanilla* and notes on floral phenology. Genetic Resources and Crop Evolution, 57(4): 473-480.

van der Cingel N A. 2001. An Atlas of Orchid Pollination: America, Africa, Asia and Australia. Rotterdam: Balkema.

van der Kaars W A. 1991. Palynological aspects of site 767 in the Celebes Sea. Proceedings of the

Ocean Drilling Program, Scientific Results, 124: 369-374.

van der Niet T, Cozien R J, Johnson S D. 2015. Experimental evidence for specialized bird pollination in the endangered South African orchid *Satyrium rhodanthum* and analysis of associated floral traits. Botanical Journal of the Linnean Society, 177(1): 141-150.

van der Niet T, Hansen D M, Johnson S D. 2011. Carrion mimicry in a South African orchid: flowers attract a narrow subset of the fly assemblage on animal carcasses. Annals of Botany, 107(6): 981-992.

van der Pijl L. 1978. Reproductive integration and sexual disharmony in floral functions. *In*: Richards A J. The Pollination of Flowers by Insects. London: Academic Press: 79-88.

van der Pijl L. 1982. Principles of Dispersal in Higher Plants. 3rd ed. New York: Springer-Verlag.

van der Pijl, Dodson C H. 1966. Orchid Flowers: Their Pollination and Evolution. Coral Gables: University of Miami Press.

van Hinsbergen D J J, Lippert P C, Dupont-Nivet G, et al. 2012. Greater India Basin hypothesis and a two-stage Cenozoic collision between India and Asia. Proceedings of the National Academy of Sciences of the United States of America, 109(20): 7659-7664.

van Kessel I. 2007. Belanda Hitam: the Indo-African communities in Java. African and Asian Studies, 6(3): 243-270.

van Nieuwstadt M G L, Sheil D. 2005. Drought, fire and tree survival in a Borneo rain forest, East Kalimantan, Indonesia. Journal of Ecology, 93(1): 191-201.

van Schaik C P, Terborgh J W, Wright S J. 1993. The phenology of tropical forests: Adaptive significance and consequences for primary consumers. Annual Review of Ecology and Systematics, 24: 353-377.

van Ufford A Q, Cloos M. 2005. Cenozoic tectonics of New Guinea. AAPG Bulletin, 89(1): 119-140.

van Welzen P C, Parnell J A N, Slik J W F. 2011. Wallace's line and plant distributions: two or three phytogeographical areas and where to group Java? Biological Journal of the Linnean Society, 103: 531-545.

van Welzen P C, Slik J W F, Alahuhta J. 2005. Plant distribution patterns and plate tectonics in Malesia. Kongelige Danske Videnskabernes Selskab Biologiske Skerifter, 55: 199-217.

van Welzen P C, Slik J W F. 2009. Patterns in species richness and composition of plant families in the Malay Archipelago. Blumea, 54: 166-171.

Venkata R C. 1952. Floral anatomy of some Malvales and its bearing on the affinities of families included in the order. Journal of the Indian Botanical Society, 31: 171-203.

Vogel S. 1998. Remarkable nectaries: structure, ecology, organophyletic perspectives IV. Miscellaneous cases. Flora, 193(3): 225-248.

Voris H K. 2000. Maps of Pleistocene sea levels in Southeast Asia: shorelines, river systems and time durations. Journal of Biogeography, 27(5): 1153-1167.

Wagstaff S J, Olmstead R G. 1997. Phylogeny of *Labiatae* and *Verbenaceae* inferred from rbcL sequences. Systematic Botany, 22(1): 165-179.

Wallace A R. 1869. The Malay Archipelago: the land of the orangutan, and the bird of paradise. A Narrative of Travel, with Sketches of Man and Nature. London: Macmillan.

Wallace L E. 2006. Spatial genetic structure and frequency of interspecific hybridization in *Platanthera aquilonis* and *P. dilatata* (Orchidaceae) occurring in sympatry. American Journal of Botany, 93(7): 1001-1009.

Waltham T. 2008. Fengcong, Fenglin, cone karst and tower karst. Cave and Karst Science, 35(3): 77-98.

wan Mohd Jaafar W S, Woodhouse I H, Silva C A, et al. 2018. Improving individual tree crown delineation and attributes estimation of tropical forests using airborne LiDAR data. Forests, 9(12): 759.

Wang C N, Cronk Q C B. 2003. Meristem fate and bulbil formation in *Titanotrichum* (Gesneriaceae). American Journal of Botany, 90(12): 1696-1707.

Wang C N, Möller M, Cronk Q C B. 2004. Population genetic structure of *Titanotrichum oldhamii* (Gesneriaceae), a subtropical bulbiliferous plant with mixed sexual and a sexual reproduction. Annals of Botany, 93(2): 201-209.

Wang J, Ai B, Kong H, et al. 1998. Gesneriaceae. *In*: Wu Zhengyi Flora of China. Beijing: China Science Publishing ＆ Media Ltd, 18: 393-395.

Wang W T, Pan K Y, Li Z Y. 1992. Key to the Gesneriaceae of China. Edinburgh Journal of Botany, 49(1): 5-74.

Wang W T. 1990. Ramondieae-Gesneriaceae. *In*: Wang W T. Flora Reipublicae Popularis Sinicae, vol. 69. Beijing: Science Press: 127-140.

Wang Y B, Liang H W, Mo N B, et al. 2011b. Flower phenology and breeding system of rare and endangered *Dayaoshania cotinifolia*. Acta Botanica Boreali-Occidentalia Sinica, 31(5): 861-867.

Wang Y Z, Liang R H, Wang B H, et al. 2010. Origin and phylogenetic relationships of the old world Gesneriaceae with actinomorphic flowers inferred from ITS and trnL-trnF sequences. Taxon, 59(4): 1044-1052.

Wang Y Z, Mao R B, Liu Y, et al. 2011a. Phylogenetic reconstruction of *Chirita* and allies (Gesneriaceae) with taxonomic treatments. Journal of Systematics and Evolution, 49(1): 50-64.

Warburg O. 1984. Begoniaceae. *In*: Engler A, Prantl K. Naturlichen Pflanzenfamilien. Leipzig: Wilhelm Engelmann: 121-150.

Waser N M, Chittka L, Price M V, et al. 1996. Generalization in pollination systems, and why it matters. Ecology, 77(4): 1043-1060.

Wayo K. 2018. The Role of Insects in the Pollination of Durian (*Durio zibethinus* Murray) Cultivar 'Monthong'. Doctoral thesis, Prince of Songkla University.

Weber A, Burtt B L, Vitek E. 2000. Material for revision of *Didymocarpus* (Gesneriaceae). Annalen des Naturhistorischen Museums in Wien, 102B: 441-475.

Weber A, Burtt B L. 1998. Revision of the genus *Ridleyandra* (Gesneriaceae). Beitrage zur Biologie der Pflanzen, 70: 225-273.

Weber A, Clark J L, Möller M. 2013. A new formal classification of Gesneriaceae. Selbyana, 31(2): 68-94.

Weber A, Middleton D J, Forrest A L, et al. 2011a. Molecular systematics and remodelling of *Chirita* and associated genera (Gesneriaceae). Taxon, 60(3): 767-790.

Weber A, Skog L E. 2007. The genera of Gesneriaceae—Basic Information with Illustration of Selected Species. 2nd ed. http://www.genera-gesneriaceae.at/[2019-12-7].

Weber A, Wei Y G, Puglisi C, et al. 2011b. A new definition of the genus *Petrocodon* (Gesneriaceae). Phytotaxa, 23(1): 49-67.

Weber A, Wei Y G, Sontag S, et al. 2011c. Inclusion of *Metabriggsia* into *Hemiboea* (Gesneriaceae). Phytotaxa, 23(1): 37-48.

Weber A. 1976. Beiträge zur morphologie und systematik der Klugieae und Loxonieae (Gesneriaceae). III. *Whytockia* als morphologische und phylogenetische Ausgangsform von Monophyllaea. Beitrage Zur Biologie Der Pflanzen, 52: 183-205.

Weber A. 1977. Revision of the genus *Loxonia* (Gesneriaceae). Plant Systematics and Evolution, 127: 201-216.

Weber A. 1982. Contribultions to the morphology and systematics of *Klugieae* and *Loxonieae* (Gesneriaceae). IX. The genus *Whytockia*. Notes of Royal Botanical Garden Edinburgh, 40(2): 359-367.

Weber A. 2004. Gesneriaceae. *In*: Kubitzki K, Kadereit J W. The Families and Genera of Vascular Plants. vol. 7. Flowering plants, dicotyledons: Lamiales (except Acanthaceae including Avicenniaceae). Berlin: Springer-Verlag: 63-158.

Weeks A, Daly D C, Simpson B B. 2005. The phylogenetic history and biogeography of the frankincense and myrrh family (Burseraceae) based on nuclear and chloroplast sequence data. Molecular Phylogenetics and Evolution, 35(1): 85-101.

Wen F, Maciejewski S E, He X Q, et al. 2015b. *Briggsia leiophylla*, a new species of Gesneriaceae from southern Guizhou, China. Phytotaxa, 202(1): 6.

Wen F, Wei Y G, Möller M. 2015a. *Glabrella leiophylla* (Gesneriaceae), a new combination for a former *Briggsia* species from Guizhou, China. Phytotaxa, 218(2): 193.

Westeberhard K, Neubig K M, Whitten W M, et al. 2010. Evolution along the crassulacean acid metabolism continuum. Functional Plant Biology, 37(11): 995-1010.

Westeberhard M J, Smith J A C, Winter K. 2011. Photosynthesis, reorganized. Science, 332(6027): 311-312.

Whittaker R J, Fernández-Palacios J M, Matthews T J, et al. 2017. Island biogeography: Taking the long view of nature's laboratories. Science, 357(6354): eaam8326.

Whitten W M, Williams N H, Blanco M A, et al. 2007. Molecular phylogenetics of *Maxillaria* and related genera (Orchidaceae: Cymbidieae) based upon combined molecular data sets. American Journal of Botany, 94: 1860-1889.

Wickens G E, Lowe P. 2008. The Baobabs: Pachycauls of Africa, Madagascar, and Australia. Berlin: Springer.

Wiehler H. 1976. A report on the classification of *Achimenes*, *Eucodonia*, *Gloxinia*, *Goyazia*, and *Anetanthus* (Gesneriaceae). Selbyana, 1: 374-403.

Wiehler H. 1977. New genera and species of Gesneriaceae from the neotropics. Selbyana, 2(1): 67-132.

Wiehler H. 1983. A synopsis of neotropical Gesneriaceae. Selbyana, 6: 1-219.

Wiens D. 1978. Mimicry in plants. Evolutionary Biology, 11: 365-403.

Wikramanayake E, Dinerstein E, Loucks C J, et al. 2002. Terrestrial Ecoregions of the Indo-Pacific: A Conservation Assessment. Washington, D.C.: Island Press.

Willems J H, Lahtinen M L. 1997. Impact of pollination and resource limitation on seed production in a border population of *Spiranthes spiralis* (Orchidaceae). Plant Biology, 46(4): 365-375.

Williams N H, Whitten W M. 1983. Orchid floral fragrances and male euglossine bees: methods and advances in the last sesquidecade. The Biological Bulletin, 164(3): 355-395.

Williams P. 2008. World heritage caves and karst IUCN (International Union for Conservation of Nature), Gland.

Wolfe J A. 1975. Some aspects of plant geography of the Northern Hemisphere during the late Cretaceous and Tertiary. Annals of the Missouri Botanical Garden: 264-279.

Woo V L, Funke M M, Smith J F, et al. 2011. New World origins of southwest Pacific Gesneriaceae: multiple movements across and within the South Pacific. International Journal of Plant Sciences, 172(3): 434-457.

Woodruff D S. 2003. Neogene marine transgressions, palaeogeography and biogeographic transitions on the Thai-Malay Peninsula. Journal of Biogeography, 30(4): 551-567.

Woodruff D S. 2010. Biogeography and conservation in Southeast Asia: how 2.7 million years of repeat environment fluctuations affect today's patterns and the future of the remaining refugial-phase biodiversity. Biodiversity and Conservation, 19: 919-941.

Woods P. 1989. Effects of logging, drought, and fire on structure and composition of tropical forests in Sabah, Malaysia. Biotropica, 21(4): 290-298.

Wright C H 1930. *Pandanus* (*Vinsonia*) Basedowii C. H. Wright [Pandanaceae]. Bulletin of Miscellaneous Information (Royal Gardens, Kew), 4: 158-159.

Wright S J, Carrasco C, Calderon O, et al. 1999. The El Nino southern oscillation, variable fruit production, and famine in a tropical forest. Ecology, 80(5): 1632-1647.

Xiang W Q, Zhang J R, Tang L, et al. 2022. Filament union provides landing site for birds and increase pollen removal and deposition in an ornithophilous species. Flora, 288: 152025.

Xiong Y Z, Liu C Q, Huang S Q. 2015. Mast fruiting in a hawkmoth-pollinated orchid *Habenaria glaucifolia*: an 8-year survey. Journal of Plant Ecology, 8(2): 136-141.

Xu W B, Pan B, Huang Y S, et al. 2011. *Chirita lijiangensis* (Gesneriaceae), a new species from limestone area in Guangxi, China. Annales Botanici Fennici, 48(2): 188-190.

Xu Z R. 1995. A study of the vegetation and floristic affinity of the limestone forests in southern and southwestern China. Annals of the Missouri Botanical Garden, 82: 570-580.

Yao T L. 2012. A taxonomic revision of *Loxocarpus* (Gesneriaceae). Master thesis, University of Malaya.

Yao T L. 2015. Three new species of *Loxocarpus* (Gesneriaceae) from Sarawak, Borneo. Gardens' Bulletin Singapore, 67(2): 289-296.

Yu G, Chen X, Ni J, et al. 2000. Palaeovegetation of China: A pollen data-based synthesis for the mid-Holocene and last glacial maximum. Journal of Biogeography, 27(2): 635-664.

Yu W B, Liu M L, Wang H, et al. 2015. Towards a comprehensive phylogeny of the large temperate genus *Pedicularis* (Orobanchaceae), with an emphasis on species from the Himalaya-Hengduan Mountains. BMC Plant Biology, 15: 176.

Yuan Y M, Wohlhauser S, Möller M, et al. 2005. Phylogeny and biogeography of *Exacum* (Gentianaceae): A disjunctive distribution in the Indian Ocean Basin resulted from long distance dispersal and extensive radiation. Systematic Biology, 54(1): 21-34.

Yulita K S. 2013. Secondary structures of chloroplast trnL intron in Dipterocarpaceae and its implication for the phylogenetic reconstruction. HAYATI Journal of Biosciences, 20(1): 31-39.

Yumoto T. 2000. Bird-pollination of three *Durio* species (Bombacaceae) in a tropical rainforest in Sarawak, Malaysia. American Journal of Botany, 87(8): 1181-1188.

Yunoh S M M, Dzulkafly Z. 2017. *Ridleyandra merohmerea* (Gesneriaceae), a new species from Kelantan, Peninsular Malaysia. PhytoKeys, 89: 1-10.

Zachos J C, Shackleton N J, Revenaugh J S, et al. 2001. Climate response to orbital forcing across the Oligocene-Miocene boundary. Science, 292(5515): 274-278.

Zachos J, Pagani M, Sloan L, et al. 2001. Trends, rhythms, and aberrations in global climate 65 Ma to present. Science, 292(5517): 686-693.

Zhang W H, Kramer E M, Davis C C. 2010. Floral symmetry genes and the origin and maintenance of zygomorphy in a plant-pollinator mutualism. Proceedings of the National Academy of Sciences of the United States of America, 107(14): 6388-6393.

Zhang W, Gao J. 2018. High fruit sets in a rewardless orchid: a case study of obligate agamospermy in *Habenaria*. Australian Journal of Botany, 66(2): 144-151.

Zhou T, Jin X H. 2018. Molecular systematics and the evolution of mycoheterotrophy of tribe *Neottieae* (Orchidaceae, Epidendroideae). PhytoKeys, 94: 39-49.

Zhou, X, Lin H, Fan X L, et al. 2012. Autonomous self-pollination and insect visitation in a saprophytic orchid, *Epipogium roseum* (D. Don) Lindl. Australian Journal of Botany, 60: 154-159.

Zhu H, Wang H, Li B, et al. 2003. Biogeography and floristic affinities of the limestone flora in southern Yunnan, China. Annals of the Missouri Botanical Garden, 90: 444-465.

Zhu H. 2019. An introduction to the main forest vegetation types of mainland SE Asia (Indochina Peninsula). Guihaia, 39(1): 62-70.

Zimmer E A, Roalson E H, Skog L E, et al. 2002. Phylogenetic relationships in the Gesnerioideae (Gesneriaceae) based on nrDNA ITS and cpDNA trnL-F and trnE-T spacer region sequences. American Journal of Botany, 89(2): 296-311.

后　记

　　这本书的主要内容，是我和我的博士生及博士后近十年的研究成果。

　　感谢我的博士生谭珂、向文倩、凌少军以及博士后张哲，他们在出野外、写论文、忙毕业、赶工作之余，花了大量时间收集数据、绘制图表，拓展自己的研究内容，做了很多分外的工作。如果没有他们，我很难有勇气提出撰写这本书的想法，也很难有足够时间收集数据和整理研究成果。

　　这些年，我和这些勇敢的学生们一起穿越泰国、马来西亚、菲律宾、越南、加里曼丹岛等地的热带雨林与喀斯特石山，也一起翻越中国西藏墨脱、云南东南部与横断山区、广西西南部、台湾岛等地的群峰深谷，还一起跑遍了中国海南岛几乎所有山峰；既经历了迷路时的惶恐、烈日下的暴走，也不期而遇了佛教文化庇荫下的喀斯特天坑和古树名木，积累了大量的第一手资料和珍贵照片。

　　东南亚是个很大的地理区域，很难在短时间内对其植物地理学和植物区系开展全面的研究。我们这本书的野外考察数据实际集中在"环南海区域"，主要包括中南半岛、加里曼丹岛、菲律宾群岛、中国台湾岛和海南岛，以及中国大陆南海沿岸。这个地理单元略小于东南亚区域，容易获取较为准确的物种多样性及分布格局等数据。这个区域还具有极重要的地缘意义和研究价值。首先，环南海区域是东南亚地区与我国南方热带植物区系直接相连的地理区域，直接决定了我国热带植物多样性的组成；其次，环南海区域不仅包括了国外区域，也包括了国内的海南岛、台湾岛、北部湾以及粤港澳大湾区，是立足中国海南岛甚至中国开展东南亚植物地理研究的一个关键区域，也是从科技合作角度践行"一带一路"建设的核心地区。当然，植物的地理分布不会局限在某个特定的地理区域，本书研究的数据基本覆盖了整个东南亚区域和中国南方热带植物分布区，力求在揭示东南亚植物地理格局的同时，分析中国热带植物的起源、变迁与演化趋势，以期为国内外同行提供更有价值的数据。

　　感谢海南大学杨小波教授、中国科学院昆明植物研究所孙航研究员、中国科学院华南植物园张奠湘研究员等专家对本书撰写过程中给予的鼓励并对部分章节进行了审阅。特别感谢中国科学院植物研究所马克平研究员为本书写序，并纠正了一些错误。我个人对生物多样性和植物地理学的兴趣，其实根源于马老师2000年在中国科学院水生生物研究所做的一次学术报告。马老师对相关领域宏观的把握和指引，影响着我一直从生物多样性和生物地理学角度审视我自己的研究。

　　感谢科学出版社的岳漫宇编辑等对全书的审核和排版，他们发现和改正了初稿中由于我们的粗心大意而出现的问题，为本书添色不少。

感谢海南大学生态与环境学院为我和我们团队营造的轻松的工作氛围与良好的办公条件，使得我在教学和科研工作之余能够抽出时间，整理出这本书。

感谢国家自然科学基金面上项目（41871041、31670230）、海南省自然科学基金创新团队项目（2018CXTD334）、海南大学科研启动基金项目（kyqd1501）、海南省重大科技计划项目（ZDKJ202008）等的资助。

东南亚幅员辽阔，相关研究散落在当地和欧美不同国家、不同语言的研究文献中，一些资料只能从英文摘要、图表以及当地学者的交流中获取尽可能准确和全面的信息。我们自己所做的实地野外考察，对于幅员辽阔、岛屿星罗棋布的东南亚来说，难免是管中窥豹。因此，本书中可能存在一些遗漏和错误。恳请读者不吝指正，以便在可能的再版时修改与补充。

（电子邮件：renmx@hainanu.edu.cn）

2022 年 9 月 30 日